KB060775

라마찬드란 박사의
두뇌 실험실

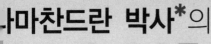

라마찬드란 박사*의
두뇌 실험실

우리의 두뇌 속에는 무엇이 들어 있는가?

HANTOMS
N THE BRAIN

야누르 라마찬드란 •
라 블레이크스리 지음
규 옮김

마찬드란 박사
스위크)가 센추리클럽(가장 주목해야 할 21세기 뛰어난 인물)
인 가운데 한 사람으로 선정한 인도 출신의 세계적인 신경과학자

바다출판사

나의 어머니 미나크시, 나의 아버지 수브라마니안,

나의 형제 라비, 다이앤, 마니, 자야크리슈나,

인도와 영국의 나의 스승들,

배움과 음악, 지혜의 여신 사라스와디에게

이 책을 바칩니다.

추천사 _올리버 색스*

    19세기와 20세기 초의 위대한 신경과학자와 정신과 의사들은 묘사의 대가였다. 그들의 몇몇 연구 사례는 거의 소설이라 해도 좋을 만큼 세밀하게 씌어져 있다. 신경과 의사이자 소설가이기도 했던 실라스 위 미첼은 남북전쟁에서 부상당한 병사가 겪었던 환상사지(phantom limb, 수술이나 사고로 갑작스럽게 손발이 절단되었을 경우, 없어진 손발이 마치 존재하는 것처럼 생생하게 느껴지는 일—옮긴이)에 대해 불후의 묘사를 남겼다. 그는 처음에 이를 '감각의 유령'이라고 불렀다. 프랑스의 유명한 신경과학자 조제프 바빈스키는 질병인식불능증anosognosia이라는 매우 특이한 증후군을 묘사하고 있다. 이 증세는 자신의 신체 한쪽이 마비되었다는 것을 인지하지 못하거나, 마비된 쪽의 신체가 다른 사람의 것이라고 생각하는 기이한 경우이다. (가령, 이런 환자는 자신의 왼쪽 신체가 '형'이나 '당신 것'이라고 말한다.)

    우리 시대에 가장 관심을 끄는 신경과학자 중 한 명인 라마찬드란 박사는 환상사지의 본성과 그 치료에 대해 기초적인 연구를 수행해왔다. 환상사지란 이미 수(십)년 전에 상실했지만, 두뇌가 아직도 기억하고 있는 팔다리의 유령을 일컫는 말이다. 이들은 좀처럼 사라지지 않으며, 때로는 매우 고통스럽기도 하다. 환상사지는 처음에는 정상적인 팔다리, 정상적인 신체상body image의 일부로 느껴지기도 한다. 그러나 환상사지는 정상적인 감각이나 행동과 단절되어 있으며, 갑자기 돌출되거나 '마비' 되는 느낌이 들며, 기형이나 극도의 통증을 동반하는 등의 병리학적 특성을 띠기도 한다.

가령 말로는 도저히 표현할 수 없을 정도의 강도로 환상 손가락이 환상 손바닥을 후벼파는 것이다. 이는 멈출 수도 없다. 환상사지나 환상 통증이 '실재하지 않는다' 는 사실은 아무 도움이 되지 않는다. 오히려 이는 치료를 더욱 어렵게 만들 수 있다. 환자는 자신의 마비된 손을 펼 수도 없기 때문이다.

이러한 환상 통증을 완화시키기 위해, 의사와 환자들은 극단적인 조치를 취하도록 내몰리기도 했다. 절단된 부위의 끝을 계속해서 잘라나가거나 척수에 있는 감각이나 통증의 전달 경로를 절단하기도 하고 두뇌 속에 있는 고통중추를 없애버리기도 했다. 그러나 이 중 어떤 것도 효과를 거두지 못했다. 환상사지와 환상 통증은 거의 언제나 다시 돌아왔다.

도저히 해결할 수 없을 것처럼 보이는 이런 물음들에 대해 라마찬드란은 색다른 접근을 시도했다. 그의 시도는 도대체 환상사지가 무엇이며 이것들이 신경계의 어디에서 어떻게 생겨나는가에 대한 연구에 기초해 있다. 전통적으로 두뇌 속의 표상은 고정되어 있는 것으로 간주되었다. 신체상에 대한 표상이나 환상사지에 대한 표상도 마찬가지다. 하지만 라마찬드란은 (현재는 다른 사람들도) 팔다리 절단 이후 48시간 혹은 그보다 더 짧은 시간 안에 신체상이 매우 빠르게 재구성됨을 보여주었다. 그의 견해에 따르면, 환상사지는 감각피질에서 일어나는 신체상의 재구성 때문에 생겨나며, 그가 '학습된' 마비라고 부르는 것을 통해 유지된다. 그런데 환상사지의 출현에 그런 급속한 변화가 연관되어 있고 대뇌피질이 그 정도의 유연성을 갖추고 있다면, 그 과정을 역으로 되돌릴 수는 없을까? 말하자면 두뇌가 환상사지를 잊어버리도록 속일 수는 없는 것일까?

라마찬드란은 거울이 들어 있는 간단한 상자인 '가상현실' 장치를 이용해 정상 팔다리를 보여줌으로써 환자들을 도울 수 있는 방안을 찾아냈다. 가령, 환자의 정상적인 오른팔을 환상팔이 위치한 신체 왼편에 보이도록 한다. 그 결과는 마치 마술처럼 즉각 나타났다. 눈으로 보는 팔의 정상적인 모양과 환상팔이 불러일으키는 느낌이 서로 경쟁하게 되는 것이다.

이런 실험의 첫 번째 결과는 기형이 된 환상사지가 곧게 펴지고 마비된 환상사지가 다시 움직이기 시작하는 것이다. 그리고 종국에는 환상사지가 사라지게 된다. 라마찬드란은 특유의 유머를 섞어가며 '최초의 성공적인 환상사지 절단'을 이야기한다. 환상사지가 소멸한다면 그에 따르는 고통도 사라져야 한다. 고통을 체화할 그 무엇이 없다면 고통은 더 이상 존속할 수 없다.

『힘든 시절Hard Times』(영국 작가 찰스 디킨스의 소설로, 공장 파업을 다루고 있다—옮긴이)에 나오는 그래드그라인드 부인은 통증을 느끼느냐는 질문을 받고, "통증이 이 방 어딘가에 분명히 있지만, 내가 갖고 있는지는 잘 모르겠다"고 대답한다. 하지만 이 대답은 그녀가 혼동한 것이거나 디킨스식의 농담일 뿐이다. 누구든 자기 안에서만 통증을 가질 수 있다.

신체 일부를 자기 것으로 인지하지 못하는 질병인식불능증도 비슷한 '속임수'를 이용해 치료할 수 있을까? 라마찬드란은 여기서도 앞서 부정했던 신체 부위를 다시 자기 것으로 인정하도록 만드는 데 거울이 매우 유용할 수 있음을 발견했다. 하지만 어떤 환자들은 자신의 신체 및 세계의 절반에 해당하는 '왼쪽'의 상실이 너무나 뿌리 깊은 까닭에 거울 속을 현실로 착각하기도 한다. 이들은 거울 '뒤'나 거울 '안'에 누군가가 숨어 있지 않은지 확인하기 위해 손으로 거울을 더듬었다(이런 '거울인식불능증mirror agnosia'을 묘사한 것은 라마찬드란이 최초이다). 라마찬드란이 이들 증상들에 대해 이 정도까지 깊게 파고들었다는 것은, 그의 끈기뿐만 아니라 환자들에 대한 세심하고 헌신적인 태도를 반영하는 것이다.

의사들은 거울인식불능증이나 자신의 팔다리를 타인에게 귀속시키는 것과 같은 기이한 현상들을 비합리적인 것으로 치부해왔다. 하지만 라마찬드란은 이 문제들에 대해 매우 진지하게 접근했다. 이 현상들은 이유 없이 생겨나는 미친 짓거리가 아니다. 그는 이것들을, 신체나 주위 환경에 갑자기 발생한 엄청나게 당혹스러운 일들을 극복하기 위해 무의식적으로 만들어내는 비상시의 방어기제라고 본다. 프로이트가 묘사하고 있는 것처럼, 이것들은 용인할 수 없거나 이해할 수 없는 것을 받아들이도록 강요받을 때 무의식적으로 작동하는 부정, 억압, 투사, 작화증(자신의 공상을 실제의 일처럼 말하면서 자신은 그것이 허위라는 것을 인식하지 못하는 정신병적인 증상―옮긴이) 등의 보편적 전략과 같은 정상적인 방어기제일 뿐이다. 이렇게 이해할 때, 이들 환자들은 미치거나 괴상망측한 영역에서 벗어나 비록 무의식적이긴 하지만 담화와 이성의 영역으로 복귀된다.

지금까지 잘못 이해되어왔던 것들 중에서 라마찬드란이 관심을 갖는 또 다른 증세는 카프그라 증후군(Capgras' syndrome, 국내에 카그라스 증후군으로도 알려져 있다―옮긴이)이다. 카프그라 증후군 환자는 친지나 사랑하는 사람들을 가짜라고 생각한다. 라마찬드란은 여기서도 이들 증상에 대한 신경학적 기초를 분명하게 그려낼 수 있었다. 누군가를 인지할 때 통상적으로 동반하는 핵심적인 애정 신호가 제거되고, 그러한 지각에 대해 자연스럽게 생각되는 모종의 해석이 덧붙여질 때 이런 증상이 생겨난다. ("내가 아무것도 느끼지 못하는데 저 사람이 내 아버지일 리가 없어요. 그는 가짜가 분명해요.")

그 밖에도 라마찬드란 박사의 관심사는 다양하다. 종교적 경험의 본성, 측두엽 기능장애에 따른 놀랍고도 '신기한' 증세들, 웃음이나 간지러움의 신경학, 암시나 위약효과의 신경학 등이 그것이다. 지각심리학자인 리처드 그레고리와 마찬가지로, 라마찬드란은 근본적으로 중요한 것이 무엇인지 알아채는 재능이 있으며, 거의 모든 분야에 관심을 가지고 신선한 창의성을 발휘할 준비가 되어 있다. (라마찬드란은 리처드 그레고리와 공동으로 맹점 채우기, 시각적 환각, 보호색 등의 다양한 주제들에 대해 흥미진

진한 연구 결과들을 발표해왔다.) 이들 주제 모두는 라마찬드란의 손에서 신경계와 세계 그리고 우리 자신이 어떻게 구성되어 있는지 들여다볼 수 있는 창문으로 거듭난다. 그 결과 그의 연구는 그가 좋아하는 표현대로 일종의 '실험인식론'이 된다. 그런 점에서, 그는 비록 20세기 후반의 모든 지식과 방법론을 체득하고 있지만, 18세기적 의미의 자연철학자라고 할 수 있다.

라마찬드란은 저자의 말에서 어린 시절에 재미있게 읽었던 마이클 패러데이의 『양초의 화학사』, 찰스 다윈, 험프리 데이비, 토머스 헉슬리 등의 19세기 과학책들에 대해 이야기하고 있다. 당시만 해도 학문적 글쓰기와 대중적 글쓰기는 차이가 없었다. 심오하고 진지하지만 동시에 누구나 읽을 수 있도록 써야 한다는 생각만이 있었을 뿐이다. 라마찬드란은 조지 가모프, 루이스 토머스, 피터 메더워, 칼 세이건과 스티븐 제이 굴드의 책을 즐겁게 읽었노라고 말한다.

『두뇌 실험실』은 세밀한 관찰에 입각해 쓴 매우 진지한 책이지만 아주 재미있게 읽을 수 있다. 이 책을 통해 라마찬드란은 이들 위대한 과학 저술가 그룹에 합류하게 되었다. 이 책은 우리 시대에서 가장 독창적이면서도 누구나 읽을 수 있는 신경과학 책이다.

---

*올리버 색스Oliver Sacks는 1933년 영국에서 태어나 런던과 캘리포니아에서 공부하고, 뉴욕 알베르트 아인슈타인 의과대학 신경병 교수와 브롱크스 자치구 자선병원인 베스에이브러햄 병원의 신경과 전문의를 거쳐, 지금은 뉴욕대학교 의학대학 신경학과 부교수, 알베르트 아인슈타인 의과대학 신경학과 임상교수로 재직 중이다. 뉴욕에서 신경과 개업의로도 활동 중이다. 지은 책으로는 『아내를 모자로 착각한 남자』『엉클 텅스텐』『화성의 인류학자』 등 다수가 있다.

어느 분야이든 가장 특이한 것을 찾아내 탐구하라.

- 존 아치볼드 휠러

나는 몇 년 동안 이 책을 머릿속으로 구상하고 있었지만 실제로 쓸 기회를 찾지 못하고 있었다. 그러던 중, 3년쯤 전 신경과학회에서 '두뇌 연구 10년'이라는 제목으로 4천 명 이상의 과학자를 상대로 강의를 할 기회가 있었다. 거기서 나는 환상사지, 신체상, 그리고 혼란스러운 자아의 본성 등에 대한 나의 연구 결과를 발표했다. 강의가 끝나자마자 청중의 포화와 같은 질문이 쏟아졌다.

건강이나 질병과 관련해 마음은 신체에 어떤 영향을 미치는가? 오른쪽 두뇌를 어떻게 자극해야 보다 창조적이 되는가? 천식이나 암을 치유하는 데 우리의 심적인 태도가 정말로 도움이 되는가? 최면은 실제로 존재하는 현상인가? 뇌졸중에 따른 마비현상을 치료하는 데 내 연구 결과가 새로운 방법을 제시하고 있는가? 학생들과 동료들에게서, 그리고 몇몇 출판사에서 교과서를 써보라는 제안을 받기도 했다. 교과서를 쓰는 일은 내 기호에 맞지 않았다. 대신 내가 치료한 신경병 환자들과의 경험을 다루는, 두뇌에 관한 대중적인 책을 쓰는 것이 더 재미있는 일이 될 것이라 생각했다.

지난 10여 년간 여러 사례들을 연구함으로써 나는 인간의 두뇌가 어떻게 작용하는가에 대해 새로운 통찰을 갖게 되었고, 이러한 생각들을 전달하고 싶은 강렬한 욕구를 갖게 되었다. 누구든지 이와 같은 매우 재미난 일에 관여하고 있다면, 그와 관련된 생각을 다른 사람들과 나누고 싶어 하는 것은 자연스러운 인간의 본성일 것이다. 뿐만 아니라 그렇게 하는 것이 궁극적으로는 국립보건원의 연구비를 통해 내 연구를 지원해준 납세자들에 대한 의무라는 생각도 들었다.

대중을 대상으로 하는 과학책은 17세기 갈릴레오까지 거슬러 올라가는 풍부하고 유서 깊은 전통을 가지고 있다. 실제로 대중적인 과학책은 갈릴레오가 자신의 생각을 전달하는 가장 주요한 방법이었다. 그는 책 속에서 그의 선생들을 섞어놓은 듯한 가상의 상대 심플리치오에게 신랄한 비판을 쏟아냈다. 찰스 다윈이 쓴 유명한 책들은 거의 대부분이 출판업자 존 머레이의 요청에 따라 일반 대중을 대상으로 씌어진 것이다. 기러기에 관한 두 권의 학술 논문을 제외하고, 『종의 기원』, 『인간의 유래』, 『인간과 동물의 감정 표현』, 『식충성 식물의 습성』 등이 그러하다. 토머스 헉슬리, 마이클 패러데이, 험프리 데이비, 그리고 빅토리아 시대의 많은 과학자들의 저작도 마찬가지다. 패러데이의 『양초의 화학사』는 어린이들을 위한 크리스마스 강좌를 기초로 쓴 책이며, 오늘날까지 고전으로 남아 있다.

내가 이 모든 책을 읽은 것은 아님을 고백해야겠다. 하지만 나는 대중적 과학책들에 대해 커다란 지적 채무를 지고 있다. 이 점에 대해서는 다른 많은 과학자들도 비슷한 느낌을 가지고 있다. 솔크 연구소의 프랜시스 크릭 박사는, 어윈 슈뢰딩거의 대중서 『생명이란 무엇인가?』에 어떻게 유전이 화학물질에 기반할 수 있는가에 대한 사변적 언급이 포함되어 있다고 말해준 적이 있다. 이 책은 자신의 지적인 발전에 심오한 영향을 끼쳤으며, 결국 그는 제임스 왓슨과 함께 유전부호의 비밀을 발견하게 되었다. 노벨상을 수상한 많은 물리학자들은 1926년에 출간된 폴 드 크루이프의 『미생물 사냥꾼』을 읽은 다음 자신들의 연구 인생을 시작했다. 과학적 연구에 대한 나의 호기심도 조지 가모프, 루이스 토머스, 피터 메더워 등의 책을 읽었던 10대 초반으로 거슬러 올라간다. 그리고 이제는 올리버 색스, 스티븐 제이 굴드, 칼 세이건, 댄 데닛, 리처드 그레고리, 리처드 도킨스, 폴 데이비스, 콜린 블레이크모어, 스티븐 핑커와 같은 새로운 세대의 작가들이 계속해서 이 호기심을 자극하고 있다.

6년쯤 전, 나는 DNA구조의 공동발견자인 프랜시스 크릭에게서 전화 한 통을 받았다. 그는 『놀라운 가설』이라는, 두뇌에 관한 대중서를 쓰고 있다고 말했다. 크릭은 이미 초고를 완성했으며 원고를 편집자에게 보냈노라고 또렷한 영국식 억양으로 말했다. 편집자는 원고 내용은 매우 좋지만, 전문가들만이 이해할 수 있는 용어들이 여전히 남아 있으니 일반인들에게 원고를 보여주면 어떻겠냐고 제안했다. 크릭은 무척 흥분해서 나에게 말했다. "라마, 문제는 내가 아는 일반인이 없다는 것입니다. 혹시 이 책을 보여줄 만한 보통 사람을 알고 있습니까?" 나는 처음에 그가 농담을 하는 줄 알았지만, 이내 그가 매우 진지하다는 것을 깨달았다. 개인적으로 아는 보통 사람이 아무도 없다고 말할 수는 없겠지만, 나는 크릭이 처한 곤경에 충분히 공감할 수 있었다.

대중적인 책을 쓰려고 할 때 전문적인 과학자는 언제나 위험한 줄타기를 하게 된다. 한편으로는 일반 독자들이 이해할 수 있도록 써야 하고, 또 다른 한편으로는 지나친 단순화를 경계해 전문가들의 불평을 사는 일이 없도록 해야 한다.

내가 마련한 해결책은 주註에 공을 들이는 것이었다. 주는 세 가지 역할을 하고 있다. 첫째, 어떤 생각을 단순화시킬 필요가 있을 때마다 나와 공동저자 샌드라 블레이크스리는 주를 통해 이러한 단순화에 제한을 가하고, 예외적인 것을 지적하거나, 몇몇 경우에는 그러한 결과들이 예비적인 것에 불과하거나 논란의 여지가 있음을 분명히 했다. 둘째로, 우리는 본문에 간략히 언급된 사항들을 부연하고 확충하기 위해 주를 이용했다. 이를 통해 독자들은 관련 주제들을 보다 깊이 탐구할 수 있을 것이다. 또한 독자들은 주를 통해서 원래의 참고문헌이나 비슷한 주제를 연구하고 있는 사람들이 누구인지 알 수 있을 것이다. 연구물이 언급되지 않은 연구자들에게는 사의를 표한다. 내가 할 수 있는 유일한 변명은 이런 종류의 책에서는 그런 누락이 불가

피하다는 것이다. (어떤 때는 주의 분량이 본문의 길이를 넘어서기도 했다.) 그리고 본문에서 언급하지 않았더라도 가능한 한 많은 수의 적절한 참고문헌을 책 말미의 참고문헌 목록에 포함시키고자 노력했다.

이 책은 여러 신경병 환자들의 실제 사례에 기초하고 있다. 그들의 신원을 보호하기 위해 모두 가명을 사용했고 상황이나 결정적인 특징들을 수정하는 일반적인 절차를 따랐다. 이 책에서 나의 목적은 무시 증후군neglect syndrome이나 측두엽 간질 temporal lobe epilepsy 같은 장애의 특징적인 측면들을 예시하는 것이다. 몇몇 경우는 여러 환자의 실제 사례를 복합시켜놓은 것이며, 의학서적에서 고전적인 예들을 빌려오기도 했다. H.M.이라는 기억상실증 남자처럼 고전적인 경우를 설명할 때는 보다 자세한 내용을 찾아볼 수 있도록 출처를 밝혔다. 단일 사례의 연구에 기초한 이야기도 있다. 대단히 희귀하거나 특이한 증상을 나타내는 환자의 경우가 거기에 해당한다.

신경학 분야에서는 두 가지 태도 사이에 모종의 긴장이 존재한다. 두뇌에 대해 가장 잘 알 수 있는 길은 수많은 환자들의 사례를 통계적으로 분석하는 것이라고 믿는 사람들과, 비록 단 한 명의 환자일지라도 적당한 환자에게 적절한 실험을 함으로써 보다 유용한 정보를 산출할 수 있다고 믿는 사람들 사이의 긴장이 그것이다. 이는 정말로 쓸데없는 논쟁이다. 이러한 긴장관계를 해소하는 길은 너무나 명백하다. 단일 사례에서 실험을 시작하고, 그 결과를 여러 환자들의 사례를 추가로 연구해 확증하면 되는 것이다.

비유적으로 내가 돼지 한 마리를 당신의 거실로 끌고 들어가 이 돼지가 말을 할 수 있다고 주장하는 경우를 상상해보자. 아마도 당신은 이렇게 말할 것이다. "정말로? 그럼 보여줘." 그러면, 내가 마법 지팡이를 흔들고 돼지는 말을 하기 시작한다. 당신은 이렇게 반응할 것이다. "와! 정말로 놀라운 일이군!" 이런 상황에서 다음과 같이 말하지는 않을 것이다. "에이, 이것은 돼지 한 마리에 불과해. 몇 마리를 더 보여주면 그때 당신 말을 믿도록 할게." 하지만 내가 종사하는 분야에서 많은 사람들은 바로 이와 같은 태도를 취하고 있다.

신경학 분야에서 오랜 실험에서도 밝혀지지 않았던 대부분의 중요한 발견들은 사실상 단일 사례 연구나 공개실험에서 시작되었다. 기억과 관련해서 이야기하자면, 수십 년에 걸쳐 여러 연구 대상의 자료를 평균하는 방법으로 얻어낸 것보다, H.M.이라는 단 한 명의 환자를 며칠간 연구해 알아낸 것이 훨씬 많다. 뇌가 오른쪽 뇌와 왼쪽 뇌로 구성되어 있고 각각 서로 다른 기능을 위해 분화되어 있다는 대뇌반구의 기능 분화나, 두 명의 뇌량 절단 환자를 상대로 행한 실험도 마찬가지다. (뇌량 절단은 뇌의 우측반구와 좌측반구를 이어주는 섬유가 잘린 것이다.) 정상인을 대상으로 50년에 걸쳐서 하는 연구보다도 이 두 사람에게서 훨씬 많은 것을 알아낸 것이다.

신경과학이나 심리학처럼 아직 유년기에 해당하는 과학의 경우에는 공개 실연방식의 실험이 특히 중요한 역할을 한다. 갈릴레오가 사용한 초기의 망원경을 고전적인 사례로 들 수 있다. 보통 갈릴레오가 망원경을 발명했다고 알려져 있지만 사실은 그렇지 않다. 1607년경 네덜란드의 안경 제작자 한스 리페르셰이Hans Lippershey는 판지로 만든 관 속에 두 개의 렌즈를 집어넣어서 보면 멀리 있는 물체가 가까이 보인다는 것을 발견했다. 이 장치는 아이들의 장난감으로 널리 사용되었으며, 이내 프랑스를 포함한 유럽 전역의 시골 장터로 퍼져나갔다.

갈릴레오는 1609년에 이 물건에 대한 이야기를 처음 들었으며, 그것의 잠재력을 금방 알아차렸다. 그는 사람이나 지구상의 다른 물건들을 훔쳐보는 대신 이 관으로 하늘을 쳐다보았다. 이것이야말로 아무도 시도하지 않은 그 무엇이었다. 그는 먼저 이것으로 달을 관찰했고, 달이 분화구와 협곡과 산악으로 덮여 있음을 발견했다. 이를 통해 그는 사람들이 보통 믿고 있는 것과는 달리, 천체가 그리 완벽하지 않음을 알아냈다. 지구상에 있는 물체와 마찬가지로 인간의 눈을 통해 많은 결함이 있고 불완전한 그것들을 관찰할 수 있었다. 그다음 그가 망원경으로 쳐다본 것은 은하수다. 은하수는 사람들이 믿고 있는 것처럼 어떤 동질적인 구름이 아니라, 몇백만 개의 별들로 이루어져 있었다.

가장 경악할 만한 발견은 목성을 쳐다보았을 때 일어났다. 그때까지만 해도, 목성은 하나의 행성이거나 유성으로 알려져 있었다. 목성 근처에서 조그만 세 점을 발견하고, 며칠 후에 그중 하나가 사라졌음을 알았을 때 그가 얼마나 놀랐을지 상상해보라. 처음에 그는 새로운 별들을 발견했다고 생각했다. 며칠을 기다린 다음 목성을 다시 쳐다보았을 때, 그 없어졌던 점이 다시 나타났을 뿐만 아니라 새로운 점 하나가 더 추가되어 있었다. 모두 합해서 세 개가 아니라 네 개의 점이 있었던 것이다. 순간적으로 그는, 달이 지구의 위성인 것과 마찬가지로, 이 네 개의 점도 목성 주위의 궤도를 도는 위성임을 알아차렸다. 이 발견에 내포된 의미는 대단한 것이다. 천체의 모든 것이 지구 중심으로 도는 것이 아님을 단번에 증명한 셈이기 때문이다. 목성이라는 행성의 주위를 도는 네 개의 별이 거기에 있었다. 그 결과 그는 우주에 대한 천동설을 버렸고, 우주의 중심이 지구가 아니라 태양이라는 코페르니쿠스의 견해를 받아들이게 된다. 그리고 망원경으로 금성을 관찰함으로써 이러한 견해에 쐐기를 박는 증거를 마련한다. 한 달이 아니라 1년이 걸린다는 점을 제외한다면, 금성도 달과 마찬가지로 점차 기울고 찬다는 것을 발견한 것이다. 여기에서 갈릴레오는 모든 행성이 태양의 주위를 돌고 있으며 금성은 태양과 지구 사이에 있음을 연역해냈다.

이 모든 것이 두 개의 렌즈를 장착한 판지로 만든 간단한 원통만으로 이루어졌다. 방정식이나 도표, 그 어떤 양적인 측정의 어떤 것도 결부되지 않았다. '단' 한 번의 실험을 통해서였다.

의과 대학생들에게 이 이야기를 해주면 대개 다음과 같은 반응을 보인다. 갈릴레오 시대에는 그런 일이 쉽게 일어날 수 있지만 대부분의 중요한 발견들이 이미 이루어지고 난 20세기에는 그렇지 않다. 이제는 값비싼 장비나 세밀한 측정법에 의존하지 않고는 새로운 연구를 수행할 수 없다. 정말 시시한 대답이다. 아직도 놀라운 발견들은 언제나 당신을 노려보고 있으며 바로 당신의 눈앞에서 발견되기를 기다리고 있다. 문제는 이것을 깨닫지 못한다는 것이다.

한 가지 예를 들어보자. 과거에 모든 의과 대학생들은 궤양이

스트레스에 기인한다고 배웠다. 스트레스로 산이 과도하게 분비되고, 이것이 위나 십이지장의 점막을 침식함으로써 소위 궤양이라는 웅덩이 같은 상처가 생겨난다는 것이다. 몇십 년간 이에 대한 처방은 제산제나 히스타민 수용체 차단제, 미주신경절단(vagotomy: 위에 침투한 산 분비 신경을 절단하는 수술), 심지어 위절제술(gastrectomy: 위의 일부를 제거하는 수술)을 행하는 것이었다.

그러나 호주의 젊은 레지던트 빌 마샬Bill Marshall은 착색된 궤양 부위를 현미경으로 살펴보고, 거기에 일부 건강한 사람들에게서도 발견되는 보통의 박테리아 헬리코박터 파이로리가 가득 있음을 발견했다. 그는 궤양에서 규칙적으로 발견되는 이 박테리아가 궤양을 일으키는 것인지도 모른다는 의문을 품게 되었다. 이 생각을 그의 교수에게 말하자 다음과 같은 대답이 돌아왔다. "그럴 리가 있나. 결코 그럴 리 없네. 스트레스가 궤양을 야기한다는 것은 우리 모두가 알고 있는 사실이지 않나. 자네가 본 것은 기존의 궤양에 발생한 이차감염일 것이야."

그러나 빌 마샬 박사는 이에 굴복하지 않고 통념에 도전해나갔다. 그는 먼저 역학조사를 했고, 그 결과 환자의 헬리코박터균 분포와 십이지궤양의 발생 사이에 강한 상관관계가 있음을 입증했다. 그러나 이러한 발견도 그의 동료들을 설득시키지는 못했다. 급기야 그는 자포자기하는 심정으로 배양하던 박테리아를 삼켜버렸고, 몇 주 후 내시경 검사를 통해 위도에 궤양이 생겼음을 증명했다. 그리고 시험적인 진료를 시도했다. 그 결과, 산 차단제만을 처방한 대조군과 비교해 항생제와 비스무트

bismuth, 메트로니다졸(metronidazole: 플라질Flagyl이라는 살균제)을 조합해 치료한 환자가 훨씬 빠른 속도로 회복되고 재발률도 낮다는 것을 입증했다.

내가 이런 이야기를 하는 이유는, 단 한 명의 의대생이나 레지던트라도, 새로운 사고와 열린 마음만 가지고 있다면 복잡한 장비 없이 의료활동에 혁명을 가져올 수 있다는 것을 강조하기 위해서이다. 우리는 바로 이런 정신에 입각해 연구해야 한다. 자연이 무엇을 감추고 있는지는 아무도 알지 못하기 때문이다.

사변이라는 단어에 대해서도 한마디 해야겠다. 이 말은 몇몇 과학자들 사이에서 경멸적인 어조로 사용된다. 어떤 이의 생각에 대해 '순전한 사변'이라고 말하는 것은 종종 모욕적인 것으로 치부되어왔다. 이는 불행한 일이다. 영국의 생물학자 피터 메더워가 지적했듯이, 진실이 무엇인가에 대한 상상력 가득한 발상의 전환이야말로 모든 위대한 과학적 발견의 출발점이다. 역설적이지만 그러한 사변이 틀린 것으로 판명되었을 때도 이 말은 종종 사실이다.

찰스 다윈의 말에 귀기울여보자. "거짓된 사실은 과학의 진보에 매우 유해하다. 왜냐하면 이들은 매우 오래 지속되기 때문이다. 그러나 거짓된 가설은 전혀 무해하다. 모든 사람들이 그것의 거짓을 증명하는 유익한 즐거움을 누릴 수 있기 때문이다. 그리고 그 목적이 달성되고 나면, 오류로 향하는 하나의 길이 봉쇄되는 동시에 보통은 진리로 향하는 길이 열린다."

사변과 건강한 회의주의의 변증법적 관계 속에서 최선의 연구가 나온다는 것은 모든 과학자들이 알고 있는 사실이다. 물론

이 두 가지가 동일한 두뇌 속에 존재하는 것이 이상적일 것이다. 하지만 반드시 그럴 필요는 없다. 양 극단을 대표하는 사람들이 있게 마련이며, 모든 생각은 종국적으로 무자비한 시험을 거치게 되기 때문이다. 상온의 핵융합처럼 그중 많은 것들은 거부될 것이고, 궤양이 박테리아에 의해 야기된다는 견해 같은 생각들은 기존의 견해를 뒤흔들어놓을 것이다.

여러분이 읽게 될 내용 중의 많은 것들은 처음에는 단순한 육감에서 시작해 나중에야 비로소 다른 집단을 통해 확인된 것이다(환상사지, 무시 증후군, 맹시, 카프그라 증후군에 대한 장). 몇몇 장들은 초기 단계의 연구를 기술한 것이며, 솔직히 말하자면 아직은 많은 부분들이 사변적이다(부정과 측두엽 간질에 관한 장). 때때로 나는 여러분들을 과학적 탐구의 극단까지 데리고 갈 것이다.

어느 부분이 사변적이며 어느 부분이 관찰을 통해 잘 입증되었는지 명확히 서술하는 것은 모든 저자를 따라다니는 임무라고 나는 확신한다. 이 책 전체를 통해 이러한 구분을 명확히 하기 위해 모든 노력을 다했다. 때로는 본문에도 단서를 달아 의견을 보류하거나 주의를 촉구했고, 특히 주를 통해 그렇게 했다. 사실과 공상 사이에서 중용을 취함으로써, 제기된 질문들에 대해 딱딱하고 조급한 대답을 제공하기보다는, 여러분의 지적 호기심을 자극하고 이해의 지평을 넓혔기를 희망한다.

"흥미로운 시간 속에 살게 하소서"라는 유명한 구절은 두뇌와 인간의 행동을 연구하는 학자들에게 이제 특별한 의미를 갖게 되었다. 한편으로는, 비록 200여 년에 걸친 연구에도 불구하고 우리는 아직 의식이란 무엇인가와 같은 포괄적인 질문뿐 아니라 인간의 마음에 관한 가장 기초적인 질문들에 대해서도 대답하지 못하고 있다.

가령, 우리는 어떻게 얼굴을 인지하는가? 우리는 왜 우는가? 우리는 왜 웃는가? 우리는 왜 꿈을 꾸는가? 우리는 왜 음악이나 미술을 즐기는가? 다른 한편으로, 새로운 실험방식 및 영상기술의 출현은 분명히 인간 두뇌에 대한 우리의 이해를 뒤바꾸어놓을 것이다. 나는 인류 역사상 가장 위대한 혁명은 바로 우리 자신을 이해하는 것이라고 생각한다. 그리고 이 혁명을 목격할 수 있게 된 것은 우리와 그다음 세대에게만 주어진 특권이다. 이러한 전망은 고무적인 것이지만 동시에 사람을 불안하게 만들기도 한다.

어깨 너머로 뒤돌아볼 수 있을 뿐만 아니라 자신의 기원에 질문을 던질 수 있는 종으로 진화한, 유성생식을 하는 털 없는 영장류에게는 분명 그것만의 독특한 점이 있다. 더욱 특이한 점은, 두뇌는 다른 존재의 두뇌들이 어떻게 작용하는지 알아낼 수 있을뿐더러, 자기 자신의 존재에 대해서도 의문을 던질 수 있다는 것이다.

나는 누구인가? 사후에는 무슨 일이 일어나는가? 내 마음은 전적으로 내 두뇌의 뉴런에서 발생하는 것일까? 만일 그렇다면, 자유의지를 위한 여지는 남아 있는가? 신경과학이 매혹적인 이유는, 두뇌가 스스로를 이해하기 위해서 애쓰는 것과 같이, 바로 이들 질문들이 갖는 순환적인 성격 때문이다.

차 례

우리는 결손을 통하여 재능을 알 수 있고,

예외를 통하여 규칙을 알 수 있으며,

병리를 연구함으로써 건강의 표본을 만들어낼 수 있을 것이다.

그리고 무엇보다 중요한 것은,

아직까지는 우리가 상상만 할 수 있는 그런 방식으로,

우리 스스로의 삶에 영향을 미치고 스스로의 운명을 만들며

우리 스스로와 사회를 변화시키기 위해 필요한 통찰과 도구들이

이 표본으로부터 발전될 수 있다는 것이다.

— 로렌스 밀러

1

두 뇌 속 의 유 령 들

안이나 밖, 위나 아래, 주위의 어디에도
단지 상자 속에서 벌어지는 마법의 그림자 쇼만이 있을 뿐이다.
태양인 촛불의 주위를 따라 우리 허깨비들이 오고 간다.
- 우마르 하이얌의 『루바이야트』

경애하는 왓슨 박사, 당신도 나처럼 관습과 일상의 단조로움에서
벗어난 기이한 모든 것들을 좋아한다는 사실을 알고 있소.
- 셜록 홈스

금줄에 보석이 박힌 십자가가 달려 있는 목걸이를 한 남자가
내 사무실에 앉아 있다. 그는 신과 자신이 나눈 대화에 관해 말
하고 있다. 우주의 '진정한 의미', 즉 표면적인 모든 현상의 배
후에 놓여 있는 심오한 진리에 관한 이야기였다. 귀기울이기만
하면 이 우주는 온갖 영적 메시지들로 가득 차 있다고 그는 말
한다. 나는 그의 진료기록을 힐끔 쳐다보았다. 그는 사춘기 초
엽 이후부터 측두엽 간질을 앓고 있었다. '신이 그에게 말을 걸
기 시작한' 것도 바로 그 무렵부터였다. 그의 종교적 경험과 측

두엽에서 일어난 뇌졸중은 어떤 연관이 있는 것일까?

한 아마추어 운동선수가 오토바이 사고로 한쪽 팔을 잃었다. 하지만 그는 계속해서 환상 팔이 움직이는 감각을 생생하게 느낀다. 없어진 팔을 허공에 흔들 수도 있으며, 사물을 '만질' 수도 있고, 심지어 팔을 뻗어 커피 잔을 움켜쥘 수도 있다. 내가 갑자기 커피 잔을 치워버리면 그는 고통스러운 비명을 지른다. 그는 몸을 움츠리면서 이렇게 말한다. "아이고, 커피 잔이 손가락을 비틀며 빠져나가는 것을 느낄 수 있었습니다."

한 간호사의 경우, 시야에 커다란 맹점이 생겼다. 그러나 경악스럽게도 그녀는 그 맹점 안에서 가끔 만화 주인공들이 뛰어다니는 것을 보게 되었다. 앞에 앉아 있는 나를 보고 있는 동안에도, 그녀는 벅스버니나 엘머퍼드, 로드러너가 내 무릎 사이에 있는 것을 본다. 때로 그녀는 자신이 아는 실제 사람을 만화로 그린 모습으로 보기도 한다.

한 학교 선생은 뇌졸중으로 몸의 왼쪽이 마비되었다. 하지만 그녀는 왼팔이 마비되지 않았다고 주장한다. 한번은 내가 침대에 놓여 있는 그녀의 팔이 누구 것이냐고 묻자 그녀는 남동생 것이라고 대답했다.

필라델피아에 사는 한 사서는 다른 종류의 뇌졸중으로 웃음을 통제할 수 없게 되었다. 이 웃음은 하루 종일 계속되었고, 말 그대로 그녀가 웃으면서 죽은 다음에야 멈추었다.

그리고 마지막으로 아서라는 젊은이가 있다. 아서는 자동차 사고를 당해 머리에 끔찍한 중상을 입었다. 사고 후에 그는 자신의 부모들이 똑같이 생긴 복제인간으로 바뀌었다고 주장한다. 그들의 얼굴을 알아볼 수는 있지만, 뭔가 이상한 느낌이 들고 친숙함을 전혀 느낄 수 없다는 것이다. 이러한 상황을 이해할 수 있는 유일한 방도는 현재 부모가 가짜라고 가정하는 것이었다.

정체를 알 수 없는 장애들

이들 중 '미친' 사람은 아무도 없다. 이들을 정신과 의사에게 보이는 것은 시간 낭비일 뿐이다. 이들은 모두 두뇌의 특정 부위에 손상을 입었으며, 그 결과 기이하지만 매우 특징적인 행동의 변화를 겪게 되었을 뿐이다. 그들은 어떤 목소리를 듣게 되고, 잃어버린 사지를 느끼며, 아무도 보지 않는 대상을 보게 되고, 타인이나 우리가 살고 있는 세계에 대해 명백한 것들을 부정하면서 엉뚱하고 비정상적인 주장을 하게 된다. 그러나 여타 대부분의 것에 대해 이들은 이해력이 뛰어나고 이성적이며, 당신이나 나와 비교해서 전혀 미치지 않았다.

이와 같은 정체를 알 수 없는 장애들은 오랫동안 의사들의 호기심을 자극했고 동시에 혼란을 가져왔다. 이런 사례들은 대개 신기한 일 정도로 기록되었다. 사례 연구들은 '정리 후 잊어버릴 것'이라는 라벨이 붙은 서랍 속으로 처박히는 신세였다. 이들 환자들을 치료한 대부분의 신경과 의사들은 그들이 기이한 행동을 설명하는 일에 별다른 관심을 보이지 않았다. 의사들의 목표는 증상을 완화시켜 환자들이 건강을 되찾게 만드는 것이었다. 그리고 이는 두뇌가 어떻게 작동하는지 더 깊이 파헤치거나 배우는 일로 연결되지 않았다.

간혹 정신과 의사들은 기이한 증후들을 설명하기 위해 임시변통의 이론을 고안하기도 한다. 기이한 상태들을 설명하기 위해서는 기이한 이론이 필요하다는 듯이. 특이한 증상들은 환자의 성장 과정(어릴 때의 나쁜 기억)이나 심지어 어머니의 탓(잘못된 양육)으로 돌려진다. 이 책은 이 입장들과 반대의 견해를 취한다. 앞으로 자세히 듣게 될 이 환자들의 이야기는 우리 인간의 두뇌가 어떻게 작동하는지 알려줄 길잡이가 될 것이다. 이들 증상들은 단순한 호기심거리가 아니다. 그것들은 정상적인 인간의 마음과 두뇌가 작동하는 근본적인 원리들을 예시해줄 것이며, 신체상, 언어, 웃음, 꿈, 우울의 본성 등 인간적 특질의 본성을 이해하는 데 빛을 던져줄 것이다.

어떤 농담은 우습지만 다른 농담들은 왜 우습지 않은가? 당신은 웃을 때 왜 터져나오는 소리를 내게 되는가? 당신은 왜 신을 믿거나 믿지 않는가? 왜 누군가가 당신의 발가락을 빨면 성적인 흥분을 느끼게 되는가? 이런 궁금증을 가진 적이 있는가? 놀랍게도 이제 최소한 이런 문제의 일부에 대해서는 과학적으로 답할 수 있게 되었다. 위와 같은 환자들을 연구함으로써 심지어 우리는 자아의 본성 같은 고상한 '철학적' 문제도 다룰 수 있게 되었다. 왜 우리는 시간과 공간을 관통해 동일한 인격으로 지속할 수 있는가? 끊어지지 않는 주관적 경험의 통일성을 야기하는 것은 무엇인가? 선택을 하거나 특정 행위를 의도하는 것은 무엇을 의미하는가? 보다 일반적으로 말한다면, 어떻게 한 움큼

밖에 되지 않는 두뇌 세포질의 활동에서 의식적인 경험이 생겨나는가?

철학자들은 이런 문제들에 대해 논쟁하기를 좋아하지만 이제 실험적으로 이 문제들에 접근할 수 있음이 분명해지고 있다. 우리는 환자들을 병원에서 실험실로 옮겨와서 두뇌의 깊은 구조를 밝혀줄 실험을 수행할 수 있다. 우리는 프로이트가 중지한 그 지점에서 출발해, 실험인식론(두뇌가 어떻게 지식과 믿음을 표상하는가에 대한 연구)이나 인지신경정신의학(심적인 것과 두뇌의 물리적 장애의 상호작용)으로 부를 수 있는 영역으로 들어가, 믿음체계, 의식, 심신 상호작용 그리고 여타 인간 행동의 특질들에 대한 실험을 시작할 수 있다.

의학자가 되는 일은 탐정이 되는 것과 크게 다르지 않다. 나는 이 책에서 모든 과학적 탐구의 중심에 놓여 있는 어떤 신비한 느낌을 공유하고자 시도했다. 특히 이런 느낌은 우리가 자신의 마음을 이해하고자 노력할 때 더욱 분명히 나타난다. 각각의 이야기는, 겉으로 설명할 수 없는 증상을 보이는 환자에 대한 서술이나 우리가 왜 웃는가, 우리는 왜 자기기만에 빠지기 쉬운가와 같은 인간의 본성에 관한 광범위한 질문으로 시작할 것이다. 그다음에 우리는 이러한 사례들과 부딪치며 나 자신이 마음속으로 따라갔던 일련의 생각들을 하나하나 따라가볼 것이다.

환상사지와 같은 일부 경우에 대해서는 그 미스터리를 진정으로 해명했다고 주장할 수 있다. 신에 대한 장에서와 같이 또 다른 문제들은 매우 근접하기는 했지만 여전히 해결되지 않은 채 남아 있다. 그 사례를 해결했는지의 여부와 상관없이, 이들 탐구에 동반하는 지적 모험심이 전달되었기를 바란다. 그것이 야말로 모든 학문 중에서 신경학이 가장 매혹적인 이유이다. 셜록 홈스가 왓슨에게 말했던 것처럼, "게임은 계속 진행 중이니까!"

그의 부모가 가짜라고 생각하는 아서의 경우를 보자. 대부분의 의사들은 단순히 그가 미쳤다는 결론을 내리려 할 것이다. 실제로 이는 그런 종류의 장애에 대해서 많은 교과서에 나와 있는 가장 일반적인 설명이다. 그러나 나는 단지 그에게 여러 사람의 사진을 보여주고, 거짓말 탐지기와 유사한 장치를 이용해 땀의 양을 측정함으로써, 그의 두뇌의 어떤 부분이 잘못되었는지 정확히 알아낼 수 있었다(9장 참조). 이는 이 책에서 계속적으로 반복될 주제이다. 우리는 먼저 기이하고 이해할 수 없는 일련의 징후에서 시작해 (최소한 몇몇 경우에는) 환자 두뇌의 신경망에 기초한, 지적으로 만족스러운 설명에 이르게 될 것이다. 이런 과정에서 우리는 두뇌가 어떻게 작동하는지에 대한 새로운 사실을 발견할 뿐만 아니라, 완전히 새로운 연구 방향의 문을 열어놓게 될 것이다.

패러데이의 실험 단계에 있는 의학의 현주소

시작하기 전에 우선 과학에 대한 나의 개인적 접근 방법과 내가 왜 이런 신기한 경우들에 이끌리게 되었는지 이해시키는 것이 중요하다고 생각한다. 전국을 돌아다니면서 일반 청중을 상대로 강연할 때마다 빠지지 않고 나오는 질문이 있다. "언제쯤이면 당신들 두뇌 과학자들이 마음의 작용에 관한 통일된 이론을 제시할 수 있습니까? 물리학에는 아인슈타인의 일반상대성 이론과 뉴턴의 만유인력의 법칙이 있습니다. 왜 두뇌에는 아직 이런 이론이 없을까요?"

아직 우리는 마음과 두뇌에 관한 거대 통합이론을 제시할 수 있는 단계에 이르지 못했다는 것이 내 대답이다. 모든 과학은 고도로 복잡한 이론의 단계에 이르기 전에 실험이나 현상에 의해 견인되는 초기 단계를 거쳐야 한다. 이 초기 단계는 연구자들이 기본적인 법칙을 발견하는 단계이다. 전기나 자기에 대한 생각들이 어떻게 발전해왔는지 살펴보자. 사람들은 수십 세기 동안 자석이나 자철광에 대한 막연한 개념을 가지고 있었고 나침반을 만드는 데 이러한 개념을 사용했다. 하지만 자석을 체계적으로 연구한 최초의 사람은 빅토리아 시대의 물리학자 마이클 패러데이였다.

그는 간단한 두 가지 실험을 통해 놀랄 만한 결과를 산출해냈다. 초등학생 정도라면 누구나 따라 할 수 있는 첫 번째 실험에서, 패러데이는 종이 아래 막대자석을 두고 쇳가루를 종이 위에 뿌리면 쇳가루들이 자력선을 따라서 자발적으로 정렬한다는 것을 발견했다. 이것이 물리학에서 장場의 존재를 증명한 최초의 실험이다. 두 번째 실험에서 패러데이는 막대자석을 철선 코일 안에서 이리저리 움직여보았다. 그러자 놀랍게도 철선에 전류가 발생했다. 이러한 간단한 증명들은 깊은 의미를 함축하고 있다. 이 책도 이러한 예들로 가득하다.[1] 패러데이의 실험은 최초로 자기와 전기를 연결짓는 것이었다. 실험 결과에 대한 패러데이 자신의 해석은 질적인 것이었다. 하지만 이들 실험들은 몇십 년 후 제임스 맥스웰의 유명한 전자기 파동 방정식이 나오게 되는 단서를 마련했다. 맥스웰의 수학공식은 오늘날 모든 물리학의 기초이다.

내가 말하고 싶은 것은 오늘날의 신경과학이 맥스웰의 단계가 아니라 패러데이의 단계에 있다는 것이다. 앞으로 뛰려고 해보아야 아무 소용이 없다. 물론 나 스스로는 반박되는 것을 즐기며, 비록 실패하더라도 두뇌에 대한 공식적인 이론을 구성해보려는 것 자체에 어떤 해악이 있는 것도 아니다. (사실 이러한 시도가 너무 많다.) 사실 나에게 최상의 연구 전략은 '이런저런 궁리를 해보는 것'이다. 내가 이 표현을 사용할 때마다 사람들은 놀라움을 감추지 못한다. 이들은 우리의 직감을 안내할 어떤 고차원적 이론을 마련하지 않은 채 단지 이런저런 궁리를 하는 것만으로는 복잡한 과학을 할 수 있다고 생각하지 않는 것 같다. 하지만 이것이 바로 내가 정확히 의도하는 것이다. (물론 여기서의 직감은 무작위적인 것이 아니며 항상 직관의 안내를 받는다.)

나는 내가 기억할 수 있는 아주 어린 시절부터 과학에 흥미를 느꼈다. 여덟인가 아홉 살 무렵에 화석과 조개껍질을 모으기 시작했고, 분류학과 진화에 매혹을 느꼈다. 얼마 후에는 우리 집 계단 아래에 조그만 화학 실험실을 만들었다. 그곳에서 나는 염산용액 속에서 쇳조각들이 '쏴' 소리를 내며 거품을 일으키는 것을 보고, 거기에 불을 붙일 때 수소가 '펑' 터지는 소리를 들으며 놀았다. (철은 염산과 반응해 염화철과 수소를 만들어낸다.) 이런 간단한 실험에서 너무도 많은 것을 배울 수 있었으며, 우주의 모든 것이 이런 상호작용에 기초해 있다는 것은 너무나 매혹적인 생각이었다. 학교 선생님이 패러데이의 실험에 대해 말해주었을 때가 기억난다. 그런 단순한 실험을 통해 그토록 많은 것을 성취할 수 있다는 것이 나를 사로잡았다. 이런 실험들을 통해 나는 멋진 장비들을 별로 선호하지 않게 되었고, 과학적 혁명을 이루기 위해 복잡한 기계가 꼭 필요한 것은 아니라는 사실도 깨닫게 되었다. 우리에게 필요한 것은 훌륭한 직감일 뿐이다.[2]

나의 또 다른 독특한 성향은 과학을 배울 때 규칙보다는 언제나 예외적인 것에 끌리는 것이다. 고등학교 시절에 나는 왜 요오드만 가열할 경우 녹아서 액체가 되는 중간 과정을 거치지 않고 곧바로 고체에서 기체로 변하는지 궁금했다. 왜 토성에만 고리가 있고 다른 행성들에는 고리가 없는가? 모든 액체가 고체로 변하면 부피가 줄어드는데, 왜 물은 얼음으로 바뀌면서 팽창하는가? 왜 어떤 동물들은 성sex이 없는가? 성장한 개구리와 달리 왜 올챙이는 꼬리가 잘리면 다시 생기는가? 그것은 올챙이가 어리기 때문인가, 아니면 올챙이이기 때문인가? 수조에 티오우라실 몇 방울을 떨어뜨려 갑상선 호르몬의 작용을 방해하면 변태 과정을 늦추어 아주 늙은 올챙이를 만들 수 있을까? 이렇게 만들어진 노인 올챙이의 경우에도 잘린 꼬리가 다시 자랄까? (어린 학생일 때 나는 이런 문제들에 대해 나름대로 그럴듯한 답변을 시도해본 적이 있다. 내가 아는 한 아직도 우리는 정확한 해답을 모른다.)[3]

물론 이런 이상한 경우를 살피는 것이 과학을 하는 유일한 방식은 아니며, 최선의 방식은 더더구나 아니다. 이런 방식이 대단히 재미있기는 하지만 모든 사람들의 구미에 맞는 것도 아니다. 그러나 어린 시절 이후에 나는 줄곧 정상에서 벗어난 것들에 이끌렸으며, 그것을 일종의 장점으로 전환시킬 수 있었다. 임상신경학은 기존의 확립된 지식과 잘 맞지 않아서 무시되어 버린 수많은 사례로 넘쳐난다. 이들 중의 많은 것이 가공되지 않은 다이아몬드 같은 것임을 발견한 것은 기쁜 일이다.

가령, 심신의학의 주장에 회의적인 사람들은 다중인격장애 multiple personality disorder를 살펴볼 필요가 있다. 임상의들은 환자들이 다른 페르소나를 취함으로써 눈의 구조를 실제로 '변화'시키고, 인격에 따라 환자의 혈액의 화학구조가 바뀐다고 말한다. (근시를 가진 사람이 원시가 되거나, 파란색 눈을 가진 사람이 갈색 눈을 갖게 된다. 또 한 인격을 취할 때는 고혈당이지만, 다른 인격을 취할 경우 정상 혈당이 된다.) 격렬한 심리적 충격을 겪은 후에 하룻밤 사이 머리카락의 색깔이 하얗게 세거나, 어떤 독실한 수녀의 경우에는 예수와 하나가 되는 영적 체험을 통해 손바닥에 성흔이 생겨났다는 보고도 있다.

30여 년간 연구가 진행되었지만, 놀랍게도 우리는 이런 현상들이 실제인지 아니면 속임수인지 아직 확신할 수 없다. 뭔가 흥미로운 일이 진행되고 있다는 그 모든 단서에도 불구하고, 왜 이러한 주장들을 자세히 조사해보지 않는가? 이것들은 외계인에 의한 납치나 숟가락 구부리기와 같은 것인가, 아니면 X선이나 박테리아의 변형처럼[4] 언젠가는 패러다임의 변화와 과학적 혁명으로 이어질 진정으로 예외적인 현상들인가?

　개인적으로 나는 셜록 홈스식의 탐구방식이 마음에 들어 의학을 공부하게 되었다. 의학은 수많은 불명확함으로 차 있다. 환자의 문제를 진단하는 것은 관찰이나 추리 그리고 인간의 모든 감각을 동원해야 하는 과학인 동시에 일종의 기술이다. 환자의 냄새를 통해 병을 알아내는 법을 가르쳐준 티루벤가담 박사님이 생각난다. 당뇨성 케톤증 환자가 내쉬는 숨에서는 약간 달콤한 매니큐어 냄새가, 장티푸스 환자에게서는 금방 구운 빵 냄새가, 경부림프선결핵 환자에게서는 김빠진 맥주의 고약한 냄새가 난다. 풍진 환자에게서는 막 뽑은 닭 깃털 냄새가, 폐종양 환자에게는 썩은 냄새가, 간이 좋지 않은 사람은 윈덱스의 암모니아 냄새가 난다. (오늘날 소아과 의사라면, 슈도모나스pseudomonas에 감염된 어린이에게서 포도 주스 냄새가 나며, 아이소발레릭산뇨증isovaleric acidemia의 경우 땀에 젖은 발 냄새가 난다는 것을 추가할 수 있을 것이다.) 티루벤가담 박사는 우리에게 손가락을 자세히 살펴보라고 말했다. 손가락과 손톱 밑 부분 사이의 각도에 일어나는 조그만 변화가, 심상치 않은 의학적 징후들이 나타나기 전에 악성 폐암이 시작되었음을 알려줄 수도 있기 때문이다. 놀랍게도 이런 징후는 의사가 수술대 위에서 암을 제거하자마자 사라진다. 하지만 오늘날까지 우리는 왜 이런 일이 발생하는지 이해하지 못하고 있다.

　나에게 신경과학을 가르쳐준 또 다른 교수는, 파킨슨병에 걸린 환자는 발을 끄는 아주 독특한 걸음걸이를 보이므로, 이 병을 진단할 때는 눈을 감고 그 발소리에 귀를 기울여야 한다고 했다. 마치 탐정 수사를 하는 것과 같은 임상의학의 이러한 측면은 첨

단 기술의 의학 시대를 맞이해 거의 사라져가고 있다. 하지만 이 것들은 내 마음속에 하나의 씨앗을 뿌려놓았다. 세밀히 관찰하고 들어보고 만져보고 심지어 환자의 냄새까지 맡아봄으로써 우리 는 매우 합리적인 진단에 도달할 수 있다. 그리고 실험실의 시험 을 통해 이미 이렇게 알아낸 것을 단순히 확증하기만 하면 된다.

마지막으로 환자를 연구하고 치료할 때 '내가 만약 환자의 처지라면 어떤 느낌이 들까?' '만약 내가 그였다면 어떻게 할 까?' 같은 질문을 자신에게 던지는 것은 의사의 의무이다. 이렇 게 함으로써 나는 환자들이 보여주는 용기와 불굴의 의지, 그리 고 역설적이지만 이러한 비극 자체가 환자의 삶을 풍요롭게 하 고 거기에 새로운 의미를 부여해줄 수도 있다는 사실에 대해 끊 임없이 놀라게 되었다. 그런 이유 때문에, 이 책에서 듣게 될 이 야기들은 슬픔으로 가득 차 있기도 하지만, 역경을 딛고 일어선 인간 승리에 관한 이야기라는 점에서 그 기조에는 낙관주의가 흐르고 있다.

예를 들어 내가 살펴본 한 환자는 뉴욕의 신경과 의사로 예순 살에 갑자기 오른쪽 측두엽에 간질 발작을 일으켰다. 발작 자체 는 위급한 것이었지만, 놀랍게도 그는 인생을 통틀어서 처음으 로 시에 매료된 자신을 발견했다. 실제로 그는 운문으로 생각했 으며, 입에서는 운율을 맞춘 말들이 절로 흘러나왔다. 그는 이 런 시적인 관점을 통해 새로운 인생의 기회를 얻게 되었다고 말 했다. 삶에 지쳐 지긋지긋하다는 생각이 들기 시작할 무렵 새 출발을 하게 되었다는 것이다. 이 예에서, 마치 뉴에이지 운동 의 지도자나 신비주의자들이 말하듯이, 우리 모두 아직 실현되지 않은 시인이라는 결론을 이끌어낼 수 있을까? 우리의 우뇌 속 어딘가에 아름다운 운문과 운율을 향한 잠재력이 아직 계발되지 않은 채로 숨겨져 있는 것일까? 만일 그렇다면, 발작을 거치지 않고 이런 잠재적 능력을 끄집어낼 방법은 없을까?

두뇌의 해부학적 구조

환자들을 만나보고 그 신비를 풀거나 두뇌구조에 대한 사변을 펼치기에 앞서, 먼저 인간의 두뇌를 간략하게 안내하고자 한다. 이런 해부학적인 단서들은 왜 신경병 환자들이 그렇게 행동하는가에 대한 새로운 여러 설명들을 보다 잘 이해하도록 도와줄 것이다. 간단하게 설명할 것을 약속한다.

인간의 두뇌가 우주에서 가장 복잡하게 구성된 물질이라는 것은 오늘날에는 거의 진부한 말이다. 그런데 실제로 이 말은 어느 정도는 사실이다. 두뇌의 일부, 가령 신피질이라는 바깥쪽 주름층의 일부를 잘라내 현미경으로 자세히 들여다본다고 하자. 우리는 이것이 신경계의 기본적 작용단위라고 할 수 있는 뉴런과 신경세포로 구성되어 있음을 볼 수 있다. 뉴런과 신경세포에서 정보의 교환이 일어난다. 보통 두뇌는 태어날 때 대략 1,000억 개이상의 뉴런을 가지고 있으며, 나이가 들면서 그 수는 점점 줄어든다. 각각의 뉴런에는 세포체와 수상돌기라는, 다른 뉴런에서 정보를 받아들이는 수만 개의 미세한 가지들이 있다. 또한 세포 바깥으로 정보를 보내기 위한 축삭(혹은 축색돌기, 두뇌 속에서 긴

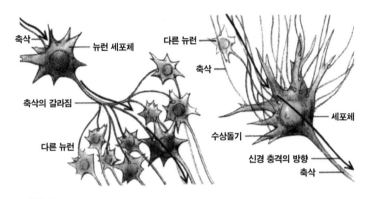

그림 1.1

거리를 여행할 수 있도록 길게 뻗어나와 있는 부분)과 다른 세포와 교신하기 위한 축삭말단이 있다.

그림 1.1을 살펴보면 뉴런들이 시냅스라 부르는 곳에서 다른 뉴런들과 접촉하고 있음을 알 수 있다. 각 뉴런은 수천에서 수만에 이르는 시냅스를 통해 다른 뉴런들과 접촉하고 있다. 시냅스는 스위치를 켜거나 끄는, 자극과 억제의 성격을 띤다. 어떤 시냅스는 액을 분비해 자극하고, 다른 시냅스는 액을 분비해 흥분을 가라앉히는 엄청나게 복잡한 과정이 진행된다. 모래 한 알 크기의 두뇌 조각에는 10만 개 정도의 뉴런, 200만 개의 축색돌기, 10억 개의 시냅스가 들어 있으며, 이들 모두는 서로에게 '말하고' 있다. 이 숫자를 기초로, 두뇌의 가능한 상태의 수(이론적으로 가능한 활동들을 서로 결합하거나 변환시킬 수 있는 숫자)는 우주를 구성하는 미립자의 총 개수를 넘어선다는 계산이 나온다. 이런 복잡성을 가정할 때, 두뇌의 기능을 이해하려면 어디서 시작해야 할까? 물론 그 기능을 이해하려면 신경계의 구조를 이해

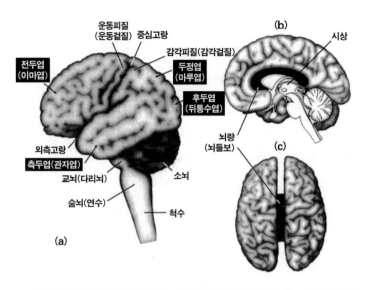

운동피질
(운동겉질) 중심고랑
감각피질(감각겉질)
전두엽
(이마엽)
두정엽
(마루엽)
후두엽
(뒤통수엽)
(b)
시상
뇌량
(뇌들보)
(c)
외측고랑
측두엽(관자엽)
교뇌(다리뇌)
숨뇌(연수)
소뇌
척수
(a)

그림 1.2 인간 두뇌의 해부학적 구조. (a)는 좌뇌 반구의 왼편을 보여준다. 전두엽, 측두엽, 두정엽, 후두엽의 네 개의 엽이 있다. 전두엽과 두정엽은 중심고랑으로 분리되어 있으며, 측두엽과 두정엽은 외측고랑으로 분리되어 있다. (b)는 좌뇌 반구의 내부 단면이다. 가운데 뇌량 혹은 뇌들보(검은색)와 시상(흰색)이 있다. 뇌량은 두 개의 반구를 서로 연결한다. (c)는 위에서 아래로 본 두뇌의 두 반구 모습이다. (a)는 라마찬드란, (b)와 (c)는 제키(1993)에서 가져온 그림이다.

하는 것이 핵심이다.[5]

현재 목적을 위해, 척수 윗부분에서 시작하는 두뇌의 해부학적 구조에 대한 간단한 개관으로 시작하자. 연수라 불리는 이 부분은 척수를 두뇌와 연결시켜주며, 혈압, 심장의 박동, 호흡과 같은 중요한 기능을 관장하는 일군의 세포 혹은 핵을 가지고 있다. 연수는 불룩한 모양의 교뇌에 연결되어 있다. 교뇌에서 뻗어나온 섬유는 운동의 조정을 담당하고 있는 두뇌 뒤편의 주먹만 한 소뇌로 들어간다. 이것들 위에는 호두 모양의 거대한 두 대뇌반구가 자리 잡고 있다. 각 반구는 전두엽, 측두엽, 두정엽, 후두엽의 네 개의 엽으로 나누어진다. 이들에 대해서는 이어지는 장들에서 많은 부분을 배우게 될 것이다(그림 1.2).

각각의 반구는 신체 반대편에 있는 팔, 다리 등의 근육 운동을 조절한다. 오른쪽 뇌는 왼팔을 흔들게 하고, 왼쪽 뇌는 오른쪽 다리로 공을 차게 한다. 두 개의 반구는 뇌량이라는 일군의 섬유로 연결되어 있다. 뇌량이 절단되면 두 개의 반구는 더 이상 서로 교신할 수 없다. 이때 나타나는 증상을 통해 각 반구가 인지 과정에서 어떤 역할을 하고 있는지 알 수 있다. 반구의 바깥 부분은 대뇌피질이라는 여섯 겹의 얇은 세포층으로 이루어져 있다. 이것들은 두개골 속에 꽉 채워넣은 양배추처럼 울퉁불퉁한 모양을 하고 있다.

두뇌 중앙에는 두 개의 시상이 있다. 시상은 진화적으로 대뇌피질보다 앞서는 것으로 여겨지며, 냄새를 제외한 모든 감각적 정보들이 피질 층에 도달하기에 앞서 반드시 거쳐야 하는 일종의 '중계소' 같은 곳이다. 시상과 피질 사이에는 기저핵이라는 일련의 핵이 자리 잡고 있다. (이들 핵에는 조가비핵, 미상핵 등의 이름이 붙어 있다.) 마지막으로 시상 바닥 쪽으로 신진대사, 호르몬 분비, 공격성이나 공포, 성 등의 다양한 기본적 욕구를 조절하는 시상하부가 있다.

이들 해부학적 사실은 이미 오래전부터 알려져 있었다. 그러나 아직도 우리는 두뇌가 어떻게 작동하는지 명확하게 알지 못한다.[6] 과거의 이론들은 단원성과 전체론이라는 경쟁적인 두 입장으로 나눌 수 있다. 지난 3백 년 동안 시계추는 이 두 극단의 관점 사이를 오고 갔다. 스펙트럼의 한 끝에는 두뇌의 각 부분이 특정한 심적 능력을 위해 전문화되어 있다고 믿는 모듈주의자들이 있다. 가령, 언어, 기억, 수학적 능력, 얼굴 인식 등에 대한 모듈이 있으며, 심지어 거짓말하는 사람을 찾아내는 모듈도 있을 수 있다. 이들은 모듈 혹은 각 영역이 상당히 자율적이라고 주장한다. 개개의 모듈은 자기에게 주어진 일이나 계산만을 수행하며 그 결과를 동일 계열에 위치한 다음 모듈에게 넘겨주며, 다른 영역의 모듈과는 많은 '말'을 나누지 않는다.

스펙트럼의 반대편에는 '전체론'이 있다. 오늘날 '연결주의'라고 부르는 입장과 겹치는 이론적 접근방식이다. 이 입장에 따르면 두뇌는 하나의 전체로 기능하며, 각각의 부분은 다른 모든 부분들과 동일하게 중요하다. 전체론적 견해는 여러 영역들이 복수의 여러 작업을 위하여 활용될 수 있다는 사실을 통해 옹호된다. 피질 부위가 특히 그러하다. 전체론자들은 모든 것은 다른 것에 연결되어 있으며, 구분되는 모듈을 찾으려는 노력은 시간 낭비일 뿐이라고 말한다.

환자들을 통한 나 자신의 연구 결과는 이 두 관점이 상호 배타적이지 않음을 보여준다. 두뇌는 경이로울 정도로 복잡한 상호작용 속에서 이 두 가지 '모드'를 모두 취하는 동적인 조직이다. 인간이 갖고 있는 잠재력의 크기는, 극단적인 한 입장에 빠지거나 특정 기능의 국소화 여부를 따져 묻는 것이 아니라, 이러한 가능성 모두를 고려할 때만 드러난다.[7] 앞으로 보게 되겠지만, 어떤 한 입장에 매달리는 것보다는 각각의 문제들을 주어진 그대로 공략하는 것이 훨씬 유익하다.

각각의 극단적인 입장은 실제로는 터무니없는 것이다. 비유를

들어서 당신이 텔레비전 프로그램 〈SOS 해상 기동대〉를 시청한다
고 해보자. 해상 기동대가 있는 곳은 어디인가? 텔레비전 화면의
반짝이는 형광화소 속인가, 아니면 브라운관에서 춤추는 전자들
속인가? 공기를 통해 전송되는 전자기파 속인가, 아니면 그 드라
마를 송출하는 방송국 스튜디오의 셀룰로이드 필름이나 비디오테
이프 속인가? 혹은 연기하는 배우들을 향한 카메라 속에 있는가?

대부분의 사람들은 이런 질문들이 의미 없는 것임을 즉각 인
정할 것이다. 혹자는 해상 기동대가 어떤 특정한 장소에 국한되
어 있지 않으며, 그런 의미에서 전 우주에 퍼져 있다고 말할지
도 모른다. 하지만 이는 불합리하다. 우리는 해상 기동대가 달
이나, 내가 기르는 고양이, 내가 앉아 있는 의자, 그 어디에도 위
치하지 않음을 알고 있다. (물론 전자기파의 일부가 이들 위치에 다
다를 수는 있을 것이다.) 달이나 고양이, 내 의자보다는, 형광화
소, 브라운관, 전자기파, 셀룰로이드 필름, 비디오테이프가 우
리가 해상 기동대라고 부르는 것에 보다 직접적으로 연관되어
있다는 것은 너무도 분명하다.

만일 우리가 텔레비전 프로그램이라는 것이 진정으로 무엇
인가를 이해한다면, '그 프로그램이 어디에 위치하는가?' 라는
질문은 뒤로 물러나고, '그것은 어떻게 이루어지는가?' 의 질문
으로 대체된다. 동시에 브라운관이나 전자총을 관찰함으로써,
텔레비전 수상기가 어떻게 작동하고 이것이 공중으로 방송되는
해상 기동대 프로그램을 어떻게 수신하는지에 대한 단서를 얻
을 수 있다는 것은 너무나 명백하다. 하지만 우리가 앉아 있는
의자를 관찰해서는 결코 그럴 수 없다. 그런 의미에서 국소화의

문제는, 우리가 이것이 모든 질문에 답해줄 것이라 생각하는 함
정에 빠지지 않는 한, 그리 나쁘지 않은 출발점이다.

이 점은 두뇌의 기능에 대한 최근의 많은 논쟁적 사안들에 대
해서도 마찬가지로 적용된다. 언어는 국소화될 수 있는가? 색
시각은? 웃음은? 일단 우리가 이들 기능들을 더 잘 이해하고 나
면, '어디에'의 질문은 '어떻게'의 질문보다 덜 중요해진다. 현
재 알려진 바에 따르면, 다양한 심적 능력에 대해 두뇌의 전문
화된 모듈이나 영역이 있다는 생각은 많은 경험적 증거의 지지
를 받고 있다. 그러나 두뇌를 이해하는 진정한 비밀은 각 모듈
의 구조나 기능을 밝혀내는 일뿐만 아니라 우리가 인간 본성이
라고 부르는 모든 능력들을 산출하기 위해 이것들이 어떻게 상
호작용하는지 발견하는 데 있다.

바로 이 지점에서 특이한 신경학적 상태에 처한 환자들이 중
요해진다. 범죄가 일어났음에도 짖지 않았던 개의 비정상적 행위
는, 살인이 일어난 그날 저녁 누가 집으로 들어왔는가에 대한 단
서를 셜록 홈스에게 제공한다. 이와 마찬가지로 환자들의 기이한
행위는, 다양한 두뇌 부분들이 유용한 외부세계의 표상을 만들어
내고 시간과 공간 속에 지속하는 '자아'라는 환상을 산출하는 신
비를 푸는 일에 도움을 줄 것이다.

잠재적 자살 충동을 지닌 여인

이런 식으로 과학을 하는 것에 대한 이해를 돕기 위해, 옛날

의 신경학 교과서에서 가져온 생생한 사례와 거기서 우리가 배울 수 있는 것들을 살펴보자.

50여 년 전 한 중년 여인이 정확한 진단을 내리는 것으로 세계적인 명성을 얻고 있는 쿠르트 골드스타인의 병원을 찾았다. 그 여인은 정상으로 보였고 대화에도 막힘이 없었다. 겉으로 보기에 잘못된 것은 아무것도 없었다. 그러나 그 여인은 딱 한 가지 매우 이상한 문제를 가지고 있었다. 때로 그녀의 왼손이 목을 졸라서 자신을 죽이려 한다는 것이다. 그때마다 그녀는 스트레인지러브 박사(스탠리 큐브릭 감독의 영화 〈닥터 스트레인지러브〉의 주인공―옮긴이)를 연기하는 피터 셀러스처럼, 오른손을 이용해 왼손을 통제하고 원래 자리로 되돌려놓기 위해 씨름해야 했다. 때로 그녀는 너무나 결연하게 자신을 죽이려고 하는 이 손을 깔고 앉아 있어야만 했다.

담당의사는 당연히 그녀가 정신적으로 불안하거나 히스테리증이 있다고 보고, 치료를 위해 여러 명의 정신과 의사에게 보이도록 했다. 정신과 의사들도 아무런 도움이 되지 않자, 마침내 어려운 사례들을 진단하는 데 명망이 높았던 골드스타인 박사에게 그녀를 보냈다. 골드스타인은 그녀를 검진한 후에 그녀가 정신병에 걸렸거나 히스테리를 부리는 것이 아님을 알아차렸다. 그녀는 마비나 과대 반사 같은 신경학적 결함도 명백하게 보이지 않았다. 하지만 얼마 지나지 않아 골드스타인은 그녀의 이상한 행동을 설명할 수 있게 되었다.

우리와 마찬가지로, 그 여인에게도 두 개의 대뇌반구가 있다. 각 대뇌반구는 서로 다른 심적 능력을 위해 특화되어 있으며,

각기 반대쪽 몸의 운동을 통제한다. 두 개의 대뇌반구는 뇌량이라는 일단의 섬유를 통해 연결되어 있고, 이 뇌량을 통해 서로 교신을 하고 '조화'를 이룬다. 그런데 우리 대부분과는 달리, 왼쪽 손을 관장하는 이 여인의 오른쪽 대뇌반구는 실제로 자신을 죽이려는 잠재적 자살 충동을 가지고 있었던 것으로 판단되었다. 처음에 이러한 충동은 이성적인 왼쪽 반구에서 뇌량을 거쳐 오는 억제 메시지를 통해 저지되었을 것이다. 그런데 뇌졸중으로 뇌량이 손상되었다면 이와 같은 억제장치가 사라졌을 것이라 골드스타인은 추측했다. 그녀의 오른쪽 뇌와 왼쪽 손은 이제 그녀를 목 졸라 죽이는 데 아무런 제지를 받지 않게 된 것이다.

이 설명은 얼핏 억지스럽게 들리지만 사실은 그렇지 않다. 오른쪽 뇌가 왼쪽 뇌에 비해 감정적으로 변덕스럽다는 것은 이미 잘 알려져 있는 사실이다. 왼쪽 뇌에 뇌졸중이 일어난 사람은 화를 잘 내며 쉽게 우울해지고 회복의 전망도 비관적이다. 그 이유는 왼쪽 뇌가 손상을 입었을 경우 그 책임을 넘겨받은 오른쪽 뇌가 모든 일에 대해 안달을 내기 때문이다. 반대로 오른쪽 뇌에 손상을 입은 사람은 자신들의 처지에 대해 행복할 정도로 무관심하다. 왼쪽 반구는 오른쪽 반구처럼 그렇게 초조해하지 않는다. (여기에 대해서는 7장에서 좀 더 자세히 이야기하겠다.)

골드스타인이 내놓은 이러한 진단결과는 마치 공상과학 소설의 이야기처럼 받아들여졌을 것이다. 그런데 골드스타인을 방문한 지 얼마 지나지 않아 그 여인이 갑자기 사망했다. 두 번째 뇌졸중 때문으로 추정된다. (스스로 목을 졸라 죽은 것은 아니다.) 사체 해부 결과 골드스타인의 진단이 옳았음이 확증되었다.

스트레인지러브 박사와 같은 이상한 행위를 하기에 앞서, 그녀는 뇌량에 심한 뇌졸중을 일으켰으며 왼쪽 뇌가 더 이상 오른쪽 뇌에 영향력을 행사하거나 말을 '걸' 수 없었던 것이다. 골드스타인은 두 개의 대뇌반구가 각기 다른 일에 특화되어 있음을 보여줌으로써 두뇌 기능의 이중적 본성을 밝혀냈다.

두 개의 '웃음회로'

다음으로 우리가 일상적으로 늘 하는 행위인 미소 짓기를 살펴보자. 우리는 좋아하는 친구를 만나면 반갑게 웃는다. 그런데 친구가 카메라를 들이대며 웃으라고 말하면 어떤 일이 일어나는가? 자연스러운 웃음 대신 억지로 상을 찌푸리며 어색한 표정을 짓게 된다. 별다른 노력을 기울이지 않고도 하루에 수십 번씩 하는 일이지만, 누가 그렇게 하라고 요청할 경우에는 아주 하기 어려운 일이 되는 것이다. 그 이유는 우리가 당황했기 때문이라고 생각할 수도 있을 것이다. 하지만 그것은 답이 될 수 없다. 거울에 비친 자신을 보면서 웃음을 지으려고 해보라. 단언하건데 똑같은 어색함이 거울에 비칠 것이다.

두 경우에 웃음이 서로 다른 이유는, 두뇌의 서로 다른 부위가 이것들을 관장하고 있기 때문이다. 이들 중 하나만이 특화된 '웃음회로'를 가지고 있다. 자발적인 웃음은 기저핵에서 만들어진다. 기저핵은 사고나 계획 등을 수행하는 두뇌의 상부피질과 진화적으로 오래된 시상 사이에 있는 일군의 세포이다. 친구의 얼굴을 마주칠 때, 그 얼굴에서 전해지는 시각적 메시지는 두뇌의 감정 센터나 대뇌 변연계에 도달하고, 여기서 기저핵으로 중계된다. 기저핵은 자연스러운 웃음을 만들기 위해 필요한 근육들의 움직임을 통합적으로 조절한다. 이 회로가 활성화되어서 웃는 웃음이 진짜 웃음이다. 순차적으로 이루어지는 이 모든 사건은 일단 시작되면 사고를 담당하는 대뇌피질이 관여할 틈도 없이 눈 깜짝할 사이에 일어난다.

그런데 사진을 찍을 때 누군가가 웃으라고 하면 어떤 일이 일어나는가? 사진사가 하는 언어적 지시는 청각피질과 언어 센터를 포함하는 두뇌의 고급사유 센터에서 수용되고 이해된다. 여기서 두뇌의 정면에 있는 운동피질로 중계되는데, 운동피질은 피아노를 치거나 머리를 빗는 따위의 의도적이고 숙련된 움직임에 특화되어 있다. 겉으로는 매우 간단해 보이지만, 미소 짓는 일은 수십 개의 조그마한 근육들이 적절한 순서로 조심스럽게 조정되어야 한다. 자연적 미소를 만드는 일에 전문화되어 있지 않은 운동피질에게 이는 한 번도 배운 적이 없는 라흐마니노프 음악을 연주하는 것에 버금가는 일이다. 그러므로 당연히 실패할 수밖에 없다. 강요당한 웃음은 경직되고 부자연스럽다.

두 개의 구분되는 '웃음회로'에 대한 증거는 두뇌 손상 환자들에게서 찾을 수 있다. 만약 신체 왼편의 운동을 조절하는 오른쪽 운동피질에 뇌졸중이 발생하면, 문제는 왼편에서 발생한다. 환자에게 웃기를 요구하면 강요된 억지스러운 웃음을 지어보인다. 이 경우 얼굴의 오른쪽에만 반쪽짜리 웃음을 짓게 되어 더욱 추한 모습이 된다. 그러나 문을 열고 들어서는 사랑하는 친구나 친척을 보면, 이 환자는 입가가 벌어지면서 얼굴 전체에 환하고 자연스러운 웃음을 짓는다. 이 환자의 기저핵은 뇌졸중에 의한 손상을 입지 않았고, 따라서 균형 잡힌 웃음을 만들어내는 특수회로도 온전하게 남아 있기 때문이다.[8]

경미한 뇌졸중을 일으켰지만 본인을 포함해 누구도 그 사람이 웃기 전까지 그 사실을 알아차리지 못하는 경우가 드물게 있다. 사랑하던 사람들은 문득 그가 한쪽 얼굴로만 웃고 있음을 발견하고 놀라게 된다. 그런데 신경과 의사가 그에게 웃어보라고 하면, 부자연스럽기는 하지만 균형 잡힌 웃음을 만들어낸다. 앞의 경우와는 정확히 정반대 경우이다. 이 환자는 두뇌 한쪽에 제한적으로 기저핵에 경미한 뇌졸중을 일으킨 것으로 판명되었다.

하품도 특화된 회로에 대한 증거를 추가로 제공한다. 이미 지적한 것처럼, 많은 뇌졸중 환자들은 손상 부위가 어디냐에 따라서 신체의 왼편이나 오른쪽이 마비된다. 뇌졸중을 일으킨 반대편의 자발적 운동능력을 영원히 상실하게 되는 것이다. 그런데 이런 환자가 하품할 때는 양팔을 자발적으로 쭉 뻗을 수 있다. 그 스스로도 놀랄 일이지만, 마비된 팔이 갑자기 살아나는 것이다! 이는 하품할 때의 팔의 움직임은 두뇌의 다른 경로를 통해 조절되기 때문이다. 이때 경로는 뇌간의 호흡 센터와 밀접히 연관되어 있다.

해마를 잃은 남자

　때로 아주 미세한 두뇌 손상이 손상의 크기에 비교해 터무니없을 정도로 엄청난 문제를 일으키기도 한다. 가령, 10억 개의 세포 중에서 한 점에 해당하는 세포들에 생긴 손상을 생각해보라. 당신은 기억이 두뇌 전체와 연관되어 있다고 생각할지 모르겠다. 내가 '장미'라고 말하면 이는 수많은 연상작용을 일으킨다. 가령, 장미 정원의 이미지, 누군가가 당신에게 처음으로 장미를 주었던 때, 향기, 꽃잎의 부드러운 감촉, 장미라는 이름의 사람 등. '장미' 같은 단순한 개념조차 이처럼 풍부한 수많은 연상을 일으킨다. 이는 기억의 모든 흔적을 저장할 때 두뇌 전체가 연관되었을 것이라는 사실을 시사한다.

　그런데 H.M.으로 알려진 어느 환자의 불행한 이야기는 이와는 다른 결론을 제시한다.[9] H.M.은 매우 치료하기 힘든 종류의 간질을 겪고 있었다. 그를 담당한 의사는 두뇌 양편의 '병든' 조직을 제거하기로 결정했다. 그런데 해마 모양으로 생겨서 해마라 불리는 아주 작은 두 개의 조직(두뇌 양편에 한 개씩)이 수술 부위에 포함되어 있었다. 해마는 새로운 기억의 형성을 관장하는 조직이다. 우리는 이 사실을 H.M.을 수술하고 나서야 비로소 알게 되었다. H.M.은 수술 전에 일어났던 모든 일을 기억할 수 있었지만 더 이상 새로운 기억을 형성할 수 없게 되었다. 지금은 의사들이 해마를 대단히 소중하게 여기고 있으며, 고의로 양쪽 해마를 모두 제거하는 일은 결코 하지 않는다(그림 1.3).

　내가 직접 H.M.을 상대해본 것은 아니다. 그렇지만 나는 알

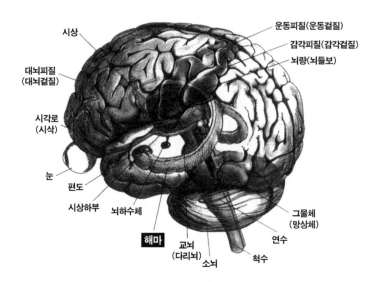

시상
대뇌피질
(대뇌겉질)
시각로
(시삭)
눈
편도
시상하부
뇌하수체
해마
교뇌
(다리뇌)
소뇌
척수
연수
그물체
(망상체)
운동피질(운동겉질)
감각피질(감각겉질)
뇌량(뇌들보)

그림 1.3 두뇌의 그림. 피질 바깥의 굴곡진 부분을 부분적으로 투명하게 그려서 내부구조가 보이도록 했다. 시상(어두운 부분)이 가운데 보이고, 그것과 피질 사이에 기저핵이라 부르는 일군의 세포가 자리 잡고 있다(그림에는 보이지 않음). 측두엽 앞쪽에는 검은 아몬드 모양의 편도를 볼 수 있다. 편도는 변연계로 통하는 '출입구'이다. 측두엽에는 기억과 관련된 해마도 있다. 편도 외에도, (시상 아래에) 시상하부 같은 변연계의 다른 조직들도 볼 수 있다. 변연계의 경로는 감정적인 각성을 중재한다. 대뇌반구들은 연수, 교뇌, 중간뇌로 이루어진 뇌간을 통해 척수에 붙어 있다. 후두엽 아래에는 주로 운동이나 시간조절과 연관된 소뇌가 있다. W. H. 프리먼 앤드 컴퍼니의 허락을 얻어서, 블룸과 레이저슨의 『뇌, 정신, 행동』(1988)에서 가져온 그림이다.

코올 중독이나 저산소증(hypoxia: 수술 이후 두뇌에 산소가 부족한 현상)에 기인한 비슷한 형태의 기억상실증 환자들을 가끔 만날 수 있었다. 이들과 이야기를 나누는 것은 매우 이상한 경험이다. 가령, 그 환자와 처음 만나 이야기를 나눌 때 그는 매우 지적이고 논리정연하며, 정상적으로 말하고, 심지어 철학에 대한 토론까지 할 수 있다. 빼기나 더하기를 시키면 문제 없이 해낸다. 감정적이거나 심리적으로 불안해하지도 않으며, 가족과 그들이 하는 여러 일에 관해서 편하게 이야기를 나눌 수 있다.

그러다가 내가 화장실에 갔다가 돌아오면, 그는 방금 전에 나를 만났던 일에 대해 아무것도 기억하지 못한다.

"내가 누구인지 기억합니까?"

"아니오."

내가 그에게 펜을 보여주며 묻는다.

"이것이 무엇입니까?"

"만년필입니다."

"무슨 색깔입니까?"

"빨간색입니다."

내가 그 펜을 의자의 쿠션 밑에 숨기고 그에게 다시 묻는다.

"내가 지금 어떻게 했습니까?"

그는 즉시 대답한다.

"펜을 쿠션 아래에 숨겼습니다."

그리고 다시 그의 가족 이야기 등을 나눈다. 1분 정도 지나 내가 다시 질문한다.

"내가 방금 당신에게 뭔가 보여주었습니다. 그것이 무엇이었는지 기억하겠습니까?"

그는 어리둥절해 보인다.

"아니오."

"내가 당신에게 물건을 보여준 것을 기억하지 못하겠습니까? 그것을 어디에 두었는지 기억해보실래요?"

"못하겠습니다."

그는 불과 1분 전에 내가 펜을 감춘 것을 전혀 기억하지 못한다.

결과적으로 이들 환자들은 두뇌 손상을 입기 전의 일들만 기억한다. 그런 의미에서 시간이 정지되어 있는 셈이다. 이들은 최초의 야구 시합, 첫 데이트, 대학 졸업식 같은 것들을 아주 상세히 기억할 수 있다. 하지만 사고 이후의 것들은 아무것도 기록되지 않는다. 가령, 이들은 사고가 난 후에는 매일같이 지난주 신문을 마치 새 신문인 양 읽는다. 탐정소설을 반복해서 읽으면서도 매번 그 이야기의 구성을 즐기며 마지막 장면에 놀란다. 이들에게는 똑같은 농담을 수십 번 해줄 수도 있고 그때마다 이들은 박장대소를 한다. (사실 이 점에 대해서는 나의 대학원 학생들도 마찬가지이다.)

이들 환자들은 우리에게 매우 중요한 것을 말해주고 있다. 해마라는 아주 조그만 두뇌조직은 (실제 기억이 그것에 저장되는 것은 아니라 하더라도) 새로운 기억을 형성하는 데 절대적으로 결정적인 역할을 담당하고 있다. 모듈 접근방식이 갖는 힘을 이들 환자들이 예증하고 있는 셈이다.

만약 기억을 이해하고자 하고 탐구의 범위를 좁혀야 한다면 해마를 연구하라. 하지만 앞으로 보게 되겠지만, 해마를 연구하는 것만으로 기억의 모든 측면을 설명할 수는 없다. 순간적으로 어떻게 기억을 불러오고 편집하며 분류하고 저장하는지, 그리고 때로 어떻게 검열하는지 이해하기 위해서는 해마가 전두엽이나 감정과 관련된 변연계, 그리고 특정 기억에 선택적으로 집중하게 하는 뇌간의 다른 조직들과 어떻게 상호작용하고 있는지 살펴보아야 한다.

두뇌 속의 특화된 모듈들

기억을 형성하는 데 해마가 하는 역할은 분명히 확립된 사실이다. 그런데 수(數) 감각처럼 인간에게 고유한 심원한 능력들에 대해서도 특화된 두뇌 영역이 존재하는가? 얼마 전 나는 빌 마샬이라는 남자를 만났다. 그는 1주일 전에 뇌졸중을 일으켰으며, 회복 중인 상태였다. 그런데 그는 생명이나 병의 상태를 논의하기에는 너무도 쾌활하고 행복해 보였다. 가족들에 대해 물어보자 그는 자식들의 이름과 직업을 나열하고 손자들에 대해 자세히 이야기해주었다. 그는 거침 없었고 지적이었으며 논리정연했다. 모든 뇌졸중 환자가 그렇게 빨리 회복되지는 않는다.

"당신의 직업이 무엇입니까?"

내가 빌에게 물었다.

"공군 조종사였습니다."

빌이 대답했다.

"어떤 종류의 비행기를 몰았습니까?"

그는 비행기의 이름을 말한 후, 그 비행기는 당시 지구상에서 인간이 만든 물건 중에서 가장 빠른 것이었다고 대답했다. 그다음에 그는 그 비행기가 얼마나 빨랐는지 말해주었고, 그것이 제트엔진이 나오기 전에 만들어진 것임을 덧붙였다. 그때 갑자기 내가 그에게 물었다.

"좋습니다. 빌. 그런데 100에서 7을 빼보시겠습니까? 100 빼기 7은 무엇입니까?"

"아. 100 빼기 7이라고요?"

그가 말했다.

"네."

"음. 100 빼기 7이라."

"그러니까, 100에서 7을 빼보라는 거군요. 100 빼기 7이라."

"네."

"96?"

"아닙니다."

"아!"

그가 말했다.

"다른 것을 해보죠. 17 빼기 3은 무엇입니까?"

"17 빼기 3이라. 사실 나는 이런 것을 그리 잘하지 못해요."

빌이 대답했다. 다시 내가 물었다.

"빌, 답은 17보다 더 큰 수일까요, 아니면 더 작은 수일까요?"

"물론, 작은 숫자지요."

그는 빼기가 무엇인지 안다는 듯이 대답했다.

"좋습니다. 그렇다면 17 빼기 3은 무엇이지요?"

"12인가요?"

마지막으로 그가 대답했다.

나는 빌이 겪고 있는 문제가 수가 무엇인지 이해 못하는 것인지, 아니면 수의 본성을 이해 못하는 것인지 생각해보기 시작했다. 물론 수에 관한 질문은 피타고라스로 거슬러 올라가는 오래되고 심오한 문제이다.

"무한이 무엇입니까?"

내가 그에게 물었다.

"존재하는 것 중에서 가장 큰 수입니다."

"101하고 97 중에서 어떤 것이 더 큰 수입니까?"

"101이 더 큰 수입니다."

그는 즉각 대답했다.

"왜요?"

"자릿수가 더 많으니까요."

이 대답은 최소한 빌이 암묵적으로 자릿수와 같은 복잡한 수 개념을 여전히 이해하고 있음을 의미했다. 그리고 그가 비록 17 빼기 3을 계산할 수는 없었지만, 그의 대답이 전혀 터무니없는 것만은 아니었다. 그는 75나 200이 아니라 "12"라고 대답했다. 이는 그가 여전히 근사치를 추정할 수 있음을 보여준다.

나는 그에게 짧은 이야기 하나를 들려주기로 작정했다.

"하루는 한 남자가 뉴욕의 미국 자연사박물관에 있는 새로 만든 공룡전시장으로 들어갔고, 엄청나게 큰 뼈대가 전시되어 있는 것을 보았습니다. 그는 이것이 얼마나 오래된 것인지 알고 싶어서 구석에 앉아 있는 나이 든 안내인에게 다가가 물었습니다. '이봐요. 이 공룡뼈는 얼마나 오래된 것입니까?'"

"안내인은 이 남자를 쳐다보며 말했습니다. '이것들은 6천만 년하고 3년이 된 것들입니다.'"

"'6천만 년하고 3년이라고요? 공룡의 뼈에 대해서 그렇게 정확한 연도를 알 수 있는지 몰랐군요. 도대체 6천만 년하고 3년이 지났다는 것을 어떻게 알 수 있습니까?'"

"'아, 그것은 말이죠. 3년 전 내가 이 직업을 구했을 때, 사람들이 이 뼈가 6천만 년 된 것이라고 말해주었으니까요.'"

그때 빌은 박장대소했다. 그는 분명 우리가 추측할 수 있는 것보다 훨씬 더 많이 수를 이해하고 있었다. 이 농담을 이해하기 위해서는 철학자들이 보통 '잘못된 구체성의 오류'라고 부르는 것과 연관된 상당히 복잡한 이해능력이 있어야 한다.

나는 다시 빌을 쳐다보며 "왜 이 이야기가 재미있다고 생각하십니까?" 하고 물었다. 그는 "정확성의 단위가 부적절하다"고 대답했다.

빌은 농담과 무한의 개념을 이해하고 있었지만, 여전히 17 빼기 3은 계산할 수 없었다. 이는 두뇌의 왼편 각이랑 부위에 더하기나 빼기, 곱하기나 나누기를 수행하는 수 센터가 있다는 것을 의미하는가? (이 부위가 빌이 뇌졸중을 일으킨 부위이다.) 나는 그렇게 생각하지 않는다. 각이랑 부위는 분명 수와 관련된 계산을 수행할 때 필수적이다. 하지만 단기기억, 언어, 유머 같은 다른 능력들을 위해서도 이것이 필요한 것은 아니다. 역설적으로 들리지만, 계산에 필요한 수 개념을 이해하기 위해서도 각이랑이 필요한 것은 아니다. 우리는 아직 각이랑에 있는 이 '산수' 회로가 어떻게 작동하는지 모른다. 하지만 최소한 어디를 살펴보아야 하는지는 알고 있다.[10]

빌처럼 계산장애dyscalculia를 겪는 많은 환자들은 손가락인식불능증finger agnosia이라 부르는 장애를 동시에 가지고 있다. 이들은 의사가 어떤 손가락을 가리키거나 만지고 있는지 대답할 수 없다. 산수연산과 손가락 이름 대기를 하는 영역이 두뇌 속에 서로 인접해 있다는 것은 순전히 우연의 일치일 뿐인가? 아니면 이는 우리 모두가 어릴 적에 손가락을 이용해 셈하기를 배운다는 사실과 연관이 있는가? 이 환자들 중 일부의 경우에 한 기능(손가락 이름 대기)은 유지되지만 다른 기능(더하기와 빼기)은 상실된다는 관찰 보고가 있다. 하지만 그것이 이들 두 기능이 밀접히 연관되어 있고 두뇌 속에서 동일한 해부학적 위치를 차지하고 있다는 논변을 반박하는 것은 아니다. 가령, 두 기능이 매우 근접해 배치되어 있고 학습기간 동안에는 서로 의존적이지만, 성인이 되면 한 기능은 다른 기능과 무관하게 살아남을 수 있기 때문이다. 다시 말해, 어린아이들은 계산하면서 잠재의식적으로 손가락을 이용해야 하지만, 당신이나 나와 같은 성인의 경우에 그럴 필요가 없을 수 있다.

역사적인 예나 내 노트에 적어놓은 사례연구들은 특화된 회로나 모듈이 있다는 것을 지지한다. 이 책에서도 몇 가지 사례들을 추가로 살펴볼 것이다. 그러나 비슷하게 흥미로운 다른 문제들이 남아 있다. 우리는 이 문제들도 살펴볼 것이다.

모듈들은 실제로 어떻게 작동하는가? 그리고 의식적 경험을 산출하기 위해 이것들은 서로에게 어떻게 '이야기' 하는가? 두뇌 속의 복잡한 이들 회로들은 어느 정도 유전자에 의해 결정되는가? 또 어느 정도가 유아가 세계와 상호작용을 하는 것 같은 어릴 적 경험의 결과로 점진적으로 습득되는가? (이는 고전적인 '태생nature과 양육nuture' 논쟁이다. 이 논쟁은 수백 년 동안 계속되어왔지만, 우리는 이제 겨우 그 대답을 하기 위한 표면을 건드렸을 뿐이다.) 어떤 회로가 만일 출생 때부터 고정배선되어 있다면, 이는 나중에 변경될 수 없는 것일까? 성인의 두뇌는 어느 정도 변경될 수 있는가? 이 커다란 질문들을 탐구하도록 도와준 첫 번째 인물들 중의 한 명인 톰을 만나서 그 질문에 답해보자.

2

갑작스러운 신체의 상실을
두뇌는 어떻게 극복하는가?

내 의도는
다른 형태로 바뀐 신체에 대해
이야기하는 것이다.

하늘과 그 아래에 있는 모든 것,
지구와 그 창조물은,
모두 변화한다.
그리고 창조의 일부인 우리도
변화를 겪어야 한다.

- 오비드

톰 소렌슨은 자신의 팔을 잃었던 그 소름 끼치는 순간을 생생히 기억하고 있다. 축구 연습을 마치고 차를 몰아 집으로 돌아오는 길이었다. 연습 때문에 배가 고프고 지쳐 있었는데, 반대편 차선의 차가 갑자기 차선을 넘어 정면으로 돌진해왔다. 톰의 차는 중심을 잃고 빙글 돌았으며, 그는 운전석에서 튕겨나와 고속도로 옆의 얼음 공장으로 떨어졌다. 공중으로 날아오르는 순간 톰은 뒤를 돌아보았으며, 자신의 손이 여전히 의자의 쿠션을 쥔 채 차 안에 남아 있는 것을 보았다. 프레디 크루거가 나오는 공포영화의 소품처럼 그의 팔은 몸에서 잘려나갔다.

이 오싹한 불행한 사건의 결과 톰은 왼팔의 팔꿈치 아랫부분을 잃었다. 그는 열일곱 살이었으며 고등학교를 졸업하기 석 달 전의 일이었다.

그 후 몇 주 동안 그 스스로도 팔이 잘려나간 것을 알고 있었지만, 톰은 여전히 팔꿈치 아래에 잘려나간 팔이 마치 유령처럼 자리 잡고 있음을 느낄 수 있었다. 그는 각각의 '손가락'을 움직일 수 있었고, 바로 앞에 있는 물건을 향해 팔을 '뻗어' 손으로 '쥘' 수도 있었다. 그의 환상 팔은 날아오는 주먹을 막고, 떨어지는 물건을 붙잡으며, 동생의 등을 두드리는 것과 같은, 실제 팔이 무의식적으로 해내는 모든 일을 할 수 있는 것처럼 보였다. 그는 왼손잡이였는데 전화기가 울릴 때마다 환상 팔이 수화기를 들려고 했다.

갑작스러운 상실

톰은 전혀 미치지 않았다. 잃어버린 팔이 원래 자리에 여전히 있다는 느낌이 드는 것은 환상사지라고 불리는 고전적인 사례의 한 예이다. 환상사지는 사고나 수술로 없어진 팔이나 다리가 그 후에도 오랫동안 환자의 마음속에 남아 있는 것을 일컫는 말이다. 마취에서 깨어났을 때 팔을 자를 수밖에 없었다고 말해주면, 어떤 환자들은 그 말을 도저히 믿지 못한다. 그 팔을 여전히 생생하게 느낄 수 있기 때문이다.[1] 시트 아래를 들여다본 후에야 비로소 이들은 자신의 팔다리가 정말로 사라졌다는 충격적인 사실을 깨닫게 된다. 게다가 이들 환자 중의 일부는 환상 팔이나 손, 손가락에서 엄청난 아픔을 경험하고, 그 고통이 너무나 격심해 자살을 생각하기도 한다. 그 고통은 줄어들지 않을 뿐 아니라 치료할 수도 없다. 이런 아픔이 어떻게 생겨나고 이를 어떻게 처리해야 하는지 지금까지 그 누구도 알지 못했다.

의사의 한 사람으로서 나는 환상사지에 따른 고통이 심각한 임상적 문제를 제기한다는 것을 알고 있었다. 관절염이나 허리 통처럼 실제 신체의 일부에 따라다니는 만성적인 고통은 치료하기가 무척 어렵다. 그런데 실제로 존재하지도 않는 팔다리의 고통을 어떻게 치료한단 말인가? 또한 과학자의 한 사람으로서 나는 무엇보다도 먼저 이런 현상이 왜 일어나는지 궁금했다.

잘린 팔이 그 후에도 오랫동안 환자의 마음속에 잔존하는 이유는 무엇인가? 왜 마음은 간단히 팔다리의 상실을 인정한 다음 '신체상'을 수정하지 않는가? 이런 일은 분명 일부 환자들에게 일어난다. 그런데 이는 보통 몇 년에서 몇십 년이 걸리는 일이다. 그렇다면 하루나 1주일이 아니라 몇십 년이 걸려야 하는 이유는 무엇인가? 나는 이런 현상에 대한 연구가, 갑작스러운 상실을 두뇌가 어떻게 극복하느냐의 문제를 우리가 이해하도록 해줄 뿐 아니라, 태생과 양육에 관한 보다 근원적 논쟁에 다가가도록 해준다는 사실을 깨달았다. 이는 우리 마음의 다른 측면과 더불어 신체상이 유전자에 의해 규정되는 정도는 얼마인지, 그리고 경험에 의해 수정될 수 있는 정도는 얼마인지 결정하는 문제이다.

16세기 프랑스의 외과의사 앙브루아즈 파레는 절단 이후 사지에 남아 있는 감각의 존재를 이미 알고 있었다. 이 현상에 대해 전해오는 이야기도 있다. 넬슨 제독은 산타크루즈 데 테네리페 공격에 실패하고 오른팔을 잃었다. 이후 그는 분명 손가락이 손바닥을 후벼파는 듯한 참기 힘든 환지통을 경험했다. 잘린 팔에서 이 같은 유령 감각이 생겨나자, 바다의 제독은 환상사지가 '영혼의 존재에 대한 직접적인 증거'라고 선언했다. 만약 잘려나간 후에도 팔이 존재한다면, 육체의 물리적 소멸 이후에 인간이 살아남지 못할 이유가 어디 있는가? 넬슨 제독은 이것이 영혼이 옷을 벗어버리고 나서도 오랫동안 존재한다는 것을 증명하는 것이라고 주장했다.

'환상사지'는 남북전쟁 이후에 필라델피아의 저명한 의사 실라스 워 미첼[2]이 처음으로 만든 말이다. 당시에는 항생제가 없었고, 상처는 보통 괴저로 진행되었다. 그 결과 의사들은 수천 명에 이르는 부상병들의 감염된 팔다리를 톱으로 절단했다. 병사들은 환상사지와 함께 집으로 돌아갔으며, 이는 결국 무엇이 환상사지를 유발하는가에 대한 새로운 연구의 장을 터놓았다. 이런 현상은 워 미첼에게 매우 놀라운 현상으로 다가왔다. 그는 전문적인 의학잡지에 글을 실을 경우 동료들에게서 받게 될지 모르는 조롱을 피해, 이 주제에 대한 최초의 논문을 『리핀콧 저널』이라는 통속잡지에 가명으로 발표했다. 가만히 생각해보면, 환상사지는 사실 오싹한 느낌이 드는 기이한 현상이다.

워 미첼 이후, 종교적 숭고함에서부터 터무니없는 이야기에 이르기까지 환상사지에 대한 온갖 사변이 쏟아져나왔다. 15년 전에 『캐나다 정신의학 저널』에 실린 한 논문은 환상사지가 단지 부질없는 기대의 소산일 뿐이라고 말하고 있다. 같은 꿈을 반복해 꾼다든가 최근에 죽은 부모의 '유령'을 보는 것처럼, 환자가 자신의 팔이 돌아오기를 너무도 간절히 바란 나머지 환상사지를 경험하게 된다는 것이 저자들의 주장이다. 이러한 논변은 앞으로 보게 되겠지만 터무니없는 것이다.

환상사지에 대해 두 번째로 잘 알려진 설명은, 잘려진 밑동 부위에 닿거나 꼬여 있는 (원래 손과 연결되어 있던) 신경 말단에 자극이 가해지거나 염증이 발생함으로써, 두뇌의 상부중추가 여기에 속아 마치 그 자리에 상실된 팔다리가 있는 것처럼 생각한다는 것이다. 이 신경자극이론은 너무나 많은 문제점을 안고 있다. 하지만 아직도 많은 의사들이 받아들이고 있는 간단하고 손쉬운 설명이다.

옛 의학잡지들을 살펴보면 말 그대로 수백에 이르는 매우 흥미로운 사례연구들이 있다. 여기서 묘사된 현상들은 반복해서 확인되며 여전히 설명을 기다리고 있다. 그러나 일부는 글쓴이의 터무니없는 상상의 소산으로 보인다. 내가 가장 즐겨 이야기하는 사례 중 하나는 절단 이후 곧바로 생생한 환상 팔을 경험하기 시작한 어떤 환자에 관한 것이다. 여기까지는 그다지 새로울 것이 없다. 그런데 이 환자는 몇 주 후부터 자신의 환상 팔을 뭔가가 갉아먹는 듯한 매우 특이한 감각을 느끼기 시작했다. 그는 이런 새로운 느낌에 매우 당황해서 왜 이런 일이 일어나는지 의사에게 물었다. 의사는 그 답을 몰랐고 도움을 줄 수도 없었다. 마지막으로 환자는 단순한 호기심에서 의사에게 물었다.

"내 팔을 절단한 후에 그 팔을 어떻게 했습니까?"

의사는 "좋은 질문"이라면서 "외과 의사에게 물어보라"고 대답했다. 환자는 외과의에게 전화를 걸었고, 외과 의사는 "절단한 팔다리는 대개 시체보관소에 보낸다"고 답했다. 환자는 다시 시체보관소로 전화를 해 "절단된 팔다리를 어떻게 처리하는가?" 하고 물었다. 보관소의 사람은 "화장터로 보내거나 병리실로 보내지만, 대개는 화장을 시킨다"고 대답했다.

"좋습니다. 그렇다면 내 팔은 어떻게 처리했습니까?"

그들은 기록을 살펴보고 나서 대답했다.

"재미있군요. 당신의 팔은 화장시키지 않고 병리실로 보냈습니다."

이 남자는 다시 병리 실험실로 전화를 걸어 물었다.

"내 팔은 어디에 있습니까?"

"워낙 팔들이 많아서, 당신의 팔은 병원 뒤편의 마당에 묻었습니다."

그들은 이렇게 대답하고 남자를 마당으로 데려가 팔이 묻혀 있는 곳을 보여주었다. 그가 팔을 파내었을 때, 그 팔에는 구더기가 끓고 있었다. 남자가 소리쳤다.

"그랬군. 바로 이것 때문에 내 팔에 그런 이상한 감각이 느껴졌던 거군!"

그는 그 팔을 가져가서 화장했고, 이후 그의 아픔은 사라졌다.

이런 이야기는 야영을 하면서 모닥불 가에서 하기에 매우 재미난 이야기이다. 하지만 이는 환상사지와 관련된 진정한 신비를 푸는 데는 아무런 도움이 되지 않는다. 금세기 이후 이런 증상을 가진 환자들이 광범위하게 연구되고 있다. 그러나 의사들 사이에서는 이것을 단순히 불가사의하거나 임상적으로 흥미로운 현상 정도로 치부하는 경향이 있으며, 이런 사례들에 대한 실험은 거의 이루어지지 않았다. 그 이유 중의 하나는 역사적으로 임상신경과학이 실험과학이라기보다 기술과학이라는 점이다. 19세기나 20세기 초반의 신경과학자들은 예리한 임상 관찰자들이었으며, 이들의 사례 보고를 읽음으로써 값진 교훈을 많이 얻을 수 있다. 그런데 이상하게도 이들은 너무나 명백해 보이는 그다음의 단계, 즉 환자의 두뇌 속에서 무슨 일이 벌어지고 있는지 발견하기 위한 실험이라는 단계를 밟지 않았다. 그들의 과학은 갈릴레오적이기보다 아리스토텔레스적인 것이었다.[3] 대부분의 다른 모든 과학에 실험적 방법이 가져온 광범위한 성공을 고려한다면, 이제 신경과학에도 실험을 도입해야 할 때가 온 것은 아닐까?

펜필드의 호문쿨루스(두뇌 속의 작은 인간)

나도 대부분의 의사와 마찬가지로 환상사지를 처음 맞닥뜨린 이래 줄곧 관심을 갖고 있었다. 절단 환자들에게서 일반적으로 나타나는 환상 팔이나 환상 다리 외에도, 유방절제술 이후 환상 유방을 가지고 있는 여인을 만날 수 있었으며, 심지어 환상 맹장을 가지고 있는 환자도 보았다. 외과적으로 맹장을 떼어낸 후에도 발작적으로 일어나는 경련성 아픔은 전혀 수그러들지 않았으며, 그 결과 환자는 의사가 맹장을 떼어냈다는 사실을 믿으려 하지 않았다. 의대생이었던 나는 환자 자신들만큼이나 혼란스러웠으며, 내가 찾아본 교과서들은 오히려 신비를 더해줄 뿐이었다. 나는 성기가 절제된 후에도 환상 발기를 경험한 환자, 자궁 절제 후에도 환상 생리통을 겪는 여성, 사고로 얼굴에 분포한 3차신경이 잘려나간 후에도 환상 코와 얼굴을 느끼는 남자와 같은 다양한 사례들을 읽을 수 있었다.

대략 6년 전인 1991년, 국립보건원의 팀 폰스 박사가 발표한 논문이 내 호기심에 다시 불을 지피기 전까지만 해도, 이 모든 임상적 경험들은 내 두뇌 속에 잠복한 채 숨겨져 있었다. 팀의 논문은 전혀 새로운 방향으로 나를 이끌었다. 나는 급기야 톰을 나의 실험실로 끌어들였다. 그런데 이 부분에 관한 이야기를 계속하기 전에, 두뇌의 해부학적 구조, 특히 팔다리와 같은 신체의 여러 부위가 두뇌 상부에 커다란 굴곡을 이루고 있는 대뇌피질상에 어떻게 매핑되어 있는지 면밀히 들여다볼 필요가 있다. 이는 폰스 박사가 무엇을 발견했는지, 그리고 환상사지가 어떻게 출현하는지 이해하도록 도와줄 것이다.

의대를 다닐 때부터 나와 항상 함께해온 여러 장의 이상한 그림들 중에서 가장 인상적인 것은 이른바 펜필드의 호문쿨루스 그림이다. 이는 그림 2.1에서 보는 것처럼 대뇌피질의 표면을 싸고 있는 작은 기형적 인간의 그림이다. 이 펜필드 호문쿨루스는 신체의 여러 부위가 두뇌 표면의 어느 부분에 매핑되어 있는지 나타내는 기발한 묘사방식이다. 입술이나 혀 같은 신체의 특

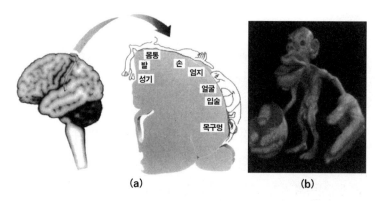

(a)   (b)

그림 2.1 (a) 중심고랑 뒤쪽으로 인간 두뇌의 표면에 재현된 신체 표면의 그림(펜필드가 발견). 이런 종류의 지도가 여럿 있지만, 혼돈을 주지 않기 위해 하나의 지도만 여기에 실었다. 호문쿨루스(두뇌 속의 작은 인간)는 대부분 거꾸로 뒤집혀 있다. 발은 두정엽 제일 위쪽 근처의 내측 표면에 끼어 있다. 얼굴은 외측 표면의 아래쪽 근처에 있다. 얼굴과 손은 지도에서 균형에 맞지 않을 정도로 넓은 위치를 차지하고 있다. 얼굴 영역이 목 근처가 아니라 손 영역 아래 있다는 것에 주목하라. 성기는 발 아래 재현되어 있다. 이를 통해 풋 페티시를 해부학적으로 설명할 수 있을까? (b) 신체 부위를 재현하는 펜필드의 호문쿨루스를 3차원 모형으로 만든 것이다. 입과 손이 과장되게 표상되어 있음에 주목하라. 런던의 대영 박물관의 허락을 얻어 전재했다.

정 부분들은 괴기스러울 정도로 그 모양이 변형되어 있는데, 이는 그것들이 두뇌상에서 매우 과도하게 대표되고 있음을 나타내기 위한 것이다.

  이 지도는 실제 인간의 두뇌에서 얻은 정보에 입각해 그린 것이다. 1940년대와 1950년대, 캐나다의 뛰어난 신경외과의였던 윌더 펜필드Wilder Penfield는 국소 마취 상태에 있는 환자들을 대상으로 광범위한 뇌수술을 시행했다. (두뇌에는 엄청나게 많은 신경조직이 있지만 통증 수용체는 없다.) 수술 중에는 두뇌의 많은 부분이 노출되어 있다. 펜필드는 이 기회를 이용해 그 이전에 누구도 시도하지 않았던 실험을 수행했다. 그는 전기봉을 이용해 두뇌의 특정 부위를 자극한 후에 환자에게 어떤 느낌이 드는지 물었다. 전기봉을 통해 모든 종류의 감각과 이미지, 심지어 기억까지도 이끌려나왔다. 그는 이를 바탕으로 이것들을 관장하는 두뇌의 위치를 찾아낼 수 있었다.

무엇보다도 먼저 펜필드는 두뇌 양 측면을 따라 위에서 아래로 내려가는 좁은 띠를 발견했다. 그의 전기봉은 이 띠를 따라서 신체의 각 부분에 위치한 감각을 산출했다. 두 반구를 가르는 틈 사이의 두뇌 제일 윗부분에 자극을 가하면 성기 부분에 감각이 발생했다. 그 인근에 자극을 가하면 다리 부위에 감각이 느껴졌다. 펜필드는 이 띠를 따라 두뇌 윗부분에서 아래로 내려가면서, 다리와 몸통, 손 (엄지가 매우 크게 표현되어 있는 영역), 얼굴, 입술, 그리고 마지막으로 가슴과 후두에 감각을 느끼는 영역을 차례대로 발견했다. 지금은 '감각 호문쿨루스'라고 부르는 이 그림에는, 우리의 신체가 엄청나게 변형된 모습으로 두뇌의 표면에 나타나고 있으며, 특히 중요한 부위는 불균등하게 과도한 영역을 차지한다. 가령, 손가락이나 입술 영역은 신체의 몸통 전체에 해당하는 영역과 거의 동일한 공간을 차지하고 있다. 이는 입술이나 손가락이 촉각에 매우 민감하며 매우 세밀한 구분을 해낼 수 있기 때문일 것이다. 이에 반해 몸통은 훨씬 덜 민감하므로 상대적으로 피질상에서 차지하는 공간도 적다. 그림의 대부분은 뒤집어져 있기는 하지만 정연하게 배열되어 있다. 발은 위쪽에 표현되고 바깥으로 뻗은 팔의 모습은 아래쪽에 있다. 그러나 세밀하게 살펴보면 이 지도가 완전하게 연속적이지 않다는 것을 알 수 있다. 얼굴은 목 근처에 있지 않고 손 아래쪽에 있으며, 성기는 넓적다리 사이가 아니라 발 아래쪽에 위치

해 있다.[4]

원숭이 같은 다른 동물의 경우에 더욱 정밀하게 이 영역들을 그릴 수 있다. 연구자들은 철이나 텅스텐으로 된 긴 얇은 바늘을 원숭이의 체감각피질에 삽입한다. 이는 위에서 설명한 두뇌 조직의 얇은 띠에 해당하는 것이다. 만약 뉴런이 활성화되어 있다면 아주 미세한 전류가 발생한다. 바늘 끝이 뉴런의 세포체 바로 옆에 가까이 갈 때 바늘에 붙은 전극을 통해 이 전류를 포착해 증폭시킨다. 이 신호가 오실로스코프 상에 표시되고 이를 통해 그 뉴런의 활동을 모니터할 수 있다.

예를 들면, 전극을 원숭이의 체감각피질에 삽입하고 원숭이 몸의 특정 부위를 만지면 세포가 발화한다. 각각의 세포에는 그 세포가 반응하는 일종의 피부 조각인 신체 표면상의 일정 영역이 있다. 우리는 이 영역을 그 세포의 자극 수용장이라 부른다. 두뇌에는 신체 전체의 표면에 대한 지도가 존재하며, 신체를 반으로 나누었을 때 각 부분은 반대쪽에 위치한 두뇌로 매핑된다.

두뇌감각 영역의 자세한 구조나 기능을 시험하기 위한 실험 대상으로 동물이 적합하기는 하지만 한 가지 문제점이 있다. 원숭이는 말을 할 수가 없다. 그러므로 원숭이는 펜필드의 환자처럼 자신이 무엇을 느끼고 있는지 실험자에게 말해줄 수 없다. 결국 동물을 대상으로 이런 실험을 하는 한, 중요한 많은 내용을 잃어버리게 된다.

이런 명백한 한계에도 불구하고 실험을 제대로만 한다면 많은 것을 배울 수 있다. 가령, 한 가지 중요한 문제는 이미 이야기한 것처럼 태생과 양육의 문제이다. 두뇌의 표면에 그려져 있는 이런 신체 지도는 고정되어 있는가, 아니면 신생아에서 유아기와 사춘기를 거쳐 성인이 됨에 따라 경험과 더불어 변화할 수 있는가? 비록 출생시에 지도가 있었다 하더라도, 성인의 경우 어느 정도는 수정될 수 있는가?[5]

팀 폰스와 그의 동료들이 연구에 착수한 것은 바로 이런 질문들 때문이었다. 이들의 전략은 후신경근 절단 수술을 한 원숭이의 뇌에서 나오는 신호를 기록하는 것이었다. 후신경근 절단 수술은 팔에서 척수로 감각 정보를 전달하는 모든 신경섬유를 절단하는 수술이다.[6] 수술한 지 11년이 지난 다음 이들은 원숭이들을 마취시키고 두개골을 열어 체감각 지도를 기록했다. 마비된 원숭이의 팔은 아무런 메시지도 두뇌로 보내지 않는다. 따라서 원숭이의 쓸모없는 손을 만져 두뇌의 '손 영역'을 기록하려해보아야 어떤 신호도 기대할 수 없다. 그 손에 해당하는 커다란 피질 부분은 아무런 반응도 보이지 않을 것이다.

연구자들이 원숭이의 손을 흔들었을 때, 두뇌의 해당 영역에는 실제로 아무런 활동도 일어나지 않았다. 그런데 놀랍게도 원숭이의 얼굴을 만지자, '죽은' 손에 대응하는 두뇌의 세포들이 맹렬히 발화하기 시작했다. (동시에 얼굴에 대응하는 세포들도 발화했다. 그러나 이는 이미 예상하고 있던 현상이다.) 원숭이의 얼굴에서 오는 감각 정보들이, 정상적인 원숭이의 경우와 마찬가지로 피질의 얼굴 영역으로 전송되었을 뿐 아니라, 마비된 손의 영역까지 침투한 것이다.

이 발견이 함축하는 의미는 대단히 놀라운 것이다. 이는 두뇌상의 지도를 바꿀 수 있음을 의미한다. 즉, 성년 동물의 두뇌회로가 변경될 수 있으며, 그것도 서로 간의 연결 거리가 1센티미터나 그 이상을 넘어서까지 수정될 수 있다는 것이다.

폰스의 논문을 읽은 다음 나는 '이것이 환상사지를 설명할 수 있지 않을까?' 하고 생각하게 되었다. 원숭이의 얼굴을 툭 쳤을 때 그 원숭이는 실제로 무엇을 '느꼈을까'? 원숭이의 '손' 피질 부위가 자극되었으므로, 그 원숭이는 얼굴뿐 아니라 쓸모없어진 손에서 일어나는 감각도 지각한 것은 아닐까? 물론 원숭이는 두뇌의 상위중추를 활용해 그 감각이 얼굴에서만 일어난 것으로 올바르게 재해석할 수도 있을 것이다. 하지만 원숭이는 이에 대해 말이 없다.

신체의 어떤 부위를 만졌는지 신호하게끔 가르치는 것은 고사하고, 원숭이에게 매우 간단한 일을 교육시키는 데도 수년이 걸린다. 그런 이유 때문에 꼭 원숭이를 대상으로 실험할 필요가 없다는 생각이 들었다. 팔을 잃은 환자의 얼굴을 만져본 다음 같은 질문을 던지면 안 되는 이유가 무엇인가? 나는 정형외과 동료인 마크 존슨 박사와 리타 핀켈스타인 박사에게 전화를 걸어 물었다. "당신의 환자 중에서 최근에 팔을 잃은 사람이 있습니까?"

환상사지

이렇게 해서 나는 톰을 만나게 되었다. 나는 그에게 지체 없이 전화를 했고 연구에 참가해줄 수 있느냐고 물었다. 톰은 처음에는 수줍음을 타고 과묵했지만 곧 우리의 실험에 열성적으로 참여하기 시작했다. 우리는 그의 응답이 어떤 편견에 사로잡히는 것을 막기 위해, 우리가 무엇을 알고자 하는지 말해주지 않았다. 그는 환상 손가락에서 느끼는 '가려움'과 아픔 때문에 고통받고 있었다. 하지만 그는 항상 쾌활했고 사고에서 살아남은 것에 대해 감사하게 여기고 있었다.

지하에 있는 나의 실험실에 톰을 편안하게 앉힌 다음 가리개로 눈을 가렸다. 내가 어떤 부위를 만지고 있는지 그가 볼 수 없도록 하기 위해서였다. 그다음에 나는 보통 면봉으로 그의 신체 표면의 여러 부위를 건드리면서 어디서 감각이 느껴지는지 물었다. (이것을 보던 나의 대학원생 한 명은 내가 미쳤다고 생각했다.)

내가 면봉으로 그의 뺨을 문질렀다.

"어떤 느낌이 듭니까?"

"박사님이 내 뺨을 만지고 있습니다."

"다른 느낌은 없나요?"

"웃기는 이야기이지만, 지금 박사님은 나의 잃어버린 엄지손가락, 즉 환상 엄지손가락을 만지고 있습니다."

나는 그의 윗입술로 면봉을 옮겨갔다.

"여기는 어떻습니까?"

"내 집게손가락을 만지고 있습니다. 윗입술도요."

"정말입니까? 틀림없지요?"

"예. 두 군데 모두에서 느낄 수 있습니다."

"여기는 어떻습니까?"

나는 면봉으로 그의 아래턱을 톡톡 쳤다.

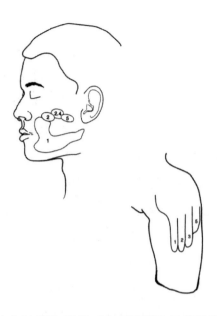

그림 2.2 환상 손에 연관 감각을 산출하는 신체 표면의 지점들. (이 환자의 팔은 우리가 시험하기 10년 전에 잘렸다.) 얼굴과 팔죽지에 있는 두 번째 지도상에 모든 손가락에 대한 완전한 지도가 있음에 주목하라. (1에서 5까지 번호가 매겨져 있다.) 이 두 곳의 피부에서 생기는 감각 입력은 이제 두뇌에 존재하는 손 영역을 활성화시킨다. (손 영역은 시상이나 피질에 존재한다.) 이들 지점을 만지면, 없어진 손에서도 감각이 느껴진다.

　"그건 내 새끼손가락입니다."

　나는 곧 톰의 환상 손에 관한 완전한 지도를 그의 얼굴 위에 그릴 수 있었다! 나는 팀 폰스가 원숭이에게서 발견한 리매핑remapping에 해당하는 것이 직접적인 지각과 관련해 일어났음을 깨달았다. 그렇지 않고는, 잘려나간 부분에서 그렇게 멀리 떨어진 얼굴 부위를 만졌을 때 환상 손에 감각이 발생한다는 것을 설명할 수 없기 때문이다. 비밀은 신체 부위가 두뇌에 매핑되는 특정 방식 속에 숨겨져 있었다. 얼굴은 손 바로

옆에 있다.[7]

　나는 톰의 신체 표면의 전 부위를 탐색할 때까지 이 실험을 계속했다. 그의 가슴, 오른쪽 어깨, 오른쪽 다리, 허리 등을 만졌을 때는 그는 환상 손이 아니라 오직 이들 부위에서만 감각을 느꼈다. 그런데 나는 그의 잃어버린 손에 대한 정말로 멋진 두 번째 지도를 또한 발견했다. 이것은 절개된 부위에서 몇 센티미터 떨어진 왼팔죽지 부분에 숨겨져 있었다(그림 2.2). 이 두 번째 지도의 피부 표면을 만지자 정확히 각각의 손가락에 위치한 감각이 발생했다. 가령, 어떤 부위를 만지면, 그는 "아, 거기는 내 엄지손가락입니다"라고 말했다.

　왜 한 개가 아니라 두 개의 지도가 존재하는 것일까? 펜필드의 지도를 다시 한번 들여다보자. 두뇌에 있는 손의 영역은 얼굴 영역의 바로 위와 팔죽지 및 어깨 부위 바로 아래 사이에 끼어 있음을 알 수 있다. 절단 후에 손 영역으로 오는 입력은 사라졌다. 그 결과 톰의 얼굴에서 올라오는 신경섬유들이 비어 있는 손의 영역으로 침투해 거기에 있는 세포들을 움직이게 된다. 정상이라면 이들 섬유들은 대뇌피질의 얼굴 영역만을 활성화시킨다. 따라서 내가 톰의 얼굴을 만지면 그의 환상 손에서도 감각을 느낀다. 그런데 정상적인 경우에 손피질 영역의 위쪽으로 갔을 신경섬유(어깨와 팔죽지에서 올라오는 신경섬유들) 또한 손피질 부위로 침투한다고 하자. 이 경우 내가 그의 어깻죽지를 만지면 그의 환상 손 또한 감각을 느껴야 한다. 실제로 나는 절단 부위 위에 있는 팔 부위에서도 이러한 지점들을 정확하게 그려낼 수 있었다. 이런 것들의 배열은 정확히 우리가 예상한 대로였다.

두뇌의 손 영역 위아래에 표시되는 두 신체 부위가 있다. 그 하나가 얼굴이고 다른 하나는 어깻죽지이다. 이들 지점들을 눌렀을 때 환상 손에 감각을 불러일으킨다.[8]

과학, 특히 신경과학에서 이처럼 매우 간단한 예측을 한 다음에 면봉 같은 것을 이용해 몇 분 내에 그 결과를 확증한다는 것이 그렇게 흔한 일은 아니다. 위와 같이 두 개의 지점이 존재한다는 것은 폰스의 원숭이에서 본 것과 같은 리매핑이 인간의 두뇌에서도 일어난다는 것을 강하게 암시한다. 그러나 여전히 풀리지 않는 의문이 있다. 실제로 그런 변화가 일어난다는 것, 즉 톰과 같은 사람에게서 두뇌의 지도가 실제로 바뀐다는 것을 어떻게 확신할 수 있는가? 보다 직접적인 증거를 얻기 위해 우리는 뇌자장계측법(MEG; magnetoencephalography)이라는 최신 신경촬영기술을 이용했다. 이는 신체의 어떤 부분을 만졌을 때 야기되는 펜필드 지도상의 국소적인 전기활동을 머리 가죽에 나타나는 자기장의 변화를 통해 측정하는 것이다. 이 기술의 주요 장점은 비침습적이라는 것이다. 즉 두뇌의 내부를 살펴보기 위해 환자의 두개골을 열 필요가 없다.

MEG를 이용하면 신체의 전 부위에 관한 두뇌 지도를 두 시간 정도 내에 간단히 그릴 수 있다. 별로 놀랄 일은 아니지만 이렇게 만들어진 지도는 펜필드의 원래 호문쿨루스 지도와 매우 유사하다. 그리고 지도 전체의 커다란 윤곽은 사람마다 커다란 차이가 없다. 우리는 사지가 모두 절단된 환자에게 MEG를 시행했을 때 이미 예측했던 것처럼 상당한 거리에 걸쳐 지도가 변화했음을 발견했다. 예를 들어, 그림 2.3은 오른쪽 대뇌반구에 손 영역(빗금 친 부분)이 사라지고 거기에 얼굴(흰색)과 팔죽지(회색)의 감각 입력이 침투했음을 보여준다. 이 실험은 토니 양이라는 의대생과 신경학자 크리스 갤런, 플로이드 블룸이 공동으로 진행했다. 이는 사실상 성인에게도 두뇌조직의 광범위한 변화가 일어날 수 있음을 직접적으로 입증한 최초의 관찰이다.

내 안의 유령을 찾아서

이것이 함축하는 의미는 엄청난 것이다. 무엇보다도 먼저 이는 두뇌의 지도가 바뀔 수 있음을 암시한다. 이런 변화는 때때로 엄청난 속도로 일어난다. 이런 발견은 신경과학에 광범위하게 퍼져 있는 여러 독단적 주장 중의 하나, 즉 성인 두뇌의 연결 상태는 그 본성상 고정되어 있다는 주장과 정면으로 배치된다. 태아나 유년기 초기에 이러한 회로가 일단 형성되고 나면, 성년이 되어서는 거의 수정될 수 없다는 것이 정설이었다. 이런 회로에는 펜필드 지도도 포함된다. 성인의 두뇌가 유연성을 결여하고 있다는 이런 가정은, 두뇌가 손상되면 그 기능이 거의 회복되지 않는다거나 신경학적 질병의 치료가 까다로운 이유를 설명하기 위해 사용되었다. 톰에게서 얻은 증거는 교과서에서 가르치는 것과 반대이다. 이것이 보여주는 것은, 빠른 경우 상처를 입은 지 4주가 경과하고 나면 매우 정밀하고 기능적으로도 효과적인 새로운 통로가 성인의 두뇌에 생겨난다는 사실이다. 물론 이런 발견을 통해 신경학적 증후들에 대한 새로운 혁명적

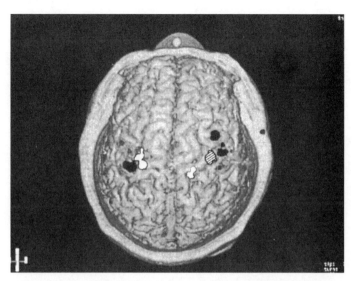

그림 2.3 두뇌의 자기공명영상에 뇌자장계측 사진을 겹쳐놓은 모습. 오른팔 팔꿈치 아래가 잘려나간 환자의 두뇌를 위에서 본 것이다. 우측 반구에서 펜필드 지도에 대응하는 손(빗금 친 부분), 얼굴(검정)과 팔죽지(흰색) 영역의 정상적인 활동을 볼 수 있다. 좌측 반구에서 없어진 오른손에 대응하는 활동을 찾아볼 수 없다. 하지만 얼굴과 팔죽지의 활동은 이 영역에도 '분포' 되어 있다.

치료방법이 곧바로 생겨나는 것은 아니다. 하지만 미래를 낙관할 수 있는 근거는 될 수 있다.

두 번째로, 이러한 발견은 환상사지의 존재 자체를 설명하는데 도움을 줄 수 있다. 앞서도 언급된 가장 인기 있는 의학적 설명은, 전에는 손으로 연결되던 신경이 이제는 잘려진 밑동 부위에 분포한다는 것이다. 게다가 닳아빠진 신경말단이 신경종이라 부르는 조그만 상처 덩어리를 형성한다. 신경종은 매우 고통스러울 수 있다. 이 이론에 따르면, 신경종을 자극할 경우 이것은 다시 두뇌의 원래 손 영역으로 신경자극을 돌려보내고, 두뇌는 손이 원래 자리에 그대로 있다고 생각하는 '속임'을 당한다. 결국 환상사지나 그에 동반하는 통증은 신경종이 일으키는 통증이다.

이런 빈약한 논증에 입각해 외과의들은 환지통에 대한 다양한 처방을 고안했다. 그들은 신경종을 잘라내거나 제거했다. 일시적으로 호전되는 환자들도 있었다. 하지만 놀랍게도 환상사지와 이에 동반하는 격렬한 고통은 대개 다시 돌아왔다. 의사들은 증상을 완화시키기 위해 (절단된 밑동을 더욱 짧게 만드는) 2차, 심지어 3차에 걸쳐 절단 수술을 행하기도 했다. 곰곰이 생각해보면 이는 정말로 우둔한 짓이다. 두 번째 절단 수술이 어떻게 도움이 되겠는가? 우리는 두 번째 환상사지를 간단히 예상할 수 있다. 그리고 대개의 경우 실제로 그러한 일이 일어났다. 이는 끝없는 퇴행이다.

심지어 의사들은 환지통을 해결하기 위해 척수로 들어가는 모든 감각 신경을 잘라버리는 후신경근 절단 수술을 행하기도 했다. 때때로 해결되는 경우도 있었고, 그렇지 않은 경우도 있었다. 어떤 의사들은 보다 무작스럽게 뇌로 올라가는 신경충격을 막기 위해 척수 뒷부분의 일부를 아예 제거해버리는 척추신경 절단술을 행하기도 했다. 이것 또한 많은 경우에 효과가 없었다. 이런 식으로 계속하다가는 아예 대뇌피질에 이르기 전에 신호를 처리하는 두뇌의 중계소에 해당하는 시상까지 절단했을지도 모를 일이다. 물론 그랬다면 그것도 도움이 되지 않는다는 것을 발견했을 것이다. 이들은 두뇌 쪽을 향해 점점 더 멀리 유령(환상사지)을 쫓아가겠지만, 결코 그것을 발견할 수 없을 것이다.

왜 그런가? 한 가지 이유는 그런 유령이 이들 영역의 어디에도 존재하지 않는다는 것이다. 그것은 리매핑이 발생하는 두뇌의 보다 핵심적인 부분에 존재한다. 거칠게 말하면, 환상사지는 잘려나간 밑동이 아니라 얼굴이나 턱에서 생겨난다. 톰이 웃음을 짓거나 얼굴이나 입술을 움직일 때마다 신경자극은 대뇌피질의 '손' 영역을 자극하고, 손이 원래 장소에 여전히 있다는 환상을 만들어내는 것이다. 가짜 신호에 의해 자극된 톰의 두뇌는 말 그대로 자신의 팔에 대한 환각을 겪게 된다. 아마도 이것이야말로 환상사지의 본질일 것이다. 만일 그렇다면, 유령을 제거하는 유일한 길은 그의 턱을 없애버리는 것이다. (그런데 다시 곰곰이 생각해보면, 이 또한 도움이 될 것 같지 않다. 아마도 그는 환상턱을 갖게 되지 않을까? 여기서도 다시 무한 퇴행의 문제에 부딪힌다.)

그런데 리매핑이 모든 것을 설명해주지는 않는다. 무엇보다 이것만으로는 톰이나 다른 환자들이 환상사지를 의식적으로 움직이는 느낌을 경험한다거나, 환상사지가 그 자세를 바꿀 수 있다는 현상을 설명할 수 없다. 운동에 대한 이러한 감각은 어디에서 기원하는가? 두 번째로 리매핑은 의사나 환자들이 가장 알고 싶어 하는 환지통의 기원을 전혀 설명해주지 않는다. 우리는 이 두 주제를 다음 장에서 살펴볼 것이다.

환지통을 동반하는 휘파람

피부에서 생기는 감각을 생각할 때, 우리는 보통 촉각만을 생각한다. 그러나 사실 뜨거움과 차가움, 고통의 감각을 매개하는 별개의 신경 통로들도 피부 표면에서 시작된다. 이들 감각들은 두뇌 속에 각각의 고유한 목표 영역 혹은 지도를 가지고 있으며, 그 통로들은 매우 복잡한 방식으로 서로 얽혀 있다. 만일 그렇다면 촉각에 대한 리매핑과는 독립해, 진화론적으로 보다 오래된 이들 통로들에 대해서도 리매핑이 일어날 수 있는 것일까?

다시 말해서, 톰이나 폰스의 원숭이에서 관찰된 리매핑은 촉각에 특정한 것인가, 아니면 뜨거움, 차가움, 고통, 진동 같은 감각들에 대해서도 일어나는 보다 일반적인 원리인가? 만일 그러한 리매핑이 발생한다면, 우연히 서로 엇갈린 방식으로 리매핑되는 경우는 없을까? 가령, 만지는 감각이 뜨거움이나 고통을 불러일으키는 경우는 없을까? 아니면 이들은 서로 완전히 분리되어 있는 것일까? 수백만에 이르는 두뇌의 신경 연결이 성장 과정 동안에 어떻게 그렇게 정확히 결합할 수 있는가, 그리고 상처를 입은 다음에 재조직되는 과정에서 그런 정확성이 어느 정도 보존되는가의 문제는 두뇌의 신경 경로 발달을 이해하려는 과학자들에게 엄청난 관심거리이다.

이런 점을 탐구하기 위해 나는 따뜻한 물 한 방울을 톰의 얼굴에 떨어뜨려보았다. 그는 그것을 즉각적으로 느낄 수 있었고, 동시에 그의 환상 팔도 분명히 따뜻함을 느낀다고 말했다. 한번은 우연히 물방울이 그의 얼굴을 타고 내렸는데, 그는 환상 팔의 길이만큼 물방울이 흘러내리는 것을 느낄 수 있다면서 놀라 소리쳤다. 그는 정상적인 손을 사용해 환상 팔을 따라 물이 흘러내린 경로를 보여주었다. 그는 얼굴에 '흘러내리는' 것과 같은 복잡한 감각을 자신의 환상 팔에 체계적으로 귀속시키고 있었다. 내가 신경과 병원에 있었던 모든 기간을 통틀어 그렇게 경이로운 일을 본 것은 처음이었다.

이들 실험은 단 며칠 동안에 매우 정교하게 조직화된 새로운 연결망이 성인의 두뇌에 형성될 수 있음을 말해준다. 그러나 이들 실험은 그런 새로운 통로가 어떻게 생겨나는지, 세포차원에서 작동하는 메커니즘은 무엇인지에 대해 아무것도 말해주지 않는다.

두 가지 가능성을 생각해볼 수 있다. 첫째, 재조직화는 얼굴 영역에서 손 영역 세포들의 방향을 향해 정상적으로 퍼져 있는 신경섬유 중에서 새로운 가지가 실제로 자라나는 발아 현상일 수 있다. 만일 이 가설이 참이라면 이는 정말로 놀라운 일이다. 그렇게 짧은 기간 동안에, 상대적으로 그렇게 멀리 떨어진 거리에 걸쳐, 어떻게 고도로 조직화된 발아가 일어나는가? 이해하기 어려운 과정이다. (두뇌에서의 몇 밀리미터는 1킬로미터에 비견할 수 있다.) 게다가 설령 발아가 일어난다 하더라도, 새로운 섬유는 어디로 갈지 어떻게 '아는가'? 우리는 정확하게 조직화된 경로가 아니라, 난마처럼 얽혀 있는 연결망을 상상해볼 수 있다.

두 번째 가능성은, 대부분의 경우 명백한 기능이 없거나 전혀 기능하지 않지만 실제로는 엄청난 양의 잉여 연결망이 정상적인 성인의 두뇌 속에 존재하는 경우이다. 이들은 마치 보충대처럼 필요에 따라 소집되는 것들이다. 건강한 정상 성인의 두뇌에도, 얼굴에서 오는 감각 입력은 두뇌의 얼굴 영역으로만 가는 것이 아니라 손 영역으로 가는 것이 있을 수 있다. 만일 그렇다면 비밀스럽게 숨겨진 이들 입력은, 보통은 실제 손에서 올라오는 감각섬유들에 의해 억제된다고 가정해야 한다. 그리고 손이 없어지면 얼굴 피부에서 기원하는 이 비밀스러운 입력이 그 억압에서 풀려나 스스로를 표현하도록 허용되는 것이다. 얼굴을 만지면 이제 손 영역을 자극하게 되고 환상 손에서 일어나는 감각으로 이어진다. 그 결과, 톰은 휘파람을 불 때마다 환상 팔이 욱신거리는 것을 느끼게 된다.

이 두 이론 중에서 어느 것이 맞는지 결정할 방법은 현재로서는 없다. 내 추측으로는 두 메커니즘이 모두 작동하는 것 같기도 하다. 어쨌든 우리는 4주가 채 안 되는 기간 동안 톰에게 그런 변화가 일어나는 것을 보았다. 이는 발아가 일어나기에는 너무 짧은 시간으로 보인다. 매사추세츠 종합병원에 있는 나의 동료 데이비드 보쉬 박사[9]는 절단 수술이 있은 지 24시간 내에 비슷한 결과가 일어난 환자를 보기도 했다. 그렇게 짧은 기간에 발아가 일어난다는 것은 도무지 말이 되지 않는다. 최종적인 해답은 며칠의 기간을 두고 환자에게 일어나는 지각의 변화와 (촬영술을 이용해) 두뇌의 변화를 동시에 추적함으로써 가능할 것이다. 보쉬이나 내가 옳다면 교과서 도표에서 배우는 완전히 고정된 두뇌지도 그림은 크게 잘못된 것이다. 우리는 두뇌지도의 의미에 관해 처음부터 다시 생각해볼 필요가 있다. 지도상의 각 뉴런은 피부의 특정 위치를 나타낸다기보다 인접한 다른 뉴런들과 일종의 동적인 균형을 이루고 있다. 그리고 각 뉴런이 무엇을 나타내는가 하는 것은 주위에 있는 뉴런들이 무엇을 하고 있는지 혹은 무엇을 하고 있지 않은지에 강하게 의존한다.

풋 페티시의 의학적 기원

　이러한 발견에 비추어 다음과 같은 명백한 물음이 제기된다. 손이 아닌 다른 신체 부위를 상실했을 경우에는 어떤가? 동일한 리매핑이 일어나는가? 톰에 대한 내 연구가 처음 발표되자 더욱 많은 것을 알고 싶어 하는 절단 환자들에게서 전화와 편지가 쇄도했다. 그들은 그동안 환상 감각은 상상에 불과한 것이라고 들어왔었다. 이제 그것은 사실이 아니라는 것에서 위안을 얻게 되었다. (환자들은 항상 그들의 불가사의한 증상을 논리적으로 설명할 수 있다는 것을 알게 되면 안심한다. 그들의 고통에 대해 '모두 마음먹기에 달린 것'이라고 말하는 것처럼 환자들에게 모욕적인 것은 없다.)

　하루는 보스턴에 사는 젊은 여성에게서 전화를 받았다. 그녀가 말했다.

　"라마찬드란 박사님, 나는 베스 이스라엘 병원에 근무하는 대학원 학생이며, 몇 년 동안 파킨슨 병에 대해 공부하고 있습니다. 그런데 최근에 환상사지를 공부하기로 마음을 바꾸었습니다."

　"잘됐군요. 이 주제는 너무나 오랫동안 무시되어 왔지요. 어떤 공부를 하고 있는지 말해주겠습니까?"

　"작년에 나는 삼촌의 농장에서 끔찍한 사고를 당했습니다. 무릎 아래 왼쪽 다리를 잃었고, 그 후로 환상사지를 겪고 있습니다. 박사님의 논문을 읽고 어떤 일이 일어나고 있는지 이해하게 되었기에 감사전화를 드리는 것입니다."

　침을 한 번 삼킨 다음에 그녀가 말을 이었다.

"절단 수술 이후에 정말로 이해되지 않는 이상한 일이 저한테 일어났습니다. 섹스를 할 때마다 환상 발에서 이상한 감각을 느끼게 된 것입니다. 너무도 괴상한 일이어서 누구한테도 이야기하지 못했습니다. 그런데 두뇌에 대한 박사님의 도표를 보면 발이 성기 바로 옆에 있습니다. 그 순간 모든 것이 너무나 분명해졌습니다."

그녀는 누구도 쉽게 할 수 없는 리매핑 현상을 경험했고 그것을 이해하게 되었다. 펜필드의 지도에서 발이 성기 옆에 있음을 상기하자. 만일 누군가 다리를 상실하고 성기에 자극을 받는다면, 환상 다리에 감각을 느끼게 될 것이다. 성기 영역에서 오는 입력이 사라진 발 영역으로 침투할 때 우리가 예상할 수 있는 것이 바로 그것이다.

그 다음 날 다시 전화벨이 울렸다. 이번에는 아칸소에 사는 기술자였다.

"라마찬드란 박사님이십니까?"

"네."

"신문에서 박사님의 연구에 대해 읽었습니다. 정말 흥미롭더군요. 나는 두 달 전 무릎 아래의 다리를 잃었는데, 아직도 이해되지 않는 부분이 있습니다. 박사님의 조언을 듣고 싶습니다."

"무엇이지요?"

"약간 창피한 일입니다."

나는 그가 무슨 말을 하고 싶어 하는지 알 수 있었다. 그 대학원 여학생과 달리 이 기술자는 펜필드의 지도에 대해 모르고 있었다.

"박사님, 매번 성행위를 할 때마다 환상 발에서 감각을 느낍니다. 이것을 어떻게 설명할 수 있습니까? 주치의는 말도 안 되는 소리라고 합니다."

"한 가지 가능성은 두뇌의 신체지도에서 성기가 발 바로 옆에 위치해 있다는 것입니다. 너무 걱정하지 마세요."

내가 대답했다. 그는 조심스럽게 웃었다.

"그건 좋습니다. 그런데 박사님이 아직 이해하지 못하는 것이 있습니다. 나는 실제로 내 발에서 오르가슴을 느낍니다. 예전보다 훨씬 강하게요. 이제는 예전처럼 성기에만 국한되어 있지 않으니까요."

환자들은 이런 이야기를 꾸며내지 않는다. 그들의 이야기 중 99퍼센트가 진실이다. 만일 그들의 이야기를 잘 이해할 수 없다면, 그것은 우리가 그들의 두뇌에서 일어나는 일들을 이해할 만큼 아직 똑똑하지 못하기 때문이다. 이 남자는 절단 수술 후에 이전보다 훨씬 더 섹스를 즐기게 되었다고 말한다. 한 가지 흥미로운 점은 그의 환상 발로 이전된 것이 단지 촉감에 그치지 않고 성적 쾌락과 같은 성감도 포함한다는 사실이다. (나의 동료 중 한 명은 이 책의 제목을 '발을 성기로 착각한 남자'로 붙일 것을 제안했다.)

이는 나로 하여금 정상적인 사람들에게 발견되는 풋 페티시의 기초가 무엇인지 생각하게 했다. 풋 페티시는 우리의 정신생활에 중심이 되는 것은 아니지만 누구나 흥미로워하는 주제이다. (마돈나의 책『섹스』는 한 장 전체를 발에 할애하고 있다.) 풋 페티시에 대한 전통적인 설명은 으레 그렇듯이 프로이트에게서

온다. 그는 발이 성기의 모양을 닮았다는 것을 통해 페티시를 설명한다. 그런데 만일 그것이 사실이라면 왜 우리 몸에서 돌출되어 있는 다른 부분들은 그렇지 않은가? 손 페티시나 코 페티시는 왜 없는가? 내 생각에 그 이유는 간단하다. 그것은 두뇌에서 발이 성기 바로 옆에 놓여 있기 때문이다. 정상적인 사람들 중에서도 많은 경우에 약간의 엇갈린 연결이 있을 수 있다. 이런 사실은 왜 우리가 발가락을 애무받는 것을 좋아하는지 설명해준다. 과학의 행로는 종종 구불구불해서 전혀 예상치 못했던 길로 들어서게 된다. 나 또한 환상사지에 대한 설명을 찾는 과정이 풋 페티시에 대한 설명으로 끝날 거라고는 전혀 예상하지 못했다.

이러한 가정이 주어졌을 때 다른 예측들도 가능하다.[10] 만약 성기가 잘린다면 어떤 일이 일어날까? 남성 성기에 생기는 암종은 때때로 절단을 통해 치료한다. 그런데 이들 환자 중의 많은 이는 환상 성기와 더불어 심지어 환상 발기까지 경험한다! 이들 경우에, 발에 자극을 가하면 환상 성기에서 느끼게 될 것이라 예측할 수 있다. 이런 환자들은 탭댄스를 특별히 좋아하게 되지 않을까?

유방 절제술의 경우는 어떤가? 이탈리아의 신경과학자 살바토레 아글리오티 박사는 최근에 근치 유방 절제술을 받은 여성 중의 일부가 생생한 환상 유방을 경험한다는 사실을 발견했다. 그는 신체의 어떤 부위가 유방 옆에 매핑되어 있는지 스스로에게 물어보았다. 그는 가슴 주위를 자극해 봄으로써, 흉골과 쇄골 부위를 만질 때 젖꼭지에 감각이 생긴다는 것을 발견했다.

게다가 이 리매핑은 수술 후 단 이틀 후에 일어났다.

아글리오티는 또한 놀랍게도 조사를 받은 근처 유방 절제 여성의 3분의 1이 귓불에 자극을 받으면 환상 젖꼭지에서 성적인 감각을 느낀다는 것을 알아냈다. 그런데 이는 오직 환상 유방에서만 발생했으며 정상적인 유방에서는 일어나지 않았다. 그는 신체지도 중의 하나에서 젖꼭지와 귓불이 서로 인접해 있을 것이라 추측했다. (펜필드 지도 외에도 다른 지도들이 있다.) 그렇다면 아마도 당신은 왜 많은 여성들이 전희 단계에서 귀를 깨물 때 성적인 흥분을 느끼는지 궁금해할 것이다. 이는 우연인가? 아니면 두뇌의 구조와 관련이 있는 것인가? (펜필드의 원래 지도에도 여성의 성기 부위는 젖꼭지 바로 옆에 위치해 있다.)

귀와 관련된 리매핑의 덜 자극적인 예가 또 하나 있다. 이는 켁커스A. T. Caccace 박사가 제시한 사례이다. 신경과 의사인 그는 주시 유발 귀울음gaze tinnitus이라는 매우 이상한 현상에 대해 말해주었다.

이러한 증세를 겪는 사람들에게는 이상한 현상이 나타난다. 그들은 오른쪽(혹은 왼쪽)을 쳐다볼 때 윙윙거리는 소리를 듣는다. 의사들은 이런 증상을 오래전부터 알고 있었지만 전혀 해결할 수가 없었다. 눈을 돌릴 때 왜 이런 현상이 일어나는가? 도대체 이런 현상은 왜 일어나는가?

톰에 대해 읽고 난 후 켁커스 박사는 환상사지와 주시 유발 귀울음의 유사성에 주목했다. 그는 환자들이 내이內耳와 뇌간을 연결하는 주요 통로인 청각 신경에 장애가 있다는 것을 알고 있었다. 뇌간에서 청각신경은 청각핵세포에 연결되어 있다. 청각핵세포는 동안신경핵이라는 또 다른 조직 바로 옆에 있다. 이 두 번째 조직이 눈동자를 움직이는 명령을 내린다. 유레카! 비밀은 풀렸다.[11] 환자가 입은 상처 때문에 청각핵세포는 더 이상 한쪽 귀에서 신호를 받을 수 없다. 이때 피질의 안구 운동중추의 돌기가 청각핵을 침범하게 되고, 매번 눈을 움직이라는 명령을 내릴 때마다 그 명령이 우발적으로 청각신경핵으로 보내져 윙윙거리는 소리로 바뀌는 것이다.

환상사지에 대한 연구는 두뇌의 구조 및 그 성장과 복구[12]에 대한 놀라운 능력을 살펴볼 수 있는 매혹적인 기회를 제공한다. 그리고 발로 희롱하는 것이 왜 그렇게 즐거운 일인지도 설명해준다. 그런데 환상사지 환자의 절반가량은 또한 이 현상의 가장 불쾌한 증상인 환지통을 경험하고 있다. 암에 따른 통증과 같은 실제 통증은 치료하기 매우 어렵다. 그렇다면 존재하지도 않는 팔다리의 통증을 어떻게 치료해야 할지 생각해보라. 바로 그 순간에 고통을 덜어주기 위해 할 수 있는 일은 거의 없다. 하지만 우리가 톰에게서 관찰한 리매핑은 그런 통증이 왜 생겨나는지 설명해줄 수 있다. 우리는 치료 불능의 환지통이 절단이 일어난 후 수주 혹은 수개월 후에 발생한다는 것을 알고 있다. 두뇌가 조정을 거치고 세포들이 새로운 연결을 만드는 과정에서 약간의 리매핑상의 실수가 있을 수 있다. 그 결과 촉각 수용체에서 오는 감각적 입력들이 우연히 두뇌의 통증 영역에 연결된다. 만일 이런 일이 실제로 일어난다면, 그 환자가 웃음을 지을 때나 턱을 우연히 쓰다듬을 때마다 촉각은 고통스러운 아픔으로 경험될 것이다. 그러나 다음 장에서도 보게 되겠지만 이것이 환지통에 대한 설명의 전부는 아니다. 하지만 좋은 출발점은 될 수 있다.

하루는 톰이 내 사무실에서 나가려고 할 때, 나는 뻔한 질문 하나를 하고 싶어 도저히 배길 수 없었다. 지난 4주 동안 얼굴을 만질 때, 가령 매일 아침 면도를 할 때, 어떤 특이한 연관감각을 환상 손에서 느낀 적이 있는가? 그는 턱을 살살 만지며 윙크를 하면서 말했다.

"전혀 그런 적이 없습니다. 하지만 박사님도 알다시피 내 환상 손은 가끔 미칠 정도로 가렵습니다. 지금까지는 어쩔 줄 몰랐지요. 하지만 이제 어디를 긁어야 할지 알고 있습니다!"

3

최초의 성공적인 환상사지 절단 수술

당신은 결코 당신의 육체에 의해 만들어진 그림자,
거울에 반사된 모습, 혹은 꿈이나 상상 속에서 보는
당신의 육체를 당신과 동일시하지 않는다.
따라서 당신은 당신의 육체와도 당신을 동일시하면 안 된다.

－ 샹크라(A.D. 788~820), 분별정보分別寶實(베다 경전)

    어느 기자가 유명한 생물학자 홀데인에게 생물학 연구가 신에 관해 무엇을 가르쳐주었는지 물었다. 그는 "만일 창조주가 존재한다면 그는 딱정벌레를 지나치게 좋아했을 게 틀림없다"고 대답했다. 지구상에는 그 어떤 생명체의 종류보다 딱정벌레의 종류가 더 많기 때문이다. 동일한 방식으로, 신경과학자는 신이 지도 제작자라는 결론을 내릴지 모른다. 두뇌 속의 어디를 보더라도 지도들이 널려 있으므로, 신은 지도를 지나치게 좋아했음이 틀림없다. 가령, 시각과 관련된 지도만 하더라도 30개가 넘는다. 촉감, 관절이나 근육 감각과 같은 촉각이나 신체감각의 경우에도 여러 개의 지도가 있다. 이런 지도에는 앞 장에서 보았던 두뇌 측면을 따라 피질상에 신체의 각 부위가 걸쳐 있는 저 유명한 펜필드 지도도 포함된다. 이들 지도는 대개 일생 동안 안정된 상태를 유지한다. 그 결과 우리의 지각이 대개는 정확하고 신뢰할 수 있음을 보장해준다. 그러나 이미 보았듯이, 이들 지도는 다양한 감각적인 입력에 대응해 끊임없이 갱신되고 세밀해진다.

톰의 팔이 절단되었을 때 그의 손에 대응하는 피질상의 상당 부분이 얼굴에서 오는 감각적 입력에 의해 탈취되었던 것을 떠올려보라. 내가 톰의 얼굴을 만지면 감각적 정보는 얼굴 영역과 원래 '손의 영역'이었던 두 영역으로 들어간다. 이러한 두뇌의 지도 변화는 절단 이후에 톰이 겪었던 환상사지 현상을 설명해준다. 웃거나 얼굴 신경과 연결된 어떤 자발적인 행위를 할 때마다, 이 활동은 그의 '손의 영역'을 자극하고 그 결과 그의 손이 여전히 원래 자리에 있다고 생각하도록 속인다.

팔 없이 태어난 사람도 환상사지를 경험하는가?

그러나 이것이 이야기의 전부는 아니다. 첫째, 이런 설명은 환상사지를 겪고 있는 수많은 사람들이 자신의 '허구적인' 팔다리를 자발적으로 움직일 수 있다고 주장하는 이유를 설명하지 못한다. 운동에 대한 이러한 착각은 어디에 기인하는가? 둘째,

이는 환자들이 때때로 잃어버린 팔다리에서 흔히 환지통이라고 부르는 강렬한 통증을 경험한다는 사실을 설명해주지 못한다. 셋째, 팔이 없이 태어나는 사람의 경우는 어떠한가? 이런 사람의 두뇌에도 리매핑이 일어나는가? 아니면 애초에 손이 없었으므로 피질상의 손의 영역이 아예 발달하지 않는가? 이런 사람들도 환상사지를 경험하는가? 환상사지를 갖고 태어나는 사람이 있을 수 있는가?

이는 터무니없는 생각처럼 보인다. 그러나 지난 몇 년 동안 내가 배운 것이 있다면, 그것은 신경과학이 놀라움으로 가득 차 있다는 것이다. 환상사지에 대한 우리의 첫 번째 보고서가 출간되고 몇 달이 지난 후에 나는 스물다섯 살의 인도인 대학원생 미라벨르 쿠마르를 만났다. 내가 환상사지에 관심이 있다는 것을 알고 있던 사스야짓 샌 박사가 그녀를 나에게 보낸 것이다. 미라벨르는 팔 없이 태어났다. 태어날 때 그녀가 가졌던 것은 어깨에 매달린 뭉툭한 기부基部뿐이었다. 엑스레이는 뭉툭한 부분에 팔죽지 뼈인 상박골 머리 부분이 들어 있음을 보여주었다. 그러나 요골이나 척골의 흔적은 없었다. 또 거기에는 발달하지 않은 손톱의 흔적은 있었지만 손에 있는 조그만 뼈들은 찾아볼 수 없었다.

미라벨르는 어느 더운 여름날 내 사무실로 들어왔다. 3층까지 걸어올라온 그녀의 얼굴은 땀으로 젖어 있었다. 그녀는 매력적이고 발랄했으며, 한편으로 얼굴에는 '나를 동정하지 마라'는 매우 단호한 심정이 드러나 있었다.

미라벨르가 자리에 앉자 나는 그녀가 어디서 태어났고, 어느 학교를 다녔으며, 무엇에 관심이 있는가와 같은 간단한 질문을 하기 시작했다. 그녀는 이내 참을성을 잃고 말했다.

"여보세요. 정말로 알고 싶은 것이 무엇인가요? 박사님은 내가 환상사지를 갖고 있는지 알고 싶은 것 아닌가요? 허튼소리는 집어치웁시다."

"사실, 우리는 환상사지에 대한 실험을 하고 있습니다. 그리고 우리는……."

그때 그녀가 말을 가로막았다.

"어쨌든 좋습니다. 나는 처음부터 팔이라는 게 없습니다. 내가 가진 것이라곤 이것뿐입니다."

그녀는 능숙한 동작으로 턱을 움직여 의수를 떼어내어 내 책상 위로 떨어뜨리고 기부를 들어 보였다.

"하지만 내가 기억할 수 있는 가장 어린 시절부터 언제나 아주 생생한 환상사지를 경험하고 있습니다."

나는 회의적이었다. 미라벨르가 단지 자신의 부질없는 기대를 말하고 있는 것은 아닐까? 아마도 그녀는 정상이고자 하는 욕망을 깊숙이 숨기고 있는지도 모른다. 나는 프로이트처럼 되어가고 있었다. 그녀가 거짓말을 하고 있는 것이 아니라는 것을 내가 어떻게 확신할 수 있는가?

내가 그녀에게 물었다.

"당신이 환상사지를 가지고 있다는 걸 어떻게 알았습니까?"

"내가 박사님한테 말하는 동안에도 그것들은 손짓하고 있습니다. 내가 어떤 물건을 가리킬 때, 그것들은 당신의 팔이나 손과 마찬가지로 대상을 가리키고 있습니다."

나는 그녀의 이야기에 빠져들며 앞으로 몸을 기울였다.

"박사님, 다른 흥미로운 사실 한 가지는 이것들이 정상적인 손이나 팔처럼 길지 않다는 것입니다. 이것들은 15에서 20센티미터 정도로 아주 짧습니다."

"그것을 어떻게 알지요?"

"인공 팔을 걸칠 때면 환상 팔이 정상적인 길이보다 아주 짧다는 것을 알게 됩니다."

미라벨르가 내 눈을 똑바로 응시하며 대답했다.

"환상 손가락은 마치 장갑을 끼듯이 인공 손가락에 딱 맞아야 합니다. 하지만 내 팔은 15센티미터 정도로 너무 짧아요. 그 때문에 너무나 큰 좌절감을 느낍니다. 자연스럽게 느껴지지 않거든요. 그래서 나는 의수를 만드는 사람에게 인공 팔의 길이를 줄여달라고 부탁합니다. 그러면 그는 팔이 너무 짧고 우스꽝스럽게 보일 거라고 합니다. 그래서 우리는 타협을 하지요. 그는 대부분의 의수보다는 짧지만 이상해 보일 만큼 짧지는 않은 그런 팔을 나에게 만들어줍니다."

그녀는 내 책상에 놓여 있는 의수 중 하나를 가리켜 보였다.

"이것들은 보통 사람들의 팔보다 약간 짧습니다. 하지만 대부분의 사람들은 눈치 채지 못합니다."

이것은 미라벨르의 환상사지가 단순한 소망에서 비롯된 것이 아님을 나에게 증명해주었다. 그녀가 다른 사람들과 비슷해지기를 원한다면 왜 정상보다 짧은 팔을 원하겠는가? 무엇인가가 생생한 환상사지 경험을 일으키며 그녀의 두뇌 속에서 진행되고 있는 것이 틀림없었다. 미라벨르에게는 특이한 점이 또 있었다.

"걸을 때 내 환상 팔은 박사님 팔 같은 정상 팔처럼 흔들거리지 않습니다. 그것들은 옆에 딱 붙어 고정되어 있습니다."

그녀는 기부를 양옆으로 늘어뜨린 채 똑바로 섰다.

"그런데 내가 말을 할 때면 환상사지들이 손짓하기 시작합니다. 실은, 지금 내가 말하는 동안에도 이것들은 움직이고 있습니다."

이는 생각보다 그렇게 신기한 일은 아니다. 걷는 동안에 팔의 자연스러운 움직임을 조정하는 두뇌 영역과, 손짓을 통제하는 영역은 서로 완전히 다르다. 팔의 앞뒤 움직임을 조정하는 신경회로는, 팔다리에서 계속해 올라오는 피드백 없이는 오래 살아남을 수 없는 것 같다. 팔이 없을 경우에 이 부위는 계발되지 않거나 곧바로 도태된다. 그러나 말하는 동안 활성화되어 손짓하게 하는 신경회로는 아마도 성장 과정에서 유전자에 의해 규정되는 듯하다. (이와 관련된 회로는 아마 입말보다 시간적으로 앞설 것이다.) 놀랍게도, 미라벨르의 경우 두뇌 속에서 이런 명령을 내리는 신경회로가 전혀 손상되지 않은 채 보존된 것이다. 평생 그녀의 팔에서 시각적이거나 운동감각적인 피드백을 전혀 받지 않았음에도 불구하고 그녀의 몸은 "팔이 없어, 팔이 없어"라고 계속 말한다. 하지만 그녀는 계속해서 손짓을 경험한다.

이런 점들은 미라벨르의 신체상에 대한 신경회로가 최소한 부분적으로는 유전자에 의해 결정되며, 운동이나 촉각 경험에 엄격하게 의존하는 것이 아님을 보여준다. 과거의 의학보고서에 따르면, 태어날 때부터 팔다리가 없는 환자는 환상사지를 경험하지 않는다고 되어 있다. 그러나 내가 미라벨르에게서 본 바는 우리 각자의 신체와 사지에 대한 상이 태어날 때부터 내부적으로 고정배선되어 있음을 함축한다. 이러한 신체상은 감각에서부터 올라오는 모순적인 정보에 직면해서도 무한정 유지될 수 있다.[1]

미라벨르는 자연발생적인 이러한 손짓 외에도, 환상 팔을 통해 자발적인 움직임을 만들어낼 수 있다. 이는 어른이 되어서 팔을 잃어버린 환자의 경우에도 마찬가지이다. 미라벨르와 마찬가지로 이들 대부분의 환자들은 환상사지를 가지고 팔을 '내뻗어' 물건을 '움켜쥐고' 가리키거나 손을 흔들어 인사를 하고 악수를 하는 등의 매우 세밀한 숙련된 동작을 수행할 수 있다. 팔이 사라지고 없다는 것을 알고 있으므로, 이것이 미친 소리처럼 들린다는 것은 그들도 알고 있다. 그러나 그들에게 이러한 감각적 경험은 정말로 실재하는 것이다.

너무나 생생한 환상

존 맥그래스를 만나기 전에는, 나도 이런 움직임의 느낌이 얼마나 생생한 것인지 잘 알지 못했다. 팔이 절단된 존은 환상사지에 대한 텔레비전 프로그램을 보고 난 후 나에게 전화를 걸었다. 뛰어난 아마추어 운동선수였던 존은 3년 전 왼팔 팔꿈치 아랫부분을 잃었다. 그는 웃으면서 다음과 같이 말했다.

"테니스를 칠 때 환상 팔도 평소와 같은 방식으로 움직입니다. 환상 팔은 내가 서브를 할 때 공을 던져 올리려고 하며, 세게 칠 때는 균형을 잡으려 합니다. 그리고 항상 전화기를 집어들려고 하지요. 식당에서는 계산서를 달라는 손짓도 합니다."

존은 신축적인 환상 손이라 알려진 것을 갖고 있었다. 환상 손은 잘려나간 바로 그 부위에 직접 달려 있고, 그 사이의 팔 아랫부분은 없는 것처럼 느껴진다. 그런데 찻잔 같은 물체가 30에서 60센티미터 정도 떨어져 있고 이것을 집으려 한다고 해보자. 이 경우 환상 손은 더 이상 잘린 부위에 그대로 매달려 있지 않다. 이것은 찻잔을 잡기 위해 앞으로 쭉 늘어난다.

나는 이렇게 생각해보았다. 만일 내가 존에게 컵을 집으라고 해서 손을 뻗게 한 다음, 그의 환상 손이 컵을 '만지기' 전에 컵을 뒤로 치워버린다면 어떻게 될까? 환상 팔은 만화 주인공의 고무 팔처럼 쭉 늘어날까, 아니면 정상적인 팔 길이 정도에서 멈추어버릴까? 존이 그것을 잡을 수 없도록 하려면 얼마나 멀리 컵을 치워야 할까? 그는 달을 잡을 수 있을까? 아니면 실제 손에 적용되는 물리적 한계가 환상 손에도 그대로 적용될까?

나는 앞에 컵을 놓고 존에게 그것을 집어보라고 했다. 그리고 그가 손을 뻗는다고 말할 때, 컵을 홱 치워버렸다.

"아악! 그러지 마세요!"

그가 비명을 질렀다.

"어떻습니까?"

"그러지 마세요. 당신이 컵을 치웠을 때, 내 손가락이 컵 손잡이에 걸려 있었어요. 정말로 아픕니다!"

잠시 생각해보자. 환상 손에서 실제의 컵을 빼앗았고, 이 사람은 고통스러운 비명을 내지른다! 물론 손가락은 환상이다. 하지만 통증은 실재한다. 그 통증이 너무 극심해서 나는 실험을 반복할 엄두를 내지 못했다.

존과의 실험은 환상사지 경험을 유지할 때 시각의 역할이 무엇인지 생각해보게 만들었다. 어떻게 단지 컵이 빠져나가는 것을 '보는' 것에서 통증이 유발되는 것일까? 이 질문에 답하기에 앞서, 먼저 환상사지에서 어떻게 움직임을 경험하게 되는지 알아볼 필요가 있다. 눈을 감고 팔을 움직여보라. 이때 당신은 팔의 위치와 움직임을 생생히 느낄 수 있다. 이는 관절과 근육에 있는 수용체 때문이다. 그러나 존이나 미라벨르에게는 그런 수용체가 없다. 그들은 팔이 없다. 그렇다면 이런 감각은 어디에서 생겨나는 것일까?

역설적이게도 이 질문에 대한 첫 번째 단서는 환상사지 환자의 많은 수, 3분의 1 정도가 그들의 환상사지를 움직일 수 없다는 사실에서 나왔다. 이들은 다음과 같이 말한다. "내 팔은 시멘트로 깁스를 해놓은 것 같아요.""얼음덩어리 속에 꽁꽁 얼어붙어 있어요." 우리 환자 중의 한 명인 아이린은 "팔을 움직여보려고 했지만 그럴 수 없었다"고 말한다. "내 마음대로 그것을 움직일 수 없어요. 내 명령을 따르지 않아요." 아이린은 그녀의 손상되지 않은 팔을 사용해 유령 팔의 위치를 흉내 내며, 그것이 매우 이상하게 꼬인 상태로 굳어 있음을 보여주었다. 1년 내내 그 상태라는 것이다. 그녀는 문을 열고 들어갈 때마다 이 팔이 '부딪혀서' 아프지 않을까 걱정한다. 어떻게 존재하지도 않는 환상사지가 마비될 수 있을까? 이는 자가당착처럼 들린다.

나는 환자들에 대한 기록들을 읽어보았고, 이들 중의 많은 수가 이미 그 이전에 척수에서 팔로 들어가는 신경에 이상 증세를 보였음을 찾아냈다. 그들의 팔은 실제로 마비되었고 몇 달 동안 삼각건이나 깁스를 했다. 그리고 상태가 계속 악화되어 나중에 절단한 것이다. 그들 중 일부는 팔의 통증을 제거하거나, 마비된 팔다리 때문에 생긴 기형적 자세를 교정하기 위한 잘못된 시도의 일환으로 팔을 제거하라는 권유를 받았다. 수술 후에 이들 환자들은 종종 생생한 환상사지를 경험한다. 그것은 별로 놀라운 일이 아니다. 하지만 경악스럽게도 그들의 환상사지는 마치 마비에 대한 기억이 환상사지로 전이된 것처럼 절단 이전의 상태 그대로 고정되어 있다.

　우리는 여기서 역설에 부딪힌다. 미라벨르는 그녀의 일생을 통틀어 한 번도 팔을 가져본 적이 없다. 하지만 그녀는 환상사지를 움직일 수 있다. 아이린은 1년 전에 팔을 잃었다. 그럼에도 그녀는 환상 팔은 꿈쩍도 하지 않는다. 도대체 무슨 일이 일어나고 있는가?

마비된 사지

　이 질문에 답하기 위해 우리는 인간 두뇌의 운동 및 감각 시스템의 생리학과 해부학을 자세히 살펴볼 필요가 있다. 당신이나 내가 눈을 감고 손짓이나 몸짓을 할 때 무슨 일이 일어나는지 생각해보자. 우리는 우리 자신의 신체 및 팔다리의 위치와 움직임에 대해 생생한 감각을 가지고 있다. 영국의 저명한 신경과학자 러셀 브레인Russell Brain과 헨리 헤드Henry Head는 이와 같은 내적으로 구조화된 생동적인 경험들의 조화된 총체를 가리켜 '신체상'이라는 단어를 고안해냈다. (두 사람의 이름은 모두 실명이다.) 이는 시간과 공간 속의 자신의 신체에 대한 내부적인 이미지와 기억을 나타낸다. 두정엽은 어느 특정한 시점에서부터 이러한 신체상을 만들고 유지하기 위해 근육, 관절, 눈, 운동 중추 등 여러 출처에서 오는 정보를 취합한다.

만일 당신이 손을 움직이고자 한다면, 손의 움직임으로 이어지는 일련의 사건들은 전두엽의 운동피질에서 시작한다. 운동피질로 부르는 수직 띠 모양의 피질 부위는 전두엽과 두정엽을 구분지어주는 고랑 바로 앞부분에 있다. 이 고랑의 바로 뒷부분을 차지하고 있는 감각피질과 마찬가지로, 운동피질은 우리의 신체 전체가 거꾸로 뒤집어져 있는 모양의 '지도'를 포함한다. 한 가지 차이점이라면 운동피질은 피부에서 오는 신호를 받는 대신, 근육에 신호를 내려 보내는 일과 관련되어 있다.

실험에 따르면 1차운동피질은 기본적으로 손가락을 흔들거나 입술을 쩝쩝거리는 것과 같은 단순 운동과 연관되어 있다. 이것의 바로 앞에 위치한 부위는 보조운동 영역이라 부르는데, 손을 흔들어 인사를 하거나 계단의 난간을 붙잡는 일과 같은 더 복잡한 동작을 담당하는 것처럼 보인다. 이 보조운동 영역은 일련의 필요한 동작에 대한 구체적 명령을 운동피질에 내려 보내는, 일종의 집회 사회자처럼 행동한다. 운동을 명령하는 이러한 신경자극은 운동피질에서 척수를 거쳐 몸 반대편 근육으로 내려간다. 그러면 당신이 손을 흔들거나 립스틱을 바르는 것이다.

보조운동 영역에서 운동피질로 '명령'이 주어질 때마다, 이는 근육으로 전해지고 근육이 움직인다.[2] 동시에 동일한 명령 신호의 복사본이 소뇌와 두정엽이라는 또 다른 두 개의 중요 '처리' 영역으로 보내져서 어떤 행동을 의도하고 있는지 알려준다.

이들 명령신호가 근육으로 일단 보내지면 피드백회로가 작동한다. 근육은 움직이라는 명령을 받고 동작을 수행한다. 이때 역으로 근육방추와 관절에서 나오는 신호가 척수를 거쳐 두뇌로 다시 올라가 소뇌와 두정엽에게 '명령이 올바르게 실행되었음'을 알린다. 이 두 가지 구조는 서보장치의 자동 온도조절장치처럼 당신이 의도한 것과 실제로 수행된 것을 비교하도록 도와주며, 필요한 경우에는 운동명령을 수정한다. (너무 빠르면 브레이크를 걸고, 너무 느리면 운동의 출력을 증대시킨다.) 그리하여 의도가 적절하게 조정된 운동으로 변형된다.

이제 이 모든 것이 환상사지 경험과 어떻게 연관되는지 알아보기 위해 우리의 환자들에게 돌아가자. 존이 그의 환상 팔을 움직이려고 하면 두뇌의 앞쪽 영역은 명령을 내려 보낸다. 두뇌의 이 부위는 팔이 없다는 것을 '모르기' 때문이다. 물론 존이라는 '사람'은 의문의 여지 없이 그 사실을 알고 있다. 그런데 두정엽이 이 명령을 계속 감시하고 있으므로, 이 명령을 동작으로 느끼게 된다. 이것이 환상 팔에 의해 수행되는 환상 동작이다.

따라서 환상사지 경험은 최소한 두 개의 출처에서 나오는 신호에 의존하는 것처럼 보인다. 첫째가 리매핑이다. 얼굴과 팔죽지에서 오는 감각 입력이 '손'에 대응하는 두뇌 영역을 활성화시킨다는 것을 기억하라. 둘째, 운동중추가 매번 없어진 팔에 신호를 보낼 때마다, 명령에 대한 정보는 동시에 우리의 신체상을 갖고 있는 두정엽으로 보내진다. 이 두 곳에서 오는 정보가 하나로 수렴되는 바로 그 시점에 역동적이고 생동적인 환상 팔에 대한 상이 생겨난다. 그리고 이 상은 팔의 '움직임'에 따라 계속적으로 갱신된다.

실제 팔의 경우에는 세 번째 정보 출처가 있다. 관절, 인대, 근육방추에서 오는 신경자극이 그것이다. 물론 환상 팔에는 이들 조직과 거기서 나오는 신호가 없다. 이상하긴 하지만, 이런 사실이 팔이 움직인다고 두뇌가 잘못 생각하는 것을 막아주지는 않는다. 최소한 절단 후 처음 몇 달 혹은 몇 년간은 그렇다.

이는 우리가 앞서 제기한 질문으로 다시 돌아가게 만든다. 어떻게 환상사지가 마비될 수 있을까? 어떻게 절단 후에도 그것은 '굳은' 상태로 남아 있는 것일까? 하나의 가능성은, 팔다리가 이미 마비된 채로 팔걸이나 부목 같은 것에 의해 고정되어 있을 때, 두뇌가 팔을 흔들거나 다리를 움직이라는 일상적인 명령을 계속 내리는 것이다. 두정엽은 이 명령을 감시하고 있지만 적절한 시각적 피드백을 받지 못한다. 시각체계는 '이 팔은 움직이지 않는다'고 말한다. 그리고 팔을 움직이라는 명령이 다시 내려진다. 하지만 시각적 피드백은 다시 두뇌에게 팔이 움직이지 않음을 알린다. 두뇌는 결국 팔이 움직이지 않는다는 것을 알게 되고, 일종의 '학습된 마비'가 두뇌회로에 각인된다. 정확히 이런 일이 어디에서 일어나는지는 알려져 있지 않다. 아마도 운동중추나, 신체상과 관련 있는 두정엽 부위에서 일어나는 것으로 추측할 수 있다. 생리학적 설명이야 무엇이든 간에, 팔은 나중에 절단되고 환자는 그렇게 수정된 신체상에 고착하게 된다. 이것이 바로 마비된 환상사지이다.

마비를 학습할 수 있다면, 그것을 잊는 것도 가능할까? 만약 아이린이 '지금 움직이라'는 메시지를 그녀의 환상 팔에 보내고, 그럴 때마다 팔이 움직인다는 시각적 신호, 즉 팔이 그녀의 명령을 잘 수행하고 있다는 피드백을 받게 되면 어떤 일이 일어날까? 그런데 팔이 없는데 어떻게 그런 시각적 피드백을 받을 수 있는가? 그녀의 눈이 실제로 환상 팔을 보고 있는 것처럼 속일 수 있을까?

나는 먼저 가상현실을 고려했다. 아마도 우리는 그녀의 팔이 다시 복원되어 명령을 따르고 있다는 시각적 착각을 만들어낼 수 있을 것이다. 하지만 이런 기술에는 족히 50만 달러 이상이 소요될 것이며 내 연구비는 단번에 거덜 날 것이다. 다행스럽게도, 싸구려 잡화점에서 구입한 보통 거울로 실험할 수 있는 방법을 찾아냈다.

환상사지를 치료한 가상현실 상자

아이린과 같은 환자가 실재하지 않는 팔의 실제 움직임을 지각하도록 만들기 위해 우리는 가상현실 상자를 고안해냈다. 이 상자는 종이상자의 뚜껑을 없애고 그 안에 수직으로 거울을 설치해서 만든 것이다. 상자 정면에는 두 개의 구멍이 나 있다. 아이린은 이 구멍을 통해 '정상적인 팔'(오른팔)과 환상 팔(왼팔)을 상자 속으로 집어넣었다. 거울이 상자 가운데에 있으므로, 거울 오른편에는 오른팔이, 거울 왼편에는 왼팔이 비친다. 이제 환자에게 정상적인 팔이 거울 속에 비치는 모습을 보도록 하고, 팔을 천천히 돌려 거울에 비친 팔이 환상 팔이 느껴지는 위치에 겹치도록 한다. 이렇게 해서 실제로는 거울에 비친 정상적인 팔을 보고 있지만, 마치 두 팔을 바라보고 있는 것과 같은 착시를 만들어낼 수 있다. 이제 그녀는 두 팔에 지휘하거나 손뼉을 치는 것과 같은 거울을 중심으로 대칭적인 운동을 하도록 명령한다. 물론 그녀는 이제 자신의 환상 팔이 움직이는 모습을 '보게' 된다. 두뇌는 이제 환상 팔이 명령에 따라 잘 움직이고 있다는 것을 확인시켜주는 시각적 피드백을 받게 된다. 이러한 실험이 마비된 환상 팔에 대한 자발적 통제를 회복시켜줄 수 있을까?

이러한 새로운 세계를 처음으로 개척한 사람은 필립 마르티네즈이다. 1984년 마르티네즈는 샌디에이고의 고속도로를 72킬로미터로 달리다가 오토바이에서 떨어졌다. 그는 미끄러지면서 중앙선을 넘어 콘크리트 다리 아래로 떨어졌다. 그는 멍한 상태로 깨어나 겨우 정신을 차리고 부상을 살폈다. 헬멧과 가죽 재킷 때문에 최악의 경우는 피했지만, 왼팔이 어깨 근처에서 찢어져 있었다. 폰스 박사의 원숭이와 마찬가지로, 그는 팔 위쪽이 찢기면서 팔로 연결되는 신경이 척추에서 잘려 나갔다. 그의 왼팔은 완전한 마비 상태로 1년간 붕대에 묶여 있었다. 의사는 최종적으로 절단을 권유했다.

10년 후에 필립은 내 사무실을 찾아왔다. 그는 이제 30대 중

반으로 장애기금을 수금하는 일을 하고 있었으며, 동료들 사이에서 '외팔이 무법자' 로 통하며 나름대로 명성을 얻고 있었다. 필립은 나의 환상사지 실험에 대한 지방 방송의 보도를 듣고 찾아온 것이었다. 그는 매우 간절했다. 그는 자신의 없어진 팔을 힐끔 내려다보며 말했다.

"라마찬드란 박사님, 제발 저를 도와주세요. 나는 10년 전에 이 팔을 잃어버렸습니다. 그런데 그 이후 계속해서, 환상 팔꿈치, 환상 팔목, 환상 손가락 등에 엄청난 통증을 느끼고 있습니다."

나는 그와 인터뷰를 조금 더 한 다음 필립이 지난 10년간 자신의 환상 팔을 한 번도 움직일 수 없었다는 것을 알게 되었다. 팔은 어색한 자세로 항상 고정된 상태이다. 그는 학습된 마비를 겪고 있는 것일까? 만일 그렇다면, 가상현실 상자를 이용해 환상 팔을 시각적으로 되살림으로써 동작을 회복할 수 있을까?

나는 필립에게 오른손을 상자 속의 거울 오른편에 넣고, 왼손(환상 손)은 왼편에 있다고 상상하라고 지시하고서 다음과 같이 말했다.

"오른팔과 왼팔을 동시에 움직여보세요."

"그렇게 할 수가 없습니다. 오른팔은 움직일 수 있지만, 왼팔은 굳어 있습니다. 매일 아침 일어날 때마다 환상 팔을 움직여보려고 합니다. 팔이 이상한 자세로 있기 때문에, 팔을 움직이면 통증이 줄어들까 싶어서요."

필립은 이렇게 대답했다. 그리고 자신의 보이지 않는 팔을 내려다보며 말했다.

"하지만 꿈쩍도 하지 않습니다."

"좋습니다. 필립. 어쨌든 한번 시도해보세요."

필립은 몸을 돌려 어깨를 움직였고 생명이 없는 자신의 환상 팔을 상자 속으로 집어넣었다. 그는 오른팔을 거울 오른쪽으로 집어넣었고, 동시에 (왼팔로) 비슷한 동작을 시도했다. 그는 거울 속을 응시하며 놀라 소리쳤다.

"오, 세상에. 오, 세상에. 박사님! 도저히 믿을 수 없군요. 세상에!"

그는 아이처럼 몸을 들썩거렸다.

"내 왼팔이 다시 붙어 있어요. 마치 내가 과거로 돌아간 것 같아요. 몇 년 전의 그 모든 기억들이 다시 내 마음속으로 한꺼번에 밀려들고 있습니다. 팔이 다시 움직이고, 팔꿈치와 팔목도 모두 움직여요. 모든 것이 다시 움직이고 있습니다."

그가 어느 정도 진정된 다음 나는 다음과 같이 주문했다.

"좋습니다, 필립. 이제 눈을 감으세요."

그러자 그는 실망하면서 말했다.

"이럴 수가! 다시 굳어버렸습니다. 오른손이 움직이는 것은 느낄 수 있지만, 환상 손은 다시 움직이지 않습니다."

"눈을 떠보세요."

"네. 아! 이제 움직입니다."

이는 필립의 환상 팔을 움직이는 신경회로가 일시적으로 억제되거나 봉쇄되었다가, 시각적 피드백이 다시 이를 해소한 것처럼 보였다. 보다 놀라운 것은, 팔의 움직임에 대한 이런 신체적 감각을 지난 10년 동안 느낄 수 없었음에도 불구하고, 그것이 즉각 되살아났다는 것이다.[3]

필립의 반응은 그 자체로 흥미로웠고, 학습된 마비에 대한 내 가설을 어느 정도 지지해주는 것이었다. 하지만 그날 저녁 집으로 돌아온 후 나는 스스로에게 물었다. "그래서 어떻다는 것인가? 우리는 이 사람의 환상 팔을 다시 움직이게 만들었다. 그러나 가만히 생각해보면, 이것은 정말로 쓸모없는 능력이다. 이는 정말 불가해한 종류의 것이고, 그런 것을 연구하고 있다고 해서 때때로 많은 의학 연구자들이 비난을 받아오지 않았는가." 환상 사지를 움직이게 했다고 해서 누가 상을 주는 것도 아니다.

그런데 학습된 마비는 더욱 광범위한 현상일 수 있다.[4] 가령, 이는 뇌졸중에 의해 실제 팔다리가 마비된 사람에게도 일어날 수 있다. 사람들은 뇌졸중 후에 왜 팔을 사용하지 못하게 되는 가? 두뇌에 혈액을 공급하는 혈관이 막히면, 두뇌 앞쪽에서 척수로 뻗어 있는 신경섬유에 산소공급이 끊기고 손상이 일어난다. 그 결과 팔이 마비된다. 그런데 뇌졸중의 초기 단계에 두뇌가 부풀어 오르면서 일부 신경이 죽는다. 또 다른 일부 신경들은 말하자면 일시적인 실신 상태에 빠져 연락이 단절된 상태에 놓이게 된다. 이 기간 동안에 팔은 움직이지 않으며, 두뇌는 '팔이 움직이지 않는다'는 시각적 피드백을 받게 된다. 환자의 두뇌는 부기가 가라앉은 다음에도 일종의 학습된 마비에 빠질 가능성이 있다. 최소한 학습에 기인하는 마비를 극복하는 데는 거울을 이용한 장치가 이용될 수 있지 않을까? (당연한 말이지만, 실제 신경섬유가 파괴되어서 생긴 마비는 거울로 회복시킬 도리가 없다.)

그런데 뇌졸중 환자에게 이 새로운 치료법을 적용하기에 앞서, 우리는 그 효과가 단순히 환상 팔이 움직인다는 일시적인 착각 이상의 것임을 분명하게 해둘 필요가 있었다. (필립이 눈을 감았을 때, 환상 팔이 움직이는 감각이 바로 사라졌음을 기억하라.) 만약에 연속적인 시각적 피드백을 받기 위해 환자가 상자로 며칠간 연습을 하면 어떤 일이 일어날까? 그렇게 하면, 두뇌가 손상에 대한 지각을 '잊어버리고' 팔의 움직임을 영구적으로 회복할 수 있을까?

나는 다음 날 필립에게 부탁했다.

"이 상자를 집으로 가지고 가서 연습할 의향이 있습니까?"

"물론입니다. 기꺼이 그렇게 하겠습니다. 일시적이라 하더라도, 팔을 다시 움직일 수 있다는 것은 너무 흥분되는 일입니다."

필립은 이렇게 대답하고 거울 상자를 집으로 가져갔다. 1주일 후 나는 다시 그에게 전화를 걸었다.

"어떻습니까?"

"박사님, 정말 재미있군요. 매일 10분간 상자로 연습해보았습니다. 손을 안에 집어넣고 빙글빙글 돌리면서 어떤 느낌이 드는지 보았지요. 내 여자친구와 함께 이것을 갖고 놀았습니다. 매우 재미난 물건입니다. 하지만 눈을 감으면 팔은 여전히 움직이지 않습니다. 내가 거울을 보고 있지 않으면 전혀 움직이지 않아요. 내 환상 팔이 다시 움직이는 것을 원하시죠? 하지만 거울 없이는 되지 않는군요."

필립이 다시 나에게 전화하기까지 3주가 흘렀다. 그는 매우 흥분되고 격앙되어 있었다. 그가 소리쳤다.

"박사님, 사라졌어요."

"무엇이 사라졌다는 말입니까?" (나는 혹시 거울 상자를 잃어버렸는가 생각했다.)

"내 환상 팔이 사라졌습니다."

"뭐라고요?"

"내가 지난 10년 동안 달고 다녔던 환상 팔 말입니다. 이제 그것은 존재하지 않습니다. 지금 내가 가진 것은 어깨에 바로 달려 있는 환상 손가락과 손바닥뿐입니다!"

나의 즉각적인 반응은 '안 된다'는 것이었다. 현상적인 것만 말하면, 내가 거울을 사용해 한 사람의 신체상을 영구적으로 변화시켜버린 셈이다. 이것이 그의 심리 상태와 건강에 어떤 영향을 미치게 될까?

"필립, 아무렇지도 않습니까?"

"괜찮아요, 괜찮아요. 팔꿈치에 항상 달고 다니던 고질적인 통증을 아시잖아요. 1주일에 몇 번씩 나를 고문하던 통증 말입니다. 이제 팔꿈치가 없으니까 고통도 없습니다. 그런데 손가락은 아직도 어깨에 매달려 있어서 여전히 아픕니다."

그가 대답했다. 분위기를 가라앉히려고 그는 잠시 침묵했다.

"그런데 안타깝지만 이제 거울상자가 더 이상 작동하지 않습니다. 내 손가락이 너무 높이 달려 있어서요. 상자 모양을 바꾸어서 손가락도 없애주실 수 있나요?"

필립은 마치 내가 마법사라도 되는 것처럼 생각하는 듯했다.

필립의 부탁을 들어줄 수 있을지는 확실치 않았다. 하지만 나는 이것이 의학 역사상 최초의 성공적인 환상사지 '절단' 수술일지도 모른다는 사실을 깨달았다! 이 실험은 필립의 오른편 두정엽에 서로 상반되는 신호가 주어졌을 때, 그의 마음이 일종의 부정에 호소했음을 암시한다. 시각적 피드백은 그의 팔이 다시 움직이고 있다고 말하고, 그의 근육은 거기에 팔이 없다고 말한다. 곤경에 빠진 두뇌가 이 기이한 감각적 갈등을 해소하는 유일한 길은 다음처럼 말하는 것이다. '아예 팔을 없애버려라. 팔은 존재하지 않는다.' 그리고 이와 함께 그의 팔꿈치에 있던 통증도 사라지는 엄청난 보너스를 받게 된다. 존재하지 않는 환상팔에서 신체로부터 분리된 통증을 느끼는 일은 불가능하다. 그런데 그의 손가락은 왜 사라지지 않았는지가 불분명하다. 한 가지 이유는, 펜필드 지도의 커다란 입술과 마찬가지로, 손가락이 몸감각피질상에 과도하게 표상되어 있어서 부정하기가 더욱 어려울지 모른다는 것이다.

통증을 유발하는 잘못된 리매핑

환상사지의 동작과 마비는 설명하기가 매우 어렵다. 많은 환자들이 절단 후에 경험하는 지독한 통증은 더욱 그렇다. 필립은 내가 이 문제와 직접적으로 부딪치게 만들어주었다. 존재하지도 않는 팔다리에 통증을 느끼도록 만들기 위해서는 어떤 생물학적 환경들이 서로 합쳐져야 할까? 몇 가지 가능성을 고려해볼 수 있다.

통증은 잘린 마디 끝의 신경조직이 뭉쳐 있는 흉터조직이나 신경종에 의해 야기될 수 있다. 이 뭉친 부분이나 신경종을 자극하면, 두뇌는 이것을 사라진 팔의 통증으로 해석할 수도 있다. 신경종을 외과적으로 제거하면 때때로 환지통이 최소한 일시적으로 사라지기도 한다. 하지만 많은 경우 환지통은 알지 못하는 사이에 돌아온다.

통증은 또한 부분적으로 리매핑 때문에 일어날 수도 있을 것이다. 리매핑은 대개 감각 양상별로 한정되어 일어난다. 즉 촉각은 촉각의 통로를, 뜨거움에 대한 감각은 뜨거움의 통로를 따른다는 것이다. (이미 살펴보았듯이, 내가 톰의 얼굴을 면봉으로 가볍게 만졌을 때, 그는 내가 그의 환상사지를 만지고 있다고 느꼈다. 차가운 얼음물을 그의 뺨에 떨어뜨리면, 그는 환상 손에서 차가움을 느낀다. 물을 따뜻하게 했을 때는 얼굴뿐 아니라 환상 손에서도 열기를 느낀다.) 이는 리매핑이 아무렇게나 임의적으로 일어나지 않음을 의미한다. 각 감각과 연관된 섬유는 적절한 목표물을 찾아내기 위해서 어디로 가야 할지 '알고' 있어야 한다. 그러므로 절단 환자를 포함해 대부분의 사람들에게 서로 다른 감각 양상이 뒤엉키는 경우는 없다.

하지만 청사진상의 사소한 결함처럼, 리매핑 과정에서 조그만 실수가 발생한 경우 어떤 일이 일어날지 상상해보자. 가령, 촉각 입력과 관련된 부분이 우발적으로 통증 센터와 연결되었다고 하자. 이때 환자는 얼굴이나 (신경종이 아니라) 팔죽지 주변이 가볍게 닿기만 해도 그때마다 엄청난 통증을 경험할 것이다. 단지 몇몇 신경섬유가 잘못된 위치에서 잘못된 일을 하고 있기 때문에, 아무것도 아닌 가벼운 접촉이 도려내는 듯한 통증을 야기하는 것이다.

비정상적 리매핑은 또한 두 가지 다른 방식으로도 통증을 야기할 수 있다. 우리가 통증을 경험할 때는, 감각을 전달하고 필요에 따라 그것을 증폭하거나 무디게 하는 특정의 경로가 동시에 활성화된다. (관문 제어라고 부르는) 이러한 '볼륨 조절'은 변화하는 요구에 따라 통증에 대한 우리의 반응을 효과적으로 조절할 수 있게 해준다. (이것이 침술의 효과나 특정 문화권의 여성들이 출산 중에 통증을 경험하지 않는 이유를 설명해줄지도 모른다.) 절단 환자 중에서 리매핑의 결과로 이런 볼륨 조절 장치가 이상해질 수 있다. 그 결과 통증이 '와와' 하는 식으로 울리면서 증폭된다. 둘째로, 리매핑은 그것이 팔다리를 상실한 후에 일어나는 경우처럼 대단위로 발생할 때는 최소한 그 자체가 내재적으로 병리적이거나 비정상적인 과정이다. 촉각 시냅스들이 잘못 연결되어 그 활동이 무질서해지는 것은 얼마든지 가능하다. 두뇌 중추는 이런 비정상적 입력 패턴을 쓰레기 같은 것으로 해석하고, 그것이 바로 통증으로 지각되는 것이다. 우리는 실제로 두뇌가 신경활동의 패턴을 어떻게 의식적 경험으로 번역하는지 모른다. 그것이 고통이든 즐거움이든 색깔이든, 그 무엇이 되었든 간에.

마지막으로, 어떤 환자들은 절단 이전 팔다리에서 느꼈던 통증이 일종의 통증기억 형태로 남아 있다고 말한다. 가령, 손에서 수류탄이 터졌던 병사의 경우에, 환상 손이 수류탄을 꽉 쥐고 던질 준비를 하는 그 상태로 고정되어 있다는 보고가 있다. 손에서 맹렬한 통증을 느낀다. 수류탄이 터지는 그 순간에 그들이 느꼈던 것과 동일한 통증이 두뇌에 낙인처럼 영구적으로 남아 있는 것이다. 어릴 적 몇 달 동안 엄지손가락이 동상에 걸렸던 여인을 런던에서 만난 적이 있다. 엄지는 나중에 괴저로 발전해 절단해야 했다. 지금도 그녀는 생생한 환상 엄지를 가지고 있으며 날씨가 추워질 때마다 동통을 경험한다. 어떤 여인은 환상 관절에 있는 관절염의 통증에 대해 말한다. 그녀는 절단 이전에 팔에 관절염 증세가 있었고, 지금은 실제의 관절이 없어졌지만 통증은 계속되고 있는 것이다. 그리고 절단 이전의 실제 관절과 마찬가지로, 날씨가 습하거나 추워지면 통증은 더 심해진다.

의과대학 시절 나의 은사 한 분이 어떤 유명한 심장전문의에 관한 이야기를 들려준 적이 있다. 그는 이 이야기가 사실이라고 맹세했다. 그 의사는 버거병Buerger's disease 때문에 다리에 심한 경련을 앓고 있었다. 버거병은 동맥을 수축시키고 장딴지 근육에 극심한 박동성 통증을 유발하는 질병이다.

여러 가지 치료를 시도해보았지만 통증은 전혀 줄어들지 않았다. 더 이상 고통을 참을 수 없었던 그는 절망적인 심정으로 다리를 자르기로 결정했다. 그는 동료 외과의사와 상의해 수술 날짜를 잡았다. 그런데 그는 수술의사에게 매우 특이한 요청을 했다. "내 다리를 절단한 후에 그것을 포름알데히드 통에 넣어 나한테 주세요." 엉뚱한 요청이었지만 외과의사는 동의했다. 그리고 다리를 자른 후에 방부제 통에 넣어서 그 의사에게 주었다. 그는 이 통을 자신의 사무실에 두고 보면서 말했다. "하하하, 이제 드디어 이놈의 다리를 쳐다보면서 '드디어 너를 제거했어!' 라고 말할 수 있게 되었군."

하지만 마지막에 웃은 것은 그 다리였다. 박동성 통증은 더욱 격렬해져서 그의 환상 다리로 다시 돌아왔다. 통에 든 다리는 통증을 제거하기 위한 온갖 노력을 비웃기라도 하는 듯이 그 의사를 쳐다보고 있었다. 의사는 망연자실한 채로 그 다리를 쳐다보고 있을 수밖에 없었다.

통증 기억의 놀라운 구체성과 절단 후에 다시 돌아오는 이 경향성을 예시하는 사례는 너무나 많다. 만일 이것이 사실이라면, 수술 전에 미리 팔다리에 국소마취를 함으로써, 절단 후에 생길 통증을 줄이는 방법을 상상해볼 수 있다. (실제로 이런 방법이 시도된 적이 있고, 성공한 경우도 있다.)

통증은 뇌가 만들어낸 환상인가?

통증은 모든 감각경험 중에서 가장 이해되지 않은 것 중 하나이다. 통증은 다양한 모습으로 나타나며, 의사나 환자 모두에게 좌절감을 안겨준다. 환상 손에 대해 환자에게 들었던 가장 불가사의한 이야기는, 주먹을 너무 꽉 쥐어서 경련이 오고 손가락이 손바닥을 파고든다는 이야기이다.

로버트 타운젠드는 암에 걸려 왼팔을 팔꿈치 위로 15센티미터쯤 잘라낸 55세의 지적인 엔지니어이다. 나는 절개한 지 7개월이 지난 후에 그를 만났다. 그때 그는 손을 꽉 쥔 채로 경직된 환상 팔을 경험하고 있었다. "마치 손톱이 내 환상 손을 파고드는 것 같습니다. 정말 참을 수 없는 고통입니다." 그는 모든 노력을 해보았지만, 보이지 않는 손을 펼 수는 없었다.

우리는 거울 상자가 로버트의 손의 경직을 푸는 데 도움이 되는지 알아보고자 했다. 로버트가 상자 속을 들여다보면서, 정상 손이 비친 부분에 환상 손이 겹치도록 정상 팔을 위치시켰다. 정상적인 손으로 먼저 주먹을 쥔 다음에 두 손을 동시에 펴는 것을 시도했다. 첫 번째 시도를 한 후, 로버트는 정상 손과 마찬가지로 환상 손의 주먹이 펴지는 느낌이라며 흥분해 소리쳤다. 단순한 시각적 피드백의 결과였다. 더불어 통증도 사라졌다. 그 후 환상 손은 새로운 경직이 저절로 일어날 때까지 몇 시간 동안이나 펴진 상태로 있었다. 거울이 없었다면 그의 환상 손은 40분 혹은 그 이상의 시간을 고통에 시달렸을 것이다. 로버트는 상자를 집으로 가지고 가서 주먹을 쥔 손에 경직이 올 때마다 동일한 속임수를 사용했다. 거울을 사용하지 않으면 아무리 애를 써도 주먹을 펼 수 없었다. 하지만 거울을 사용하면 그 즉시 손이 펴졌다.

우리는 이런 치료법을 열두 명 이상의 환자들에게 시도했고, 절반 정도의 환자에게 성공을 거두었다. 그들은 거울 상자를 집으로 가지고 가서 경직이 일어날 때마다 정상적인 손을 상자 속에 집어넣어서 주먹을 폈으며 경직을 사라지게 했다. 그런데 이를 치료되었다고 말할 수 있는가? 정확히 알기 어렵다. 통증은 위약효과가 잘 듣기로 유명하다. 정교한 실험실 환경이나 권위 있는 환상사지 전문가가 앞에 있다는 것이 통증을 없애는 데 필요한 전부이며, 거울은 아무 상관이 없을지도 모른다. 우리는 한 환자에게 전류를 산출하는 무해한 배터리를 주어서 이 가능성을 시험해보았다. 경직이나 비정상의 자세가 나올 때마다 (문제가 없는 쪽인) 왼팔이 따끔거릴 때까지 '저주파 치료기'의 다이얼을 돌리도록 했다. 우리는 그에게 이것이 환상사지의 의도적인 움직임을 즉각 복원시켜주고 경직을 풀어줄 것이며 이 방법이 비슷한 처지에 있는 다른 환자들에게 효과가 있었다고 말해주었다.

"정말요? 빨리 해보고 싶군요." 그가 말했다.

이틀 후 다시 만났을 때 그는 심기가 무척 불편해 보였다. 그는 "이것은 아무 쓸모가 없습니다"라며 항의했다. "다섯 번이나 시도해보았지만 아무 효과가 없었습니다. 심지어 당신이 하지 말라고 한 최고치까지 올려보았습니다."

그날 오후 그에게 거울 상자를 주었고, 그는 즉시 환상 손을 펼 수 있었다. 경직은 사라졌고, 못이 손바닥을 '후벼파는 듯한 감각'도 사라졌다. 가만히 생각해보면 이는 정말로 깜짝 놀랄 일이다. 여기에 손과 손톱이 없는 사람이 있다. 그런데 어떻게 존재하지 않는 손이 존재하지 않는 손바닥을 파고들며 끔찍한 고통을 야기할 수 있는가? 그리고 어떻게 거울이 그 환상 통증을 제거해주는가?

전前운동 피질 및 운동피질에서 주먹을 쥐도록 운동명령을 내릴 때 두뇌 속에서 무슨 일이 일어나는지 생각해보자. 주먹을 거머쥐고 나면, 손 근육이나 관절에서 이제 그만 됐으니 힘을 줄이라는 피드백 신호가 척수를 통해 두뇌로 보내진다. 더 힘이 가해지면 상처를 입게 된다. 자동적으로 이런 신체감각 피드백이 놀라운 속도와 정확성으로 제동을 건다.

그런데 만약 팔이 없다면 제동을 거는 피드백이 가능하지 않다. 따라서 두뇌는 손을 더 꽉 쥐라는 명령을 계속 보내게 된다.

운동과 관련된 출력은 (우리가 경험하는 것을 훨씬 뛰어넘어서) 더욱 증폭되며, 이러한 출력 과잉이나 '노력에 대한 감각'이 고통으로 경험될 것이다. 거울은 시각적 피드백을 제공함으로써 손을 다시 펴게 하며, 그 결과 경직도 사라진다.

그런데 왜 손톱이 파고드는 느낌일까? 우리가 실제로 손을 꽉 쥐어서 손톱이 손바닥을 자극하는 수많은 경우들을 생각해 보자. 이런 상황은 주먹을 쥐는 운동명령과 '손톱이 파고드는' 감각 사이에 심리학자들이 헤비안 고리Hebbian link라고 부르는 기억 고리를 두뇌 속에 만들어냈을 것이다. 그 결과 우리는 이때의 이미지를 쉽게 마음속으로 떠올리게 된다. 하지만 우리는 그런 느낌을 생생하게 상상할 수 있어도, 실제로 그런 감각을 느끼는 것은 아니다. "아이고, 아파"라고 말하지도 않는다. 왜 그럴까? 내 생각에 그 이유는, 우리는 실제 손바닥을 가지고 있고 손바닥의 피부가 아무런 통증도 없다고 말해주기 때문이다. 즉 실제 피드백을 보내오는 정상적인 손을 가지고 있기 때문에 그것을 상상할 수는 있지만 실제로 느낄 수는 없다. 실재와 환상이 충돌할 경우, 이기는 것은 대개 실재이다.

그런데 절단 환자는 손바닥이 없다. 저장된 통증기억의 발생을 억제할 만한 반대 명령이 손바닥에서 오지 않는 것이다. 로버트가 손톱이 손바닥을 파고든다고 했을 때, 그는 "로버트, 이 바보야. 여기에는 통증이 없어"라고 말해주는 피부 표면의 반대 신호를 받지 못한다. 만약에 운동명령과 실제로 손톱이 파고드는 느낌이 연결되어 있다면, 이 명령을 증폭시킬 경우 그와 연관된 통증신호도 증폭될 것이라 가정할 수 있다. 그리고 이는 그런 통증이 왜 그렇게 혹독한지도 설명해줄 것이다.

이것이 함축하는 바는 근본적인 것이다. 손을 움켜쥐는 일과 손톱이 손바닥을 파고드는 것 사이에 성립하는 순간적인 감각적 연상 같은 것도 두뇌에 영속적인 흔적을 남기며, 이는 특정 상황에서 표면으로 드러난다. (이 경우에는 환지통으로 경험된다.) 게다가 이런 생각은 통증이 상처에 대한 단순한 반사 반응이 아니라, 유기체의 건강 상태에 대한 일종의 '의견'임을 내포한다. 통증 수용체와 '통증중추' 사이에 직접적인 핫라인은 없다. 반대로 시각중추나 촉각중추 같은 두뇌의 여러 중추 사이에는 많은 상호작용이 있다. 그 결과 주먹을 펴는 것 같은 단순한 시각적 착각만으로, 환자의 운동 및 촉각 경로에 영향을 미쳐 손을 펴는 느낌을 갖게 하고, 존재하지 않는 손의 가상 통증을 없애는 것이다.

만약에 통증이 환각이라면, 시각과 같은 감각은 우리의 주관적 경험에 어느 정도 영향을 미칠 수 있을까? 나는 두 명의 환자에게 약간은 잔인한 실험을 해보았다.

메리가 실험실에 들어왔을 때, 나는 그녀에게 오른쪽 환상 손을 손바닥을 아래로 해 거울 상자 속으로 집어넣으라고 부탁했다. 문제가 없는 왼쪽 손은 회색 장갑을 끼워서 상자의 다른 편에 나란히 넣게 했다. 그녀를 안심시킨 다음, 대학원생 한 명을 커튼이 쳐져 있는 테이블 아래에 숨어 있게 했다. 그는 메리의 정상 손이 놓여 있는 상자 속 위치로 장갑을 낀 그의 왼손을 집어넣었다. 말하자면 메리의 손은 가짜 플랫폼 위에 놓여 있고, 그의 손이 그 위에 위치한다. 상자 속을 들여다볼 때, 메리는 (그녀의 왼쪽 손과 똑같아 보이는) 그 학생의 손을 보게 된다. 뿐만 아니라, 거울 속에서 장갑을 낀 오른손을 볼 때도, 실제로는 거울에 반사된 그 학생의 손을 보게 된다. 그 학생이 주먹을 쥐면서 집게손가락으로 엄지의 불룩한 부분을 만지자, 메리는 자신의 환상 손이 움직이는 것을 생생하게 느꼈다. 앞의 두 환자와 마찬가지로, 그녀의 두뇌가 환상사지의 운동을 경험하도록 속이는 데는 시각만으로 충분했다.

만약에 해부학적으로 불가능한 위치에 손가락이 있는 것처럼 메리를 속인다면 어떤 일이 일어날까? 상자는 그런 환각을 가능케 했다. 메리는 다시 오른쪽 환상 손을 상자 속에 넣어서 '손바닥이 아래'를 향하도록 했다. 이번에는 그 학생이 다른 것을 시도했다. 상자의 다른 편에 환상 손과 똑같은 모습으로 왼손을 집어넣는 대신에, 이번에는 그의 오른손을 바닥이 위로 향하게 해서 집어넣었다. 장갑을 끼고 있었으므로, 그 손은 '아래로 향하고 있는' 그녀의 오른쪽 환상 손과 거의 비슷하게 보였다. 그다음에 그 학생은 집게손가락을 움직여 손바닥을 만졌다. 상자 속을 보고 있던 메리에게, 그것은 마치 그녀의 집게손가락이 뒤로 휘어서 손등을 만지고 있는 것처럼 보였다.[5] 그녀는 어떤 반응을 보였을까?

메리는 자신의 손가락이 뒤로 휘어지는 것을 보면서 다음과 같이 말했다. "뭔가 특이한 느낌이 들 것처럼 생각하겠지만 전혀 그렇지 않아요. 그냥 손가락이 뒤로 휘어지는 것처럼 느껴져요. 그 느낌이 특별하다거나 고통스럽지는 않아요."

다른 실험 대상인 카렌은 몸을 움츠리며 뒤틀린 환상 손가락이 아프다고 말했다. "누가 내 손가락을 잡아당기는 것 같아요. 욱신거리고 아파요."

이런 실험 결과는 중요하다. 두뇌가 서로 협력하면서 작동하는 다수의 자율적 모듈로 이루어져 있다는 이론과 정면으로 상충하기 때문이다. 두뇌가 컴퓨터처럼 작동한다는 것은 인공지능 연구자들에 의해 널리 알려진 생각이다. 이 견해에 따르면 각 모듈은 매우 전문화된 일을 담당하고 있고, 그 출력은 다음 모듈로 전달된다. 감각적 과정은 피부의 감각 수용체와 여타의 감각기관에서 두뇌의 고위중추 방향으로 진행되는 정보의 순차적인 흐름이다.

하지만 이들 환자를 대상으로 한 내 실험은 두뇌가 그런 방식으로 작동하지 않음을 알려준다. 두뇌의 연결은 매우 유연하고 역동적이다. 지각은 감각적 계층의 다른 단계 사이에서 신호들이 반향을 일으킨 결과로 등장한다. 심지어 이들 신호는 다른 감각을 넘나들기도 한다. 시각적 입력이 존재하지 않는 손의 경련을 제거하고 그와 연관된 고통의 기억을 지워주는 것은, 그러한 상호작용이 얼마나 포괄적이고 심층적인지 생생하게 보여준다.

환지통 치료의 가능성

환상사지 환자에 대한 연구는 두뇌의 내적 작용에 관한 여러 통찰을 가져다주었다. 이는 4년 전 톰이 내 연구실에 왔을 때 내가 가졌던 단순한 질문을 훨씬 뛰어넘는 것이었다. 우리는 실제로 성인의 두뇌에서 새로운 연결이 어떻게 생겨나는지, 각기 다른 감각 정보들이 어떻게 상호작용하는지, 감각지도의 활동이 감각경험과 어떻게 연결되는지, 그리고 보다 일반적으로 두뇌가 새로운 감각입력에 반응해 실재에 대한 모형을 어떻게 갱신하는지 (직·간접으로) 목격했다.

이러한 관찰은 다음과 같은 질문들을 가능케 함으로써 이른바 태생과 양육 논쟁에 새로운 빛을 던져준다. 환상사지는 주로 리매핑이나 신경종 같은 비유전적 요소에서 생겨나는가? 아니면 환상사지는 유전적으로 규정되는 생래적 '신체상'이 유령처럼 지속된다는 것을 나타내는가? 이 둘 사이의 복잡한 상호작용에서 출현한다는 것이 그 답일 것 같다. 다섯 가지 보기를 들어서 이를 예시하겠다.

팔꿈치 아래가 잘린 환자의 경우, 의사는 팔이 잘린 부분에 보통의 금속 후크 대신 가재 발처럼 생긴 집게를 부착하기도 한다. 환자는 수술 후에 사물을 잡고 돌리고 조작하기 위해 집게 이용법을 배우게 된다. 흥미로운 점은, 환자들이 팔꿈치에서 몇 센티미터 떨어진 곳에 위치한 환상 손이 둘로 분리된다고 느낀다는 것이다. 하나 혹은 그 이상의 환상 손가락이 서로 합쳐져 두 집게 부분의 위치를 점유하면서 집게의 움직임을 따라 한다. 이 집게를 제거하는 수술을 한 다음에, 영구히 갈라진 환상사지를 갖게 된 사례가 하나 있다. 외과의사의 수술용 칼이 환상사지를 갈라놓을 수 있다는 놀라운 증거이다. 집게를 부착한 원래의 수술이 끝난 후에, 이 환자의 두뇌가 두 개의 집게를 포함하도록 신체상을 수정했음이 틀림없다. 그렇지 않다면 그가 어떻게 환상 집게를 경험하겠는가?

　재미있을 뿐만 아니라 시사적인 또 다른 두 이야기가 있다. 소냐는 팔뚝 아래가 없이 태어났으며, 그 아래로 15센티미터쯤 떨어진 부위에 환상 손을 경험했다. 그녀는 환상 손가락을 사용해 산수 문제를 계산하고 풀이한다. 15세의 또 다른 소녀는 오른쪽 다리가 왼쪽 다리보다 5센티미터 정도 짧게 태어났다. 그녀는 여섯 살 때 무릎 아래를 절단했고, 그 후에 네 개의 발이 있는 것 같은 이상한 감각을 갖게 되었다. 그녀는 정상적인 다리 하나와 환상 발, 그리고 또 다른 두 개의 발을 여분으로 갖게 되었다. 그중 하나는 정확히 절단 부위에 위치한다. 또 다른 하나는 장딴지까지 갖춘 완전한 모습으로 마루에 닿아 있다. 원래 다리가 짧지 않았다면 그런 모습이었을 것이다.[6] 연구자들은 이 사례를 신체상을 결정하는 데 선천적이고 유전적인 요소의 역할을 예시하기 위해 이용했다. 하지만 이는 동시에 비유전적 영향을 강조하기 위해서 사용될 수도 있다. 왜 유전자가 하나의 다리에 세 개의 분리된 상을 규정하겠는가?

　네 번째 사례는 많은 절단 환자가 자발적이거나 비자발적인 생생한 환상 운동을 경험하게 되고 대개 마지막에는 그것이 그냥 사라진다는 사실이다. 이는 유전자와 환경의 복잡한 상호작용을 예시한다. 이런 환상 운동은 절단 후 얼마 동안 두뇌가 없어진 팔다리에 계속해서 운동명령을 보내기 때문에(그리고 이를 감시하기 때문에) 생긴다. 그러나 얼마 지나지 않아 시각적으로 팔이나 다리가 없다는 것을 확인하면("이런, 팔이 없잖아.") 환자의 두뇌는 이런 신호를 거부하게 된다. 그리고 더 이상 운동은 경험되지 않는다.

그런데 만약 이런 설명이 옳다면, 팔 없이 태어난 미라벨르 같은 환자는 어떻게 환상 팔의 생생한 운동을 계속 경험할 수 있는가? 내 추측은 이렇다. 정상적인 성인은 평생 시각적이고 근감각적인 피드백을 받아왔다. 이런 과정 때문에 절단 후에도 두뇌는 그러한 피드백을 기대하게 된다. 만약에 그런 기대가 충족되지 않으면 두뇌는 '실망한다'. 그 결과 마지막에는 자발적인 운동을 할 수 없거나 환상사지 자체의 완전한 상실로 이어진다. 하지만 미라벨르의 두뇌에 있는 감각 영역은 그러한 피드백을 받아본 적이 없다. 결과적으로 감각적 피드백에 의존하는 학습도 없다. 아마도 이런 점이 25년간이나 운동의 감각이 변하지 않고 유지된 것을 설명해줄 것이다.

마지막 사례는 나의 조국 인도에서 일어난 일이다. 나는 아직도 매년 그곳을 방문한다. 거기에는 아직도 무서운 나병이 만연해 있으며, 이 때문에 팔다리를 점진적으로 제거하거나 절단하는 일이 일어난다. 벨로어에 있는 나병요양소에서 나는 팔을 잃은 환자들이 환상사지를 경험하지 않는다는 이야기를 들었다. 개인적으로 몇몇 경우를 살펴보았고 그런 주장을 확인할 수 있었다. 이것에 대한 일반적인 설명은 환자들이 시각적 피드백을 이용해 잘린 부위를 신체상의 일부로 통합시키는 것을 점진적으로 '배우게' 된다는 것이다. 만일 그것이 사실이라면, 환상사지가 계속 남아 있는 경우는 어떻게 설명할 수 있는가? 나병 박테리아에 의해 팔다리의 일부를 조금씩 잃게 되고, 그와 동시에 신경손상도 점진적으로 이루어진다는 사실이 중요하다. 이는 두뇌로 하여금 실재와 신체상을 일치시킬 수 있는 더 많은 시간을 허용한다. 그런데 더 희한한 것은 잘린 부위에 괴질이 생겨 감염된 조직을 제거하고 나면 환상사지가 생긴다는 것이다. 그런데 이는 원래 잘린 부위의 환상사지가 아니라, 손 전체에 대한 환상사지이다. 두뇌는 이원적인 표상을 갖는 것처럼 보인다. 하나는 유전적으로 주어진 원래의 신체상이다. 다른 하나는 계속되는 변화를 갱신해서 통합하고 있는 신체상이다. 어떤 이유에서든 절단 수술이 그 균형을 깨뜨리고 잠복하고 있던 원래의 신체상을 부활시킨 것이다.[7]

위의 사례들은 환상사지가 유전적인 변항과 경험적인 변항의 복잡한 상호작용에서 생겨남을 보여준다. 각각의 상대적 공헌 정도는 체계적인 경험적 연구를 통해 드러날 것이다. 태생과 양육에 대한 대부분의 논쟁과 마찬가지로, 어느 것이 더 중요한 변항인지 묻는 것은 의미가 없다. 아이큐에 관한 책들에는 이와 반대되는 이야기가 과장되게 씌어 있다. (사실 그런 질문은 물의 물기가 H_2O를 구성하는 수소분자와 산소분자 중에서 주로 어느 것에서 나오는 것인지 묻는 질문만큼이나 무의미하다.) 긍정적인 소식은, 올바른 방식의 실험을 수행하기만 하면 이들을 서로 분리해내어 그것들이 어떻게 상호작용하는지 탐구할 수 있으며, 결국에는 환지통에 대한 새로운 치료법을 개발할 수 있다는 것이다. 시각적 착각을 이용해 통증을 제거하는 것은 그 가능성을 생각해보는 것만으로도 매우 특이한 일이다. 하지만 통증 자체가 착각에 불과하다는 것을 명심하자. 이는 다른 감각 경험과 마찬가지로 완전히 두뇌 속에서 구성되는 것이다. 하나의 착각을 이용해서 다른 착각을 제거하는 것은 그리 놀라운 일이 아니다.

뇌가 만들어낸 허구적 신체상 body image

지금까지 내가 논의한 실험들은 환상사지 환자의 두뇌 속에서 무슨 일이 진행되고 있는지 이해하도록 도와주었다. 그리고 그들의 통증을 덜어줄 수 있는 단서를 제공했다. 그러나 여기에는 보다 더 심오한 내용이 있다. 바로 '우리 자신의 신체'가 환상이라는 것이다. 그것은 순전히 편의상 우리의 두뇌가 일시적으로 구성한 것에 불과하다. 물론 이는 매우 놀라운 이야기이다. 나는 당신의 신체상이 대단히 유연한 것이며 단 몇 초 내에 그것이 크게 수정될 수 있음을 증명해 보이도록 하겠다. 이 중 두 가지 실험은 지금 당장 할 수 있는 것이다. 또 다른 실험을 위해서는 할로윈 용품 가게에 한번 다녀와야 할 것이다.

첫 번째 착각에는 두 사람의 도움이 필요하다. (편의상 이들을 줄리와 미나라고 부르자.) 먼저 의자에 앉아 눈을 가려라. 줄리를 당신 앞에 있는 다른 의자에 앉게 하고, 당신과 같은 방향을 쳐다보도록 하라. 미나를 당신 오른쪽에 서게 하고, 다음과 같이 지시하라. "내 오른손의 집게손가락을 줄리의 코로 가져가서 리듬에 맞추어 내 손을 움직여라. 모스부호를 치는 것처럼 내 손가락이 줄리의 코를 가볍게 두드리면 된다. 동시에 당신의 왼손으로 같은 리듬과 타이밍에 맞추어 내 코를 두드려라. 내 코와 줄리의 코를 두드리는 것을 완벽하게 일치시켜라."

만약 운이 좋다면, 30~40초가 지난 다음에 당신은 당신 코가 저 바깥쪽에 떨어져 있고, 그 코를 만지고 있다는 희한한 경험을 하게 될 것이다. 당신 코가 원래의 위치를 벗어나 당신의 얼굴 50센티미터 앞에 위치하는 경험을 하는 것이다. 두드리는 리듬이 불규칙하고 예측할 수 없는 경우라면, 그 착각은 훨씬 놀라운 형태를 취하게 될 것이다. 이는 매우 특이한 착각이다. 왜 이런 일이 일어날까? 내 생각으로는, 당신의 두뇌가 집게손가락이 두드리면서 느끼는 감각과 코에서 느끼는 감각이 완벽히 일치하는 것을 '알아차렸기' 때문이다. 두뇌는 다음과 같이 말할 것이다. "내 코를 두드리는 느낌과 내 집게손가락에서 느끼는 감각이 일치하는군. 이 두 개의 흐름이 왜 일치하는 것일까? 우연히 그렇게 될 확률은 0에 가깝다. 가장 그럴듯한 설명은 내 손가락이 내 코를 두드리고 있다는 것이다. 동시에 내 손은 얼굴에서 50센티미터 정도 떨어져 있다. 그렇다면 내 코도 저기 50센티미터 떨어진 위치에 있는 것이 틀림없다."[8]

20명에게 이 실험을 해보았는데 절반 정도가 성공했다. 놀랍게도 나는 항상 성공했다. 내가 정상적인 코를 가지고 있다는 확실한 지식, 그리고 평생에 걸쳐 만들어진 신체와 얼굴에 대한 나의 상은, 적절한 종류의 감각적 자극이 주어지기만 하면 몇 초 내에 간단히 부정된다. 이 단순한 실험은 우리의 신체상이 매우 유연하다는 것을 보여줄 뿐만 아니라 모든 지각에 공통적인 가장 중요한 원칙 한 가지를 예증하고 있다. 지각 메커니즘은 세계에서 통계적인 상관관계를 추출해 일시적으로 유용한 모형을 만드는 일에 주로 관련한다는 것이다.

　두 번째 착각은 조력자 한 명이 필요하다. 이는 더 오싹한 착각이다.[9] 할로윈 용품 가게나 진기한 물건을 파는 가게에 가서 고무로 만든 가짜 손을 사오도록 하자. 그리고 가로, 세로가 각각 60센티미터 정도 되는 판지로 '벽'을 만들어 앞에 있는 책상 위에 세워둔다. 오른손을 판지 뒤로 보내 볼 수 없도록 하고, 가짜 손을 눈에 잘 보이게 판지 앞에 놓는다. 그다음에 당신이 가짜 손을 보고 있는 동안에, 친구에게는 당신 손과 가짜 손의 동일한 부분을 동시에 두드리게 한다. 당신은 몇 초 이내에 두드리는 감각을 가짜 손에서 경험하게 될 것이다. 당신은 가짜 고무손을 보고 있다는 것을 완벽하게 알고 있지만, 두뇌가 가짜 손에게 감각을 할당하는 것을 막지는 못한다. 이는 매우 오싹한 경험이다. 이런 착각은 우리의 신체상이 얼마나 덧없는 것이고 쉽게 조작될 수 있는 것인지 다시 한번 보여준다.

　가짜 손에 당신의 감각을 투사시키는 것은 충분히 놀라운 일이다. 하지만 더욱 놀라운 일이 있다. 나와 내 제자 릭 스토다드는 인간의 신체와는 물리적 유사성이 전혀 없는 책상이나 의자에서도 촉감을 경험할 수 있음을 발견했다. 이 실험도 아주 간단하다. 도와줄 친구 한 명만 있으면 된다. 먼저 책상에 앉아서 왼손을 책상 아래로 숨겨라. 친구에게 (당신이 볼 수 있도록) 오른손으로 책상을 톡톡 두드리면서 동시에 그의 왼손으로 숨겨놓은 당신의 왼손을 두드리도록 하라. 그의 왼손을 보지 않는 것이 절대적으로 중요하다. 실험을 망칠 수도 있으므로, 필요하다면 커튼이나 판지를 이용하라. 몇 분이 지나고 나면 당신은 책상의 표면에서 두드림을 경험하기 시작할 것이다. 물론 당신의 의식적 마음은 이것이 논리적으로 말이 되지 않음을 완벽하게 알고 있다. 여기서도, 책상 표면의 톡톡거림과 당신 손에서 느끼는 톡톡거림의 흐름이 서로 일치할 통계적 가능성이 거의 없다는 사실이, 당신의 두뇌로 하여금 책상이 당신 신체의 일부라는 결론으로 이끄는 것이다. 이 착각은 너무도 강력한 것이다. 내가 우연히 피험자의 손보다 책상 표면을 더욱 길게 두들긴 적이 있다. 이때 그 피험자는 그의 왼손이 '길어' 지거나 '늘어났다' 고 말했다.

이런 착각은 단지 친구들을 놀래주기 위한 속임수가 아니다. 당신의 감각을 외부의 대상에 실제로 투사할 수 있다는 것은 근본적인 문제이다. 이는 신체 바깥에서 일어나는 경험이나, (인형을 찔러 '고통' 을 주는) 부두 같은 현상을 생각하게 한다. 그런데 자원한 학생들이 "내 코가 저 밖에 있습니다" "책상이 내 손인 것처럼 느껴져요"라고 말할 때, 이들이 은유적으로 말하고 있지 않다는 것을 어떻게 확신할 수 있는가? 나는 종종 내 자동차를 확장된 내 신체상의 일부로 '느끼는' 경험을 한다. 누군가가 내 자동차에 흠집을 냈을 경우 엄청나게 화가 난다. 그렇다고 해서 자동차가 내 신체의 일부가 되었다고 말할 수 있을까?

이는 답하기 쉬운 질문이 아니다. 우리는 학생들이 진정으로 책상 표면과 일체가 되었는지 알아내기 위해 전기피부반응(galvanic skin response: GSR)을 이용한 간단한 실험을 고안했다. 내가 망치로 당신을 때리려 하거나 발 위에 무거운 돌을 떨어뜨리겠다고 위협하면, 당신 두뇌의 시각 영역은 대뇌변연계

(감정중추)에 신호를 보내서 신체가 비상태세에 돌입하도록 한다. 기본적으로 위험에서 도망치라고 말해주는 것이다. 땀에 의해 야기된 GSR이라 부르는 피부 저항의 변화를 측정함으로써 이러한 경보가 작동했는지 확인할 수 있다. 돼지나 신문, 펜을 보고 있을 때는 GSR이 없다. 하지만 무엇인가 도발적인 것, 가령, 메이플소프Mapplethorpe의 사진이나 〈플레이보이〉지의 모델, 발 위에서 무거운 돌이 건들거리고 있는 것을 볼 때는 엄청난 GSR이 측정된다.

자원한 학생이 책상을 쳐다보고 있는 동안에, 그에게 GSR 장치를 연결했다. 그리고 학생이 책상을 자신의 손으로 경험할 때까지, 그의 숨겨진 손과 책상 표면을 동시에 몇 초 동안 두드렸다. 그다음, 학생이 보고 있는 동안에 망치로 책상 표면을 내리쳤다. 그 순간 마치 내가 학생의 손가락을 내리치기라도 한 것처럼 GSR에 엄청난 변화가 있었다. (대조실험을 위해 책상과 손을 비동시적으로 두드려보았다. 피험자는 착각을 경험하지 못했고, GSR 반응도 없었다.) 마치 책상이 학생의 대뇌변연계에 연결되어 그의 신체상의 일부로 동화된 것처럼 보였다. GSR에서 확인할 수 있는 것처럼, 가짜 모조품에 가해진 통증이나 위협을 자신의 신체에 대한 위협으로 느낀 것이다. 만약 이 논증이 옳다면 자동차와 일체감을 가질 수 있느냐는 질문이 그렇게 우스꽝스러운 것만은 아닐 것이다. 자동차를 내리친 다음, GSR의 변화를 살펴보라. 이러한 기법은 배우자나 자식에게 느끼는 애정이나 사랑, 공감 같은 심리적 현상을 해명할 방안을 제공해줄지 모른다. 만일 누군가와 깊은 사랑에 빠져 있다면, 실제로 그 사람의 일부가 되는 것이 가능하지 않을까? 신체뿐만 아니라 영혼도 서로 합쳐질 것이다.

이런 것들이 무엇을 의미하는지 생각해보자. 평생 당신은 당신의 '자아'가 안정적이고 영속적인 하나의 신체에 정박해 있다고 가정해왔다. 최소한 죽기 전까지는 그럴 것이라 생각한다. 신체에 대한 자아의 '충성'은 일종의 공리처럼 여겨진다. 따라서 여기에 의문을 품거나 찬찬히 생각해본 적은 없을 것이다. 그런데 위의 실험들은 이와 정반대되는 것을 말해주고 있다. 신체상은 겉으로 영속적인 것처럼 보이지만, 실제로는 간단한 속임수에 의해 크게 뒤바뀔 수 있는 일시적으로 만든 내적 구성물에 불과하다는 것이다. 당신의 신체상은 후손들에게 당신의 유전자를 성공적으로 물려주기 위해 일시적으로 만들어놓은 껍질에 불과하다.

4

두 뇌 는 어 떻 게 세 상 을 보 는 가 ?

그는 특이하거나 기상천외한 일이 아니면,
그런 것에 대한 조사에 스스로가 연루되는 것을 거절했다.
– **제임스 왓슨 박사**

스코틀랜드 파이프에 있는 세인트 앤드류 대학의 신경심리
학자 데이비드 밀너는 새로 입원한 환자를 시험하기 위해 급히
병원으로 가고 있었다. 너무 서두른 나머지 하마터면 그녀의 상
태를 기술해놓은 임상노트를 빠뜨리고 갈 뻔했다. 그는 다이앤
플레처에 대한 폴더를 가져오기 위해 차가운 겨울비를 뚫고 서
둘러 집으로 돌아갔다. 사태는 매우 간단했지만 비극적이었다.
다이앤은 프리랜스 통역사로 일하기 위해 최근 북부 이탈리아
로 이사를 했다. 그녀와 그녀의 남편은 도심 근처에 있는 중세

풍의 오래된 아파트를 구했다. 페인트칠이 새로 되어 있었고 주방의 가구도 모두 새것이었으며, 욕실도 개조되어 있었다. 아파트는 캐나다에 있는 그들의 집만큼이나 호사스러웠다. 그러나 그들의 모험은 오래가지 않았다.

어느 날 아침 다이앤은 온수 가열기의 배기구가 잘못 설치되어 있다는 것을 모르고, 샤워를 하기 위해 욕실로 들어갔다. 물을 가열하는 버너에 가스가 점화되자, 조그만 욕실 안은 일산화탄소로 가득 차기 시작했다. 그녀는 머리를 감는 중이었다. 이상한 냄새가 점차 그녀를 감싸고 돌았고, 그녀는 의식을 잃은 채 바닥에 쓰러졌다. 일산화탄소가 혈액 속의 헤모글로빈과 결합한 결과, 그녀의 얼굴은 밝은 분홍빛으로 변했다. 남편이 뭔가 찾기 위해 돌아올 때까지, 그녀는 쏟아지는 물을 맞으며 욕실 바닥에 20분쯤 널브러져 있었다. 다이앤은 생명을 건졌고 놀라운 회복을 보였다. 하지만 그녀의 남편은 얼마 지나지 않아서 수축된 두뇌조직과 더불어 그녀의 일부가 영원히 사라졌음을 알아차렸다.

혼수 상태에서 깨어났을 때, 다이앤은 앞을 전혀 볼 수 없었다. 며칠이 지나자 색깔과 질감은 인식할 수 있게 되었지만 사물이나 얼굴의 형태는 여전히 알아볼 수 없었다. 남편의 얼굴이나 손거울에 비친 자신의 얼굴마저도 알아볼 수 없었다. 하지만 목소리로 사람을 분간하는 데는 어려움이 없었고, 손에 사물을 쥐여주면 그것이 무엇인지 말할 수는 있었다.

밀너 박사는 뇌졸중이나 여타의 두뇌 손상 때문에 생기는 시각적 문제에 대해 오랫동안 관심을 가지고 있었다. 박사는 다이앤이 치료를 위해 부모가 살고 있는 스코틀랜드로 왔다는 말을 들고 그녀에게 통상적인 시각검사를 해보았다. 그 말의 전통적인 의미에서, 다이앤이 장님이 되었다는 것은 분명했다. 그녀는 검안표상의 가장 큰 글자도 읽을 수 없었고, 그가 둘 혹은 세 개의 손가락을 보여주었을 때 몇 개의 손가락을 펴고 있는지도 알지 못했다.

어느 순간, 밀너 박사는 연필을 들고 물었다.

"이것이 무엇입니까?"

다이앤은 평소처럼 혼란스러워 보였다. 그다음에 그녀는 예상치 못한 행동을 했다.

"이리 줘보세요. 무엇인지 보게."

그녀는 손을 뻗어서 능숙하게 그의 손에서 연필을 뺏어갔다. 밀너 박사는 놀라움을 금치 못했다. 사물을 만져서 그것이 무엇인지 알아차리는 능력 때문이 아니라, 그의 손에서 연필을 가져갈 때의 능숙함 때문이었다. 연필을 향해 손을 뻗었을 때, 그녀의 손가락은 한 번의 연속적인 동작으로 빠르고 정확하게 연필을 향해 움직였고, 연필을 집은 다음 그녀의 무릎 위로 가져갔다. 그녀가 장님이라고는 상상도 할 수 없었다. 다른 누군가가, 가령, 그녀 속에 있는 무의식적인 좀비가 그녀의 행동을 안내하고 있는 것 같았다. (여기서 내가 좀비라고 말하는 것은 전혀 의식이 없는 존재를 뜻한다. 그러나 좀비가 잠들어 있는 것은 아니다. 〈살아있는 시체들의 밤〉 같은 컬트영화에 나오는 좀비처럼, 그것은 완벽하게 깨어 있으며 복잡하고 숙련된 동작을 수행할 수 있다.)

흥미를 느낀 밀너 박사는 다이앤의 숨겨진 능력을 알아보기 위해 몇 가지 시험을 하기로 결정했다. 그는 그녀에게 직선을 보여주며 물었다.

"다이앤, 이것은 수직입니까, 수평입니까? 아니면 비스듬히 기울어 있습니까?"

"모르겠습니다."

그녀가 대답했다.

그다음에 그는 수직으로 가늘게 뚫린 홈을 보여주며 그것의 방향을 물었다. (실제로는 우편물 투입구였다.) 그녀는 또다시 모른다고 대답했다. 그가 편지를 주며 구멍에 넣어보라고 하자, 그녀는 도저히 못 하겠다면서 머뭇거렸다.

"괜찮아요. 한번 해보세요. 편지를 부친다고 생각해보세요."

다이앤은 망설였지만, 그는 해보라고 재촉했다. 다이앤은 편지를 받아들고, 편지의 방향이 구멍의 방향과 정확히 일치하도록 손을 틀면서 홈 쪽으로 가져갔다. 그녀는 구멍의 방향이 수평인지, 수직인지 아니면 비스듬히 기울었는지 말하지 못했지만 능숙한 동작으로 편지를 구멍에 집어넣었다. 그녀는 아무런 의식적 주의도 기울이지 않고 이를 수행했다. 마치 앞서 언급한 좀비가 그 일의 책임을 맡아 그녀의 손을 조종하고 있는 것 같았다.[1]

두뇌는 어떻게 이미지를 인식하는가?

우리는 보통 시각을 하나의 단일한 과정으로 생각한다. 그런 점에서 다이앤의 행동은 놀라운 것이었다. 겉으로 맹인인 사람이 손을 뻗어서 편지를 집을 수 있고, 편지를 올바른 위치로 돌린 다음 자신이 '볼' 수 없다는 입구에 집어넣는 일은 거의 초자연적인 능력처럼 보였다.

다이앤이 경험하는 것이 무엇인지 이해하려면, 본다는 것이 실제로 무엇인가에 대한 우리의 통상적 개념을 모두 포기해야만 한다. 다음 몇몇 페이지에서 우리는 지각에는 눈으로 만나는 것보다 훨씬 많은 것이 있음을 발견하게 될 것이다.

대부분의 사람들과 마찬가지로 우리는 대개 시각을 당연한 것으로 받아들인다. 아침에 일어나 눈을 뜨면 모든 것이 바로 우리 눈앞에 있다. 본다는 것은 너무나 손쉽고 자동적인 일처럼 보인다. 그 결과 우리는 시각이 매우 복잡하며 엄청나게 신비한 과정이라는 것을 잊어버린다. 가장 단순한 장면을 보는 순간마다 어떤 일이 일어나는지 잠시 살펴보자. 내 동료인 리처드 그레고리가 지적했듯이, 우리에게 주어진 것은 우리의 안구 속에 위아래가 뒤집힌 두 개의 조그만 이차원적 영상이다. 그런데 우리가 지각하는 것은 파노라마처럼 펼쳐진 단일한 삼차원의 세계이다. 어떻게 이런 기적 같은 변형이 일어나는가?[2]

많은 사람들은 시각이 모종의 내적인 심리적 그림을 스캐닝하는 것이라는 잘못된 생각을 가지고 있다. 얼마 전 칵테일파티에 갔을 때 한 젊은이가 직업이 뭐냐고 내게 물었다. 나는 사람들이 어떻게 사물을 보는지에 대해, 즉 지각에서 두뇌의 역할이 무엇인지에 대해 흥미를 가지고 있다고 말했다. 그는 어리둥절해하면서 물었다.

"거기에 연구할 만한 것이 있나요?"

"당신이 사물을 볼 때 두뇌에서 무슨 일이 일어난다고 생각합니까?"

내가 다시 물었다. 그는 들고 있던 샴페인 잔을 내려다보았다.

"내 안구 속에 이 잔의 거꾸로 된 이미지가 있습니다. 밝고 어두운 이미지들이 내 망막의 광 수용체를 자극하고, 그 패턴이 픽셀 단위로 시각신경을 따라 전해지면서 두뇌 속의 스크린에 나타납니다. 이것이 내가 이 샴페인 잔을 보는 과정 아닌가요? 물론 내 두뇌가 그 그림을 다시 똑바로 뒤집어야겠지요."

광 수용체나 광학에 관한 그의 지식은 인상적이다. 하지만 두뇌 속에 그림이 뿌려지는 스크린이 있다는 그의 설명은 심각한 논리적 오류를 안고 있다. 만약 샴페인 잔의 이미지를 내부의 신경 화면에 뿌린다고 한다면, 두뇌 속에 그 이미지를 볼 수 있는 다른 작은 인간이 있어야 할 것이다. 이는 문제를 해결해주지 못한다. 만일 그렇다면 그 작은 인간의 머릿속에는 그 머릿속의 그림을 볼 수 있는 또 다른 작은 인간이 있어야 할 것이며, 그러한 과정은 무한히 계속된다. 이 경우 우리는 실제로는 지각의 문제를 해결하지 못한 채, 눈과 이미지 그리고 작은 사람으로 이어지는 무한후퇴에 빠지게 된다.

그러므로 지각을 이해하는 첫째 단계는 두뇌 속에 있다는 이미지라는 개념을 제거하고, 외부세계의 대상들과 사건들에 대한 상징적 기술에 관해 생각하는 것이다. 상징적 기술의 훌륭한 예는 이 페이지에 있는 것과 같이 글로 쓰인 단락들이다. 중국에 있는 친구에게 당신이 살고 있는 아파트가 어떤 모습인지 알려주기 위해 아파트 전체를 중국으로 이동시키지는 않을 것이다. 당신이 해야 할 일은 당신의 아파트를 묘사하는 편지를 쓰는 일이다. 그런데 편지에 있는 단어나 단락처럼 실제로 써놓은 것은 당신의 침실과 물리적 유사성이 전혀 없다. 편지는 당신의 침실에 대한 상징적 기술인 것이다.

두뇌 안의 상징적 기술은 무엇을 의미할까? 물론 그것은 잉크로 써놓은 것이 아니라 신경자극으로 이루어진 언어이다. 인간의 두뇌에는 이미지를 처리하기 위한 여러 개의 영역이 있다. 이들 각 영역은 이미지에서 특정 유형의 정보를 추출하는 뉴런들의 복잡한 네트워크로 구성된다. 모든 대상은 각 대상별로 이들 영역들에 특정한 패턴의 활동을 야기한다. 가령, 연필이나 책, 얼굴 등을 보면, 각기 다른 형태의 신경활동이 일어나면서 당신이 무엇을 보고 있는지 뇌의 고위중추에 '알려준다'. 이런 활동 패턴은 종이 위의 잉크가 당신의 침실을 상징하거나 표상하듯이 시각적 대상을 상징하거나 표상한다. 과학자들이 시각 과정을 이해하려고 할 때, 우리의 목표는 이러한 상징적 기술을 만들어내는 두뇌의 코드를 해독하는 것이다. 이는 마치 암호 해독자가 외국의 비밀문서를 해독하는 것과 같다.

지각에는 단순히 두뇌 속에 이미지를 복사하는 것보다 훨씬 많은 일들이 관련되어 있다. 만약 시각이 경치를 찍어놓은 사진처럼 단지 실재에 대한 신뢰할 만한 복사물에 불과하다면, 망막에 맺힌 이미지가 고정되어 있을 경우 우리의 지각도 항상 고정되어 있어야 한다. 그러나 이는 사실이 아니다. 망막상의 이미

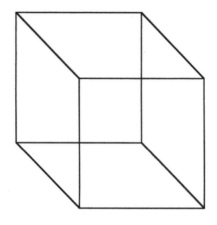

그림 4.1 네커 큐브. 정육면체의 윤곽을 그린 이 그림은 두 가지 다른 방식으로 볼 수 있다. 하나는 왼쪽 위를 향하는 것이고, 다른 하나는 오른쪽 아래로 향하고 있는 것으로 보는 것이다. 망막에 있는 영상이 고정되어 있어도 그 지각은 변할 수 있다.

지가 변하지 않더라도 우리의 지각은 완전히 바뀔 수 있다. 1832년 스위스의 결정학자結晶學者 L. A. 네커는 놀라운 사례를 발견했다. 어느 날 현미경으로 입방체의 수정을 보고 있는데, 그것이 갑자기 뒤집혀 보였다. 볼 때마다 그것은 다르게 보였다. 이는 물리적으로 불가능한 일이다. 네커는 혼란스러웠고, 수정이 아니라 자신의 두뇌 속에 있는 무엇인가가 뒤집히는 것은 아닐까 하는 생각이 들었다. 이 이상한 생각을 시험해보기 위해 그는 간단한 선으로 입방체를 그렸다. 놀랍게도 그것 또한 뒤집혀 보였다(그림 4.1). 두뇌가 어떻게 해석하느냐에 따라서 우리는 그림이 위를 향하는 것으로 볼 수도 있고 아래로 향하는 것으로 볼 수도 있다. 망막상의 이미지는 전혀 변하지 않은 채 그대로이다. 모든 지각에는 설령 그것이 입방체 그림을 보는 것과 같은 단순한 것이라 할지라도 두뇌에 의한 판단작용이 결부되어 있다.

이러한 판단을 할 때 두뇌는 우리가 사는 세계가 무질서하거나 혼돈스럽지 않다는 사실을 이용한다. 말하자면 세계는 지속적인 물리적 성질을 갖는다. 진화의 과정을 거쳐서, 그리고 부분적으로는 어릴 적 학습의 결과로서, 이들 지속적 성질은 세계에 관한 '가정'이나 숨겨져 있는 지식의 형태로 두뇌의 시각 영역에 통합되어 있다. 이들은 지각의 애매성을 제거하기 위해 이용된다. 가령, 표범의 점과 같이 조화를 이루면서 함께 움직이는 일군의 점들은 대개 하나의 대상에 속하는 것이다. 그러므로 일군의 점이 함께 움직이는 것을 보면, 시각체계는 이것들이 우연히 함께 움직이는 것이 아니라 아마도 하나의 대상일 거라는 합리적 추론을 하게 된다. 그리고 바로 그것이 우리가 보는 것이다. 시각과학의 아버지라 할 수 있는 독일의 물리학자 헤르만 폰 헬름홀츠는 지각을 '무의식적인 추리'라고 했다. 이는 전혀 놀랄 일이 아니다.[3]

그림 4.2의 음영이 있는 그림을 보자. 이것들은 평평하게 칠해진 원일 뿐이다. 하지만 이들 중 절반은 계란처럼 불룩 튀어나와 보이며 그 사이 여기저기 흩어져 있는 나머지 절반은 움푹 들어가 보인다. 자세히 관찰해보면, 윗부분이 밝은 것은 튀어나와 보이고, 윗부분이 어두운 것은 들어가 보인다. 페이지를 거꾸로 돌려서 보면, 반대로 튀어나온 것이 들어가 보이고, 들어가 보이는 것이 튀어나와 보이게 된다. 그 이유는 음영이 있는 그림의 형태를 해석할 때 시각체계가 태양이 위에서 비춘다는 체화된

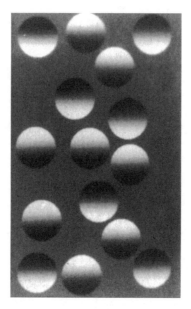

그림 4.2 계란처럼 볼록 튀어나온 원과 움푹 들어간 공동空洞의 혼합. 음영이 있는 그림의 원들은, 그 절반은 위쪽이 밝고 나머지는 아래쪽이 밝다는 점을 제외하면 모두 동일하다. 위쪽이 밝은 원은 언제나 종이에서 튀어나와 보인다. 반면 위쪽이 어두운 원은 안으로 움푹 들어가 보인다. 이는 두뇌의 시각 영역이 태양은 위에서 비친다는 가정을 하고 있기 때문이다. 만약 이것이 사실이라면, 계란은 위가 밝을 것이고, 공동은 아래가 밝게 보일 것이다. 페이지의 위아래를 뒤집어 보면, 계란 모양이 공동 모양으로 바뀌고, 공동이 계란 모양으로 바뀐다. 라마찬드란(1988a)에서 가져옴.

가정을 가지고 있기 때문이다. 실제 세계에서 당신 쪽으로 튀어나온 볼록한 대상은 윗부분에 조명을 받고, 오목한 것은 아랫부분에 조명을 받게 된다. 우리가 하나의 태양이 위에서 비치는 행성에서 진화했다는 점을 고려한다면, 이는 매우 그럴듯한 가정이다.[4] 물론 태양이 수평선에 걸릴 때도 있다. 하지만 통계적으로 태양빛은 보통 위에서 비치며 아래에서 비치는 법은 결코 없다.

그림 4.3 아르고스 꿩의 꽁지 깃털에는 눈에 띄는 회색의 원반모양 무늬가 있다. 그런데 이것들은 보통 위아래가 아니라 왼쪽에서 오른쪽으로 그늘이 져 있다. 찰스 다윈은 새들이 구애행위를 하는 동안에 깃털을 위로 세운다는 것을 지적했다. 그 결과 그림 4.2에서 보는 것처럼 점들이 바깥으로 튀어나와 보인다. 이것들은 새에게 보석에 해당하는 역할을 할 것이다. 찰스 다윈(1871)의 『인간의 유래』(존 머레이, 런던)에서 가져옴.

    놀랍게도 얼마 전 나는 찰스 다윈이 이러한 원리를 알고 있었음을 발견하게 되었다. 아르고스 꿩의 꽁지 깃털은 눈에 띄는 회색의 원반모양 무늬를 가지고 있다. 그림 4.3에서 보는 것과 거의 같다. 그런데 이것들은 위나 아래가 아니라 왼쪽에서 오른쪽으로 그늘이 져 있다. 다윈은 이 새가 이런 점을 구애행위의 성적인 '유혹수단'으로 활용할 수 있다고 생각했다. 깃털에 있는 원반모양의 무늬가 마치 금속처럼 보여서 새들에게 보석에 해당하는 역할을 한다는 것이다. 만일 그렇다면 왜 음영이 위아

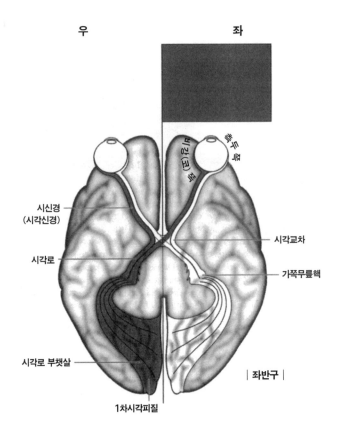

우　　　　　　　　　　좌

시신경
(시각신경)

시각교차

시각로

가쪽무릎핵

시각로 부챗살

| 좌반구 |

1차시각피질

그림 4.4 인간의 두뇌를 아래쪽에서 본 모습. 망막에서 시각피질로 가는 섬유의 기이한 배열에 주목하라. 왼쪽 시야(진한 회색)의 시각 이미지는 왼쪽과 오른쪽 안구 망막의 오른쪽에 맺힌다. 오른쪽 눈의 바깥쪽(측두의) 섬유(진한 회색)는 시각교차를 거치지 않고 곧장 동일한 쪽인 오른쪽 (시각)피질로 간다. 왼쪽 눈의 안쪽(코 쪽) 섬유는 시각교차를 거쳐서 역시 오른쪽 시각피질로 간다. 그 결과 오른쪽 시각피질은 세상의 왼편을 '본다'. 시각피질에는 망막에 대한 체계적인 지도가 존재한다. 시각피질에 '구멍'이 생기면, 시야에도 그에 대응하는 맹점(혹은 암점)이 생긴다. 만약 오른쪽 시각피질을 완전히 제거하면, 환자는 세상의 왼쪽에 대한 시력을 완전히 잃게 된다. 블랙웰(옥스퍼드)의 허락을 얻어서, S. 제키의 『두뇌의 시각』에서 가져온 그림.

래가 아니라 왼쪽에서 오른쪽으로 져 있는 것일까? 다윈은 구애기간 동안 깃털이 위로 서 있을 것이라 추측했고, 실제로도 그러했다. 새의 구애의식과 태양빛의 방향이 새의 시각체계 안에서 놀라운 조화를 이루고 있는 것이다.

이런 놀라운 과정들이 시각 속에 존재한다는 더욱 강력한 증거는 신경학에서 찾을 수 있다. 다이앤이나 그녀와 유사한 환자들은 매우 선택적인 시각적 결함을 가지고 있다. 시각이 단순히 신경 화면에 뿌려지는 이미지와 연관된 것이라면, 우리는 신경의 손상 정도에 따라 화면의 일부 혹은 전체가 사라질 것이라는 예상을 할 수 있다. 그러나 결함은 대개 그보다 훨씬 미묘하게 나타난다. 이들 환자의 두뇌 속에서 실제로 어떤 일이 진행되고 있고, 그들이 왜 그런 특이한 문제를 갖게 되었는지 이해하기 위해서 시각과 관련된 해부학적 경로를 더욱 자세히 살펴보자.

30개의 각기 다른 시각 영역

학생 시절, 나는 안구에서 나오는 메시지가 시신경을 통해 두뇌 뒤편에 있는 (1차)시각피질로 간다고 배웠다. 시각피질에는 망막에 일대일로 대응하는 지도가 있다. 눈으로 본 공간상의 각 점들은 이 지도상의 점에 대응한다. 이런 매핑 과정은 원래 사람들이 1차시각피질에 손상을 입을 경우 (가령, 총알이 일부 영역을 관통한 경우) 이에 대응해 그들의 시야에 맹점이 생긴다는 사실에서 추론된 것이다. 그리고 진화 역사상의 모종의 변덕을 통해, 두뇌의 각 부분은 세계의 반대편을 보게 되었다(그림 4.4). 만일 앞을 똑바로 보고 있다면, 왼편의 세계는 시각피질의 오른쪽에 매핑되고, 시선 초점의 오른쪽 세계는 왼쪽 시각피질에 매핑된다.[5]

그런데 이러한 지도가 존재한다는 사실이 곧 보는 것을 설명하는 것은 아니다. 앞에서도 언급했듯이, 1차시각피질에 표시된 것을 바라보는 조그만 사람은 존재하지 않는다. 대신 이 지도는 잉여적이고 쓸모없는 정보들을 대량으로 폐기하고, 가장자리와 같은 시각 이미지의 특정 속성들을 강조하는 일종의 분류·편집 사무실과 같은 역할을 담당한다. (이것이 만화가들이 윤곽이나 가장자리를 묘사하는 몇 개의 간단한 선을 이용해 생생한 그림을 그릴 수 있는 이유이다. 만화가는 우리의 시각체계가 전문화되어 있는 바로 그 일을 모방하고 있다.) 이렇게 편집된 정보는 30개 정도로 추정되는 두뇌 속의 여러 시각 영역으로 중계된다. 이들 각 영역은 시각적인 세계의 완전하거나 부분적인 지도를 받게 된다. ('분류 사무실'이나 '중계'라는 표현이 그렇게 적절한 것은 아니다. 이들 전반부의 영역들은 매우 복잡한 이미지 분석을 수행하며, 상위 시각 영역에서 대량의 피드백을 투사받는다. 이에 관해서는 나중에 살펴보도록 하겠다.)

이는 흥미로운 질문을 제기한다. 왜 우리는 30개의 영역을 필요로 할까?[6] 정확한 답을 알 수는 없지만, 이들 영역은 색깔, 심도, 운동 같은 시각적 장면의 다양한 속성을 추출하기 위해 고도로 전문화된 것처럼 보인다. 하나 혹은 그 이상의 영역이 선택적으로 손상을 입으면, 많은 신경병 환자들이 보여주는 온갖 역설적인 심리 상태들이 나타난다.

신경학에서 가장 유명한 사례 중의 하나는 '운동맹motion blindness'을 겪고 있는 어떤 스위스 여자의 경우이다. 잉그리트는 중간 측두(MT; middle temporal)로 불리는 영역에 손상을 입었다. 그녀의 시각은 대부분 정상이다. 그녀는 사물의 형태를 말할 수 있고, 사람을 알아보며, 문제 없이 책을 읽을 수도 있다. 그러나 달리는 사람이나 고속도로에서 움직이는 자동차를 볼 때, 부드럽게 연결되는 연속적인 동작이 아니라 스트로보스코프(주기적으로 깜박이는 빛을 쬠으로써 급속히 회전하는 물체를 정지했을 때와 같은 상태로 관측하는 장치—옮긴이)로 찍은 것처럼 정지된 속사 화면을 연속으로 보게 된다. 그녀는 길을 건너기 무서워한다. 자동차의 제조업체, 색깔, 심지어 번호판까지 알아볼 수 있으나, 다가오는 자동차의 속도를 가늠할 수 없기 때문이다. 그녀는 누군가와 얼굴을 마주 보고 이야기하는 것이 마치 전화로 이야기하는 것 같다고 말한다. 정상적인 대화에서 일어나는 얼굴 표정의 변화를 알아차릴 수 없기 때문이다. 커피를 따르는 것도 엄청나게 어려운 일이다. 커피 잔이 얼마나 빨리 차오르는지 알 수 없기 때문에, 주전자의 각도를 조정하거나 따르는 속도를 늦출 시점을 알지 못한다. 그 결과 언제나 커피가 넘친다. 이 모든 일들은 너무나 쉬워서 우리가 전혀 어려움을 느끼지 못하고 하는 일들이다. 그러나 운동 영역의 손상처럼 뭔가가 잘못되었을 경우, 우리는 비로소 시각이라는 것이 실제로 얼마나 복잡한 것인지 깨닫기 시작한다.

다른 예는 색깔 지각과 관련되어 있다. V4라는 영역에 손상을 입으면 완전히 색맹이 된다. (이는 눈에 색깔을 알아보는 색소가 부족해 생기는 보통의 유전적 색맹과는 다른 것이다.) 올리버 색스는 『화성의 인류학자』에서 뇌졸중을 겪은 한 화가를 묘사하고 있다. 어느 날 저녁 그는 경미한 뇌졸중을 겪었지만 그 순간에는 알아차리지 못하고 집으로 돌아왔다. 그가 집으로 들어왔을 때 모든 색깔이 흑백으로 보였다. 사실은 세상이 모두 흑백으로 보였기 때문에, 그는 이내 색에 문제가 있는 것이 아니라 자신에게 어떤 일이 일어났음을 깨달았다. 아내의 얼굴도 어두운 회색으로 보였다. 그는 그녀가 마치 쥐처럼 보였다고 말했다.

MT와 V4 두 개의 영역은 그렇다 치고, 30개 중의 나머지 영역들은 어떤가? 우리는 아직 이것들의 기능을 정확히 모른다. 당연히 이 영역들도 뭔가 대단히 중요한 일을 담당하고 있을 것이다. 이들 영역들의 복잡성에도 불구하고 시각체계의 전체 구조는 상대적으로 간단하다. 안구에서 오는 메시지는 시신경을 지나 두 개의 경로로 나뉘게 된다. 하나는 발생학적으로 오래된 경로이고, 다른 하나는 인간을 포함한 영장류에서 매우 발달된 새로운 경로이다. 이 두 체계 사이에는 명확한 노동 분업이 존재한다.

'오래된' 경로는 눈에서 뇌줄기의 위둔덕이라 부르는 영역으로 곧장 연결된다. 여기서 최종적으로 대뇌피질 영역의 두정엽으로 가게 된다. 이에 비해 '새로운' 경로는 눈에서 가쪽무릎핵이라는 일군의 세포들로 연결된다. 이것은 1차시각피질로 통하는 일종의 중계소이다(그림 4.5). 시각정보는 여기에서 30여 개에 이르는 다른 시각 영역으로 전달되며, 이후 더 많은 처리가

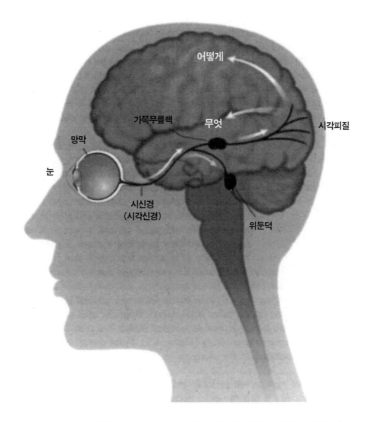

그림 4.5 시각 경로의 해부학적 구조. 왼편에서 바라본 좌반구의 그림이다. 안구에서 나오는 섬유는 두 개의 평행하는 '흐름'으로 분리된다. 새로운 경로는 가쪽무릎핵(여기서는 예시를 위해 표면에 그려놓았다. 실제로는 측두엽이 아니라 시상 안쪽에 있다.)으로 가고, 오래된 경로는 뇌간의 위둔덕으로 간다. '새로운' 경로는 다시 시각피질로 가서, 몇몇의 중계를 거친 다음에 다시 두 개의 경로로 분리된다(흰색 화살표). 두정엽의 '어떻게' 경로는 쥐기, 움직이기, 여타의 공간적 기능과 관련되어 있다. 두 번째 측두엽의 '무엇' 경로는 사물을 인식하는 것과 관련되어 있다. 이 두 경로는 국립보건원의 레슬리 웅거라이더와 모티머 미쉬킨에 의해 발견되었다. 두 경로는 흰색 화살표로 표시되어 있다.

이루어지게 된다.

'마음'의 비밀을 풀어줄 맹시blindsight

우리는 왜 오래된 경로와 새로운 경로를 갖고 있는 것일까?

하나의 가능성은 옛 경로가 일종의 조기경보체계로 보존되었으며, '방향 행동'이라는 것과 관련되어 있다는 것이다. 가령, 어떤 대상이 왼편에서 점점 커지면서 다가오면, 옛 경로는 그 대상이 어디에 있는지 알려준다. 그 결과 안구를 회전시키고 머리와 몸을 틀어서 대상을 보게 된다. 이는 잠정적으로 중요한 사건을 눈의 오목fovea에 맞추려는 반사작용이다. 오목은 망막의 중심에 있다.

다음 단계에서는 발생학적으로 새로운 체계를 사용해 대상이 무엇인지 결정한다. 어떻게 반응할지는 그다음에 결정할 수 있다. 그것을 붙잡을 것인가, 피할 것인가, 도망갈 것인가, 먹을 것인가, 싸울 것인가, 아니면 그것과 사랑을 나눌 것인가? 이 두 번째 경로(특히 1차시각피질 부분)에 손상을 입으면 전통적인 의미의 장님이 된다. 대개의 경우 이는 두뇌를 지나는 중요한 혈관에서 혈액이 누출되거나 응고되는 뇌졸중을 통해 야기된다. 만일에 그 혈관이 두뇌 뒤쪽의 대뇌동맥이라면, 시각피질의 왼쪽과 오른쪽 모두에서 손상이 일어날 수 있다. 만약 오른쪽 피질이 손상을 입게 되면 그 사람은 왼쪽 시야를 볼 수 없고, 왼쪽 피질이 손상을 입게 되면 오른쪽 시야를 잃는다. 반맹이라는 이런 종류의 시각 상실은 이미 잘 알려져 있는 현상이다.

하지만 여기에도 놀라운 점이 있다. 영국 옥스퍼드의 과학자 래리 바이스크랜츠는 아주 간단한 실험으로 시각 전문가들을 깜짝 놀라게 했다.[7] D. B.라고 알려진 (나는 드류라고 부르겠다) 그의 환자는 두뇌의 비정상적 혈관덩어리를 외과적으로 제거하는 수술을 받았다. 그 과정에서 인근 영역에 있는 정상적인 뇌의 조직 일부도 제거되었다. 비정상적인 덩어리가 오른쪽 시각 피질에 위치하고 있었으므로, 드류는 왼쪽 세계에 대한 시력을 상실했다. 오른쪽 눈이나 왼쪽 눈을 사용하는 것과는 상관없이, 똑바로 앞을 보고 있으면 왼쪽에 있는 것은 아무것도 보이지 않았다. 다시 말해 양쪽 눈 모두를 통해 볼 수 있지만, 어느 쪽이든 시야의 왼편은 볼 수 없는 것이다.

수술이 끝난 후에 드류의 안과의사인 마이크 샌더스 박사는, 그에게 거대한 투명 탁구공처럼 생긴 장치의 중앙에 걸려 있는 조그만 고정 점을 똑바로 쳐다보게 했다. 드류의 시야는 동질적인 배경으로 채워졌다. 그다음에 샌더스 박사는 공 안쪽에 걸려 있는 곡면의 스크린 여기저기를 불빛으로 비추었다. 그리고 드류에게 그것들을 볼 수 있는지 물었다. 빛이 문제가 없는 시야 쪽을 비추면 그는 계속해서 볼 수 있다고 답했다. 하지만 눈이 먼 영역을 비추면 아무 말도 하지 않았다. 그것을 보지 못한 것이다.

여기까지는 아무 문제가 없다. 그런데 그다음에 샌더스 박사와 바이스크랜츠 박사는 매우 이상한 점을 발견했다. 드류는 왼쪽 시야의 시력을 잃었다. 그런데 실험자가 그쪽으로 손을 뻗으면 드류는 정확하게 그쪽으로 손을 내밀었다. 두 연구자는 드류가 정면을 보게 하고 그가 보고 있는 곳의 왼쪽에 움직이는 표지를 위치시켰다. 이번에도 그는 표지가 어디에 있는지 가리켰다. 물론 그는 실제로 그것들을 '보지' 못한다고 주장한다. 그들은 그가 보지 못하는 시야 쪽에서 막대기를 수평이나 수직의 위치로 잡고 막대기의 방향을 물어보았다. 이때도 그는 막대기를 볼 수 없다고 말했지만, 어려움 없이 정답을 말했다. 이런 '추측'을 오랫동안 한 다음에 어느 정도로 정확히 답하고 있는지 그에게 물어보았다. 실제로 그는 한 번의 실수도 하지 않았다. 그는 '모른다'고 대답했다.

"모르겠습니다. 아무것도 볼 수 없습니다."

"어떤 식으로 추측했는지 말해줄 수 있나요? 당신은 무엇 때문에 수평이나 수직이라고 대답했습니까?"

"모르겠습니다. 아무것도 볼 수 없기 때문에 대답할 수 없습니다."

마지막으로 "당신이 올바르게 답하고 있다는 것을 정말로 모릅니까?" 하고 물었다.

"모릅니다."

드류는 믿을 수 없다는 듯 대답했다.

바이스크랜츠 박사와 그의 동료는 이 현상에 모순적인 냄새가 나는 '맹시blindsight'라는 이름을 붙였고, 다른 환자들에게서도 이를 입증하고자 했다. 이는 대단히 놀라운 발견이었다. 아직도 많은 사람들은 그런 현상이 가능하다는 것을 인정하지 않는다.

바이스크랜츠 박사는 드류에게 보이지 않는 왼편 시야의 '시각'에 대해 반복해서 질문을 던졌다. 대부분의 경우에 드류는 아무것도 보이지 않는다고 대답했다. 계속 추궁하면 그는 간혹 어떤 자극이 다가오거나 멀어지고, '매끄럽거나' '들쭉날쭉' 하는 '느낌'이 있다고 대답했다. 그러나 드류는 '본다'는 의미에서는 아무것도 보지 못한다는 것을 언제나 강조했다. 그는 대부분 추측을 한다고 했으며, 의식적인 지각을 말로 표현할 수 없어서 당황스럽다고 했다. 연구자들은 드류가 신뢰할 수 있는 정직한 보고자임을 확신했다. 시험 물체가 보이는 쪽 시야의 경계 지점으로 다가오면, 드류는 즉시 보인다고 대답했다.

초감각적 지각을 통하지 않고 어떻게 이런 맹시 현상을 설명할 수 있을까? 환자는 의식적으로 지각하지 못하는 대상을 가리키거나 그것에 대해 올바른 추측을 한다. 바이스크랜츠 박사는 앞서 언급했던 두 경로 사이의 노동 분업을 통해 이런 역설을 해소할 수 있을 거라고 주장한다. 드류는 1차시각피질에 손상을 입었고 그 결과 시력을 잃게 되었다. 하지만 '방향을 알려주는', 발생학적으로 원초적인 경로는 아무 문제가 없다. 이것이 맹시 현상을 낳을 수 있다. 눈먼 영역에 비춰진 빛은 손상된 새 경로를 작동시키지 못한다. 하지만 이 빛은 위둔덕을 거쳐 두정엽 같은 고위두뇌중추로 전달되며, '보이지 않는' 지점으로 드류의 팔을 뻗게 한다.

이런 대담한 해석은 다른 놀라운 주장을 함축한다. 새로운 경로만이 의식적 자각을 할 수 있다는 것이다. ("그것이 보입니다.") 반면 옛 경로는 시각적인 입력을 모든 행동에 활용할 수 있다.

하지만 그 사람은 옛 경로에서 무슨 일이 일어나는지는 아무것도 자각할 수 없다. 이를 토대로 의식은 최근에 진화한 시각피질 경로가 갖는 특수한 성질이라는 결론을 내릴 수 있을까? 만일 그렇다면 왜 이 경로는 마음에 접근할 수 있는 특권을 갖게 된 것일까? 이들 질문이 우리가 마지막 장에서 살펴볼 내용이다.

시각피질의 두 경로, '어떻게'와 '무엇'

지금까지 우리가 살펴본 것은 지각을 간단하게 설명한 것이다. 그런데 실제로 그림은 조금 더 복잡하다. '새로운' 경로는 의식적 경험을 낳는 시각피질을 포함한다. 드류는 이 부분이 완전히 손상된 것이다. 그런데 이 경로의 정보는 다시 두 개의 흐름으로 갈라진다. 그 하나는 귀 위쪽 측면의 두정엽에서 끝나는 '어디에' 경로이고, 다른 하나는 관자놀이 아래의 측두엽으로 이어지는 '무엇' 경로이다. 이 두 체계는 각기 시각의 특정 기능을 중심으로 전문화된 것처럼 보인다.

'어디에' 경로라는 말은 오해를 불러일으킬 여지가 있다. 이 체계는 사물에 공간적 위치를 할당하는 '어디에' 기능을 담당할 뿐만 아니라, 공간적 시각의 모든 측면과 관련되어 있다. 공간적 시각은 세계 속을 돌아다니거나 불규칙한 지형을 극복하고 물체에 부딪히거나 구멍에 빠지지 않는 유기체의 능력과 관련되어 있다. 이는 동물로 하여금, 움직이는 목표물의 방향을 결정하고 접근하거나 멀어지는 대상의 거리를 판단하며 날아오는 무기를 피하도록 해준다. 유인원의 경우에는, 손을 뻗어서 손가락과 엄지로 대상을 잡게 해준다. 캐나다의 심리학자 멜 굿데일은 이 체계가 주로 시각적으로 유도되는 운동과 관련이 있으므로, 이를 '행위 경로를 위한 시각'이나 '어떻게' 경로로 불러야 한다고 제안했다. (지금부터 나는 이것을 '어떻게' 경로라고 부르겠다.)

이제 남은 것은 대상을 확인하는 능력이다. 두 번째 경로는 '무엇' 경로라고 불린다. 30개의 영역 대부분이 이 체계 속에 위치한다는 사실은 그것이 얼마나 중요한지 알려준다. 지금 보고 있는 것이 여우인가, 배인가, 아니면 장미인가? 이 얼굴은 적인가, 친구인가, 내 짝인가? 그는 드류인가, 다이앤인가? 이 사물의 의미론적, 감정적 속성은 무엇인가? 나는 이것을 중요하게 생각하는가? 나는 그것을 무서워하는가?

에드 롤스, 찰리 그로스, 데이비드 페레트 세 명의 연구자는 이 시스템의 세포활동을 감시하기 위해 원숭이의 두뇌에 전극을 연결했다. 그리고 얼굴 세포라고 부르는 특정한 영역이 있음을 발견했다. 이곳의 뉴런은 특정한 얼굴 사진에만 반응해 발화한다. 가령, 한 세포는 원숭이 집단의 수컷 우두머리에게 반응하고, 다른 세포는 원숭이 짝에게 반응하며, 또 다른 세포는 인간 실험자에게 반응한다. 물론 단 하나의 세포가 얼굴을 인식하는 모든 과정을 책임지고 있는 것은 아니다. 얼굴 인식은 아마도 수천 개의 시냅스로 이루어진 네트워크에 의존할 것이다. 그럼에도 얼굴 세포는 얼굴이나 여타의 대상을 인식하는 세포들의 네트워크에서 핵심적인 부분이다. 일단 이들 세포가 활성화되면, 그 메시지는 '의미론'과 관련된 측두엽의 고위 영역으로 중계된다. 의미론은 그 사람에 대한 모든 기억과 지식에 해당하는 것이다. 우리가 전에 어디서 만났는가? 그의 이름은 무엇인가? 이 사람을 마지막으로 본 것은 언제인가? 그의 직업은 무엇이었나? 그리고 여기에 그 사람의 얼굴이 일으키는 모든 감정이 추가된다.

이 두 개의 흐름이 두뇌에서 하는 일이 무엇인지 더욱 자세히 살펴보기 위해 한 가지 사유실험을 해보자. 실제로 뇌졸중이나 머리 부상 혹은 여타의 두뇌 손상을 겪으면서 어떻게 흐름과 무엇 흐름의 상당 부분을 상실할 수 있다. 이 두 흐름은 서로 뒤섞여 있기 때문에 하나의 흐름만이 손상되는 경우는 드물다. 하지만 어느 날 깨어났을 때 무엇 경로가 선택적으로 제거되었다고 가정해보자. (나쁜 의사가 저녁에 들어와서 당신의 정신을 잃게 한 다음에 양쪽 측두엽을 모두 제거해버렸다고 하자.)

당신이 깨어나서 보는 세계는 아마도 추상 조각의 전시장 같을 것이다. 화성의 미술관처럼 말이다. 당신은 어떤 대상도 알아볼 수 없으며, 그것들은 어떤 감정이나 연상도 불러일으키지 않을 것이다. 당신은 대상들과 그 경계, 형태를 '본다'. 그리고 손을 뻗어서 그것들을 잡을 수 있고, 손가락으로 더듬으며, 내가 그것들을 던지면 받을 수도 있다. 다시 말해서 '어떻게' 경로는 기능하고 있다. 그러나 당신은 그것들이 무엇인가에 대해서는 어떤 개념도 가지고 있지 않다. 당신이 그것들을 '의식'하는가 하는 질문은 중요치 않다. 보고 있는 대상에 대해서 어떤 의미론적 연상이나 감정적 중요성을 인지할 수 없다면, 의식이라는 용어는 아무 의미도 없을 것이기 때문이다.

시카고 대학의 두 과학자, 하인리히 클뤼버와 폴 부시는 실제로 무엇 경로를 포함하는 측두엽 제거 수술을 원숭이에게 실험적으로 시행했다. 어떻게 경로는 손상되지 않았으므로, 원숭이는 걸어서 다닐 수 있고 벽에 부딪치는 것을 피할 수 있었다. 그런데 불이 붙은 담배나 면도날을 주면, 이것들을 입에 집어넣고 씹으려 했다. 수컷 원숭이는 닭이나 고양이, 심지어 인간 실험자를 포함해 모든 동물들 위에 올라타려고 했다. 성욕이 과도한 것이 아니라 분별력이 전혀 없는 것이었다. 이들은 먹이나 음식, 짝을 알아내는 데 커다란 어려움을 겪었다. 보다 일반적으로 말해서 어떤 대상의 의미나 중요성을 파악하는 일에 어려움을 겪었다.

비슷한 결함을 갖고 있는 환자가 있는가? 매우 드물겠지만, 양 측두엽에 광범위한 손상을 입을 경우에, 우리가 클뤼버 부시 증후군Klüver-Bucy Syndrome이라고 부르는 것과 유사한 일련의 증세를 나타낼 것이다. 원숭이와 마찬가지로, 이들은 아기들처럼 모든 것을 입으로 가져갈 것이며 의사나 옆의 휠체어를 탄 환자에게 음란한 유혹을 하는 무분별한 성적 행동을 보일 것이다.

그런 극단적인 행동들은 오래전부터 알려진 것들이다. 이런 행동들은 두 체계 사이에 분명한 노동 분업이 존재한다는 생각에 신뢰를 더해준다. 다이앤의 경우로 돌아가보자. 그녀의 결함은 극단적이지 않다. 하지만 그녀도 무엇과 어떻게의 시각체계 사이의 분열을 겪고 있다. 그녀는 연필이나 편지함의 구멍이 수평인지 수직인지 분간하지 못한다. 그녀의 무엇 경로가 선택적으로 제거되었기 때문이다. 그러나 진화적으로 오래된 그녀의 어떻게 경로는 손상을 입지 않았다. 그 결과, 손을 뻗어서 정확하게 연필을 쥘 수 있고 편지를 올바른 각도로 돌려 볼 수 없는 구멍에 집어넣을 수 있다.

이 구분을 더욱 분명하게 하기 위해 밀너 박사는 또 다른 기발한 실험을 했다. 어떻게 보면 편지를 부치는 것은 상대적으로 쉬운 일이며 습관화된 행동이다. 박사는 좀비의 조작적 능력이 실제로 어느 정도로 복잡한지 알고 싶었다. 밀너 박사는 다이앤의 정면에 크고 작은 두 개의 나무뭉치를 놓아두고, 어느 것이 더 크냐고 물었다. 당연히 그녀의 대답은 우연적인 수준을 넘지 못했다. 그런데 그녀에게 손을 뻗어 대상을 잡으라고 하면, 그녀의 팔은 조금도 틀리지 않고 대상을 향했으며, 엄지와 검지의 폭은 정확히 그 대상에 맞추어 벌어져 있었다. 이 모든 점은 팔을 녹화한 비디오테이프의 한 장면 한 장면을 분석해 입증되었다.

편지를 부치는 일이나 다른 크기의 물건을 쥐는 행동을 할 때, 다이앤의 내부에는 마치 그녀의 손과 손가락을 올바르게 움직이도록 하는 무의식적 '좀비'가 존재하고, 그것이 복잡한 계산을 수행하는 것처럼 보였다. '좀비'는 아직 큰 손상을 입지 않은 어떻게 경로에 대응하고, '사람'은 심하게 손상을 입은 무엇 경로에 대응한다. 다이앤은 세계와 공간적으로 상호작용할 수 있다. 그러나 그녀는 주변에 있는 사물의 형태, 위치, 크기 등에 대해서 의식적으로 알지 못한다. 지금 그녀는 시골에 살면서 커다란 허브 정원을 가꾸고 있다. 비록 보호를 받고 있긴 하지만 친구들과 만나면서 활동적인 생활을 영위하고 있다.

그런데 다이앤의 무엇 경로도 완전히 손상된 것은 아니므로 이야기는 더욱 복잡해진다. 이 장의 처음에 말했던 것처럼, 그녀는 사물의 형태를 인지할 수 없다. 선으로 그린 바나나와 호박 그림은 서로 달라 보이지 않을 것이다. 그러나 색깔이나 시각적인 질감을 구분하는 데는 문제가 없다. 그녀는 '대상' 보다는 '성분' 을 더 잘 구분했고, 시각적 질감을 통해 바나나와 호박을 구분했다. 무엇 경로를 구성하는 영역 내부에서도 색깔, 질감, 형태와 관련된, 보다 세밀한 분화가 존재한다는 것이 그 이유일 것이다. '색깔' 이나 '질감' 세포가 '형태' 세포보다는 일산화탄소 중독에 더 저항력이 있을 수 있다. 유인원의 두뇌에 그런 세포들이 존재하는지의 여부는 여전히 심리학자들 사이에 격론의 대상이다. 하지만 다이앤에게서 볼 수 있는 고도의 선택적 결함 및 능력의 보존은, 인간의 두뇌 속에 정교하게 전문화된 영역들이 존재한다는 입장에 무게를 실어준다. 만약 전체론적 견해에 대항해 두뇌의 단원성에 대한 증거를 찾고 있다면 시각적 영역이 가장 좋은 장소이다.

다시 조금 전의 사유실험으로 돌아가서 그 내용을 뒤집어보자. 만약 나쁜 의사가 행위를 이끄는 어떻게 경로를 제거하고 무엇 체계를 그대로 두었다면 어떤 일이 일어날까? 이 경우 그 사람은 자신의 위치에 대해서 방향을 잡지 못하고, 흥미로운 대상을 쳐다보거나, 시야에 있는 흥미로운 목표물을 손으로 가리키거나 잡는 데 상당한 어려움을 겪을 것이다. 발린트 증후군 Balint' s syndrome이라 부르는 특이한 장애에서 이와 유사한 증세들이 발견된다.

발린트 증후군은 두정엽의 양 측면에 손상을 입은 경우이다. 환자의 눈은 터널 시야처럼 망막의 중심시각에 우연히 들어온 조그만 대상에 머무르고, 주변에 있는 다른 대상들은 완전히 무시해버린다. 시야에 있는 목표물을 가리켜보라고 하면, 그는 표적에서 상당히 벗어난 지점을 가리킨다. 때로는 30센티미터나 그 이상을 벗어나기도 한다. 그런데 목표물을 중심시각에서 포착하고 나면, 어렵지 않게 그것을 인지할 수 있다. 손상을 입지 않은 무엇 경로가 순조롭게 작동하고 있기 때문이다.

두뇌 속에 살고 있는 좀비들

여러 개의 시각 영역과 두 경로 사이에 존재하는 분업의 발견은 신경과학에서 기념비적 업적이다. 하지만 그것은 시각을 이해하는 문제의 표면을 건드린 것에 불과하다. 내가 당신에게 빨간 공을 던지면, 당신의 두뇌에 있는 여러 개의 광범위한 시각 영역이 동시에 작동한다. 그런데 당신이 보는 것은 하나의 통일된 공의 이미지다. 이러한 통일은 이 모든 정보들이 나중에 통합되는 장소가 두뇌의 어딘가에 있기 때문일까? 철학자 대니얼 데넷은 이를 '데카르트주의적인 극장'이라고 비하해 불렀다.[8] 아니면 이들 영역 사이에 모종의 연결이 있어서 이들의 동시적인 작동은 모종의 동조적인 발화패턴을 야기하고 그 결과로 지각의 통일성이 창출되는 것일까? 이른바 결합문제binding problem라고 부르는 이것은 신경과학에서 아직 해결되지 않은 여러 문제들 중 하나이다. 어떤 철학자들은 이 문제가 너무나 불가사의하기 때문에 과학적으로 타당한 질문이 아니라고 주장하기도 한다. 이 문제가 우리의 언어 사용의 특이성이나 논리적으로 결함이 있는 시각 과정에 대한 가정에 기인해서 발생한다는 것이다.

이러한 제한에도 불구하고 어떻게 경로와 무엇 경로, 그리고 복수의 시각 영역에 대한 발견은 이 분야에 입문하는 젊은 연구자들 사이에 엄청난 반향을 불러일으켰다.⁹ 이제는 어떤 사람이 검정 배경의 흰 사각형 같은 단순한 장면이나 웃는 얼굴과 같은 복잡한 무엇을 바라볼 때, 살아 있는 인간 두뇌의 개별 세포들이 활동하는 것을 기록할 수 있을 뿐만 아니라 두뇌 영역의 여러 부분이 발화하는 것도 관찰할 수 있게 되었다. 게다가 특정한 일에 전문화된 영역의 존재는, 이 장의 처음에 제기된 질문에 대해 실험을 통해 접근할 수 있는 단서를 제공한다.

뉴런의 활동이 어떻게 지각 경험을 야기하는가? 가령, 우리는 이제 망막 원추체가 먼저 (영역 18의 인근에 있는) 방울과 가느다란은 재미있는 이름이 붙여진 1차시각피질 속의 색깔 반응 세포들에 신호를 보내고, 거기서 V4(아내를 쥐로 착각한 남자 참조)로 신호가 전달된다는 것을 알고 있다. 그리고 이 연결을 따라 진행될수록 색깔의 처리는 더욱 복잡해진다. 우리는 이 연결과 여타의 자세한 해부학적 지식을 활용해, 이들 사건들의 특정한 연쇄가 어떻게 색깔의 경험으로 귀착되는지 질문할 수 있다. 운

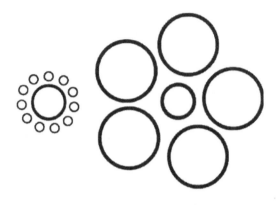

그림 4.6 크기 대조 착각. 가운데에 있는 중간 크기의 두 원은 물리적인 크기가 동일하다. 하지만 큰 원에 둘러싸인 원이 작은 원에 둘러싸인 원보다 작아 보인다. 정상적인 사람이 가운데 있는 원을 잡기 위해 손을 내뻗으면, 손가락을 벌린 폭이 두 경우 모두 정확히 일치한다. 크기는 비록 다르게 보이지만. 좀비(혹은 두정엽의 '어떻게' 경로)는 착각에 속지 않는 것처럼 보인다.

동맹인 잉그리트를 생각해본다면, 측두엽 중앙의 회로가 어떻게 움직임을 볼 수 있게 하는지도 물을 수 있을 것이다.

영국의 면역학자 피터 메더워는 "과학은 해결 가능한 것의 예술"이라고 언급한 바 있다. 시각에서 복수의 전문화된 영역을 발견한 것은 최소한 가까운 장래에 시각의 문제를 해결할 수 있게 만들었다고 주장할 수 있다. 나는 그의 유명한 발언에 다음과 같이 덧붙이고자 한다. 과학에서 우리는 종종 (인간의 눈에 원추체가 몇 개 있나 같은) 하찮은 질문에 정확한 답을 제공하거나, (자아는 무엇인가 같은) 중대한 질문에 모호한 답을 내놓아야 하는 선택을 강요받는다. 때로 우리는 (DNA와 유전의 상관관계 같은) 중대한 질문에 대한 정확한 해답을 발견하면서 커다란 성공을 거두게 된다. 시각은 신경과학에서 우리가 조만간 중대한 질문에 정확한 답을 내놓을 수 있는 영역 중의 하나이다. 그때가 언제인지는 시간만이 말해줄 것이다.

그동안 우리는 다이앤, 드류, 잉그리트 같은 환자들을 통해 시각 경로의 구조와 기능에 대해서 많은 것을 배웠다. 다이앤의 증세는 처음에는 대단히 기이하게 생각되었지만, 이제는 무엇 경로와 어떻게 경로라는 두 개의 시각 경로를 통해 설명할 수 있다. 그런데 좀비는 비단 다이앤뿐만 아니라 우리 모두에게 존재한다는 것을 명심해야 한다. 우리 연구의 전체 목적은 다이앤의 결함을 설명하는 것이 아니라, 우리의 두뇌가 어떻게 작동하는지 이해하는 것이다. 보통은 이 두 개의 경로가 통합적으로 조정되어 작동한다. 그래서 각각이 어떤 역할을 하고 있는지 분간하는 것은 어려운 일이다. 그러나 나나 당신에게도 이들 경로가 존재하며, 이것들이 어느 정도 독립적으로 작동한다는 것을 보여주기 위한 실험을 고안할 수 있다. 이를 보이기 위한 마지막 실험을 설명하겠다.

살바토레 아글리오티 박사[10]가 행한 이 실험은 크기가 동일한 두 개의 원과 관련한 시각적 착각(그림 4.6)을 이용한 것이다. 하나의 원은 여섯 개의 작은 원으로 둘러싸여 있고, 다른 하나는 여섯 개의 커다란 원으로 둘러싸여 있다. 큰 원들로 둘러싸인 원은 작은 원들로 둘러싸인 원보다 30퍼센트 정도 작게 보인다. 크기 대조라고 부르는 착각이다. 이는 게슈탈트 심리학자들이 사용한 여러 착각 중의 하나로, 지각이 언제나 상대적이며 주변의 맥락에 의존한다는 것을 보여준다. 지각은 결코 절대적이지 않다.

이 효과를 일으키기 위해, 아글리오티 박사는 선으로 그린 그림 대신 중간 크기의 도미노 두 개를 책상 위에 올려놓았다. 원과 마찬가지로, 하나는 커다란 도미노로 둘러싸고 다른 하나는 작은 도미노로 둘러쌌다. 학생들이 중앙에 있는 두 개의 도미노를 쳐다보면, 원의 경우처럼 하나가 다른 하나보다 분명히 작게 보였다. 그런데 놀라운 일은, 중앙에 있는 두 개의 도미노 중 하나를 집어보라고 하면, 도미노에 접근하는 손의 손가락 너비가 올바른 거리를 유지한다는 것이다. 손의 모습을 장면별로 분석해보면, 두 도미노의 경우에 손가락의 벌린 너비가 정확히 일치했다. 눈으로는 분명히 하나가 다른 하나보다 30퍼센트 커 보인다. 이는 그의 눈이 보지 못하는 것을 손이 알았다는 말이다. 이는 단지 두뇌의 대상 흐름(무엇 경로)만이 착각을 '본다' 는 것을 함축한다. 어떻게의 흐름(좀비)은 단 일 초도 속지 않았다. 그래서 '그것' (혹은 그)이 도미노를 향해 정확히 손을 뻗고 잡을 수 있었던 것이다.

간단한 이 실험은 일상의 활동이나 운동경기에 대해서 흥미로운 귀결을 낳는다. 사격의 명수들은 목표물에 너무 집중하면 과녁의 중앙을 맞힐 수 없다고 말한다. 사격을 하기 전에 '마음을 비워야' 한다는 것이다. 많은 운동은 공간적인 방향감각에 의존한다. 쿼터백은 리시버가 태클을 당하지 않으면 어디에 있을 것인지 계산해 운동장의 빈 곳을 향해 공을 던진다. 외야수는 야구공이 배트에 맞는 소리를 듣는 바로 그 순간에 뛰기 시작한다. 두정엽의 어떻게 경로가 청각적인 입력에 입각해 공이 떨어질 위치를 계산하기 때문이다. 심지어 농구 선수는 코트의 동일한 위치에 서 있다면 매번 눈을 감은 채 골대에 공을 집어 넣을 수도 있다. 일상의 다른 부분과 마찬가지로 운동경기에서는 '좀비를 풀어주고' 그 스스로 알아서 자기 일을 하도록 하는 것이 효과적이다. 이 모든 것이 주로 좀비(어떻게 경로)와 연관되어 있다는 것에 대한 직접적인 증거는 없다. 하지만 두뇌 촬영 기술을 이용해 이를 시험해볼 수 있다.

여덟 살 먹은 내 아들 마니가 하루는 우리가 생각하는 것보다 좀비가 더 영리할 수 있느냐고 물었다. 이는 고대 무술이나 〈스타워즈〉 같은 영화에서 잘 나타나 있는 사실이다. 어린 스카이워커가 자신의 의식적인 자각과 힘겹게 싸우고 있을 때, 요다는 "포스를 사용해라. 그것을 느껴봐." 그리고 "일부러 노력하지 마라. 그냥 하거나 하지 마라. 일부러 하려고 하면 안 된다."고 충고한다. 그가 좀비를 언급하고 있었던 것은 아닐까?

나는 처음에 아니라고 대답했지만 나중에 다시 생각해보게 되었다. 사실 우리는 두뇌에 대해 아는 바가 너무 없다. 그러므로 어린아이의 질문조차도 진지하게 다루어야 한다.

존재에 대한 가장 명백한 사실은, 당신의 운명을 '좌우하는' 하나의 통합된 자아에 대한 느낌이다. 이는 너무나 명백해서, 우리는 이것에 대해 거의 생각하지도 않는다. 하지만 다이앤 같은 환자들을 대상으로 한 아글리오티 박사의 실험과 관찰은, 우리도 모르는 사이에 자신의 일을 하고 있는 다른 존재가 우리 안에 있음을 암시한다. 그런데 우리의 두뇌에는 그런 좀비가 하나가 아니라 여럿이 살고 있는 것으로 판명되었다. 만약 그렇다면, 당신의 두뇌에 거주하는 하나의 '나' 혹은 '자아'라는 개념은 착각일지 모른다.[11] 설령 그런 개념이 우리의 삶을 보다 효과적으로 조직하고 어떤 목표의식을 갖게 하며 타인과의 상호작용을 도와줄지라도. 이는 이 책의 나머지 부분에서 계속 반복될 주제이다.

5

스스로를 이해하려는 두뇌의 모험

이것은 단검인가?
칼자루를 내 손 쪽으로 향한 채 내 눈앞에 있는 이것은?
자, 잡아보자. 잡히지 않는구나. 그런데 여전히 눈에 보이는구나.
이것은 불길한 환영이 아닌가? 눈으로 감지할 수 있는?
아니면 마음의 단검, 가상의 산물인가? 열에 억눌린 두뇌에서 생겨난?

―윌리엄 셰익스피어

　제임스 더버는 여섯 살 때 형이 실수로 쏜 장난감 화살에 오
른쪽 눈을 찔렸다. 그리고 그는 그 눈으로 다시 볼 수 없었다. 시
력을 잃게 된 것은 비극이었지만, 그것이 그를 파괴시키지는 않
았다. 외눈을 가진 다른 사람처럼 그는 세상 속을 마음대로 나
다닐 수 있었다. 그런데 더욱 고통스러운 일은 사고 후 몇 년 동
안 그의 왼쪽 시력도 점차 악화되어갔고, 30세가 되었을 때는
완전히 장님이 되었다는 사실이다. 하지만 역설적으로 더버의
시력 상실은 장애가 되기는커녕 오히려 그의 상상력을 자극했

"방금 전에 당신은 당신이 쳐다보는 모든 사람이 토끼로 보인다고 말했습니다. 도대체 그 말이 의도하는 바가 무엇입니까, 스프레이그 여사?"

그림 5.1 〈뉴요커〉에 실린 제임스 더버의 유명한 만화. 그의 시각적 환각이 이들 만화를 그리는 영감의 원천일 수 있을까? 제임스 더버(1937), 『뉴요커 모음』에서 가져옴.

다. 그 결과 그의 시야는 어둠과 쓸쓸함이 아니라 환영으로 가득 찼으며, 초현실주의적 영상들로 이루어진 환상적인 세계를 만들어냈다. 더버의 팬들은 「월터 미티의 비밀 생활」을 좋아한다. 여기서 소심한 겁쟁이 미티는 더버 자신의 유별난 곤경을 모방이라도 하듯이 환상과 실제 사이를 오고간다. 그를 유명하게 만든 기발한 만화도 아마 그의 시각적 장애가 만들어냈을 것이다(그림 5.1).[1]

제임스 더버는 우리가 보통 생각하는 장님이 아니다. 그것은 시력의 완전한 결여, 혹은 깜깜한 밤하늘에 달빛이나 별빛 없이 어둠으로만 채워져 있는 견딜 수 없는 공허가 아니다. 더버에게 눈이 멀었다는 것은 주위가 밝게 빛나고 별이 박혀 있으며 반짝이가 흩날리는 세계이다. 그는 안과의사에게 다음과 같이 쓰고 있다.

몇 년 전 당신은 나한테 망막장애를 신의 은총으로 혼동한 중세 수녀에 대해 말한 적이 있습니다. 그녀는 내가 보는 신성한 기호들의 단 10분의 1만 보았을 뿐입니다. 내가 본 것에는 파란색 후버 청소기, 금색 불꽃, 녹아내리는 보라색 방울, 뒤엉킨 분비물, 춤추는 갈색 점, 눈송이, 사프란, 밝은 파란 물결, 8이 쓰인 두 개의 공이 있습니다. 보통은 거리의 가로등을 둘러싸고 있는, 그리고 지금은 크리스털 그릇이나 금속 가장자리에 밝은 빛을 비출 때 생기는 코로나는 더 말할 것도 없지요. 대개 세 겹으로 되어 있는 이 코로나는 수천 개의 꽃잎이 뻗어 있는 국화꽃 같습니다. 각각의 꽃잎은 열 배는 더 호리호리하고, 프리즘의 색깔을 순서대로 가지고 있습니다. 이 숭고한 빛의 배열 혹은 신의 은총에 버금가는 그 어떤 빛의 장관도 인간은 만들지 못했습니다.

한번은 더버의 유리잔이 깨졌는데, 그는 다음과 같이 말했다. "국립은행 위로 쿠바의 국기가 날리는 것을 보았습니다. 중년의 쾌활한 여자가 회색 양산을 들고 트럭 옆을 지나고 있었습니다. 고양이가 조그만 깡통 속으로 들어가 거리를 굴러다니는 것을 보았습니다. 다리가 풍선처럼 하늘로 천천히 떠올랐습니다."
더버는 그의 시력을 창조적으로 사용하는 법을 알고 있다. 그는 다음과 같이 말한다. "몽상가는 꿈이 현실이 될 수 있도록, 그 꿈을 생생하고 집요하게 시각화하려고 해야 한다."

찰스 보넷 증후군이 보는 생생한 환상

기발한 그의 만화나 산문을 보고 난 다음에, 나는 더버가 찰스 보넷 증후군Charles Bonnett syndrome이라는 특이한 신경증을 앓고 있음을 깨달았다. 이 특이한 장애를 가진 환자는 눈이나 두뇌의 시각 경로 어딘가에 손상을 입고, 부분적으로 혹은 완전히 시력을 상실하게 된다. 하지만 기이하게도 그들은 더버처럼 마치 그들의 생활에서 잃어버린 실재를 '대신' 하듯이 아주 생생한 시각적 환각을 경험하게 된다. 이 책에서 마주치게 되는 다른 장애와는 달리 찰스 보넷 증후군은 전 세계적으로 매우 일반적인 것이다. 녹내장, 백내장, 황반변성, 당뇨망막변증을 앓고 있는 수백만의 사람들에게 이 증후군이 나타난다. 이들 많은 환자들이 더버와 같은 환각을 체험한다.

그런데 이상하게도 많은 의사들은 이 장애에 대해 들어본 적이 없다.[2] 한 가지 이유는 이런 장애를 가진 사람들이 미쳤다는 소리를 들을까 봐 자신의 경험을 남에게 말하기를 꺼린다는 것이다. 맹인이 광대와 서커스 동물이 침실에서 뛰어다닌다고 말한다면 누가 그 말을 믿어주겠는가? 양로원에서 휠체어에 앉아 있는 할머니가 "마루에 수련이 가득 피었네." 하고 말하면 아마도 가족들은 그녀가 미쳤다고 생각할 것이다.

더버의 상태에 대한 나의 진단이 옳다면, 더버가 꿈이나 환각을 통해 자신의 창조력을 향상시켰다고 말하는 것은 단순한 비유가 아니다. 그는 실제로 그 온갖 상황들을 보고 경험한 것이다. 실제로 깡통 속의 고양이가 그의 시야를 스쳐 지나갔으며, 눈송이가 흩날렸고, 여인이 트럭 옆을 지나간 것이다.

그런데 더버나 다른 찰스 보넷 증후군 환자들이 경험한 영상은 당신이나 내가 마음속으로 추측할 수 있는 영상과는 매우 다른 것이다. 내가 당신에게 미국 국기를 묘사해보라거나 정육면체에 변이 몇 개 있느냐고 묻는다면, 당신은 아마도 산만함을 피하기 위해서 눈을 감고 마음속에 어렴풋이 그림을 그려볼 것이다. 그리고 그림을 스캐닝하면서 설명할 것이다. (사람들에 따라 이런 능력은 많은 차이를 보인다. 많은 대학생들은 정육면체의 네 변만을 시각화할 수 있다고 말한다.) 그런데 찰스 보넷 증후군의 환각은 이것보다 훨씬 더 생생하고, 의식적으로 통제할 수 없는 것이다. 그것은 의지와는 상관 없이 나타난다. 그리고 마치 실제의 대상처럼, 눈을 감으면 사라지기도 한다.

나는 이런 환각들이 재현하는 내적인 불일치 때문에 이들 환각에 관심을 갖게 되었다. 환자들에게 이 환각들은 매우 실재적인 것이다. 어떤 환자들은 영상들이 '실재보다 더 실제적이며' 색깔이 '극도로 생생하다'고 말한다. 그러나 우리는 그것이 단지 상상의 산물일 뿐임을 알고 있다. 이 증후군에 대한 연구를 통해 우리는 보는 것과 아는 것 사이에 있는 전인미답의 신비한 영역을 탐험할 기회를 갖게 될 것이다. 그리고 우리 상상력의 등불이 어떻게 무미건조한 세계의 영상에 대해 빛을 비추게 되는지도 발견할 수 있을 것이다. 그리고 이는 두뇌의 어디에서 어떻게 사물을 실제로 '보는'가에 대한 더욱 기초적 질문을 탐구하도록 도와줄 수 있다. 피질에 있는 30개의 시각 영역 사이에 일어나는 복잡한 연쇄가, 어떻게 나로 하여금 세상을 지각하고 파악하도록 만드는가?

시각의 '채워넣음'

시각적 상상은 무엇인가? 우리가 어떤 대상, 가령 고양이를 상상할 때와 눈앞에 앉아 있는 고양이를 실제로 보고 있을 때, 두뇌의 동일한 부분이 작동하는가? 10년 전이라면 이는 철학적 질문으로 간주되었을 것이다. 하지만 최근 인지과학자들은 두뇌 자체의 이런 과정을 탐사하기 시작했으며 몇 가지 놀라운 대답을 찾아냈다. 인간의 시각체계는 안구에 나타나는 단편적이고 금방 사라지는 이미지들을 기초로 해서, 경험에 기초한 추측을 수행하는 놀라운 능력을 가지고 있음이 드러났다.

앞 장에서 나는, 시각은 단순히 어떤 이미지를 두뇌에 있는 화면에 전송하는 것보다 훨씬 복잡한 과정이며, 그것이 능동적이고 구성적인 과정임을 보여주기 위해 많은 사례들을 들었다. 이러한 과정의 구체적인 사례로 들 수 있는 것이 시각 이미지의 공백을 채워넣는 두뇌의 놀라운 능력이다.

가령, 말뚝으로 된 담장 뒤의 토끼는 토끼의 부분적인 조각의 연속으로 보이지 않는다. 이는 담장의 수직 기둥 뒤에 있는 한 마리의 토끼로 보인다. 토끼의 보이지 않는 부분을 우리의 마음이 채워넣은 것이다. 소파 아래로 삐져나온 고양이의 꼬리를 보는 것은 고양이 전체의 이미지를 야기한다. 우리는 분리된 고양이의 꼬리만을 보고, 루이스 캐럴의 엘리스처럼 고양이의 나머지 부분이 어디 있는지 궁금해하지 않는다.

'채워넣음'은 실제로 시각적 과정의 여러 단계에서 일어난다. 그러므로 이것을 뭉뚱그려 하나의 표현으로 묶는 것은 오해를 불러일으키기 쉽다. 어찌 되었든, 마음은 자연과 마찬가지로 진공을 싫어하며, 장면을 완성하기 위해 무슨 정보든 채우려고 한다.

편두통을 앓고 있는 사람은 이 특이한 현상에 대해 잘 알고 있다. 혈관이 경련을 일으키면 시각피질의 일부가 일시적으로 기능을 중지하고, 시야에는 암점이라는 보이지 않는 영역이 생긴다. (시야에 드러난 시각적 세계는 시각피질과 일대일로 대응한다는 것을 기억하자.) 편두통이 생긴 사람이 방을 둘러볼 때, 암점과 벽에 걸려 있는 커다란 시계나 그림과 겹치게 될 경우 시계나 그림은 완전히 사라진다. 그런데 이들은 그 자리에서 빈 공간을 보는 것이 아니라 정상적으로 색칠된 벽이나 벽지를 본다. 사라진 대상이 원래 있던 자리가 동일한 페인트 색이나 벽지로 채워진 것이다.

암점이 생겼을 때, 실제의 느낌은 어떤 것일까? 대부분의 두뇌장애와 마찬가지로 우리는 임상적인 설명에 만족할 수밖에 없다. 하지만 우리 자신의 맹점을 살펴봄으로써, 편두통 환자들이 어떤 경험을 하는지 분명히 느낄 수 있다. 17세기 프랑스 과

그림 5.2 맹점에 대한 증명. 오른쪽 눈을 감고, 왼쪽 눈으로 오른편에 있는 검은 점을 쳐다보라. 그리고 30센티미터 정도 떨어진 위치에서 책을 천천히 당신 쪽으로 움직여라. 어느 거리가 되면, 왼쪽에 있는 빗금을 친 원이 당신의 맹점과 겹치면서 완전히 사라질 것이다. 책을 더 가까이 가져오면, 원은 다시 나타난다. 원이 사라질 때까지 책을 앞뒤로 움직이면서 맹점을 '찾아낼' 필요가 있을지도 모른다. 원이 사라져도 그 자리가 검은 공간이나 구멍으로 보이지는 않는다. 그 자리는 배경과 마찬가지로 연한 회색으로 칠해져 있을 것이다. 이 현상을 '채워넣기'라고 부른다.

학자 에듬 마리오트Edme Mariotte는 우리 눈에 있는 자연적 맹점의 존재를 예측했다. 마리오트는 인간의 눈을 해부하면서 시각신경유두를 발견했다. 이는 안구에서 시신경이 빠져나오는 망막의 일부이다. 망막의 다른 부분들과 달리 시각신경유두는 빛에 반응하지 않는다. 그는 광학과 눈에 대한 해부학적 지식을 활용해, 모든 눈이 시야의 아주 작은 부분을 볼 수 없다는 결론을 도출했다.

우리는 연한 회색 배경에 빗금을 친 원 그림을 이용해 마리오트의 결론을 쉽게 확인할 수 있다(그림 5.2). 오른쪽 눈을 감고, 이 책을 얼굴에서 30센티미터 떨어지게 잡고, 시선을 책 속의 조그만 검은 점에 집중하라. 그다음 검은 점에 시선을 집중시킨 채

책을 천천히 당신 쪽으로 움직여보라. 어느 특정한 거리가 되면, 빗금 친 원은 자연적 맹점의 위치에 놓이면서 완전히 사라진다.[3] 그런데 원이 사라지고 난 후에 그 자리가 커다란 검정 구멍이나 공백으로 보이지는 않는다. 그 부분은 페이지의 다른 부분과 마찬가지로 밝은 회색 배경으로 '색칠'되어 보인다. '채워넣음'에 대한 또 하나의 놀라운 사례이다.[4]

어째서 이전에는 맹점을 전혀 알아차리지 못했을까 궁금할 것이다. 한 가지 이유는 우리의 눈이 두 개라는 사실과 관련이 있다. 이는 혼자서도 쉽게 시험해볼 수 있다. 빗금 친 원이 사라진 후에 반대편 눈을 떠보라. 사라졌던 원이 즉시 시야에 나타날 것이다. 이는 두 눈을 뜨고 있을 때는 두 개의 맹점이 서로 겹치지 않기 때문이다. 왼쪽 눈의 정상 시력이 오른쪽 눈의 맹점을 보완해주고 그 역도 성립한다. 놀라운 사실은, 한쪽 눈을 감고 방을 둘러보더라도 주의 깊게 살펴보지 않는다면 맹점이 있다는 사실을 알아차리지 못한다는 것이다. 시각체계가 친절하게 알아서 모자라는 정보를 채워주므로 그 공백을 눈치채지 못하는 것이다.[5]

채워넣는 이런 과정은 얼마나 복잡한 것일까? 채울 수 있는 것과 그렇지 않은 것 사이에 분명한 구분은 있을까? 이 질문들에 답함으로써, 우리는 이런 현상이 일어나는 데 어떤 종류의 신경 메커니즘이 관련되어 있는지 단서를 얻을 수 있을 것이다.

'채워넣음'이 단지 맹점을 채우는 목적만을 위해 발달한 시각체계의 특징이 아님을 명심하자. 이것은 어떤 그림에서 그것이 없으면 산만할 수밖에 없는 그런 공백을 메우고 표면을 구성하는 매우 일반적인 능력의 발현처럼 보인다. 실제로 담장 뒤의 토끼를 부분의 조각이 아니라 한 마리의 완전한 토끼로 보게 하는 것은 바로 그런 능력이다. 우리는 자연적 맹점에서 채워넣음의 매우 명백한 사례를 볼 수 있었다. 이는 그런 과정을 지배하는 '법칙'을 살펴볼 매우 값진 실험의 기회를 제공한다. 실제로 우리는, 스스로의 맹점을 가지고 실험함으로써 그런 법칙과 채워넣음의 한계가 어디인지 발견할 수 있다. (내가 시각 연구에 흥미를 가지는 한 가지 이유이다. 종이 한 장과 연필 한 자루, 그리고 약간의 호기심만 있다면 누구나 자기 자신의 두뇌의 작동 과정을 자세히 들여다볼 수 있다.)

먼저 자연적 맹점을 이용해 당신의 친구나 적의 목을 자를 수 있다. 그 사람에게서 3미터 정도 떨어진 위치에서, 오른쪽 눈을 감고 왼쪽 눈으로 그 사람의 머리를 쳐다보라. 이제 당신의 왼쪽 눈을 그 사람의 머리에서 오른쪽으로 향해 수평으로 천천히 움직이기 시작한다. 당신의 맹점이 그 사람의 머리와 일치하는 순간 그의 머리가 사라질 것이다. 왕립협회를 설립한 '과학 왕' 찰스 2세는 맹점에 대한 이야기를 들은 다음 궁전을 돌아다니면서 이런 식으로 시중드는 궁녀들의 머리를 자르는 것을 즐겼다고 한다. 그리고 단두대에서 실제로 죄수들의 머리를 자르기 전에 맹점을 이용해서 머리를 잘라보기도 했다고 한다. 나도 학과 교수회의에서 가끔씩 학과장의 머리를 자르는 것을 즐겨 한다.

이제 맹점을 따라서 수직의 검정 선을 그려보면 어떻게 될까? 오른쪽 눈을 감고 왼쪽 눈으로 그림 오른쪽의 검은 점을 쳐다보라(그림 5.3). 그런 다음 수직선의 중앙에 있는 작은 사각형

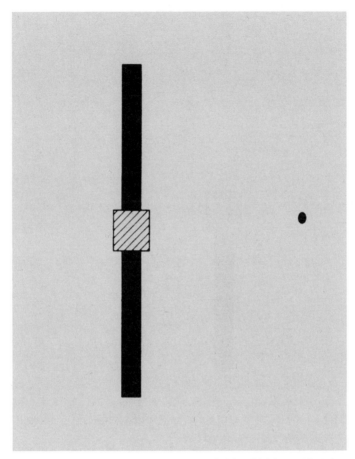

그림 5.3 맹점을 관통하는 검은 수직선. 그림 5.2에 설명된 절차를 반복하라. 오른쪽 눈을 감고, 왼쪽 눈으로 오른쪽에 있는 검은 점을 쳐다보라. 그리고 왼쪽에 있는 빗금 친 사각형이 맹점과 일치해 사라질 때까지 책을 앞으로 당겨라. 수직선은 연속적으로 보이는가, 아니면 가운데 공백이 있는가? 사람에 따라 다를 수 있지만 대부분의 사람들은 직선을 완성한다. 착각이 일어나지 않으면, 당신의 맹점을 (하얀 배경에 검은 책의 가장자리와 같은) 검고 흰 가장자리에 맞추어보라. 그것이 완성된 것을 보게 될 것이다.

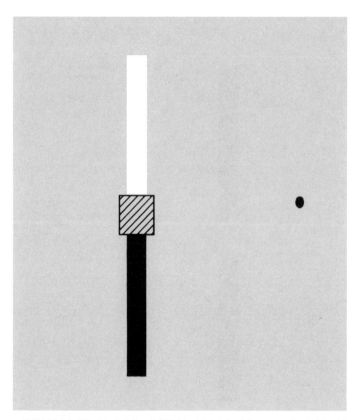

그림 5.4 직선의 위쪽 반은 흰색이고 아래쪽 반은 검은색이다. 내적으로 모순되는 증거에도 불구하고 우리의 두뇌는 수직선을 완성시킬 것인가?

이 왼쪽 눈의 맹점에 정확히 일치할 때까지 책을 천천히 앞으로 당겨라. (빗금을 친 사각형은 이제 사라진다.) 우리의 눈과 두뇌는 맹점에 들어온 선 중앙 부분의 정보를 활용할 수 없다. 이때 우리는 가운데 공백이 있는 두 개의 짧은 수직선을 지각하게 되는가, 아니면 그 부분을 '채워넣어서' 하나의 연속적인 선을 보게 되는가? 대답은 분명하다. 우리는 언제나 연속적인 수직선을 본다. 시각시스템의 뉴런은 일종의 통계적인 추측을 행한다. 이 뉴런들은 두 개의 다른 선이 이처럼 우연히 맹점 양편에 배열되어 있을 가능성이 매우 낮다는 것을 '이해하고' 있다. 따라서 이들은 두뇌의 고위중추에 하나의 연속적인 선이라고 '신호를' 보내는 것이다. 시각시스템이 수행하는 모든 것은 이런 경험에 입각한 추측에 기반하고 있다.

그런데 만약 내적으로 비정합적인 자료를 보여줌으로써 시각체계에 혼동을 주면 어떻게 될까? 가령, 두 개의 선이 약간 차이가 난다고 해보자. 회색을 배경으로 하나의 선은 검정색이고 다른 하나는 흰색이라면 어떻게 될까? 우리의 시각체계는 서로 닮지 않은 두 개의 선을 여전히 하나의 선의 일부로 생각하고 그것을 완성하려 할까? 놀랍게도 대답은 그렇다는 것이다. 우리는 위는 검정이고 아래는 흰색인 하나의 직선을 본다. 그런데 가운데 부분은 금속성 회색으로 변질되어 있다(그림 5.4). 이것이 시각체계가 선호한 타협책이다.

사람들은 종종 과학이 엄숙한 일이라고 생각한다. 과학은 항상 '이론 중심'이며, 이미 알고 있는 것을 기초로 해서 고고한 추측을 하며, 이 추측을 구체적으로 증명할 실험을 고안한다는 것이다. 내 동료들이 동의하지 않을지 모르지만, 실제 과학은 일종의 낚시 여행에 비유할 수 있다. (물론 국립보건원에 연구비 신청을 할 때는 나도 이런 이야기를 하지 않는다. 재정지원 단체들은 과학이 모두 가설의 시험에 관한 것이며, 그다음에 소상하게 설명하는 것이라는 소박한 믿음을 고수하고 있기 때문이다. 신은 단지 직감에 의존해 완전히 새로운 뭔가를 시도하는 것을 허락하지 않는다.)

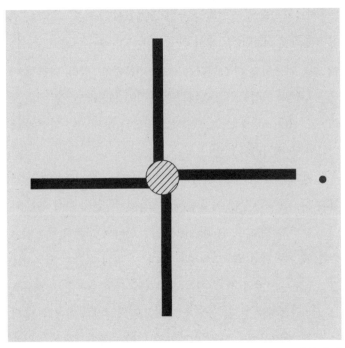

그림 5.5 고대 인도-유럽에서 평화를 상징하는 기호인 만자 모양의 패턴에 맹점을 '맞추어' 실험을 반복해보자. 맹점을 중심으로 선들이 의도적으로 어긋나 있다. 많은 사람들은 중앙의 빗금친 원이 사라질 때, 두 개의 직선이 동일 직선상에 일치하는 모습을 보게 된다. 반면 두 개의 수평선은 일치하지 않는다. 가운데가 약간 휘거나 비뚤어져 있다.

재미를 위해서 맹점에 대한 실험을 계속해보자. 위쪽 선을 왼쪽으로 아래쪽 선을 오른쪽으로 움직여서 의도적으로 두 개의 선을 엇갈리게 하면 어떻게 될까? 그러면 중앙이 비뚤어진 하나의 완전한 선을 보게 될까? 맹점 위치에 사선이 통과하면서 두 개의 선이 연결된 것으로 보일까? 아니면 커다란 공백을 보게 될까?(그림 5.5)[6]

대부분의 사람은 생략된 부분의 선을 완성한다. 놀라운 점은

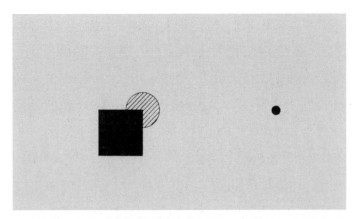

그림 5.6 빗금을 친 원이 맹점에 맞춰지도록 페이지를 당신 쪽으로 이동시켜보라. 사각형의 모서리가 완성되는가? 그 대답은 대부분의 사람들이 모서리가 '없거나' '손상된' 것처럼 보게 된다는 것이다. 그것은 채워지지 않는다. 이 간단한 증명은 채워넣는 것이 추측에 입각한 것이 아님을 보여준다. 그것은 고급 단계의 인지적 과정이 아니다.

두 개의 선분이 동일 직선상에 있는 것으로 보인다는 것이다. 두 선은 결합해 하나의 완벽한 직선을 이룬다. 그런데 맹점을 중심으로 해서 두 개의 어긋난 수평선을 이용해 동일한 실험을 해보면 이런 효과를 얻지 못한다. 대신 공백을 보거나 크게 비뚤어진 선을 보게 된다. 두 선은 하나의 수평선으로 겹치지 않는다.' 이러한 차이가 나는 이유는 분명하지 않다. 내 생각에는 이것이 입체적인 시각능력과 관련이 있는 듯하다. 이는 깊이를 파악하기 위해 두 눈에 맺힌 이미지의 작은 차이를 추출하는 능력이다.[7]

맹점을 가로질러 이미지를 완성하는 메커니즘은 어느 정도로 '영리' 할까? 누군가의 머리에 맹점을 맞추었을 때, 사라진 머리를 두뇌가 채워넣지 않는다는 것은 이미 보았다. 다른 방향으로 눈을 돌려 사라진 머리가 정상적인 망막에 들어오기 전에는, 머리는 잘린 상태로 남아 있다. 그런데 머리보다 훨씬 단순한 형태를 사용하면 어떻게 될까? 가령, 맹점이 사각형의 모서리를 '향하게' 한다면?(그림 5.6) 우리의 시각체계는 다른 나머지 세 개의 모서리를 보고 사라진 모서리를 채우려 할까? 실제로 이 실험을 해보면 모서리는 사라지거나 '물어 떼였거나' 윤곽이 흐릿하게 보인다. 맹점을 채워넣는 신경기제는 모서리를 처리할 수 없다. 채워넣을 수 있는 것과 그럴 수 없는 것에는 경계가 있다.[8]

모서리를 채워넣는 것은 시각체계에게 너무 과도한 과제이다. 그것은 동일한 색깔이나 직선 같은 매우 간단한 패턴만을 다룰 수 있다. 그런데 놀라운 일이 있다. 방사형의 살이 있는 자전거 바퀴의 중앙에 맹점을 맞춰보라(그림 5.7). 그러면 사각형의 모서리와는 달리 공백이나 손상된 부분을 볼 수 없다. 공백을 '완성'한 것이다. 바퀴의 살들이 맹점의 중앙을 향해 가운데로 수렴하는 것을 볼 수 있다.

따라서 맹점을 교차해 채울 수 있는 것이 있고 그렇게 할 수 없는 것이 있는 것처럼 보인다. 자기 자신이나 친구의 맹점을 이용해 그런 원리를 발견하는 것은 상대적으로 쉬운 일이다.

몇 년 전 『사이언티픽 아메리칸』의 이전 편집자인 조너선 피엘이 잡지에 실을 맹점에 관한 글을 써달라고 부탁했다. 얼마 지나지 않아서 논문이 실렸고, 내가 설명한 실험이나 스스로 새롭게 고안한 실험을 다양하게 시도해본 수백 명의 독자들이 편지를 보내왔다. 그중 한 사람은 전혀 새로운 유형의 예술을 시도해 미술관에 자신의 그림들을 전시하기도 했다. 그는 맹점을

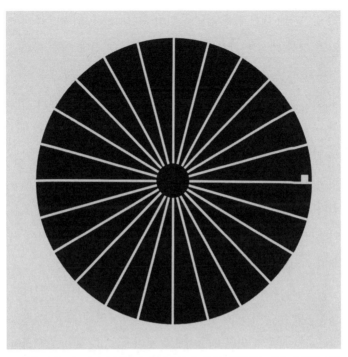

그림 5.7 맹점을 자전거 바퀴의 중앙에 맞추면 놀랍게도 공백을 전혀 볼 수 없다. 사람들은 보통 바퀴살이 가운데 눈으로 수렴하는 것을 본다.

그림의 특정 부위에 맞추고 한쪽 눈으로 보아야만 하는 여러 가지 복잡한 기하학적 디자인을 창조했다. 제임스 더버처럼 그는 예술적 영감을 얻기 위해 맹점을 활용한 것이다.

어떻게든 맹점blind spot을 채워넣는 두뇌

이상의 예들을 통해 시야의 빠진 부분을 '채워넣는' 것이 어떤 것인가에 대한 감을 잡았을 것이라 기대한다. 하지만 우리는 이미 평생 맹점을 가지고 있었으며, 이런 과정에 매우 숙련된 상태일 수 있다는 점을 명심하라. 그런데 사고나 질병으로 시각 피질의 일부를 상실하면 어떻게 될까? 만약 시아에 갑자기 커다란 구멍, 즉 암점이 생긴다면 어떻게 될까? 실제로 그런 환자들이 있다. 그리고 그들은 두뇌가 필요할 때 '사라진 정보'를 어느 정도까지 채울 수 있는지 연구하는 데 매우 귀중한 기회를 제공한다. 편두통 환자에게는 일시적으로 암점이 생긴다. 하지만 시아에 영구적으로 커다란 맹점이 있는 사람을 연구하는 것이 최선일 것이다. 그런 이유로 나는 조쉬를 만나게 되었다.[9]

조쉬는 가슴이 통통하고 손이 두툼한 덩치 큰 사내로, 브레즈네프처럼 눈썹이 짙었다. 그는 쾌활하고 유머가 넘쳤다. 자칫 잘못하면 체구가 커서 위협적으로 보이지만, 그 때문에 오히려 장난감 곰 같은 귀여운 인상을 주었다. 조쉬가 웃을 때마다 방 안에 있는 사람 모두가 같이 킬킬거렸다. 그는 몇 년 전인 30대 초반에 철로 된 봉이 머리 뒷부분을 관통하는 산업재해를 겪었다. 이 사고로 시각피질의 오른쪽 뒤통수극에 구멍이 났다. 앞을 똑바로 볼 때 조쉬는 그가 보고 있는 왼편에 내 손바닥만 한 크기의 맹점을 가지고 있다. 두뇌의 다른 부분은 손상을 입지 않았다. 나를 만나러 왔을 때 그는 자신이 커다란 맹점을 갖고 있다는 것을 잘 알고 있다고 말했다.

"어떻게 알았습니까?"

"한 가지 문제가 가끔 내가 여자 화장실로 들어간다는 것입니다."

"이유가 뭐죠?"

"'WOMEN'이라는 표지를 볼 때 왼쪽의 'W'와 'O'가 보이지 않습니다. 그냥 'MEN'만 보이는 거죠."

하지만 그는 때때로 뭔가 잘못되었다는 이런 종류의 암시 외에는, 시력이 지극히 정상이라고 주장했다. 그의 장애를 고려했을 때, 그는 시각에 나타난 세계가 단일하게 보이는 것에 대해 놀라워하고 있었다.

"당신을 쳐다볼 때 아무것도 놓치지 않습니다. 빠뜨리는 것이 하나도 없습니다."

그는 잠시 이마를 찡그리면서 내 얼굴을 들여다보더니 활짝 웃어 보였다.

"라마찬드란 박사님, 내가 주의를 집중해서 보면, 당신의 한쪽 귀와 눈이 사라집니다. 박사님은 괜찮으세요?"

자신의 시야를 꼼꼼히 살펴보지 않는 한, 조쉬는 사라진 정보를 아무 문제 없이 채워넣고 있는 것 같았다. 연구자들은 (가끔 여자 화장실의 여자들을 놀라게 한다는 것을 제외하면 지극히 정상적인 삶을 살고 있는) 조쉬 같은 환자들이 있다는 것을 오랫동안 알고 있었다. 하지만 많은 심리학자와 의사들은 채워넣음 현상에 대해 회의적이다. 가령, 캐나다의 심리학자 저스틴 서전트는 조쉬 같은 환자들이 정상적으로 본다고 말할 때 무의식적으로 추측하거나 이야기를 꾸며내고 있는 것이라 주장한다. (주위에 벽지가 있기 때문에 암점 부위에도 벽지가 있다고 추측한다는 것이다.) 그녀는 이런 종류의 추측은 맹점을 지나는 선에서 경험했던 것과 같은 진정한 지각의 완성과는 다른 종류의 것이라 말한다.[10]

하지만 나는 조쉬가 암점 안에서 실제로 무슨 일이 진행되고 있는지 알 수 있는 기회를 준다고 생각했다. 조쉬에게 물어볼 수 있음에도 불구하고 시각 메커니즘에 대해서 처음부터 앞질러갈 필요는 없다.

이슬비가 내리는 추운 오후에 조쉬가 실험실로 들어왔다. 우산을 한쪽 구석에 기대어놓고, 그는 이내 방 안을 즐거움으로 가득 채웠다. 그는 격자무늬 셔츠와 헐렁한 청바지를 입고 있었고 낡은 운동화에는 걸어오느라 진흙이 잔뜩 묻어 있었다. 우리는 몇 가지 재미난 일을 하기로 했다. 우리의 전략은 맹점에 대해서 했던 모든 실험을 조쉬에게 반복하는 것이었다. 먼저 시야의 넓은 부위가 사라져버린 그의 암점 부위에 선이 지나도록 하면 어떤 일이 일어나는지 알아보기로 했다. 그는 공백이 있는 선을 볼 것인가, 아니면 그것을 채워넣을 것인가?

실험을 하기 전에 우리는 사소한 기술적인 문제가 있음을 알게 되었다. 조쉬에게 선을 보여주고 앞을 똑바로 보라고 했다고 하자. 선이 완전하게 보이는지 아니면 어떤 부분이 빠져 있는 것으로 보이는지 말하라고 할 때, 비록 고의는 아니라 하더라도 그가 무심코 우리를 '속일' 가능성이 있다. 우발적으로 눈을 약간 움직일 수 있고, 그런 작은 움직임이 직선을 그의 정상 시야로 오게 만들어서 선이 완전하게 보일 수 있기 때문이다. 이런 일을 피하고 싶었기 때문에, 우리는 그의 암점 양 끝으로 두 개의 분리된 선을 보여주면서 그에게 무엇이 보이는지 물었다. 그는 하나의 연속된 선을 볼까, 아니면 두 개의 분리된 선을 보게 될까? 우리의 맹점을 이용해 실험했을 때는 완전한 선을 보았다.

그는 잠시 생각을 하더니 이렇게 대답했다.

"두 개의 선이 보입니다. 위에 하나, 아래에 하나가 있군요. 가운데에는 큰 공백이 있습니다."

"알았습니다."

내가 대답했다. 여기에서 알 수 있는 것은 아직 없다. 그때 조쉬가 눈을 가늘게 뜨며 말했다.

"잠깐만! 잠깐만 기다려보세요. 무슨 일이 일어났는지 아세요? 선들이 서로를 향해 길어지고 있습니다."

"뭐라고요?"

그는 아래의 선을 흉내 내어 오른손 검지를 수직으로 세우고, 위의 선을 흉내 내어 왼손 검지를 아래로 향하게 했다. 처음에 두 손가락은 5센티미터쯤 떨어져 있었지만, 조쉬는 손가락을 서로에게 향하도록 움직였다. 그리고 흥분해서 말했다.

"됐습니다. 이것들이 점점 길어지고 또 길어져서 이제 완전한 하나의 선이 되었습니다."

이렇게 말할 때쯤에는 그의 검지가 서로 맞붙어 있었다.

조쉬의 경우에 채워넣음이 발생했을 뿐만 아니라, 그것도 실시간으로 일어났다. 암점이 있는 사람에게는 그런 현상이 존재하지 않는다는 주장과 달리, 그는 그것을 보면서 묘사할 수 있었다.

조쉬의 두뇌에 있는 모종의 신경회로가 암점 양 끝에 있는 두 개의 선을 보면서, 그것을 거기에 하나의 완전한 선이 있다는 것에 대한 충분한 증거로 간주하고, 두뇌의 고위중추에 그런 메시지를 전달한 것이다. 우리가 자연적 맹점을 채우는 것과 동일한 방식으로, 그의 두뇌는 초점 중앙의 근처에 있는 거대한 구멍을 가로질러 정보를 채울 수 있었다.

다음으로 우리는 두 개의 선을 엇갈리게 했을 때 어떤 일이 일어나는지 알고 싶었다. 사선으로 그것을 완성시킬 것인가? 혹은 간단하게 그의 시각체계가 포기하고 말 것인가? 그 그림을 보여주자 조쉬는 이렇게 말했다.

"실패입니다. 그것들은 완성되지 않았습니다. 미안하지만 빈틈이 보입니다."

"알고 있습니다. 그냥 무슨 일이 일어나는지 말씀해주시면 돼요."

1~2초가 지난 후 조쉬가 놀라서 소리쳤다.

"아이고, 이게 무슨 일이람!"

"왜요?"

"그것들은 처음에 이렇게 시작해서 이제 이것처럼 서로를 향해 움직이고 있습니다."

그는 다시 손가락을 들어서 두 개의 선이 옆으로 움직이고 있음을 보여주었다.

"이제 그것들이 완전히 일렬이 되었고, 이렇게 채워지고 있습니다. 이제 완성되었습니다."

전체 과정은 5초쯤 걸렸다. 시각시스템과 관련해서는 영원에 해당하는 시간이다. 우리는 같은 실험을 여러 번 반복했으며 모두 동일한 결과를 얻었다.

여기서 우리가 진정한 지각의 완성 과정을 보고 있다는 것은 분명해 보인다. 그렇지 않다면 왜 그렇게 많은 시간이 걸리겠는가? 만일 조쉬가 추측하고 있다면 순간적인 추측일 것이다. 그런데 이런 시험을 어디까지 해볼 수 있을까? 사라진 정보를 '삽입'하는 시각시스템의 능력은 얼마나 복잡한 것일까? 만약에 단순한 선 대신 X로 이루어진 세로의 행을 사용했다면 어땠을까? 그는 빠져 있는 X들에 대해서 실제로 환각을 일으킬까? 웃고 있는 얼굴로 이루어진 행을 사용하면 어떻게 될까? 암점 부위에 웃고 있는 얼굴들을 채우게 될까?

우리는 컴퓨터 화면상에 X로 이루어진 수직의 행을 만들었다. 암점 부위의 가운데에 X 세 개가 놓이도록 조쉬에게는 행의 바로 우측을 보라고 부탁했다.

"무엇이 보입니까?"

"위에 X들이 있고, 아래에도 X들이 있으며 가운데에는 큰 공백이 있습니다."

채워넣는 데 시간이 걸린다는 것은 이미 입증되었으므로, 나는 그것을 계속 쳐다보도록 주문했다.

"여기요, 박사님. 거기를 계속 쳐다보고 있습니다. 거기에 있는 X를 보기를 원하는 것은 알지만 볼 수가 없습니다. 유감이지만 X가 없네요."

3분, 4분, 5분이 지났지만, 그는 여전히 X를 볼 수 없었고 이후 우리는 포기했다. 그다음에 나는 소문자 x로 이루어진 수직의 긴 행을 시험해보았다. 하나는 암점 위에, 다른 하나는 암점 아래에 만들었다.

"이제 무엇이 보입니까?"

"아, 네. 소문자 x로 이루어진 연속적인 행입니다."

조쉬는 내 쪽으로 돌아서면서 다음과 같이 말했다.

"나를 가지고 장난치는 것을 알고 있어요. 실제로는 거기에 x 가 없지요? 그렇지요?"

"말해주지 않겠습니다. 그런데 한 가지만 더 알고 싶습니다. 당신이 보고 있는 곳(그의 암점 부위)의 왼편에 있는 x들이 위나 아래의 것들과 다르게 보입니까?"

조쉬가 대답했다.

"그냥 연속된 x의 행으로 보입니다. 별 차이를 모르겠습니다."

조쉬는 소문자 x를 채워넣었지만, 대문자 X를 채워넣지는 못했다. 이 차이는 두 가지 이유에서 중요하다. 첫째 이것은 이야기를 꾸며냈을 가능성을 배제한다. 신경과학 시험에서는 종종 환자들이 의사들을 놀리기 위해 이야기를 꾸며낸다. 만약 위와 아래에 x가 있다는 것을 알았다면, 조쉬는 실제로 그렇지 않으면서 그것들을 '보았다고' 거짓말을 할 수도 있다. 만일 그랬다면 왜 소문자 x에 대해서만 그렇게 하고, 대문자에 대해서는 그렇게 하지 않았겠는가? 대문자 X를 채우지 않았으므로, 소문자 x의 경우에 추측이나 거짓말이 아니라 진정한 지각의 완성 과정이 있었다고 가정할 수 있다.

그런데 지각의 완성 과정이 대문자에서는 일어나지 않고 소문자 x에서만 일어난 이유는 무엇인가? 아마도 두뇌는 작은 x를 연속적인 무늬로 취급했고 그 결과 그것을 완성했을 것이다. 그런데 대문자 X에 맞닥뜨렸을 때는, 다른 작동방식으로 전환하면서 X가 몇 개 빠져 있는 것을 보게 된다. 내 짐작으로 소문자는 조쉬의 시각 경로에서 연속적인 무늬와 표면을 처리하는 부위를 작동시켰을 것이다. 반면에 대문자는 (앞 장에서 논의했던 것처럼) 표면이 아니라 대상과 관계된 측두엽상의 경로에서 처리되었을 것이다. 두뇌가 연속적인 표면의 질감이나 색깔을 다룰 때는 공백을 채우는 일에 익숙하고, 대상을 다룰 때는 그렇지 못하다는 것은 그럴듯한 이야기이다. 실제 세계에서 표면은 (각재의 나뭇결이나 사암으로 이루어진 절벽처럼) 대개 일정한 '재료'나 무늬로 이루어져 있다. 알파벳 대문자나 얼굴로 구성된 자연 상태의 표면은 존재하지 않는다. (물론 벽지 같은 인공적 표면은 웃는 얼굴로 구성될 수 있다. 그러나 두뇌는 인간이 만든 세계 속에서 진화한 것이 아니다.)

무늬나 '재질'의 공백을 채우는 일이 대상이나 글자를 채우는 일보다 훨씬 쉽게 일어난다는 생각을 시험해보기 위해 나는 약간 기발한 시도를 하고 싶어졌다. 암점의 위에는 숫자 1, 2, 3을 적고 아래에는 7, 8, 9를 적었다. 조쉬는 수열을 지각적으로 완성할 것인가? 그는 중간에 무엇을 보게 될까? 물론 나는 두뇌가 그것들을 '무늬'로 인식하게끔 하기 위해 아주 작은 숫자를 사용했다.

"숫자들이 수직으로 정렬되어 있는 연속적인 행이 보입니다."

"중간에 공백이 있습니까?"

"아니오."

"그것들을 크게 읽어보시겠습니까?"

"음. 1, 2, 3, 음, 7, 8, 9. 어, 그런데 매우 이상하군요. 중간의 숫자는 보이기는 하는데 읽을 수가 없군요. 숫자처럼 보이기는 하는데 그것들이 무엇인지 알 수 없습니다."

"번져서 보입니까?"

"아뇨, 그렇지는 않습니다. 그냥 이상해 보입니다. 상형문자나 그런 것처럼 무엇인지 알 수가 없습니다."

우리는 조쉬에게서 진기한 형태의 실독증dyslexia을 유도해냈다. 중간의 숫자들은 존재하지 않으며 그의 눈앞에 보이지도 않았다. 그러나 그의 두뇌는 숫자로 이루어진 계열에서 무늬의 속성을 만들어냈고 그것을 완성했다. 이것은 시각 경로의 노동 분업에 대한 또 다른 놀라운 증명이었다. 표면과 가장자리를 관장하는 두뇌체계는 "이 영역에 숫자 같은 것이 있다. 중간에도 그런 것이 있어야 한다"라고 말한다. 하지만 실제로 숫자는 없기 때문에 그의 대상 경로는 침묵한다. 그 결과 나타난 것이 읽을 수 없는 '상형문자'이다.

지각적 채워넣음과 개념적 채워넣음

우리가 시각체계라 부르는 것이 실제로는 여러 개의 체계라는 것이 알려진 것은 20년이 넘은 일이다. 운동이나 색깔, 여타의 다양한 시각적 속성을 관장하는 다수의 전문화된 피질 영역이 존재한다. 채워넣음은 이들 각각의 영역에서 분리되어 발생하는 것일까, 아니면 단일한 영역에서 한 번에 일어나는 것일까? 그 답을 알아보기 위해 조쉬에게 아무것도 없는 컴퓨터 화면의 중앙을 쳐다보라고 부탁했다. 그리고 갑자기 빨간 배경에 검은 점들이 반짝거리는 패턴을 켰다.

존은 휘파람을 불면서 다음과 같이 말했다.

"오, 맙소사. 박사님, 처음으로 내 암점이 실제로 보입니다."

그는 이 모든 일에 대해서 나만큼이나 재미를 느끼는 것 같았다. 그는 내 손에서 펠트펜을 뺏어가 모니터 위에 암점의 불규칙한 가장자리로 보이는 그림을 그리기 시작했다. (일전에 조쉬의 안과의사인 릴리안 레빈슨 박사가 시야측정법perimetry이라는 복잡한 기술을 이용해 그의 암점을 그려준 적이 있다. 나는 그 그림을 조쉬가 그린 것과 비교할 수 있었다. 그것들은 동일했다.)

"그런데, 조쉬 씨. 암점 안쪽에는 무엇이 보입니까?"

내가 물었다.

"매우 이상합니다, 박사님. 처음 몇 초 동안 화면의 이 부분에는 빨강색만 있었고, 반짝이는 검은 점이 채워지지 않았습니다. 그다음 몇 초가 지난 후에 점들이 채워졌습니다. 그런데 그것들은 반짝이지 않습니다. 그리고 마지막으로 반짝임(운동감각)이 채워졌습니다."

그는 눈을 비비면서 돌아앉으며 나를 보고 물었다.

"이것들이 다 무엇을 뜻하는 것입니까?"[11]

채워넣음의 과정은 색깔, 운동(반짝임), 무늬 같은 각각의 지각적 속성들에서 서로 다른 속도로 일어난다는 것이 그 대답이다. 가령, 운동은 색깔보다 채우는 데 시간이 더 많이 걸린다. 그러한 차별적인 채워넣음은 인간 두뇌에 각각의 전문화된 영역이 있다는 것에 대한 추가적인 증거에 해당한다. 만일 지각이 두뇌의 한 영역에서 일어나는 단일한 과정이라면, 그것은 단계

별이 아니라 한 번에 일어나야 한다.

마지막으로 우리는 사각형의 모서리처럼 복잡한 형태를 채워넣는 조쉬의 능력을 시험했다. 맹점을 모서리에 맞추었을 때 그것이 잘려 없어진 것을 떠올려보자. 두뇌는 그것을 채워넣을 수 없었다. 그런데 같은 실험을 조쉬에게 했을 때 우리는 반대의 결과를 얻었다. 그는 사라진 모서리를 보는 데 아무런 어려움이 없었다. 이는 매우 복잡한 종류의 완성 과정이 그의 두뇌에서 일어난다는 것을 증명한다.

조쉬는 이제 피곤을 느꼈다. 하지만 우리는 채워넣음의 과정에 대해 그가 우리만큼이나 흥미를 느끼게 하는 데 성공했다. 찰스 왕에 대한 이야기를 듣고 그는 자신의 암점을 우리 대학원 학생의 머리에 맞추어보기로 했다. (우리의 맹점에 일어났던 것과는 달리) 그의 두뇌는 무시무시한 광경이 벌어지지 않도록 그 여학생의 머리를 완성하려고 할까? 대답은 그렇지 않다는 것이었다. 조쉬는 언제나 머리가 없는 그녀를 보았다. 그는 간단한 기하학적 형태는 채울 수 있었지만, 얼굴이나 자연적 사물 같은 복잡한 대상은 채워넣지 못했다. 이 실험은 채워넣는 과정이 단지 추측 차원의 문제가 아니라는 것을 다시 한번 보여주었다. 학생의 머리가 거기에 있다는 것을 조쉬가 '추측'할 수 없는 이유가 없기 때문이다.

지각적 완성과 개념적 완성 사이에 중요한 구분을 지을 필요가 있다. 이 차이를 이해하기 위해 의자에 앉아 책을 읽고 있는 머리 뒤쪽의 공간을 생각해보라. 머리나 몸 뒤편에 있을지 모르는 대상의 종류를 떠올리며 머리를 굴려보라. 창문이 있는가?

화성인은? 거위 떼는? 상상을 통해 당신은 그 비어 있는 공간에 무엇이든 채워넣을 수 있다. 그 내용에 관해서 마음을 바꿀 수 있으므로 나는 이 과정을 '개념적 채워넣음'이라고 부르겠다.

'지각적 채워넣음'은 이와는 매우 다르다. 당신의 맹점에 카펫의 디자인을 채워넣는다고 하자. 그 공간을 무엇으로 채울지에 대해서 당신은 선택을 할 수 없다. 그것에 관해서 당신의 마음을 바꿀 수 없는 것이다. 지각적 채워넣음은 시각 뉴런을 통해 이루어진다. 뉴런들이 일단 결정을 내리고 나면 바꿀 수 없다. 일단 그것들이 '네, 그것은 반복적인 무늬입니다' 혹은 '그것은 직선입니다' 같은 신호를 두뇌의 고위중추에 보내고 나면, 당신이 지각한 것은 변경될 수 없다. 나중에 12장에서 의식과 화성인이 빨간색을 보는지에 대해 이야기할 때, 철학자들이 매우 흥미로워하는 지각적 채워넣음과 개념적 채워넣음의 구분에 대해서 다시 논의하겠다. 지금은 단순한 추측이나 연역이 아니라 암점 영역에 대한 진정한 지각적 완성에 대해 이야기하고 있음을 강조하는 것으로 충분하다.

이런 현상은, 지금 내가 기술했던 실내게임 같은 실험을 통해 당신이 상상할 수 있는 것보다 훨씬 더 중요한 것이다. 학과장의 머리를 자르는 것은 재미난 일이다. 하지만 왜 두뇌는 지각적 완성에 관여하는 것일까? 그 대답은 시각체계가 어떻게 진화해왔는가에 대한 다윈식의 설명에서 찾을 수 있다. 시각에서 가장 중요한 원칙 중의 하나는 주어진 일을 처리할 때 가능한 한 최소의 과정을 거친다는 것이다. 두뇌는 세계의 통계적 규칙성을 이용해 시각적 과정을 절약한다. 그리고 두뇌는 윤곽은 일반적으로 연속적이다, 책상의 표면은 일정하다 같은 규칙성을 포착해 시각 과정의 초반에 위치하는 시각 경로 기제로 전송한다. 예를 들어 책상을 볼 때, 시각체계는 책상의 가장자리에 관한 정보를 추출해 만화로 그린 것과 유사한 심적 표상을 산출한다. (가장자리에 대한 정보의 추출이 처음에 일어난다. 이는 우리의 두뇌가 책상의 가장자리처럼 변화나 갑작스러운 단절이 일어나는 영역에 주로 관심을 갖고 있기 때문이다. 거기가 바로 정보가 있는 곳이다.) 그다음에, 시각체계는 책상의 색깔과 무늬를 채워넣기 '위해' 여기에 나뭇결 모양이 있다, 전체가 동일한 나뭇결 재질로 되어 있음이 틀림없다는 식으로 표면에 대한 정보를 삽입한다. 이런 삽입 과정은 엄청난 양의 계산 과정을 절감하게 해준다. 이런 식으로 두뇌는 책상의 모든 부분을 자세히 살펴보는 부담을 피할 수 있다. 대신에 느슨한 추측을 활용하는 것이다. (개념적 추측과 지각적 추측의 구분을 염두에 두어라.)

찰스 보넷 증후군의 환각 사례

이 모든 것이 제임스 더버나 찰스 보넷 증후군을 앓고 있는 다른 환자들과 무슨 관련이 있을까? 지금까지 논의했던 맹점이나 암점을 '채워넣는' 두뇌의 능력에 대한 발견은 그들이 겪고 있는 특이한 시각적 환각을 이해하는 데 어떤 도움이 되는가?

의학적 증후군의 명칭은 그 병을 앓고 있는 환자들이 아니라 발견자의 이름을 따서 붙여진다. 이 증후군은 1720년에 태어나

1773년 사망한 스위스의 자연학자 찰스 보넷의 이름을 딴 것이다. 보넷은 건강이 좋지 않았고 언제나 시각이나 청각을 잃기 직전의 상황에 처해 있었다. 하지만 그는 자연계에 대한 날카로운 관찰자였다. 그는 수정하지 않은 암컷에서 자손이 생기는 처녀생식을 처음으로 관찰한 학자이다. 그는 이를 설명하기 위해 전성설preformationism이라는 불합리한 이론을 제안했다. 이 이론에 따르면 암컷의 난자는 미리 형성되어 있는 온전한 개체를 포함하고 있다. 이 개체는 또 그 속에 축소된 난자를 가지고 있으며, 그 난자에는 다시 난자를 가진 더 작은 개체가 있고 이런 과정이 무한히 계속된다. 불행히도 많은 의사들은 보넷을 처녀생식을 발견한 예리한 자연학자가 아니라, 난자 속에 있는 작은 인간에 대한 환각에 빠져 있던 웃기는 사람으로 기억한다.

다행히 보넷은 자기 가족의 비정상적인 의학적 상황을 관찰하고 보고할 때는 매우 예리했다. 그의 외할아버지 찰스 룰린은 77세에 백내장 제거 수술을 받았다. 그 당시로는 매우 위험한 수술이었지만 결과는 성공적이었다. 수술 후 11년이 지난 다음에 그의 외할아버지는 생생한 환각을 체험하기 시작했다. 아무 경고도 없이 사람이나 물건이 나타났다가 사라지고, 크기가 커졌다가 다시 작아졌다. 아파트에 걸려 있는 태피스트리를 보고 있는 동안에, 그는 이상한 눈빛의 사람들과 동물이 기이하게 변화하는 것을 보았다. 이는 천 조각이 아니라 모두 그의 두뇌 속에서 일어나는 일이었다.

앞서도 언급한 이런 현상은 황반변성, 당뇨망막변증, 각막손상, 백내장 같은 시각장애를 가진 노인들에게 나타나는 매우 일반적인 현상이다. 영국의 의학저널 〈랜싯〉에 실린 최근 연구 보고에 따르면, 시력이 나쁜 많은 노인들이 '거기에 실제로 없는 것을·보는' 사실을 숨기고 있다고 한다. 시각장애를 가진 500명 중 60여 명이 환각을 겪은 적이 있음을 인정했다. 어떤 사람은 1년에 한두 번 정도 시각적 환영을 경험하지만, 어떤 사람은 최소한 하루에 두 번이라고 한다. 대부분의 경우에 이들 가상세계의 내용은 일상적인 것으로 이루어져 있다. 가령, 모르는 사람, 병, 모자 같은 것과 관련되어 있다. 환각은 매우 재미나는 내용일 수도 있다. 어떤 여자는 미니 모형 경찰관 두 명이 조그만 악당을 초소형 교도소 자동차에 태우는 것을 보았다고 한다. 또 어떤 사람은 유령 같은 투명한 손가락이 복도에 떠다니는 것을 보았다. 용, 머리에 꽃을 쓴 사람, 아름답게 빛나는 천사, 조그만 서커스 동물, 광대, 작은 요정을 보기도 했다. 대단히 많은 수의 사람들이 어린 아이를 본다고 보고했다.

　피터 홀리건, 존 마샬, 그리고 나는 옥스퍼드에서 그런 환자를 만난 적이 있다. 그는 왼쪽 시야에서 아이들을 '볼' 뿐만 아니라 실제로 그들의 웃음소리도 들을 수 있었다. 하지만 고개를 돌려보면 아무도 없었다. 이들이 보는 이미지는 흑백일 수도 있고, 컬러일 수도 있다. 정지 상태일 수도 있고 움직이는 것일 수도 있다. 실재만큼 분명할 수도 있고, 실재보다 더 분명할 수도 혹은 덜 분명할 수도 있다. 때때로 이런 대상들은 실제 환경과 섞이게 된다. 그래서 가상의 인물이 실제 의자에 앉아 말을 걸기도 한다. 환각 이미지들이 위협적인 경우는 거의 없다. 끔찍한 괴물이나 살상 장면 같은 것은 나타나지 않는다.

환자들이 환각을 겪으면, 다른 사람의 도움을 받아서 늘 쉽게 정상으로 돌아온다. 한번은 어떤 여자가 창가에서 이웃의 초원에 있는 소를 보고 있었다고 한다. 한 겨울인데다 실제로 매우 추운 날이었기 때문에, 그녀는 이웃집 농부의 인정머리 없음을 가정부에게 불평했다. 놀란 가정부는 소가 없음을 확인하고, "무슨 말을 하고 계신 거예요?" 하고 물었다. 여인은 당황해 얼굴이 빨개지면서 대답했다. "내 눈이 나를 가지고 놀고 있어. 그것들을 더 이상 믿을 수 없구먼."

또 다른 여자는 이렇게 말한다. "꿈속에서는 내 인생에 영향을 미쳤던 것들을 경험합니다. 하지만 이들 환각들은 나와 아무 상관이 없습니다." 하지만 그렇게 확신하지 못하는 사람들도 있다. 자식이 없는 한 노인은 남자아이와 여자아이의 환각이 계속되어서 괴로워한다. 그는 이런 환각이, 아버지가 되고 싶었던 자신의 충족되지 않은 희망을 반영하는 것일지도 모른다고 생각한다. 최근에 죽은 남편을 1주일 동안에 세 번 보았다는 여자도 있다.

이런 증세가 매우 일반적이라는 점을 고려한다면, 다른 면에서는 지극히 정상인 사람들이 때때로 유령이나 UFO, 천사를 '진짜' 보았다고 말할 때, 이것들이 찰스 보넷 증후군에 따른 환각의 사례는 아닌가 하는 의심이 든다. 대략 미국인의 3분의 1이 천사를 보았다는 사실이 놀랍지 않은가? 천사가 존재하지 않는다고 말하려는 것은 아니다. (나는 천사들이 존재하는지 아닌지 모르겠다.) 그러나 이런 경우의 많은 부분은 시각적 병리현상 때문일 것이다.

해질녘의 어두운 불빛과 색조 변화는 그런 환각을 부추길 수 있다. 환자들이 무의식적으로 눈을 깜빡이거나 고개를 끄덕이거나 불을 켤 때 종종 시각이 마비되기도 한다. 하지만 대부분의 경우 아무런 경고 없이 출현하는 이런 환각에 대해, 환자들은 자발적으로 통제할 수 없다. 우리 대부분은 이들이 묘사하는 장면을 상상할 수 있다. 도망가는 미니 모형 죄수와 미니 경찰차를 상상해보라. 그러나 우리는 그런 상상을 의식적으로 통제할 수 있다. 반면 찰스 보넷 증후군의 경우, 이미지들은 마치 그것들이 실재하는 대상인 것처럼 전혀 통제되지 않는다.

원숭이를 무릎에 앉힌 의사 선생님

갑작스러운 영상들이 불쑥 나타나는 이런 현상이 래리 맥도날드에게 일어났다. 그는 끔찍한 자동차 사고를 당한 27세의 농학자이다. 래리는 머리를 자동차 유리에 부딪히면서 눈 위의 뼈와 시각신경을 보호하고 있는 눈확판이 골절되었다. 그는 2주일 동안 의식불명 상태로 있었으며, 처음 의식을 회복했을 때는 걷지도 말하지도 못했다. 그러나 그것이 최악의 문제는 아니었다. 래리는 그때를 이렇게 기억했다. "온 세상이 환각과 환청으로 가득 차 있었습니다. 무엇이 진짜이고 무엇이 가짜인지 구분할 수 없었습니다. 내 침대 옆에 서 있는 의사와 간호사 뒤에는 미식축구 선수들과 하와이의 무희들이 둘러싸고 있었습니다. 사방에서 소리가 들렸고, 누가 말하는지도 알 수 없었습니다." 래리는 혼란스러웠고 정신을 차릴 수 없었다.

그러나 점차 그의 두뇌가 외상에서 회복됨에 따라 상태도 좋아졌다. 그는 신체의 기능을 다시 조절할 수 있게 되었고 걷는 것도 배웠다. 어려움은 있었지만 말도 했고, 실제 소리와 가짜 소리를 구분하는 것도 배웠다. 이는 환청을 억제할 수 있도록 도와주었다.

내가 래리를 만난 것은 그가 사고를 당한 지 5년이 지난 다음이었다. 그는 내가 시각적 환각에 관심이 있다는 말을 들었다고 했다. 그는 천천히 애를 쓰며 말했다. 그것을 제외한다면, 그는 지적이고 날카로웠다. 한 가지 놀라운 문제를 제외하고는 그의 삶은 모두 정상이었다. 처음에 그는 시야의 모든 부위에 걸쳐 밝은 색깔과 돌아가는 움직임 같은 시각적 환각을 경험했다. 이제 시각적 환각은 그의 시야의 아래쪽 절반 부위에 국한해 일어나고 있었다. 그 부분은 완전히 장님 상태이다. 코를 중심으로 중앙선을 그었을 때, 그 아랫부분에서는 오직 가상의 대상만을 본다. 그 위에 보이는 것은 모두 정상이며, 언제나 실제로 바깥에 있는 것들만을 본다. 선 아래에서는, 환각이 단절적으로 재발한다.

"병원에 있을 때는 색깔이 좀 더 선명했습니다."

래리가 말했다.

"그때 본 것이 무엇입니까?"

내가 물었다.

"동물, 자동차, 보트 같은 것을 보았습니다. 개, 코끼리, 온갖 종류의 것을 보았지요."

"아직도 그것들을 봅니까?"

"예, 지금 이 방에서도 그것들을 보고 있습니다."

"지금 말하는 이 순간에도 본다고요?"

"네, 그렇다니까요."

래리가 대답했다. 나는 강한 흥미를 느꼈다.

"래리, 당신이 보통 그것들을 보고 있을 때면, 그것들이 방 안에 있는 다른 대상들을 가린다고 했습니다. 그런데 지금 당신은 나를 똑바로 쳐다보고 있습니다. 지금 어떤 것이 나를 가리고 있는 것 같아 보이지는 않는군요. 어떻습니까?"

"지금 당신 무릎에 원숭이 한 마리가 앉아 있군요."

"원숭이요?"

"네, 바로 당신 무릎 위에."

나는 그가 농담을 한다고 생각했다.

"당신이 환각에 사로잡혀 있다는 것을 어떻게 아는지 말해주세요."

"잘 모르겠습니다. 여기서 원숭이를 무릎에 앉히고 있을 교수님은 없을 것 같아서, 그냥 환각이라는 생각이 드는 겁니다. 그것들은 정말 생생하고 실제적이지만요."

그는 즐겁게 웃었다. 아마도 내가 충격을 받은 것처럼 보였던 게 틀림없다. 래리가 다음과 같이 말을 이어갔기 때문이다.

"우선 그것들은 몇 초나 몇 분이 지나고 나면 사라집니다. 그래서 그것들이 실재하지 않는다는 것을 알게 됩니다. 때때로 이미지들은 지금 당신 무릎 위의 원숭이처럼 주위의 장면들과 잘 섞여 있습니다. 하지만 나는 그럴 가능성이 매우 적다는 것을 깨닫고, 보통은 사람들에게 그 사실을 말하지 않습니다."

래리가 웃고 있는 동안 나는 말없이 내 무릎을 쳐다보았다.

"이미지에도 약간 이상한 점이 있어요. 진짜라기에는 너무 깨끗하게 보입니다. 색깔도 강렬하고 비정상적으로 선명하며, 실제 대상보다 더 실제적으로 보입니다. 내 말이 무슨 뜻인지 이해하시겠습니까?"

나는 확신이 들지 않았다. 그는 어떤 의미로 '실제보다 더 실제적'이라고 말하는 것일까? 초현실주의라는 예술양식이 있다. 캠벨 수프 같은 물건을, 돋보기로 보아야만 볼 수 있는 아주 세밀한 부분까지 그리는 것이다. 이것들은 보기에 아주 이상하다. 래리가 그의 암점에서 보는 것이 아마 그런 것일지 모른다.

"래리 씨, 그것 때문에 성가십니까?"

"어느 정도는요. 내가 왜 그런 경험을 하게 되는지 궁금하니까요. 하지만 크게 문제되지는 않습니다. 나는 내가 환각을 겪는다는 사실보다는 장님이 된다는 것이 더 염려스럽습니다. 사실 가끔씩은 재미있기도 합니다. 다음번에는 무엇을 보게 될지 나도 모르니까요."

"내 무릎 위에 있는 원숭이처럼 당신이 보는 이미지들은 언젠가 과거에 당신이 보았던 것들입니까, 아니면 완전히 새로운 것입니까?"

래리는 잠시 생각한 후에 말했다.

"완전히 새로운 이미지일 수도 있다고 생각합니다. 그런데 어떻게 그럴 수 있을까요? 나는 언제나 환각은 어떤 사람이 사는 동안 이미 본 것에 국한된다고 생각했습니다. 대부분의 경우에 이미지들은 일상적인 것입니다. 가령, 내가 아침에 내 신발을 찾고 있으면, 마루 전체가 갑자기 신발로 덮입니다. 내 신발을 찾기가 어려울 정도로요. 영상들은 항상 생겼다가 사라집니다. 마치 생명력이 있는 것처럼 그것들은 그 순간에 내가 하는 행동이나 생각과는 연관이 없습니다."

두뇌 속에 월트 디즈니 만화를 넣고 사는 여인

래리와 대화를 나눈 지 얼마 지나지 않아 나는 또 다른 찰스 보넷 증후군 환자를 만났다. 그녀가 보는 세상은 더욱 이상했다. 그녀는 만화 때문에 괴로움을 겪고 있었다. 낸시는 콜로라도에서 온 간호사이다. 그녀는 동정맥기형(arteriovenous malformation; AVM)을 가지고 있었다. 이는 두뇌 뒤편의 동맥이나 정맥이 부풀어 오르거나 융합되어 있는 덩어리를 말한다. 그것이 파열할 경우 그녀는 두뇌의 과다 출혈로 죽을 수 있다. 때문에 그 크기를 줄이고 '봉합' 하는 레이저 수술을 받았고, 그 과정에서 시각피질에 손상을 입었다. 조쉬와 마찬가지로 그녀에게도 조그만 암점이 생겼다. 암점은 그녀의 시야 바로 왼편에 생겼는데, 각도로는 10도 정도였다. (그녀가 앞으로 손을 쭉 뻗어 자기 손을 보고 있으면, 암점은 손바닥의 두 배 정도의 크기가 된다.)

낸시는 앞서 래리가 앉았던 바로 그 의자에 앉아서 말했다.

"가장 이상한 것은 그 암점 안에서 이미지들을 본다는 것입니다. 하루에 열 번 정도 그것들을 봅니다. 연속으로 보는 건 아니고 여러 번에 걸쳐서 보는데, 매번 몇 초 정도가 지속됩니다."

"무엇을 봅니까?"

"만화입니다."

"뭐라고요?"

"만화요."

"만화라면 어떤 것을 말합니까? 미키 마우스 같은 것 말이에요?"

"가끔씩 디즈니 만화를 보기도 합니다. 하지만 대부분은 그렇지 않습니다. 내가 보는 대부분의 것은 사람, 동물, 물건입니다. 그런데 이것들은 항상 선으로 그린 그림이고, 만화책처럼 한 가지 색깔로 채워져 있습니다. 정말 재미있습니다. 이것들을 보면 로이 리히텐슈타인(미국의 화가. 대중만화를 주제로 인쇄의 망점까지 그려넣어 만화의 이미지를 확대한 작품을 주로 발표했다—옮긴이)의 그림이 떠오릅니다."

"그것 말고 말해줄 것이 있습니까? 그것들은 움직입니까?"

"아니오, 움직이지 않습니다. 그리고 내 만화는 심도나 명암, 굴곡이 없습니다."

그래서 그녀는 그것들이 만화책에 나오는 그림 같다고 했다.

"그 사람들은 잘 아는 사람들입니까? 아니면 본 적이 없는 사람들입니까?"

내가 물었다.

"둘 다요. 그다음에 무엇이 나타날지는 알 수 없습니다."

낸시가 대답했다.

저작권에 저항하면서 월트 디즈니 만화를 만드는 두뇌를 가진 여인이 여기에 있다. 무슨 일이 일어나고 있는 것일까? 어떻게 미치지 않은 정상인이 내 무릎 위에서 원숭이를 보며 또 그것을 정상으로 받아들일 수 있을까?

이 기이한 증후군을 이해하기 위해서, 우리는 시각체계와 지각의 일상적 작동에 대한 우리의 모형을 수정하려고 한다. 그리 오래되지 않은 과거에, 생리학자들은 방향을 나타내는 화살표를 이용해 시각 영역의 도형을 그렸다. 한 단계에서 처리된 이미지는 다음 단계로 보내지며 그런 과정은 최종적으로 모종의 신비한 방식을 거쳐 '게슈탈트'가 등장할 때까지 계속된다. 이것이 이른바 지난 30여 년 동안 인공지능 연구자들에게 각광받았던, 시각에 대한 상향식 견해이다. 하지만 많은 해부학자들은 상위 영역에서 하위의 시각 영역으로 투사되는 대량의 피드백 경로가 존재한다는 사실을 오랫동안 강조해왔다. 이들 해부학자들을 달래기 위해 교과서의 도형은 보통 역방향의 화살표를 포함했다. 그러나 역투사 개념은 대개 기능적 의미보다는 립 서비스 차원에서 다루어졌다.

지각에 대한 새로운 입장은, 두뇌의 정보 흐름이 거울로 가득 찬 유령의 집 안에 있는 이미지를 닮았다고 주장한다. 대표적인 인물이 캘리포니아 라 졸라에 있는 신경과학연구소의 제럴드 에델만 박사이다. 이 이미지는 거울을 통해 여기저기로 반사되는 과정에서 계속적으로 변화한다.[12] 유령의 집에서 서로 분리된 빛처럼, 시각적 정보는 다른 여러 경로를 취할 수 있다. 때로는 갈라지고, 때로는 스스로를 강화시키며, 때로는 반대 방향으로 진행하기도 한다.

이것이 혼란스럽게 들린다면 앞서 언급했던 고양이를 보는 것과 고양이를 상상하는 것의 구분으로 돌아가보자. 우리가 고양이를 볼 때, 그것의 형상, 색깔, 무늬, 그리고 여타의 시각적 속성은 우리의 망막에 부딪힌 후, (두뇌 중간의 중계소인) 시상을 거쳐 두 경로를 따라 시각피질로 올라간다. 앞 장에서 논의했던 것처럼 한 경로는 심도와 운동을 관장하는 영역으로 간다. 그 결과 우리가 대상을 잡거나 피할 수 있으며 세상 속을 돌아다닐 수 있다. 다른 경로는 형태, 색깔, 대상 인식을 관장하는 영역으로 간다. 이것이 어떻게와 무엇의 경로이다. 최종적으로 모든 정보가 결합되어 그것이 펠릭스라는 고양이임을 알려주며, 지금까지 우리가 고양이 전체와 펠릭스에 대해서 배우고 느꼈던 모든 것을 상기시켜준다. 최소한 교과서에는 이렇게 씌어 있다.

이제 우리가 고양이를 상상할 때는 무슨 일이 일어나는지 살펴보자.[13] 이 경우, 실제로는 시각 기제가 역으로 작동된다는 것을 암시하는 좋은 증거들이 있다. 고양이 전체와 이 특정 고양이에 대한 기억은 위에서 아래로, 즉 고위 영역에서 시각피질로 흐른다. 그리고 이들 영역의 활동이 결합되어 마음의 눈이 가상의 고양이를 지각하게 되는 것이다. 시각피질의 활동은 우리가 실제로 고양이를 볼 때와 거의 비슷하게 일어난다. 하지만 실제로 고양이는 거기에 없다. 이는 시각피질이 단순히 망막에서 전해오는 정보를 분류하는 장소가 아님을 의미한다. 이는 정찰병들이 끊임없이 정보를 전해오는 작전실과 유사하다. 이는 정찰병의 정보에 입각해 가능한 모든 시나리오를 검토하고, 정찰병들이 활동하고 있는 두뇌 고위 영역으로 다시 정보를 돌려보낸다. 두뇌의 초기 시각 영역과 고위시각중추 사이에는 활발한 상호작용이 일어난다. 그 결과 가상실재처럼 고양이를 모의하게 되는 것이다. (이 모든 내용은 주로 동물실험과 인간의 신경촬영 연구를 통해서 얻어진 것이다.)

그런 '상호작용'이 어떻게 일어나며 그것의 기능이 무엇인지는 아직 분명하지 않다. 하지만 이런 상호작용은 래리나 낸시, 그리고 양로원의 어두운 방에 앉아 있는 찰스 보넷 증후군을 앓는 노인 환자들에게 무슨 일이 일어나고 있는지 설명해줄지 모른다. 나는 조쉬의 경우와 마찬가지로 이들에게서도 정보가 채워넣어진다고 생각한다. 차이가 있다면 이들은 고위 영역에 저장된 기억을 사용한다는 것이다.[14] 보넷 증후군에서 이미지들은 지각적 완성이 아니라 일종의 '개념적 완성'에 의존한다. '채워지는' 이미지들은 외부(아래에서 위로)에서 오는 것이 아니라 기억(위에서 아래로)에서 온다. 직선이나 소문자 x와 같이 암점 부위를 직접적으로 둘러싸고 있는 정보가 아니라, 광대, 수련, 원숭이, 만화 등이 보이지 않는 부분을 채우게 된다. 물론 래리가 내 무릎 위에서 원숭이를 보고 있다고 해서, 그가 속고 있는 것은 아니다. 그는 내 사무실에 원숭이가 있을 가능성이 거의 없다는 것을 인식하고 있기 때문에 그것이 실재가 아니라는 것을 완벽하게 알고 있다.

제멋대로 환각을 만들어내는 두뇌

만약 이런 논증이 옳다면, 즉 우리가 무엇을 상상할 때 초기 시각 영역이 활성화된다면, 왜 당신이나 나는 환각을 경험하지 않는가? 그리고 우리는 왜 내적으로 산출된 이미지와 실제 대상을 혼동하지 않는가? 원숭이를 생각하고 있을 때, 왜 우리는 의자에 앉아 있는 원숭이를 보지 않는가? 그 이유는 비록 우리가 눈을 감고 있다 하더라도, 망막과 초기 감각 경로상의 세포들이 계속 활성화되어 있고 평평한 기준신호를 산출하고 있기 때문이다. 이 기준신호는 고위시각중추에게 망막을 때리는 대상(원숭이)이 없음을 알려준다. 그 결과 위에서 아래로 내려오는 심상은 거부된다. 그런데 초기 시각 경로가 손상되면, 이 기준신호도 제거된다. 그 결과 환각을 보게 되는 것이다.[15]

내적인 이미지가 아무리 실재적이라 하더라도 그것이 결코 실재하는 사물을 대체할 수 없다는 것은 진화론적으로 큰 의미가 있다. 셰익스피어도 말했듯이 "단지 성찬을 상상함으로써 배고픔을 달랠" 수는 없다. 성찬을 상상해서 배고픔을 달랠 수 있다면, 우리는 먹는 것에 신경 쓰지 않아서 곧 멸종하고 말 것이다. 마찬가지로 오르가슴을 상상할 수 있는 존재는 그것의 유전자를 다음 세대에게 물려주지 않을 가능성이 많다. (물론 사랑하는 사람을 만나는 상상을 할 때 심장이 뛰는 것처럼, 제한적인 의미로는 그럴 수 있다. 이것이 이른바 시각화 치료의 토대이다.)

지각이 위에서 아래로 향하는 심상과 아래에서 위로 향하는 감각신호의 상호작용임을 지지하는 추가적 증거는 환상사지 환자에게서도 발견된다. 이 환자들은 존재하지 않는 손가락을 꽉 쥔다든가, 가상의 손톱이 환상 손바닥을 파고드는 것에 대한 생생한 느낌을 가지고 있다. 그 결과 참을 수 없는 고통을 느낀다. 그런데 왜 이들 환자들은 쥐는 느낌, '손톱이 파고드는' 느낌, 그리고 고통을 실제로 느끼는가? 그리고 당신이나 나는 동일한 손가락의 위치를 상상하면서도 왜 아무것도 느끼지 못하는가?

그 대답은 비록 우리의 두뇌가 손가락을 꽉 쥘 때의 느낌은 기억하고 있지만 (특히 손톱을 자주 깎지 않는다면), 우리 손에서 오는 실제 신호가 고통이 없다는 것을 말해주기 때문이다. 절단 환자의 경우, 이미 존재하는 고통의 기억과 그에 대한 연상작용은 감각적 입력과 모순을 일으키지 않으면서 표현될 수 있다. 찰스 보넷 증후군의 경우에도 유사한 일이 일어나는 것일 수 있다.

그런데 낸시는 왜 암점에서 항상 만화를 보는 것일까? 한 가지 가능성은 그녀의 두뇌에서, 피드백이 주로 측두엽의 무엇 경로에서 온다는 것이다. 이곳은 어떻게 경로에서 관장하는 움직임이나 심도가 아니라, 색깔이나 형태에 전문화된 세포들이 있는 곳이다. 그 결과 그녀의 암점은 만화처럼 윤곽과 형태만 있으며, 심도와 움직임이 없는 이미지로 채워지는 것이다.

만약 내가 옳다면 이 모든 기이한 시각적 환각은 단지 상상력을 마음껏 발휘할 때 우리 두뇌에서 일어나는 과정이 과장된 것에 불과하다. 앞뒤로 오가는 경로가 혼란스럽게 뒤엉켜 있는 어딘가가 바로 시각과 상상력이 만나는 지점이다. 우리는 아직 이 접촉지점이 어디인지, 그리고 그것이 어떻게 작동하는지, 심지어 그 지점이 하나인지에 대해서도 분명하게 알지 못한다. 그렇지만 이들 환자들은 무슨 일이 진행되고 있는가에 대한 조그만 단서를 제공해준다. 이들에게서 얻은 증거는 우리가 지각이라고 부르는 것이, 실제로는 감각적 신호와 과거의 시각적 이미지에서 저장된 정보 사이에 일어나는 역동적 상호작용의 최종적 결과물임을 알려준다.

매번 우리가 사물을 접할 때, 시각체계의 끊임없는 질문 과정이 시작된다. 단편적인 증거들이 주어지면, 고위중추는 "흠, 이것은 동물 같군." 하고 말한다. 그리고 우리의 두뇌는 스무고개와 같은 일련의 시각적 질문을 던진다. 그것은 포유동물인가? 고양이인가? 어떤 종류의 고양이인가? 집고양이인가? 야생인가? 큰가? 작은가? 검정색인가? 흰색인가? 얼룩무늬인가? 그다음에 고위시각중추는 부분적으로 가장 '적합한' 대답을 찾아서 시각피질을 포함하는 하위의 시각 영역으로 내려 보낸다. 이런 방식으로 빈약한 이미지가 (필요에 따라서는 '채워넣어'지면서) 점진적으로 가공되고 정교해지는 것이다. 이렇게 앞뒤로 오가는 대량의 투사 흐름이 반복적으로 일어나면서, 우리는 진리에 가장 근접한 지점에 이르게 된다.[16]

과장되게 말하면, 우리는 언제나 환각을 겪고 있다. 우리가 지각이라고 부르는 것은, 현재의 감각적 입력에 그중 어떤 환각이 가장 잘 부합하는지 결정함으로써 이루어진다. 찰스 보넷 증후군의 경우처럼, 확인해주는 시각적 자극을 받지 못하면 두뇌는 제멋대로 실재를 만들어낸다. 제임스 더버도 잘 알고 있었듯이, 두뇌가 만들어낼 수 있는 것에는 어떤 제한도 없다.

6

두 뇌 는 어 떻 게 왼 쪽 과
오 른 쪽 을 구 분 하 는 가 ?

> 세상은 우리가 상상하는 것보다 더 기이할 뿐만 아니라,
> 우리가 상상할 수 있는 것보다도 훨씬 기이하다.
>
> - 홀데인

침대를 빠져나와 휠체어에 앉아 있는 저 사람은 누구인가? 샘은 자신의 눈을 믿을 수 없었다. 그의 어머니 엘렌은 뇌졸중으로 카이저 파망테 병원에서 2주 동안 입원해 있다가 지난밤에 집으로 돌아왔다. 그의 어머니는 언제나 외모에 상당히 신경을 썼다. 옷차림과 화장은 늘 마사 스튜어트처럼 단정했고 머리에는 아름다운 두건을 둘렀고 손톱은 고상한 빨강이나 분홍빛으로 칠했다.

그런데 오늘은 뭔가 심각하게 잘못되어 있었다. 원래 곱슬머

리인 엘렌의 머리는 다른 곳은 깔끔히 정리되어 있었지만, 왼쪽
은 전혀 빗질이 되지 않은 채 꼴이 말이 아니었다. 그녀의 초록
색 숄은 오른쪽 어깨 쪽으로 쏠려 마룻바닥에 닿아 있었다. 오
른쪽 위아래 입술에는 밝은 빨강의 립스틱을 발랐지만, 나머지
부분은 아무것도 바르지 않은 채였다. 마찬가지로 오른쪽 눈에
는 아이라이너나 마스카라의 흔적이 있었지만 왼쪽 눈에는 없
었다. 마지막으로 건강이 나쁘다는 것을 감추고 여전히 외모에
관심을 많다는 것을 증명이라도 하듯 오른쪽 볼에 연지를 바르
고 있었다. 그런데 왼쪽 얼굴은 마치 누군가가 젖은 수건으로
화장을 모두 지워버린 것처럼 보였다.

"맙소사! 도대체 화장을 어떻게 하신 거예요?"

샘이 소리쳤다.

엘렌은 깜짝 놀라 눈썹을 치켜떴다. 아들이 도대체 무슨 말을
하고 있는 것인가? 그녀는 오늘 아침을 맞이하기 위해 30분 이
상 공을 들였다. 그리고 현재 상황을 감안한다면 지금이 최선의
모습이라고 느끼고 있었다.

10분 후에 그들은 마주 앉아 아침식사를 했다. 식사를 하는
동안 엘렌은 왼쪽에 있는 음식을 깡그리 무시했다. 그녀가 제일
좋아하는 갓 짠 신선한 오렌지 주스를 포함해서.

편측무시 환자

샘은 급히 전화기로 달려가 나에게 전화를 걸었다. 나는 병원

에서 엘렌을 돌본 의사 중 한 명이었다. 샘과 나는 내가 샘의 어머니와 같은 방을 쓰는 뇌졸중 환자를 치료하면서 서로 알게 되었다.

"괜찮아요. 너무 걱정하지 마세요. 당신 어머니는 오른쪽 뇌, 특히 오른쪽 두정엽에 뇌졸중이 발생했을 때 흔히 겪게 되는 편측무시hemineglect라는 신경병 증후군을 앓고 있습니다. 편측무시 환자는 자신의 왼쪽에 있는 대상이나 사건에 대해 완전히 무관심합니다. 때로는 자신의 왼쪽 신체도 무시합니다."

"왼편이 장님이라는 말씀인가요?"

"아니오, 장님은 아닙니다. 단지 그녀는 자신의 왼쪽에 있는 것들에 주의를 기울이지 않는 것입니다. 그래서 그것을 무시라고 부릅니다."

다음 날 나는 엘렌에게 간단한 임상실험을 함으로써 그것이 무엇인지 샘에게 알려줄 수 있었다. 나는 엘렌의 정면에 앉아 말했다.

"내 코에 시선을 고정시킨 후에 눈을 움직이지 마십시오."

그녀의 시선이 고정되자, 나는 검지를 그녀 코 왼편의 얼굴 근처로 가져가 심하게 흔들었다.

"엘렌, 무엇이 보입니까?"

"손가락을 흔드는 것이 보입니다."

그녀가 대답했다.

"좋습니다. 시선을 계속 내 코에 고정시키고 계세요."

그리고 나는 손가락을 다시 같은 위치로 매우 천천히 가져갔다. 이번에는 손가락이 갑자기 움직이지 않도록 신경 썼다.

"이제 무엇이 보입니까?"

엘렌은 멍해 보였다. 움직임이나 다른 강력한 암시를 통해 손가락에 주의를 끌지 않으면 그녀는 아무것도 알아차리지 못했다. 샘은 어머니의 문제가 무엇인지 이해하게 되었다. 시각상실과 무시의 중요한 차이를 알게 된 것이다. 만일 샘이 어머니의 왼편에 서서 아무것도 하지 않는다면, 그녀는 샘을 무시한다. 그러나 샘이 팔을 흔들거나 점프를 하면, 때때로 그녀는 왼쪽으로 돌아본다.

같은 이유로 엘렌은 거울에 비친 자신의 왼쪽 얼굴을 무시했다. 그래서 그쪽은 화장도 하지 않고, 머리도 빗지 않으며, 이도 닦지 않는다. 그리고 놀랄 일은 아니지만, 왼편에 있는 음식들도 전부 무시한다. 그런데 아들이 무시된 영역에 있는 사물을 가리키면서 주의를 기울이도록 강요하면, 엘렌은 "금방 짠 오렌지 주스 맛이 정말 좋구나." 혹은 "맙소사. 입술이 비딱하게 그려지고, 머리가 헝클어져 있구나." 하고 말한다.

샘은 당황스러웠다. 남은 일생 동안 화장 같은 소소한 일상적 일을 도와주어야 하는가? 그의 어머니는 영원히 이런 상태에 머무를 것인가? 아니면 내가 도울 수 있는 일이 있는가?

나는 샘에게 노력해 보겠다고 다짐했다. 무시는 매우 흔하게 일어나는 현상이다.[1] 나는 항상 그것에 대해 관심이 있었다. 이는 자신을 돌보는 환자의 능력에 직접적인 관련이 있을 뿐만 아니라, 다음과 같은 것들을 이해하는 데 중요한 의미를 함축하고 있다. 두뇌는 어떻게 세계의 공간적 표상을 만들어내는가? 두뇌는 어떻게 왼쪽과 오른쪽을 취급하는가? 우리는 어떻게 순간적으로 시각적 장면의 여러 부분에 주목할 수 있게 되는가?

독일의 위대한 철학자 이마누엘 칸트는 시간과 공간이 '본유적' 개념이라는 생각에 사로잡혀 있었으며, 이 문제에 대해 30년 동안 골몰했다. (칸트의 생각 중 어떤 것은 나중에 마흐와 아인슈타인에게 영감을 주었다.) 만약 엘렌이 타임머신을 이용해서 칸트를 만난다면, 그 또한 우리와 마찬가지로 그녀의 증세에 흥미를 느낄 것이다. 그는 이런 이상한 증세를 야기한 것에 관해 현대 과학자들이 어떻게 생각하는지 알고 싶어 할 것이다.

우리가 어떤 시각적인 장면을 쳐다볼 때, 이미지가 망막의 수용체를 자극하고 일련의 복잡한 사건의 연쇄를 일으키면, 이것들이 모여 최종적으로 세계에 대한 지각이 이루어진다. 앞 장들에서 살펴보았듯이 눈에서 오는 메시지는 먼저 시각피질이라는 두뇌 뒤편의 영역으로 보내진다. 거기서 두정엽의 어떻게 경로와 측두엽의 무엇 경로라는 두 개의 경로를 따라(4장 그림 4.5) 중계된다. 측두엽은 개별적인 대상을 인식하고 이름을 붙이는 일에 관계하며, 대상들에 대해 적절한 감정으로 반응하게 한다. 두정엽은 외부세계의 공간적 배치를 분간하는 일에 관계하며, 공간 속을 움직이거나 대상을 향해 손을 뻗게 하고 날아오는 것을 피하거나 내가 어디에 위치하는지 알게 한다.

엘렌의 경우처럼 (특히 오른쪽) 두정엽이 손상된 무시 환자에게서 발견되는 여러 특이한 증세들은, 측두엽과 두정엽의 노동 분업을 통해 거의 대부분 설명할 수 있다. 만일 혼자서 돌아다닌다면, 그녀는 공간의 왼쪽과 거기서 일어나는 모든 일에 주의를 기울이지 않을 것이다. 심지어 그녀는 왼쪽에 있는 대상에 부딪치거나 울퉁불퉁한 바닥에 걸려 넘어지기도 할 것이다. (나중에 나는 좌측 두정엽 손상의 경우에는 왜 이런 일이 일어나지 않는지 설명할 것이다.) 하지만 엘렌의 측두엽은 아무런 손상을 입지 않았다. 따라서 그녀가 주목하는 한, 대상이나 사건을 인지하는 데는 어려움이 없다.

그런데 '주목'은 단순한 개념이 아니다. 우리는 무시보다 주목에 대해서 더 모른다. 그러므로 '주목하지 못해서' 무시가 발생한다는 설명은, 주목이 일어나는 신경 메커니즘을 분명하게 이해하지 못하는 한 큰 도움이 되지 않는다. (이것은 마치 질병은 건강이 손상된 결과 생긴다고 말하는 것과 비슷하다.) 우리는 특히 당신이나 나와 같은 정상인이 어떻게 선택적으로 하나의 감각적 입력에 주목할 수 있는지 알고 싶어 한다. 칵테일파티의 소음 속에서 누군가의 소리를 들으려 하거나, 야구장에서 아는 얼굴을 찾으려고 하는 경우를 생각해보라. 어째서 우리는 우리 주위를 둘러싼 여러 대상이나 사건들에 대해 주의를 기울일 수 있는 일종의 탐조등(서치라이트) 능력을 갖게 되었을까?[2]

우리는 주목 같은 기본적인 기술에도 여러 광범위한 두뇌 영역들이 관련되어 있음을 알고 있다. 이미 우리는 시각, 청각, 몸감각 체계에 대해서 말했다. 그러나 여타의 두뇌 영역들도 마찬가지로 중요한 일을 수행한다. 두뇌의 광범위한 영역으로 뻗어 있는 뇌줄기의 망상체활성화계는 대뇌피질 전체를 활성화시키며, 필요에 따라서는 피질의 일부 영역만을 깨워서 선택적으로 주목하게 한다. 변연계는 감정적인 행동이나 외부 사건들의 감정적 중요성과 잠정적 가치의 평가에 관계한다. 전두엽은 판단,

예측, 계획 같은 추상적 과정과 연관되어 있다. 이 모든 것들은 회귀적이고 서로 공명하는 양성 피드백 고리를 형성하면서 연결되어 있다. 이 피드백 고리는 외부 세계의 자극을 받아 그 두드러진 특징들을 추출하고 그 내용이 각각의 영역을 오고간 다음에, 최종적으로 그것이 무엇이며 어떻게 반응할 것인지 결정한다.[3] 그것과 싸울까, 도망갈까, 먹을까, 입맞춤을 할까? 이 모든 메커니즘이 동시에 작동해 마침내 지각으로 완결된다.

위험한 인물, 가령, 보스턴의 거리에서 나에게 다가오는 노상 강도의 크고 위협적인 자극이 내 두뇌로 처음 들어오면, 나는 아직 그것이 무엇인지 전혀 모른다. 그가 위험한 사람이라는 결정을 내가 내리기 전에, 시각적 정보는 전두엽과 변연계에 의해 그 적절성이 평가되고 두정엽의 한 작은 영역으로 보내진다. 이 영역은 그물체에 있는 적절한 신경연결망과 함께, 나로 하여금 다가오는 인물에 주의를 집중하게 한다. 이는 두뇌로 하여금 눈앞에 보이는 장면 중에서 중요한 어떤 것을 향해 내 안구가 돌아가도록 만들고, 그것에 선택적인 주목을 하게 해서 "아!" 하고 소리치게 만든다.

그런데 이러한 양성 피드백 고리의 어딘가가 방해를 받아 전체 과정이 손상을 입는다면 어떤 일이 일어날지 상상해보라. 우리는 세계에서 무슨 일이 일어나고 있는지 더 이상 알아차리지 못할 것이다. 무시 환자가 되는 것이다.

무시neglect syndrome는 왜 우반구 손상 환자에게서만 나타나는가?

그런데 우리는 무시가 주로 왜 좌측 두정엽이 아니라 우측 두정엽에 손상을 입은 경우에 발생하는지 설명해야 한다. 이런 비대칭성이 존재하는 이유는 무엇일까? 실제 이유는 여전히 밝혀지지 않았지만, 하버드 대학의 마르셀 메슐람Marcel Mesulam은 기발한 이론을 제안했다. 우리는 좌반구가 언어의 다양한 측면에 전문화되어 있음을 알고 있다. 반면에 우반구는 감정이나 '전면적'이고 전체론적인 감각 처리에 전문화되어 있다. 메슐람은 또 다른 근본적인 차이가 있다고 주장했다. 시각의 전체론적 성격에 대한 우반구의 역할을 감안하면, 우반구는 왼쪽과 오른쪽의 전체 시야를 통괄하는 폭넓은 주목의 '탐조등'을 가지고 있어야 한다. 반면에 좌반구는 세계의 오른편에 국한된 훨씬 더 작은 탐조등을 가지고 있다. (아마도 좌반구는 언어와 같은 다른 것들을 처리하느라 매우 바쁠 것이다.) 이런 이색적인 배분의 결과, 좌반구가 손상을 입으면 탐조등을 상실하지만, 우반구가 그것을 상쇄해준다. 우반구의 탐조등은 전체 세계를 비추기 때문이다. 하지만 우반구가 손상을 입으면 전체적인 탐조등을 상실하고, 좌반구의 탐조등은 그것을 보완해줄 수 없다. 좌반구의 탐조등은 단지 오른쪽에 국한되어 있기 때문이다. 이는 무시가 왜 우반구에 손상을 입은 환자에게만 발견되는지 설명해준다.

무시는 보지 못하는 것이 아니다. 단지 왼편의 사물이나 사건들에 대한 일반적인 무관심일 뿐이다. 도대체 이런 무관심의 정도는 얼마나 심한 것일까? 집으로 돌아가는 길에 우리는 익숙한 지형을 무시하면서 운전을 한다. 하지만 사고를 보게 되면 즉시 주의력을 회복한다. 이는 도로 여건에 대한 시각적 정보들이 비록 주목받지는 않았지만, 어떤 수준에서 처리되고 있음을 의미한다. 엘렌의 무관심은 이런 현상의 극단적인 형태인가? 비록 그녀가 사물을 의식적으로 알아차리지는 못하지만, 그 정보의 일부가 '새어들어' 오는 것은 가능한가? 이 환자들이 보지 못하는 것을, 어떤 수준에서는 '보고' 있다고 말할 수 있는가? 대답하기 쉬운 질문들은 아니다.

1988년 옥스퍼드에 있는 두 명의 연구자, 피터 홀리건과 존 마샬[4]은 이 도전을 받아들였다. 이들은 무시 환자들이 겉으로는 그렇게 보이지 않지만, 왼편에서 일어나는 일을 잠재의식적으로 알고 있음을 증명하는 기발한 방법을 고안해냈다. 이들은 환자들에게 위아래로 있는 집 두 채를 보여주었다. 두 집은 한 가지를 제외하면 똑같다. 위에 있는 집에는 왼편에 불꽃이 있고 창문으로 연기가 나오고 있다. 이들은 환자들에게 두 집이 같은지 물었다. 그들이 연구한 첫 번째 무시 환자는, 예상한 대로 두 집이 같다고 대답했다. 그가 그림의 왼편에 주목하지 않았기 때문이다.

그런데 "어떤 집에 살고 싶으세요?" 하고 선택을 강요하면, 그는 불이 나지 않은 아래의 집을 선택했다. 그는 자신이 표현할 수 없는 이유 때문에 아래의 집을 '선호'한 것이다. 맹시의 한 형태인가? 비록 그가 그 집의 왼쪽에 주목하지는 않았지만, 불꽃이나 연기에 대한 정보들이 어떤 경로를 통해 두뇌의 우반구로 흘러들어갔으며 그 결과 그에게 위험을 경고한 것은 아닐까? 이 실험은 좌측 시야가 완전히 눈먼 것은 아니라는 점을 다시 한번 보여준다. 만일 그랬다면 집의 왼편에 대한 세부적 정보를 어떻게 그런 정도라도 처리할 수 있었겠는가?

무시에 관한 이야기는 의학도들에게 인기가 많다. 올리버 색스[5]는 다른 편측무시 환자들과 마찬가지로, 접시 오른쪽의 음식만 먹는 한 여성의 흥미로운 이야기를 들려준다. 그녀는 어떤 음식이 나왔는지 알고 있으며, 그것을 다 먹으려면 고개를 돌려 왼편의 음식도 쳐다보아야 한다는 것을 알고 있다. 왼편에 대한 일반적 무관심뿐만 아니라, 왼편을 쳐다보기도 싫어하는 그녀는 기발한 해결책을 찾아냈다. 휠체어를 오른쪽으로 340도쯤 크게 돌리면 그녀의 눈이 접시에 남아 있는 음식과 만나게 된다. 그것을 먹고 나면, 휠체어를 다시 돌려서 남아 있는 음식을 계속 먹는다. 그리고 접시의 음식이 모두 사라질 때까지 이런 회전을 계속한다. 그녀는 왼쪽으로 조금만 돌면 된다는 생각은 할 수 없었다. 그녀에게 왼쪽은 존재하지 않기 때문이다.

거울인식불능증 또는 거울나라 증후군

얼마 전, 어느 날 아침에 나는 마당의 스프링클러를 고치고 있었다. 그때 아내가 흥미로워 보이는 편지 한 통을 가지고 왔다. 나는 매주 여러 통의 편지를 받는다. 그런데 이 편지는 파나마의 소인이 찍혀 있었고 특이한 글자체로 씌어 있었다. 나는 수건으로 손을 닦고 편측무시를 겪는 것이 어떤 것인가에 대한 감동적인 묘사를 읽어내려가기 시작했다.

"극심한 두통을 느끼는 것 말고는 그 불행한 사건의 부정적 결과는 전혀 알아차리지 못했습니다."

전직 해군 대령인 스티브는 내가 무시에 대해 관심이 있음을 알고 샌디에이고로 와서 나에게 상담을 받고자 했다.

"두통 외에는 실제로 기분이 좋았습니다. 심장발작을 일으킨 것을 잘 알고 있는 아내를 걱정시키고 싶지 않았습니다. 그리고 두통도 어느 정도 진정되어서 아내에게 걱정하지 말라고 했습니다. 나도 괜찮았고요. 아내는 '그렇지 않아요. 스티브. 당신은 뇌졸중을 일으켰어요'라고 대답했습니다.

뇌졸중? 나는 이 말에 놀랐고, 조금은 궁금하기도 했습니다. 텔레비전이나 실제 생활에서 뇌졸중 환자를 본 적이 있습니다. 이들은 허공을 응시하거나 팔다리나 얼굴에 분명한 마비 증세가 있었습니다. 이런 징후들이 전혀 없었기 때문에 나는 아내가 하는 말을 믿을 수 없었습니다.

실제로 나는 신체 왼쪽이 완전히 마비되어 있었습니다. 얼굴뿐만 아니라 왼팔과 다리가 영향을 받았지요. 기묘하게 일그러진 세계로 나의 여행은 그렇게 시작되었습니다.

나는 내 몸 오른편의 구석구석을 잘 안다고 생각합니다. 왼쪽은 그저 존재하지 않을 뿐입니다. 당신은 내가 과장한다고 생각할지 모르겠습니다. 나를 쳐다보는 사람은, 마비된 팔다리가 그저 몸에 겉으로 붙어 있는 그런 사람을 보고 있는 셈입니다.

면도할 때 나는 얼굴 왼편을 무시합니다. 옷을 입을 때는 왼팔이 항상 소매 밖으로 나와 있지요. 오른쪽에 끼워야 할 단추를 왼쪽의 단춧구멍에 끼우려고 합니다. 이 모든 것을 오른손으로 해야 합니다.

이상한 나라에 거주하는 사람이 설명해주지 않으면, 당신은 그곳에서 무슨 일이 일어나는지 알 도리가 전혀 없습니다."

스티브의 결론이었다.

무시는 임상적으로 두 가지 점에서 중요하다. 첫째, 대부분의 환자들은 몇 주 이내에 완전히 회복되지만, 그중 일부는 장애가 무한정 계속될 수 있다. 그들에게 무시는 생명을 위협하는 장애는 아니지만 성가신 골칫거리이다. 둘째, 무시에서 신속하게 회복된 것처럼 보이는 환자들도 심각한 곤란을 겪을 수 있다. 처음 며칠 동안 겪었던 무관심이 재활을 방해할 수 있기 때문이다. 물리치료사가 왼팔을 운동하라고 말하면, 그들은 왜 그런 말을 하는지 이해하지 못한다. 왼팔이 잘 움직이지 않는다는 것을 눈치 채지 못하기 때문이다. 뇌졸중 재활에서 마비에서 회복되는 대부분의 과정은 첫 몇 주 동안에 이루어진다. 이런 유연성 기간이 지난 후에는 왼손의 기능을 회복하지 못하는 경향이 있기 때문에, 무시는 중요한 문제이다. 따라서 의사들은 초기 몇 주 동안에 환자들이 무시 증후군 때문에 사용하지 않는 왼손과 다리를 사용하도록 구슬리는 데 최선을 다한다.

환자들로 하여금 왼편의 세계를 인정하고 팔이 움직이지 않는다는 것을 알아차리도록 할 수 있는 비결은 없을까? 만약 환자의 오른쪽 어깨 위에 적당한 각도로 거울을 두면 무슨 일이 일어날까? (만약 그녀가 공중전화박스 안에 앉아 있다면, 전화박스의 오른쪽 벽에 해당할 것이다.) 그녀는 거울을 통해 왼팔뿐 아니라 사람이나 사건, 사물 등, 거울에 반사된 왼편의 모든 것을 보게 될 것이다. 그런데 거울에 반사된 것은 문제가 없는 오른편에 있다. 그러면 그녀는 이것들에 갑자기 주목하게 될까? 사람이나 사건, 사물들이 반사된 것은 오른쪽에 있지만, 실제로는 왼편에 있다는 것을 알아차릴 수 있을까? 만일 이것이 효과가 있다면 이런 식의 속임수는 거의 기적에 가까운 일이 될 것이다. 무시를 치료하려는 환자와 의사들의 노력은, 이런 현상이 임상적으로 알려진 지난 60여 년 동안 계속 좌절되어왔다.

나는 샘에게 전화를 걸어 그의 어머니 엘렌이 거울을 이용한 치료에 관심이 있는지 물었다. 그 치료가 엘렌을 더 빨리 회복하도록 도울지도 모른다. 그리고 아주 간단한 치료이므로 충분히 시도해볼 만했다.

두뇌가 거울의 반사를 다루는 방식은 오랫동안 심리학자, 철학자, 마술사들을 사로잡아왔다. 많은 아이들이 다음과 같은 질문을 한다. "거울은 왜 사물의 위아래가 아니라, 왼쪽과 오른쪽을 뒤집어요? 어느 방향으로 뒤집어야 할지 거울은 어떻게 '알아요'?" 부모들은 이 질문에 답하기 어려워서 당황하게 마련이다. (이 주제에 대한 매우 흥미로운 책을 쓴 리처드 그레고리의 인용에 따르면) 이 질문에 대한 해답은 물리학자 리처드 파인만이 발견했다.[6]

정상적인 성인은 거울에 반사된 이미지와 실물을 거의 혼동하지 않는다. 우리는 자동차의 후방거울을 통해 빠른 속도로 다가오는 다른 자동차들을 보고 브레이크를 밟지 않는다. 비록 그 자동차의 상이 정면에서 빠르게 다가오고 있는 것처럼 보일지라도 우리는 가속페달을 밟는다. 욕실에서 면도를 하고 있는데 뒤에서 강도가 문을 연다면, 우리는 거울에 반사된 강도를 공격하는 것이 아니라 몸을 돌려서 강도와 마주 본다. 우리 두뇌의 어떤 부분이 필요한 교정을 하고 있는 게 틀림없다. 거울에 비친 상은 내 앞에 있지만, 실제 대상은 내 뒤에 있다.[7]

그런데 엘렌이나 스티브 같은 환자는 이상한 나라의 앨리스처럼 환각과 실재 사이의 이상한 세계 안에 거주하는 것처럼 보인다. 스티브는 이를 '일그러진 세계'라고 부르고 있다. 이들이 거울에 어떻게 반응할지 손쉽게 예측할 방법은 없다. 무시 환자나 정상인 모두 거울에 친숙하고 또 그것을 당연한 것으로 여기지만, 거울 속의 이미지에는 분명 내재적으로 초현실주의적인 뭔가가 있다. 광학적 과정은 매우 간단하다. 그러나 거울의 반사 이미지를 볼 때 두뇌의 어떤 메커니즘이 작동하는지 우리는 전혀 모르고 있다. 실제의 사물과 그 광학적 '쌍둥이'의 역설적 병치를 파악하는 우리의 특수한 능력은 두뇌의 어떤 과정과 관련되어 있을까? 오른쪽 두정엽이 공간적 관계 및 시각의 '전체적' 측면과 관련해 중요한 역할을 하고 있음을 감안하면, 무시 환자가 거울의 반사를 다루는 데도 어떤 특별한 문제가 있지 않을까?

엘렌이 내 실험실로 왔다. 나는 먼저 편측무시 진단을 확인하기 위해 일련의 간단한 임상시험을 했다. 그녀는 모든 시험에 실패했다.

먼저 의자에 마주 보고 앉아서 내 코를 쳐다보라고 했다. 그

다음에 펜을 들어 그녀의 오른쪽 귀에서 왼쪽 귀 쪽으로 호를 그리며 천천히 움직였다. 나는 엘렌에게 펜을 따라 눈을 움직이라고 했다. 펜이 그녀의 코 부분에 이를 때까지는 아무 문제가 없었다. 코 부근에서 그녀의 눈은 펜을 더 이상 좇아가지 못하고 방황하기 시작했으며, 이내 나를 쳐다보았다. 역설적이지만 왼쪽 시야가 정말 보이지 않는 사람은 이런 행동을 보이지 않는다. 보이지 않는 것을 상쇄시키기 위해, 그의 눈은 펜을 앞질러서 움직인다.

그다음에 나는 종이 위에 그려진 수평선을 보여주며, 이 선을 수직으로 양분해보라고 했다. 엘렌은 걱정스레 입을 오므리면서 펜을 집어들었다. 하지만 그녀는 그 선의 한참 오른쪽에 표시를 했다. 그녀에게는 오직 선의 오른쪽 절반만 존재했으며, 아마도 그 절반의 중간에 표시하려 했을 것이다.[8]

시계를 그려보라고 하자, 엘렌은 반원 대신에 완전한 원을 그렸다. 원을 그리는 것은 충분히 학습된 운동반응이다. 뇌졸중이 그것을 손상시키지는 않았으므로, 이는 통상적인 반응이라 할 수 있다. 그런데 숫자를 채울 때가 되자, 그녀는 그리기를 멈추고 오랫동안 원을 쳐다보았다. 그리고 원의 오른쪽 절반에 1부터 12까지의 숫자를 채워넣었다.

마지막으로 종이 한 장을 엘렌의 앞에 놓고 꽃을 그려보라고 했다.

"어떤 꽃을 그릴까요?"

엘렌이 물었다.

"아무것이나 그냥 보통 꽃을 그려보세요."

그림 6.1 무시 환자가 그린 그림. 꽃의 왼쪽이 없다. 많은 무시 환자들은 눈을 감고 기억에 의존해 그림을 그릴 때도 꽃의 반쪽만 그린다. 이는 환자가 내적인 꽃의 그림에 대해서도 그 왼편을 '읽는' 능력을 상실했기 때문이다.

엘렌은 그 일이 어렵다는 듯 다시 한번 잠시 머뭇거린 다음에 또 다른 원을 그렸다. 여기까지는 아무 문제가 없었다. 그다음에는 아주 어렵게 조그만 꽃잎들을 그려나갔다. 데이지 꽃이었다. 하지만 꽃잎은 모두 오른쪽에 몰려 있었다(그림 6.1).

"좋습니다. 엘렌. 이제 다른 것을 해보았으면 합니다. 눈을 감고 꽃을 그려보세요."

눈을 뜨고 있을 때는, 왼쪽을 무시하므로 사물의 왼쪽 절반을 그리지 못할 거라고 예상할 수 있었다. 그러면 눈을 감았을 때에는 어떻게 될까? 꽃에 대한 심적인 표상(마음의 눈에 보인 데이지)은 온전한 꽃일까, 아니면 반쪽의 꽃일까? 다시 말해 무시현상은 두뇌 속에 얼마나 깊은 영향력을 행사하는가?

엘렌은 눈을 감고 원을 그렸다. 집중하느라 눈썹을 찌푸리면서 그녀는 다섯 개의 예쁜 꽃잎을 그렸다. 모두 오른쪽에 있었다. 그림을 그리기 위해 사용한 내적인 모형은 단지 절반만 보존되어 있었고, 꽃을 상상할 때도 왼쪽 절반은 사라져버렸다.

30분 정도 휴식을 취한 다음 우리는 실험실로 돌아와 거울을 사용해보았다. 그녀는 휠체어에 앉아 손으로 머리를 빗어넘기면서 아름다운 미소를 지었다. 나는 그녀의 오른쪽 옆에서 가슴에 거울을 쥔 채 서 있었다. 엘렌이 똑바로 앉아 있을 때 거울이 휠체어의 오른쪽 손잡이(그녀의 측면)와 평행을 이루며 그녀의 코에서 60센티미터 정도 떨어져 있도록 했다. 그다음에 머리를 60도 정도 돌려 거울을 보도록 했다.

그 위치에서 엘렌은 무시된 부분의 세계가 거울에 반사되는 것을 명확히 볼 수 있었다. 다시 말해 그녀는 문제가 없는 오른쪽으로 쳐다보고 있었다. 그녀는 거울이 무엇인지 완벽하게 알고 있다. 따라서 거울이 왼편에 있는 사물을 반사하고 있다는 것을 알고 있다. 이제 왼편 세계에 대한 정보가 무시하지 않는 오른편에서 오고 있다. 거울은 그녀의 무시현상을 극복하도록 도와줄 것인가? 그 결과 그녀는 정상인처럼 왼편의 대상을 손으로 잡을 수 있을까? 아니면, '맙소사, 저 대상은 실제로는 무시된 지역에 있는 거야. 그러니 그것을 무시하자' 하고 스스로에게 말할까? 과학에서 종종 그러하듯이, 그 대답은 둘 다 아니라는 것이다. 실제로 그녀는 정말 희한한 행동을 했다.

엘렌은 거울을 보면서 눈을 깜빡이며, 우리가 지금 무엇을 하고 있는지 궁금해했다. 나무로 된 틀이 있고 그 표면에 먼지가 앉아 있으므로, 그녀는 그것이 거울이라는 것을 분명히 인식하고 있어야 할 것이다. 확실하게 하기 위해 "지금 내가 쥐고 있는 것이 무엇입니까?" 하고 물었다. (내가 거울 뒤에서 그것을 쥐고 있음을 기억하라.)

그녀는 망설임 없이 대답했다.

"거울입니다."

나는 그녀에게 거울을 보면서 그녀의 안경과 립스틱, 옷을 묘사할 것을 주문했다. 그녀는 아무 문제 없이 그렇게 했다. 내가 신호를 주자, 엘렌의 왼편에 서 있던 학생이 펜을 내밀었다. 펜은 문제가 없는 오른손이 닿을 수 있는 거리에 있다. 하지만 그것은 무시된 좌측 시야에 있었다. (그녀의 코에서 왼쪽 아래로 20센티미터 정도 되는 곳이었다.) 거울이 있는 것을 속일 의도는 없었으므로, 엘렌은 거울을 통해 학생의 팔과 펜을 명확하게 볼 수 있었다.

"펜이 보입니까?"

"네."

"좋습니다. 손을 뻗어서 펜을 집은 다음 무릎 위에 놓아둔 종이에 당신의 이름을 적어보세요."

그 순간 나는 깜짝 놀랐다. 엘렌은 오른손을 들어 전혀 망설이지 않고 거울로 가져갔으며, 반복적으로 손을 거울에 부딪쳤다. 그녀는 말 그대로 대략 20초 동안 거울을 더듬고 나더니 실망한 듯 "내 손이 닿지 않아요." 하고 말했다.

10분 후에 같은 과정을 반복하자, 그녀는 "펜이 거울 뒤에 있어요." 하고 말하며, 손을 거울 뒤로 돌려서 나의 혁대 버클을 더듬기 시작했다. 잠시 후에는 심지어 펜을 찾아서 거울의 가장 자리 틈 사이를 들여다보기도 했다.

엘렌은 거울 속의 이미지가 실제 대상인 것처럼 거기로 손을 뻗어서 잡으려고 행동했다. 의사 경력 15년 동안에, 지성적이고 분별 있는 성인이 사물이 실제로 거울 속에 있다고 생각하는 터무니없는 실수를 저지르는 광경을 본 것은 그때가 처음이었다.

우리는 엘렌의 행동이 팔의 움직임이 서툴거나 거울이 무엇인지 이해하지 못함으로써 일어난 것이 아님을 확인하고자 했다. 그래서 이번에는 집에 있는 욕실 거울처럼, 거울을 그녀의 정면에서 팔 길이 정도 되는 곳에 위치시켰다. 이번에는 펜이 그녀 오른쪽 어깨 위의 바로 뒤편에 보이도록 했다. (그녀의 시야 바로 바깥쪽에 있었다.) 그녀는 거울로 그것을 보았고, 바로 어깨 뒤로 손을 뻗어서 그것을 잡았다. 그러므로 앞의 실험에서 그녀가 실패한 이유가, 뇌졸중의 결과로 단지 동작이 서툴거나 방향 감각이 혼란스러워서라고 설명할 수는 없다.

우리는 엘렌의 상태를 '거울인식불능증mirror agnosia' 혹은 루이스 캐럴을 기리는 뜻에서 '거울나라 증후군the looking glass syndrome'이라 부르기로 했다. 실제로 루이스 캐럴은 동맥연축으로 야기된 편두통에 시달렸다고 알려져 있다. 만일 그것이 두정엽에 영향을 미쳤다면, 그는 일시적으로 거울에 대한 혼란을 겪었을지 모른다. 그리고 그것은 그에게 『거울나라의 앨리스』를 쓰도록 영감을 주었을 뿐만 아니라, 거울 쓰기mirror writing나 왼쪽과 오른쪽의 반전 같은 거울에 대한 그의 집착을 설명해줄 수도 있을 것이다. 레오나르도 다빈치가 왼쪽과 오른쪽을 반전해 쓰는 것에 몰두한 것도 비슷한 원인 때문이 아닌가 하고 의심하는 사람들도 있다.

거울나라 증후군은 대단히 흥미로운 현상이다. 하지만 애초에 나는 그와 정반대되는 반응을 기대했으므로 한편으로는 결과가 실망스러웠다. 나는 거울이 세상의 왼쪽을 인식하도록 해서 엘렌의 재활을 도울 것이라 기대했었다.

무시 환자들이 보지 못하는 세상의 왼편

우리는 다음 단계로 이런 증세가 얼마나 광범위한 것인지 알아내고자 했다. 모든 무시 환자들이 엘렌처럼 행동하는가? 나는 다른 20여 명의 환자를 시험하면서, 많은 환자들이 유사한 거울 인식불능증을 가지고 있음을 발견했다. 그들은 펜이나 사탕 같은 것이 무시된 시야에 위치해 있을 경우, 이것들을 잡기 위해 거울 속으로 손을 뻗는다. 그들은 스스로 거울을 보고 있다는 것을 잘 알고 있었지만, 엘렌과 같은 실수를 저질렀다.

그러나 모든 환자가 이런 실수를 한 것은 아니었다. 그들 중 일부는 처음에는 혼란스러워하는 듯했지만, 거울에 비친 펜이나 사탕을 보면서 혼자 킬킬거리며 웃기도 했다. 그리고 그들은 우리와 마찬가지로 왼쪽에 있는 대상을 향해 정확하게 손을 뻗었다. 심지어 한 환자는 고개를 왼쪽으로 돌리기까지 했으며, 물건을 낚아챘을 때는 환한 미소를 지었다. 그는 평소에 고개를 왼쪽으로 돌리는 것을 내켜하지 않았었다. 이들 몇몇 환자들은 분명히 이전에 무시했던 대상들에 주목했다. 놀라운 치료 가능성을 엿보인 셈이다. 반복해서 거울에 노출시킬 경우, 이들은 무시를 극복하고 점차 세상의 왼편을 인지하게 될 것인가?[9] 언젠가는 병원에서 이런 시도를 하게 되기를 우리는 희망하고 있다.

치료와는 별개로, 실제 대상에 정확하게 손을 뻗지 못하는 거울인식불능 증후군은 과학자인 나에게도 똑같이 흥미로운 문제였다. 두 살짜리 내 아들도 사탕을 거울로만 볼 수 있게 했을 경우, 키득거리며 뒤돌아서서 사탕을 낚아챈다. 그런데 나이도 훨씬 많고 지혜로운 엘렌은 그렇게 할 수 없다.

나는 그녀에게 그런 능력이 없는 것에 대해서 최소한 두 가지 해석을 생각해보았다. 첫째, 그런 증세는 그녀의 무시현상 때문에 야기된 것이다. 이는 마치 환자가 무의식적으로 자신에게 다음과 같이 말하는 것과 같다. "반사된 것이 거울 속에 있으므로, 저 대상은 내 왼쪽에 있어야 한다. 그런데 내가 사는 행성에는 왼쪽이 존재하지 않는다. 그러므로 저 대상은 거울 속에 있는 게 틀림없다." 정상적인 두뇌를 가지고 있는 우리에게 이런 해석은 우스꽝스럽다. 하지만 그녀에게 '실재'가 어떤 것인지 고려한다면, 이것은 엘렌에게 말이 되는 유일한 해석이다.

둘째, 거울나라 증후군은 보통은 무시에 의해 생겨나지만, 무시의 직접적인 결과가 아닐 수도 있다. 우리는 오른쪽 두정엽에 손상을 입은 경우 환자가 공간에 관계된 모든 일에 어려움을 겪는다는 것을 알고 있다. 거울나라 증후군은 그런 결함이 특별히 눈에 띄게 드러난 것뿐일지도 모른다. 거울에 반사된 이미지에 올바로 반응하기 위해서는 반사된 이미지와 그것을 만든 실제 대상 모두를 동시에 마음속에 떠올리고, 그다음에 이미지를 만든 대상의 위치를 올바르게 찾아내는 심적 훈련 과정이 필요하다. 그런데 두정엽이 세계의 공간적 속성을 다룰 때 중요한 역할을 수행한다는 점을 감안할 때, 오른쪽 두정엽의 상처는 이런 섬세한 능력을 손상시켰을 수 있다. 만일 그렇다면 거울인식불능 증후군은 오른쪽 두정엽의 손상을 발견할 수 있는 새롭고 간단한 방법을 제공할 것이다.[10] 두뇌촬영 비용이 엄청나게 뛰고 있는 시대에, 신경과 의사들은 이 간단한 실험을 진단에 유익하게 활용할 수 있을 것이다.

그런데 거울나라 증후군의 가장 이상한 측면은 환자의 반응을 듣는 것이다.

"박사님, 왜 내가 저 펜을 잡을 수 없을까요?"

"망할 놈의 거울이 중간에 있어요."

"펜이 거울 속에 있어서 손이 닿지 않아요."

"엘렌, 거울에 반사된 것이 아니라 실제 대상을 잡아보세요. 실제 대상은 어디에 있습니까?"

그러자 그녀는 이렇게 대답했다.

"실제 대상은 거울 뒤쪽 저기에 있어요."

이들 환자들이 단순히 거울과 대면하는 것만으로 혼란에 빠지고, 반사된 것이 오른쪽에 있으므로 그것을 만들어낸 대상은 왼쪽에 있어야 한다는 단순한 논리적 추론도 할 수 없게 되는 것은 대단히 놀라운 일이다. 이들 환자들에게는 마치 광학의 법칙이 바뀐 듯하다. 최소한 자신들의 조그만 우주 공간 속에서는 말이다.

우리는 보통 지성과 '고차원적' 지식(가령, 기하학적 광학에 관한 법칙)은 감각적 입력의 변덕에서 자유롭다고 생각한다. 그러나 이들 환자들은 그것이 항상 참이 아님을 알려준다. 실제로 그들에게는 정반대 현상이 나타난다. 그들의 감각적 세계는 왜곡되어 있다. 뿐만 아니라 자신들이 거주하는 이 이상한 신세계에 순응하기 위해 그들의 기초 지식도 왜곡된다.[11] 주목을 할 수 없는 결함은 그들의 태도 전체에 영향을 미친다. 이는 그들이 거울에 비친 것이 실제 대상인지 아닌지 분간할 수 없도록 만든다. 물론 그들은 정치나 스포츠, 체스 등의 다른 주제에 대해서는 우리처럼 정상적인 대화를 주고받을 수 있다.

그들에게 거울 속에서 보는 대상의 '실제 위치'가 어디인지 묻는 것은, 정상인에게 북극의 북쪽이 어딘지를 묻는 것과 같다. 혹은 2의 제곱근이나 원주율 파이처럼, 소수점 이하가 끝나지 않는 무리수가 실제로 존재하는가의 여부를 묻는 것과도 유사하다. 이는 실재에 대한 인식의 공고성에 대해 우리가 어느 정도 확신할 수 있는가 하는 심오한 철학적 질문을 제기한다. 4차원의 세계에서 우리를 바라보는 외계인은 우리의 행동이 기이하며 서툴고 매우 우스꽝스럽다고 여길 것이다. 마치 우리가 이상한 거울 속 세계에 갇힌 무시 환자들의 실수를 대하듯이.

7

왜 두뇌는 변명에 익숙해졌을까?

인간은 믿음에 의해 만들어진다.
그가 그렇게 믿기 때문에, 그는 존재한다.
- 바가바드 기타

사회과학자는 뒤진 것을 따라잡기 위해 가야 할 길이 멀다.
그러나 만일 그들이 최종적으로 올바른 질문에 도달하기만 한다면,
그들이 가장 중요한 과학의 업무에 종사하는 셈이 될지도 모르겠다.
서로에 대한 우리의 행동은 우리가 함께 살아가야 할 현상 중에서
가장 이상하고, 최고로 예측 불가능하며, 거의 설명할 수 없는 것이다.
- 루이스 토머스

도즈 여사는 인내심을 잃기 시작했다. 왜 주위의 모든 사람들, 의사, 치료사, 심지어 아들까지도 그녀의 왼팔이 마비되었다고 주장하는 것일까? 그녀는 자신의 왼팔이 아무 문제가 없다는 것을 완벽히 알고 있다. 10분 전에도 그녀는 왼팔을 사용해 얼굴을 씻었다.

물론 그녀는 자신이 2주 전에 뇌졸중 발작을 일으켰음을 알고 있다. 그것이 지금 여기 힐크레스트의 캘리포니아 대학 의학 센터에 와 있는 이유이다. 약간의 두통을 제외한다면, 그녀는

이제 몸이 괜찮다고 느낀다. 그녀는 장미 덤불을 손보기 위해서 빨리 집으로 돌아가고 싶다. 그리고 자신이 사는 포인트 로마 근처의 해변을 따라서 매일 아침 했던 산책도 다시 하고 싶다. 어제 손녀 베키를 보았다. 그녀는 손녀에게 지금 꽃이 만발한 정원을 보여주면 얼마나 좋을지 생각하고 있다.

변명에 익숙한 뇌

도즈 여사는 뇌졸중 이후에 두뇌의 우반구가 손상을 입었고 현재 좌반신이 완전히 마비되어 있는 상태이다. 나는 매달 그런 환자를 여러 명 본다. 이들은 대개 자신의 마비에 대해 여러 가지 질문을 한다. 다시 일할 수 있을까요? 손가락을 다시 움직일 수 있을까요? 아침에 하품을 하려고 할 때 왼팔이 약간 움직이기 시작했습니다. 회복되기 시작했다는 의미입니까?

오른쪽 두뇌에 손상을 입은 환자들 중에는, 도즈 여사처럼 자신의 곤경에 대해 전혀 무관심한 일부가 있다. 이들은 다른 모든 점에서는 정신이 맑지만, 좌반신이 모두 마비되었다는 사실을 알지 못한다. 1908년 이 이상한 장애를 임상적으로 처음 관찰한 프랑스의 신경학자 조제프 프랑수아 바빈스키는 이에 대해 '질병인식불능증'이라는 이름을 붙였다. 이런 환자들은 자신의 왼팔이나 왼다리가 마비되었다는 것을 무시하거나 때때로 부정한다.

"도즈 여사님, 오늘은 어떻습니까?"

"박사님, 두통이 있습니다. 그것 때문에 병원에 왔잖아요."

"병원에는 왜 왔습니까?"

"뇌졸중 발작이 있었습니다."

"어떻게 그것을 아십니까?"

"2주 전에 욕실에서 넘어졌고, 내 딸이 나를 여기로 데려왔습니다. 두뇌 촬영과 X선 검사를 했는데 뇌졸중 발작이 있었다고 말해주었습니다."

도즈 여사는 분명 무슨 일이 일어났는지 알고 있었다. 그리고 자신을 둘러싼 환경에 대해서도 잘 알고 있다. 내가 물었다.

"좋습니다. 오늘 기분은 어떻습니까?"

"좋습니다."

"걸을 수 있습니까?"

"물론이죠. 걸을 수 있습니다."

지난 2주 동안 도즈 여사는 침대에 누워 있거나 휠체어에만 앉아 있었다. 욕실에서 넘어진 후에 그녀는 한 걸음도 걷지 못했다.

"손은 어때요? 손을 뻗어보세요. 움직일 수 있습니까?"

도즈 여사는 내 질문에 약간 마음이 상한 듯 보였다.

"물론이죠. 손을 사용할 수 있고말고요."

"오른손을 사용할 수 있습니까?"

"그럼요."

"왼손도 사용할 수 있습니까?"

"네, 왼손도 사용할 수 있습니다."

"두 손 모두 똑같이 튼튼하지요?"

"네, 둘 다 모두 튼튼합니다."

여기서 흥미로운 문제가 제기된다. 우리는 이들 환자들에게 이런 식의 질문을 어디까지 계속할 수 있을까? 의사들은 이런 식의 자극적인 질문을 계속하기를 꺼린다. 신경학자 쿠르트 골드스타인이 파국반응catastrophic reaction이라고 이름붙인 것을 유도할까 봐 두려워서이다. 이는 방어기제가 무너져 '환자가 갑자기 흐느껴 울기' 시작하는 것을 나타내는 의학용어이다. 그러나 나는 그녀가 자신의 마비를 실제로 대면하기 전에 한 번에 하나씩 부드럽게 해나가면, 그러한 반응을 방지할 수 있을 것이라고 생각했다.[1]

"도즈 여사, 오른손으로 내 코를 만질 수 있습니까?"

그녀는 아무런 문제 없이 그렇게 했다.

"왼손으로 내 코를 만질 수 있습니까?"

그녀의 손은 마비된 채로 그녀 앞에 놓여 있었다.

"물론이지요. 지금 만지고 있잖아요."

"내 코를 만지는 것을 직접 볼 수 있습니까?"

"물론 볼 수 있습니다. 박사님 얼굴에서 2센티미터도 안 되는 위치에 있어요."

이 시점에서 도즈 여사는 자신의 손가락이 내 코를 만지고 있다고 거리낌 없이 이야기를 꾸며냈다. 거의 환각에 가까울 정도이다. 그녀의 시각은 정상이다. 그녀는 자신의 팔을 분명히 볼 수 있음에도, 그 팔이 움직이는 것을 본다고 고집한다. 나는 한 가지 질문을 더 해보기로 했다.

"도즈 여사, 손뼉을 칠 수 있습니까?"

체념에 가까운 인내심을 보이며 그녀가 대답했다.

"물론이에요."

"손뼉을 쳐보시겠습니까?"

도즈 여사는 나를 힐끔 쳐다본 후에, 마치 중간에서 가상의 손과 마주치기라도 하는 듯이 오른손으로 손뼉 치는 동작을 해 보였다.

"손뼉을 치고 있습니까?"

"네, 손뼉을 치고 있어요."

그녀가 대답했다.

나는 손뼉 치는 소리가 실제로 들리는지 감히 물어보지 못했다. 만일 그 질문을 했다면, 우리는 선사들의 선문답 같은 대답을 듣게 되었을 것이다. 한 손으로 치는 손뼉 소리는 어떻게 들릴까?

도즈 여사가, 비이원적인 실재의 본성을 이해하기 위한 노력 만큼이나, 모든 점에서 불가사의한 수수께끼를 던지고 있다는 것을 깨닫기 위해 굳이 선문답에 호소해야 할 필요는 없다. 왜 겉으로 보아서 멀쩡하고 지성적이며 분별력 있는 이 여인은 자신의 신체가 마비되었다는 것을 부인하는 것일까? 그녀는 거의 2주 동안 휠체어에만 앉아 있었다. 그동안에 수없이 뭔가를 잡거나 왼손을 뻗으려고 했을 것이다. 그때마다 왼손은 그녀의 무릎 위에 무기력하게 놓여 있었을 것이다. 그런데 어떻게 그녀는 자신이 내 코를 만지는 것을 '보고' 있다고 주장할 수 있을까?

도즈 여사처럼 이야기를 꾸며내는 것은 그 정도가 가장 극단적인 경우에 해당한다. 마비를 부인하는 환자들에게 왼팔을 사용할 수 있음을 증명해보라고 하면, 보통은 어리석은 변명이나 왜 그 팔이 움직이지 않는가에 대한 합리화를 시도한다. 대부분의 환자는 팔이 움직이는 것을 실제로 본다고 주장하지 않는다.

가령, 내가 세실리아라는 여인에게 왜 내 코를 만지지 않느냐고 물었을 때, 그녀는 약간 화난 듯이 대답했다.

"박사님, 여기 의대생들이 하루 종일 여기저기를 들쑤시며 못살게 굴었습니다. 정말 피곤합니다. 팔을 움직이고 싶지 않습니다."

에스머렐다라는 환자는 또 다른 전략을 사용했다.

"에스머렐다, 상태가 어떻습니까?"

"좋습니다."

"걸을 수 있어요?"

"네."

"팔을 사용할 수 있습니까?"

"네."

"오른팔을 사용할 수 있습니까?"

"네."

"왼팔도 사용할 수 있습니까?"

"네, 왼팔도 사용할 수 있습니다."

"오른손으로 나를 가리켜 보겠습니까?"

그녀는 정상적인 오른손으로 나를 똑바로 가리켰다.

"이제 왼손으로 나를 가리켜 보겠습니까?"

왼손은 아무런 움직임 없이 그녀 앞에 놓여 있었다.

"에스머렐다, 나를 가리키고 있습니까?"

"어깨에 심한 관절염이 있습니다. 박사님도 아시잖아요. 통증이 심해서 팔을 움직일 수가 없습니다."

언젠가 그녀는 또 다른 변명을 늘어놓았다.

"나는 한 번도 양팔을 자유롭게 사용해본 적이 없습니다."

이들 환자를 관찰하는 것은 돋보기로 인간의 본성을 관찰하는 것과 유사하다. 나는 인간의 모든 어리석은 측면에 대해서, 또 우리 자신이 얼마나 자기기만에 빠지기 쉬운지 생각하게 된다. 저기 휠체어에 앉아 있는 나이 든 여인에게서, 20세기 초 지그문트 프로이트와 안나 프로이트가 말했던 심리적 방어기제가 우스꽝스럽게 과장된 형태로 그 모습을 드러내었다. 이는 우리 모두가 자신에 대한 혼란스러운 사실에 직면했을 때 사용하게 되는 기제이다. 프로이트는 '자아를 방어'하기 위해 마음이 다양한 속임수를 사용한다고 주장한다. 그의 생각은 높은 직관적 호소력이 있었고, 그가 사용한 많은 어휘들은 대중적 어휘 속으로 침투했다. 하지만 그가 실험을 전혀 하지 않았기 때문에, 아무도 그것을 과학이라고 생각하지 않는다. (이 장의 끝에서 우리는 프로이트에게로 다시 돌아갈 것이다. 거기서 우리는 어떻게 질병인식불능증이 마음의 방어기제에 대한 실험적 방편을 제공하는지 살펴보게 될 것이다.)

대부분의 극단적인 경우에, 환자들은 팔이나 다리가 마비되었다는 것을 부인할 뿐만 아니라, 침대에서 자기 몸 옆에 놓여 있는 팔다리가 자기 것이 아니라고 주장한다. 이런 터무니없는 생각을 받아들이고자 하는 통제되지 않는 욕구가 존재한다.

얼마 전 영국 옥스퍼드의 리버미드 재활센터에서 있었던 일이다. 나는 어떤 여자의 생기 없는 왼손을 그녀의 눈앞에 보이며, "이것은 누구의 팔입니까?" 하고 물었다.

그녀는 내 눈을 쳐다보면서 화를 내며 말했다.

"이게 도대체 누구 팔인데 내 침대 속에 있는 거예요?"

"누구 팔일까요?"

"내 오빠의 팔입니다."

그녀는 단호하게 대답했다. 하지만 그녀의 오빠는 병원 어디에도 없었다. 그는 텍사스 어딘가에 살고 있다. 이 여인은 자신의 신체 일부에 대한 소유권을 부정하는 신체망상분열증Somatoparaphrenia을 보이고 있다. 때때로 이것은 질병인식불능증과 결합해 나타난다. 말할 필요도 없지만, 이 두 가지 상태는 모두 희귀한 것이다.

"왜 그것이 오빠의 팔이라고 생각합니까?"

"크고 털이 많아서요. 내 팔에는 털이 없습니다."

질병인식불능증

질병인식불능증은 알려진 바가 거의 없는 특이한 증후군이다. 환자는 거의 모든 부분이 명백히 정상이지만, 자신의 마비된 팔다리가 손뼉을 치거나 내 코를 만지는 것을 본다고 주장한다. 이 기이한 장애의 원인은 무엇인가? 당연한 일이지만, 질병인식불능증을 설명하기 위한 이론은 열 가지가 넘는다.[2] 대부분의 이론은 두 개의 주요 범주로 분류할 수 있다. 하나는 프로이트적 견해로, 환자가 그의 마비에 따른 불행함을 대면하기 원하지 않는다는 것이다. 두 번째는 신경학적 견해로, 장애의 부정은 앞 장에서 논의되었던 무시 증후군, 즉 왼쪽 세계에 대한 포괄적 무관심의 직접적인 결과라는 것이다. 이 두 설명적 범주들은 많은 문제를 안고 있다. 하지만 동시에 부정에 대한 새로운 이론을 만들기 위한 여러 통찰의 원천이기도 하다.

프로이트적 견해의 한 가지 문제점은, 그것이 질병인식불능증 환자와 정상인의 심리적 방어기제 사이에 관찰되는 커다란 차이를 설명하지 못한다는 것이다. 심리적 방어기제는 정상적인 우리에게 일반적으로 약하게 나타난다. 하지만 왜 이들 환자들에게는 턱없이 과장되어 나타나는가? 가령, 내 왼팔이 골절되었고 신경 일부가 손상을 입었다고 하자. 이때 누가 테니스 시합에서 자신을 이길 수 있느냐고 묻는다면, "물론, 너를 이길 수 있어. 알다시피 내 팔은 점점 좋아지고 있어." 하며 내 부상을 과소평가할 수 있다. 그러나 팔씨름을 할 수 있다고는 생각하지 않을 것이다. 그리고 만일 내 팔이 완전히 마비되어 꼼짝할 수 없다면, 나는 결코 '내 팔이 당신의 코를 만지고 있다' 거나 '그것이 내 형제의 것이다' 라고 말하지 않는다.

프로이트적 견해의 두 번째 문제점은 이 증상의 비대칭성을 설명하지 못한다는 것이다. 도즈 여사나 그와 유사한 환자들에게서 볼 수 있는 부정은, 거의 언제나 두뇌의 우반구 손상과 연관되어 있고 좌반신의 마비로 나타난다. 좌반구에 손상을 입고 우반신에 마비가 왔을 경우에는 장애의 부정을 거의 경험하지 않는다. 왜 그런가? 그들은 우반구 손상 환자들만큼이나 좌절하고 신체적 장애를 겪는다. 따라서 심리적 방어기제가 동일한 정도로 '필요' 할 것이다. 하지만 그들은 마비 사실을 알고 있을 뿐만 아니라, 끊임없이 그것에 대해 말한다. 이런 비대칭성은 그 대답을 심리학뿐만 아니라 신경학에서 찾아야 한다는 점을 함축한다. 특히 두뇌의 두 반구가 어떻게 서로 다른 일에 전문화되어 있는지 그 상세한 내용을 알아야 할 것이다. 이 증세는 심리학과 신경학의 두 영역 사이에 걸쳐 있는 것처럼 보인다. 그것이 이 증세가 흥미로운 한 가지 이유이다.

부정에 대한 신경학적 이론들은 프로이트적 견해를 완전히 거부한다. 대신에 이들은 부정이 무시의 직접적인 결과라고 주장한다. 무시는 우반구의 손상 이후에 일어나는 현상으로, 환자로 하여금 자기 신체뿐만 아니라 세상의 왼쪽에서 진행되는 모든 것에 무관심하게 만든다. 질병인식불능증 환자들은 자신의 왼팔이 명령에 따라 움직이지 않는다는 것을 전혀 눈치 채지 못한다. 그 결과 착각이 일어난다.

이 접근방식에는 두 가지 문제점이 있다. 첫째는 무시와 부정이 서로 독립적으로 일어날 수 있다는 것이다. 무시를 겪는 어떤 환자들은 부정을 경험하지 못하며, 역으로 부정 환자가 무시를 경험하지 못할 수도 있다. 둘째로 무시는, 설령 환자들로 하여금 마비에 주목하게 해도 부정이 계속된다는 사실을 설명하지 못한다. 가령, 내가 환자로 하여금 머리를 돌려 그의 왼팔에 초점을 맞추게 하고, 그것이 자신의 명령에 따라 움직이지 않는다는 것을 증명했다고 하자. 그래도 여전히 그는 자신의 왼팔이 마비되었다는 것을 고집스럽게 부정할 수 있다.

설명이 필요한 것은 단순히 마비에 대한 무관심이 아니라, 그 부정의 강도이다. 우리 지성과 관련지어 생각해보면, 질병인식불능증은 너무나 혼란스러운 현상이다. 우리는 일차적으로 '지성'의 성격이 명제적이라고 간주한다. 어떤 결론은 주어진 전제에서 논란의 여지 없이 도출된다. 우리는 명제적인 논리학이 내적으로 일관적이어야 한다고 기대한다. 환자는 자신의 팔에 대한 소유권을 부정하면서도, 동시에 그것이 자신의 어깨에 매달려 있다는 것을 인정한다. 이는 신경과학자가 맞닥뜨릴 수 있는 현상들 중에서 가장 혼란스러운 것 중의 하나이다.

프로이트적 견해나 무시이론 모두 질병인식불능증에서 발견되는 다양한 장애들을 적절하게 설명하지 못한다. 이 문제에 접근하는 올바른 방식은 다음의 두 질문에 답하는 것이다. 먼저, 왜 정상인이 이런 심리적 방어기제를 가지고 있는가? 둘째, 왜 동일한 기제가 이들 환자들에게는 과장되어 나타나는가? 얼핏 생각할 때 정상인의 방어기제는 생존에 해로워 보이므로, 그 존재 자체가 이상하게 여겨진다.[3] 자신이나 세계에 대한 거짓 믿음에 강하게 집착하는 것이 어떻게 생존 가능성을 높여주겠는가?

만일 내가 헤라클레스처럼 힘이 세다고 믿는 허약한 약골이라면, 나는 얼마 지나지 않아서 내가 속한 집단의 '우두머리'(학과장이나 회사의 사장), 심지어 이웃과의 사이에 심각한 문제에 휘말리게 될 것이다. 찰스 다윈은 생물학에서 어떤 것이 겉으로 적응성이 없는 것처럼 보일지라도 그것을 더욱더 깊이 들여다보라고 지적했다. 종종 그 이유가 숨어 있기 때문이다.

나는 문제 전체의 핵심을 대뇌 두 반구의 노동 분업과, 우리 삶에서 정합성과 연속성의 느낌을 만들어내야 할 필요성에서 찾을 수 있다고 생각한다. 대부분의 사람들은 인간의 두뇌가 호두처럼 생긴 두 개의 대칭적인 부분으로 이루어져 있다는 사실을 잘 알고 있다. 각각의 대뇌 반구는 신체 반대편의 운동을 통제한다. 1세기에 걸친 임상신경학의 결과는 두 개의 반구가 각기 다른 일에 전문화되어 있으며, 가장 중요한 비대칭성이 언어와 연관되어 있음을 보여주었다.

좌반구는 말하는 소리를 실제로 만들어내는 일뿐만 아니라 말에 구문구조를 부과하는 일, 그리고 의미론과 연관된 대부분의 일에 특화되어 있다. 의미론은 의미의 파악과 관련된 것이다. 반면에 우반구는 말하는 것(구어)을 통제하지는 않지만, 언어의 더욱 미묘한 측면인 은유, 상징, 애매성 등에 관계한다. 이들은 초등학교에서 부적절할 정도로 과도하게 강조되고 있는 기술들이다. 하지만 이들은 시, 신화, 드라마 등을 통해 문명이 진보하기 위해서는 필수적인 요소들이다. 좌반구는 인간의 가장 고차적 특징인 언어의 창고이며, 생각의 대부분과 말하는 것의 전부를 수행하고 있다. 따라서 우리는 이를 주 반구 혹은 '지배적' 반구라고 부른다. 미안한 이야기이지만 벙어리인 우반구는 거기에 대해서 아무런 이의도 제기할 수 없다.

또 다른 특화는 시각 및 감정과 관계된 것이다. 우반구는 시각의 전체적인 측면과 관련되어 있다. 가령, 나무들을 보고 거기서 숲을 보는 것이나, 격한 상황에서 얼굴 표정을 읽으면서 적절한 감정으로 반응하는 것 등이 이와 연관되어 있다. 따라서 우반구에 뇌졸중을 일으킨 환자는 곤경에 대해서도 마치 축복을 받은 듯이 무심하며 가벼운 행복감을 느끼기도 한다. '감정을 다루는 우뇌'가 없을 경우에, 그들은 자신이 상실한 것의 중요성이나 그 정도를 파악하지 못한다. (이런 점은 자신의 마비 사실을 알고 있는 환자에게도 적용된다.)

이런 분명한 노동 분업에 덧붙여서, 나는 두 반구 사이에 존재하는 더욱 근본적인 인지적 양식의 차이를 말하려고 한다.[4] 이는 질병인식불능증 환자의 과장된 방어기제뿐만 아니라, 일상적인 삶 속에서 사람들이 사용하는 평범한 부정의 형태도 설명해줄 것이다. 후자의 예로는, 알코올 중독자가 자신의 음주 문제를 인정하지 않는다거나, 우리가 이미 결혼한 동료에게 성적으로 끌린다는 사실을 부정하는 일 따위를 생각해볼 수 있다.

부정 증후군denial syndrome에 대한 새로운 질문

우리가 깨어 있는 매 순간 두뇌는 일련의 혼란스러운 감각 입력들로 넘쳐난다. 이 모든 것은 우리의 정합적인 관점으로 통합되어야 한다. 우리의 관점은 저장된 기억이 우리 자신이나 세계에 대해 이미 참이라고 말해주는 것들에 입각해 있다. 정합적인 행위를 하기 위해서, 두뇌는 세부적인 것들로 넘쳐나는 이런 입력들을 걸러내고, 그것들을 안정적이며 내적으로 일관된 '믿음 체계' 속으로 통합하는 방법을 가지고 있어야 한다. 주어진 증거에 비추어서 앞뒤가 맞는 이야기를 구성해야 하는 것이다. 새로운 정보가 들어올 때마다 우리는 세계에 관해서 이미 존재하는 우리의 견해에 그것을 말끔하게 이어 붙인다. 나는 이런 일이 주로 좌반구에서 이루어진다고 생각한다.

그런데 이야기에 잘 들어맞지 않는 뭔가가 들어왔다고 가정하자. 이를 어떻게 처리할 것인가? 한 가지 가능한 선택은 모든 대본을 찢어버리고 처음부터 다시 시작하는 것이다. 자신과 세계에 대한 새로운 모형을 만들기 위해 이야기의 내용을 완전히 뒤바꾸는 것이다. 그런데 위협이 되는 모든 정보들에 대해 이런 식으로 대응한다면, 우리의 행동은 이내 혼란에 빠지고 불안정해질 것이다. 아마 미쳐버릴 것이다.

대신에 우리의 좌반구가 선택한 것은 안정성을 유지하기 위해 비정상적으로 보이는 것을 무시하거나, 현존하는 구조에 맞게끔 왜곡해 변형시키는 것이다. 내 생각으로는 이것이 이른바 프로이트적 방어기제에 깔려 있는 본질적인 근거이다. 우리의 일상적인 삶은 부정, 억압, 작화증, 자기기만과 같은 것들의 지배를 받고 있다. 이러한 일상적 방어기제는 적응에 결코 불리하지 않다. 오히려 이는, 감각에 주어진 재료의 조합 가능성이 너무 많음으로써 야기되는 이야기의 조합폭증 때문에, 두뇌가 방향을 잃고 결정을 할 수 없게 되는 것을 막아준다. 그에 대한 대가는 우리가 자신에게 '거짓말'을 하게 되는 것이다. 하지만 이는 체계 전체의 정합성이나 안정성을 유지하기 위한 대가로는 적은 편이다.

가령, 적군과의 전쟁을 준비하는 장군을 상상해보자. 늦은 밤 그는 작전실에서 다음 날의 전략을 짜고 있다. 정찰병들이 지형, 지물의 배치나 빛의 밝기 등에 관한 정보를 계속 가져온다. 정찰병은 적군이 500대의 탱크를 가지고 있다고 장군에게 보고한다. 장군은 600여 대의 탱크를 가지고 있으며, 이에 의거해 전쟁을 하기로 결정한다. 그는 모든 부대를 전략적인 위치에 배치시키고 해가 뜨는 6시에 전투를 시작하기로 결정한다.

그런데 5시 55분에 한 정찰병이 작전실로 뛰어들어와서 말한다.

"장군님, 나쁜 소식이 있습니다."

전투를 몇 분 남겨둔 상황에서 장군이 묻는다.

"무슨 일이냐?"

정찰병은 다음과 같이 대답한다.

"방금 쌍안경을 통해서 보니 적군의 탱크가 500대가 아니라 700대입니다."

이때 장군(좌뇌 반구)은 어떻게 할 것인가? 시간이 급박하므로 그는 모든 전투계획을 수정할 여유가 없다. 따라서 장군은 그 정찰병에게 입을 다물고, 아무에게도 본 것을 이야기하지 말라고 명령한다. 부정! 그는 정찰병을 총살시킨 다음 '일급비밀'이라는 딱지가 붙은 서랍 속에 그 보고서를 감출 수도 있다(억압). 이렇게 행동할 때 그는 이전의 모든 정찰병이 가져온 대다수의 견해가 옳고, 한 명의 정보원이 가져온 새로운 정보가 잘못되었을, 그런 확률의 높은 가능성에 의존하고 있다. 따라서 장군은 원래의 입장을 고수한다. 뿐만 아니라 반항을 염려해 그 정찰병에게 거짓말을 하게 할 수도 있다. 다른 장군들에게는 500대의 탱크만을 보았다고 말하게 하는 것이다(작화증). 이 모든 일의 목적은 행동의 안정성을 확보하고 동요를 방지하기 위한 것이다. 우유부단함은 아무 도움이 되지 않는다. 어떤 결정이든 간에 그것이 옳을 가능성이 있다면, 아무런 결정을 하지 않는 것보다는 낫다. 변덕만 부리는 장군은 결코 전쟁에서 승리할 수 없다.

위의 비유에서 장군은 좌뇌 반구에 해당한다.[5] (아마도 프로이트의 '에고'가 아닐까?) 그의 행동은 건강한 사람뿐만 아니라 질병인식불능증 환자에게서 발견할 수 있는 부정이나 억압 같은 것에 해당한다. 그런데 왜 부정 환자들의 경우에는 이런 방어기제가 그렇게 과장되어 나타나는가? 내가 '악마의 대변자'라고 부르고 싶은 우뇌 반구로 가보자. 이것이 어떻게 작동하는지 알기 위해 위의 유비를 한 단계 더 발전시켜보자.

한 정찰병이 달려들어와서 적들의 탱크가 더욱 많다고 말하는 대신에, "장군님, 지금 망원경으로 보니 적들이 핵폭탄을 가지고 있습니다."라고 말했다고 가정하자. 이때 장군이 원래 계획에 계속 집착하는 것은 바보 같은 짓이다. 만일 정찰병의 보고가 사실이라면 그 결과가 끔찍할 것이므로, 장군은 재빠르게 새로운 계획을 수립해야 한다.

상황을 극복해나가는 두 반구의 전략은 근본적으로 다르다. 좌뇌의 역할은 믿음체계나 모형을 형성하고, 새로운 경험을 그 믿음체계에 덧붙이는 것이다. 현재의 모형에 들어맞지 않는 새로운 정보에 직면하면, 좌뇌는 현 상황을 유지하기 위해 프로이트 식의 부정이나 억압, 작화증 등의 방어기제에 의존한다. 우뇌의 전략은 '악마의 대변자' 역할을 하면서, 현 상황에 의문을 제기하고 총체적인 정합성을 모색한다. 비정상적 정보가 어느 정도 쌓여 일정한 임계점에 도달하면, 우뇌는 전체 모형을 완전히 수정하고 처음부터 다시 시작할 시간이라는 결정을 내린다. 좌뇌가 항상 원래의 방식을 고수하려 하는 반면에, 우뇌는 비정상에 대한 반응으로 '쿤 식의 패러다임 전환'을 강제한다.

이제 우뇌 반구에 손상을 입었을 때 무슨 일이 일어나는지 살펴보자.[6] 좌뇌는 부정이나 작화증, 그리고 여타의 전략을 추구할 때 아무런 제약도 받지 않는다. 그것은 다음과 같이 말한다. "나는 도즈 여사입니다. 정상적인 두 팔을 가지고 있고, 그것을 움직이라고 명령했습니다."

그런데 그녀의 두뇌는 여기에 상반되어 팔이 마비되었고 자신이 휠체어에 앉아 있다는 것을 말해줄 시각적 피드백을 갖지 못한다. 그래서 도즈 여사는 기만의 막다른 곳까지 가게 되는 것이다. 차이를 감지하는 우뇌가 고장 났으므로, 그녀는 실재에 대한 모형을 수정할 수 없다. 우뇌가 제공하는 '사실 확인'이라는 균형추의 역할이 결여된 상황에서, 그녀가 택할 수 있는 기만의 경로에는 사실상 그 한계가 없다. 그래서 환자들은 이렇게 말한다. "라마찬드란 박사님, 지금 내가 당신의 코를 만지고 있습니다." "의과대학 학생들이 하루 종일 나를 들볶았고 그래서 팔을 움직이고 싶지 않습니다." 심지어 이렇게 말하기도 한다. "내 오빠의 손이 내 침대에서 무슨 짓을 하고 있습니까?"

우뇌가 패러다임 전환을 만들어내는 좌익 혁명가이고, 좌뇌는 현 상황에 집착하는 완강한 보수주의자라는 생각은 분명 지나친 단순화이다. 그러나 이런 설명이 비록 틀릴 수 있다 하더라도, 이는 새로운 실험방식을 제공하는 동시에 부정 증후군에 대한 전혀 새로운 질문을 제기하도록 유도한다. 부정은 어느 정도로 심층적인 것인가? 환자는 정말로 자신이 마비되지 않았다고 믿는가? 당신이 직접 환자를 대면한다면 어떻게 하겠는가? 그들이 마비를 인정하도록 강요할 것인가? 환자들은 단지 마비만을 부정하는가, 아니면 그들의 병의 모든 측면을 부인하는가? 사람들은 종종 (특히 여기 캘리포니아에서) 자동차를 자신의 '신체상'의 확장된 일부로 생각한다. 이런 점을 감안했을 때, 그들 자동차 좌측 정면의 흙받기가 부서진다면 무슨 일이 일어날까? 그들은 그것을 부정하게 될까?

질병인식불능증이 알려진 지는 거의 한 세기가 되었다. 하지만 이런 질문에 답하려는 시도는 거의 없었다. 이 이상한 증세를 조금이라도 설명할 수 있다면, 그것은 임상적으로 대단히 중요한 일이다. 자신의 처지에 대한 환자의 무관심은 약해진 팔이나 다리의 재활에 장애물로 작용할 뿐만 아니라, 종종 그들로 하여금 비현실적 목적을 설정하도록 만들기 때문이다. (가령, 내가 한 환자에게 예전처럼 전화선을 수리하는 일을 할 수 있느냐고 물었다. 그는 "물론입니다. 아무 문제가 없습니다"라고 대답했다. 직업상 전봇대에 오르고 선을 꼬아 붙이기 위해서는 두 손이 필요하다.) 이 실험을 시작할 때 내가 미처 깨닫지 못했던 점은, 이들 실험이 인간 본성의 심장부로 우리를 데려갈 거라는 점이었다. '해야 할 일'의 목록에 쌓인 고지서를 일시적으로 무시하든가, 죽음의 종말성이나 그 한계를 강하게 부인하는 것처럼, 부정은 삶 속에서 우리 모두가 항상 하고 있는 일이기 때문이다.

부정 증후군에 대한 프로이트적 설명

부정 환자와 이야기를 나누는 것은 으스스한 경험이다. 그들은 의식을 가진 인간이 제기할 수 있는 가장 근본적인 질문들과 대면하게 한다. 자아란 무엇인가? 나의 의식 경험에 통일성을 가져다주는 것은 무엇인가? 어떤 행위를 의도한다는 것은 무엇을 뜻하는가? 신경과학자들은 그런 질문에서 멀어지려고 한다. 질병인식불능증 환자들은 다루기 힘들어 보이는 이런 철학적 질문들에 대해 실험적으로 접근할 수 있는 훌륭한 기회를 제공한다.

친인척은 그들이 사랑하는 사람의 행동에 당황한다. "어머니는 정말로 자신이 마비되지 않았다고 생각합니까?"라며 한 젊은이가 물었다. "무슨 일이 일어났는지 알고 있는 어머니의 마음은 분명 어디로 떠나 있는 것 같아요. 아니면 어머니가 완전히 미쳐버린 것일까요?"

우리가 던지는 첫 번째 가장 명백한 질문은, '환자들은 자신의 부정이나 작화증을 얼마나 깊이 믿고 있는가?'이다. 그것은 단지 표면적인 외양에 불과한가, 혹은 꾀병을 부리는 것인가? 이 질문에 답하기 위해 나는 간단한 실험을 생각해냈다. 환자와 직접 부딪쳐서 말로 대답을 요구하는 대신(당신의 왼손으로 내 코를 만질 수 있습니까?) 생각할 기회도 없이 두 손을 사용해야 하는 자발적 동작을 요구함으로써 그를 '속인다면' 어떻게 될까? 그는 어떻게 반응할 것인가?

이를 위해서, 나는 여섯 개의 플라스틱 잔에 물을 반쯤 채우고, 이것들을 칵테일 쟁반 위에 얹은 다음에 부정 증후군 환자의 앞에 가져다놓았다. 만일 내가 그 쟁반을 들어보라고 하면, 당신은 쟁반의 양편 아래로 한 손씩 넣어 그것을 들어올리려 할 것이다. 그런데 만일 한 손이 등 뒤로 묶여 있다면, 나머지 손을 자연스럽게 쟁반의 무게 중심이 있는 가운데 아래로 보내서 그 것을 들어올리려고 할 것이다. 신체 한쪽이 마비되었지만 부정 증세를 겪지 않는 뇌졸중 환자들에게 이 실험을 해보았다. 그들은 기대했던 대로 마비되지 않은 손을 곧장 쟁반의 중앙 아랫부분으로 가져갔다.

부정 증후군 환자들에게 동일한 실험을 해보았다. 그들의 오른손은 곧장 쟁반 오른쪽으로 향했고, 쟁반 왼쪽은 지지되지 않았다. 그들의 오른손이 쟁반 오른쪽을 들어올리자 잔들은 넘어졌다. 환자들은 잔들이 넘어진 것은 쟁반 왼쪽을 들어올리지 않아서가 아니라, 순간적인 실수였다고 생각했다.("맙소사, 바보 같으니라고!") 심지어 한 여인은 자신이 쟁반을 들어올리는 일을 실패했다는 사실도 부정했다. 내가 쟁반을 들어올리는 데 성공했느냐고 묻자, 그녀는 "물론입니다." 하고 대답했다. 그녀의 무릎은 엎지른 물로 흠뻑 젖어 있는 상태였다.

두 번째 실험의 논리는 약간 달랐다. 만일 누군가가 환자의 정직성에 대해 실제로 보상해준다면 어떻게 될까? 이것을 알아보기 위해 나는 환자들에게 한 손으로 할 수 있는 간단한 과제와 두 손을 사용해야만 하는 일 사이에 선택권을 주었다. 가령, 빈 소켓에 전구를 끼워넣으면 5달러를 줄 것이고, 신발 끈을 묶으면 10달러를 주겠다고 했다. 당신이나 나라면 당연히 신발 끈을 묶으려 할 것이다. 그러나 부정 증세를 겪지 않는 대부분의 마비 환자는 그들의 한계를 알기 때문에 전구를 끼우는 일을 택했다. 한 푼도 받지 못하는 것보다는 5달러라도 받는 편이 훨씬 낫다. 놀랍게도 부정 증세를 가진 네 명의 환자들은 모두 매번 신발 끈을 묶는 일을 선택했다. 이들은 전혀 실망의 기색 없이 몇 분 동안이나 신발 끈을 만지작거렸다. 10분 후에 동일한 선택권을 주었을 때도, 이들은 전혀 망설임 없이 두 손으로 해야 하는 일을 선택했다. 한 여인은 방금 전의 실패를 전혀 기억하지 못하는 듯 연속으로 다섯 번이나 이런 무익한 행동을 반복했다. 프로이트식의 억압이 작용한 것일까?

한번은 도즈 여사가 자신의 처지를 망각한 채, 결국에는 내가 신발을 치워버릴 때까지 한 손으로 신발 끈을 계속 만지작거린 적이 있다. 다음 날 한 학생이 그녀에게 "라마찬드란 박사님을 기억하십니까?" 하고 물었다.

그녀는 매우 반색하며 말했다.

"물론 기억합니다. 그는 인도인 의사입니다."

"그가 무엇을 했습니까?"

"나에게 파란 점들이 있는 어린아이 신발을 주고 신발 끈을 묶으라고 했습니다."

"그것을 묶었나요?"

그녀가 대답했다.

"물론입니다. 두 손을 사용해 묶는 데 성공했습니다."

뭔가 이상한 일이 진행되고 있다. 정상인이라면 어떻게 '두 손으로 신발 끈을 묶었다'고 이야기할 수 있겠는가? 마치 도즈 여사의 내부에, 그녀가 마비되었다는 사실을 잘 아는 또 다른 인간이 유령처럼 존재하는 것 같았다. 그녀의 이상한 발언은 바로 이런 지식을 은폐하려는 시도처럼 보인다. 또 하나의 흥미로운 사례는, 검사하는 동안에 갑자기 "두 손으로 맥주를 마시고 싶어 미치겠네." 하면서 스스로 말하는 환자의 경우이다. 이런 특이한 발언은 프로이트가 반동형성reaction formation이라고 부른 것의 전형적인 사례이다. 이는 반대되는 이야기를 함으로써 자존심을 위협하는 뭔가를 은폐하려는 시도이다. 반동형성의 고전적인 예는 햄릿의 다음과 같은 대사에서 발견할 수 있다. "내 생각에는 저 여인이 너무 강하게 부인하는구나." 그녀의 강한 불복은 그 자체가 역으로 죄책감을 속이기 위한 것은 아닐까?

부정 증후군에 대한 신경학적 설명

이제 부정에 대해 가장 광범위하게 인정되는 신경학적 설명을 살펴보자. 그것은 부정이, 환자의 왼쪽에서 일어나는 사건이나 대상에 대해 포괄적인 무관심을 드러내는 무시현상과 어떤 관련이 있다고 생각하는 것이다. 왼손으로 어떤 행동을 하라고 요구하면, 도즈 여사는 마비된 팔에 운동명령을 내린다. 동시에 그 명령의 복사본은 그 명령들을 감시·추적하고 움직임을 경험하는 (두정엽에 위치한) 그녀의 신체상 중추로 보내진다. 그런데 두정엽은 의도된 행위가 무엇인지는 보고받았지만, 팔이 그

운동명령을 따르지 않았다는 것은 눈치 채지 못한다. 좌반신에서 일어나는 사건들을 그녀가 무시하고 있기 때문이다. 앞에서도 말했듯이 이 설명은 별로 신빙성이 없다. 그래도 우리는 부정에 대한 무시이론을 직접 시험해보기 위해 두 가지 간단한 실험을 해보았다.[7]

첫 번째 실험에서, 팔로 보내진 운동신호를 환자들이 감시한다는 생각을 시험해보았다. 래리 쿠퍼는 56세의 부정 증세를 가진 환자이다. 병원으로 내가 그를 방문하기 1주일 전에 그는 뇌졸중을 일으켰다. 그는 아내가 집에서 가져온 파랑과 보라가 섞인 퀼트 담요를 덮고 누워 있었다. 팔은 퀼트 담요 위에 놓여 있다. 한 팔은 정상이며, 다른 한 팔은 마비되어 있다. 나는 10여 분 동안 담소를 나눈 다음 그 방을 나왔다. 그리고 5분 후에 다시 들어갔다. 내가 그의 침대로 다가가면서 말했다.

"쿠퍼 씨, 방금 왼팔을 왜 움직였습니까?"

두 팔은 내가 방을 나갈 때와 마찬가지로 미동도 하지 않은 그대로였다. 정상인에게 이런 말을 하면, 일반적인 반응은 황당하다는 것이다. 가령, "무슨 말을 하고 있어요? 왼팔로는 아무 짓도 하지 않았어요." 혹은 "무슨 말인지 이해를 못하겠습니다. 내가 왼팔을 움직였나요?"와 같은 대답이 나온다. 쿠퍼는 차분하게 나를 쳐다보면서 말했다.

"강조를 하기 위해 손짓을 하고 있었습니다."

다음 날 같은 실험을 반복했다. 그는 이렇게 대답했다.

"팔이 저려요. 통증을 줄이려고 움직였습니다."

내가 질문한 바로 그 순간에 쿠퍼 씨가 그의 왼손에 운동명령을 보냈을 가능성은 없다. 그러므로 이런 결과는 부정이 단순한 감각적 운동의 결손에서 오는 것이 아님을 암시한다. 그보다는, 스스로에 대한 그의 믿음체계 전체가 심각한 이상을 일으켜 이들 믿음들을 방어하기 위해 그가 무엇이든 하려는 것처럼 보인다. 정상인처럼 당황스러워하는 대신에, 그는 기꺼이 나의 속임수에 부합하고자 한다. 그것이 그의 세계관과 일치하기 때문이다.

두 번째 실험은 약간 잔인하다. 왼팔이 마비된 부정 환자의 오른팔을 누군가가 일시적으로 마비시킨다면 무슨 일이 일어날까? 이제 부정 현상이 오른팔에도 나타날까? 무시이론은 그가 오른쪽이 아니라 왼쪽만 무시하므로, 오른팔이 움직이지 않는 것을 눈치 채고 "이거 이상하군요. 내 팔이 움직이지 않습니다" 라고 보고할 것을 예측한다. (반면에 내 이론은 정반대의 예측을 한다. 우뇌에 있는 불일치감지중추가 손상을 입었으므로, 그는 이런 '비정상' 에 대해서도 무감각해야 한다.)

환자의 오른팔을 '마비' 시키기 위해 나는 환상사지 실험에서 사용했던 가상현실 상자를 새로운 형태로 만들었다. 물론 그것은 구멍과 거울이 있는 간단한 종이상자이다. 하지만 이번에는 배치를 달리했다. 첫 번째 대상은 71세의 은퇴한 학교 선생님 베티 워드였다. 그녀는 신중한 성격의 사람이었고 실험에 기꺼이 협조했다. 편안히 앉아 있는 베티에게 나는 긴 회색 장갑을 (정상적인) 오른손에 끼고 상자 정면에 있는 구멍 속으로 집어넣으라고 했다. 그다음 몸을 앞으로 수그려서 상자 위에 나 있는 구멍으로 장갑을 낀 손을 보게 했다. 그다음에 메트로놈을 작동시키고, 똑딱 소리에 맞추어 손을 위아래로 움직이도록 했다.

"베티, 당신 손이 움직이는 것을 볼 수 있습니까?"

"물론입니다. 리듬에 맞춰 움직이고 있습니다."

베티가 대답했다.

이제 나는 그녀에게 눈을 감으라고 부탁했다. 그녀가 모르도록 상자 속 거울의 위치를 바꾸고, 책상 밑에 숨어 있던 학생이 장갑을 낀 그의 손을 뒤쪽 구멍을 통해 상자 속으로 집어넣었다. 베티에게 다시 눈을 뜨고 상자 속을 들여다보라고 했다. 그녀는 자신의 오른손을 보고 있다고 생각했다. 그러나 실제로 베티가 거울을 통해 보고 있는 것은 그 학생의 손이다. 그전에 나는 학생에게 손을 절대로 움직이지 말라고 말해두었다.

"좋습니다, 베티. 계속 쳐다보세요. 메트로놈을 다시 시작할 테니까 거기에 맞춰 손을 움직이세요."

똑딱 똑딱. 베티는 손을 움직였지만, 상자 속에서 그녀가 볼 수 있는 것은 가만있는 '마비된' 손이었다. 정상인에게 이 실험을 해보면, 그는 의자에서 벌떡 일어나 "이게 도대체 어떻게 된 일이지?" 하고 외친다. 그들은 학생이 책상 밑에 숨어 있을 거라고는 꿈에도 생각하지 않는다.

"베티, 무엇이 보입니까?"

"왜요? 아까처럼 내 오른손이 위아래로 움직이고 있습니다."

그녀가 대답했다.[8]

이런 결과는 베티의 부정이 무시를 겪지 않는 신체 오른쪽까지 적용됨을 암시한다. 그렇지 않다면 왜 그녀가 움직이지 않는 손을 움직인다고 말하겠는가? 이 간단한 실험은 질병인식불능증에 대한 무시이론의 설명을 무너뜨리며 실제로 이런 증세를 야기한 원인이 무엇인지에 대한 단서를 제공한다. 이들 환자가 손상을 입은 부분은 두뇌에서 신체상에 관한 감각 입력의 차이를 처리하는 곳이다. 신체의 왼쪽과 오른쪽 어디에서 그런 차이가 발생했는지는 중요하지 않다.

베티를 포함해 지금까지 우리가 논의한 환자들에게서 발견한 점은, 좌뇌는 대체로 차이에 무관심하며 순응적이고, 반대로 우뇌는 혼돈에 대단히 민감하다는 것이다. 그런데 우리 실험은 이 이론에 대한 정황적 증거만을 제공했다. 우리는 직접적인 증거가 필요했다.

10여 년 전에 이런 종류의 생각을 시험해보는 것은 불가능했다. 기능적 자기공명(fMR) 촬영이나 양전자 방출 단층촬영(PET) 같은 새로운 촬영기술의 출현으로 살아 있는 두뇌가 활동하는 모습을 관찰할 수 있게 되었으며 그 결과 연구 속도가 엄청나게 가속화되었다. 최근 런던 퀸 스퀘어 신경병원의 레이 돌란과 크리스 프리스, 그리고 이들의 동료들은, 우리가 환상사지 환자에게 사용했던 가상현실 상자를 이용해 멋진 실험을 해냈다. (이 상자는 그 중앙에 거울이 수직으로 환자의 가슴과 직각을 이루도록 세워져 있는 간단한 상자이다.)

각 사람은 상자 속으로 왼팔을 집어넣고 거울의 왼편으로 왼팔이 비친 모습을 보게 했다. 그렇게 되면, 반사된 이미지는 오른팔을 느끼는 위치와 광학적으로 중첩된다. 그리고 두 손을 동시에 위아래로 움직이도록 한다. 이 경우 오른손의 움직임이 보이는 시각적 현상(실제로는 왼손이 거울에 반사된 것)과 오른손에서 일어나는 근육과 관절의 운동감각 사이에는 아무런 차이가 없다. 그런데 개헤엄을 칠 때처럼 두 손을 따로 움직이면, 오른손의 움직임을 시각적으로 보는 것과 그것을 느끼는 것 사이에는 심각한 차이가 존재한다.

프리스 박사는 이런 과정 동안 PET 촬영을 해서 차이를 감지하는 두뇌중추의 위치를 확인할 수 있었다. 그것은 오른쪽 두정엽에서 나오는 정보를 받아들이는 우뇌의 조그만 부분이었다. 프리스 박사는 피실험자가 거울의 오른쪽을 통해 (왼손의 움직임과 차이가 있는) 오른손이 반사된 것을 보게 하면서 두 번째 PET 촬영을 했다. 이제 신체상의 차이는 오른쪽이 아니라 왼쪽에서 발생한다. 프리스 박사는 이번에도 스캐너의 우뇌반구 쪽에서 신호가 보인다고 말했다. 그때 내가 느꼈을 기쁨을 한번 상상해보라. 신체의 어느 쪽에서 차이가 발생하느냐에 관계없이, 그것은 언제나 우뇌를 활성화시켰다. 이는 반구의 특화에 대한 나의 '사변적인' 생각이 올바른 것임을 증명하는 증거이다.

부정 증후군 환자들의 자기기만

내가 학생들에게 부정 환자의 사례를 소개하는 병례검토회를 할 때 가장 자주 받게 되는 질문은 다음과 같은 것들이다. "환자들은 신체 일부의 마비만을 부정합니까, 아니면 다른 장애들도 부정합니까? 그들의 발가락이 어디에 찔렸을 때, 발가락이 부어오르는데도 고통을 부정합니까? 그들은 자신들이 심각하게 아프다는 것을 부정합니까? 갑자기 심한 편두통을 느꼈을 경우 그것을 부정합니까?" 많은 신경과학자들은 환자들을 통해 이런 질문들을 조사해보았다. 일반적인 대답은 그들이 다른 문제들을 부정하지 않는다는 것이다. 가령, 내 환자 그레이스는 신발 끈을 묶으면 사탕을 준다고 하자 나에게 다음과 같이 쏘아붙였다. "박사님, 내가 당뇨병 환자라는 것을 잊으셨나요? 나는 사탕을 먹으면 안 됩니다."**9**

내가 살펴본 대부분의 환자들은 자신들이 뇌졸중을 일으켰다는 사실을 잘 알고 있다. 이들 중의 그 누구도 우리가 '총체적 부정'이라 부를 수 있는 것을 겪지는 않았다. 하지만 두뇌의 손상 부위에 따라서 그들의 믿음체계와 그에 동반하는 부정 사이에는 정도의 차이가 있다. 상처가 오른쪽 두정엽에 국한될 경우, 조작이나 부정은 신체상에 국한되는 경향이 있다. 그러나 손상 부위가 복내측 전두엽이라 부르는 우뇌 정면 쪽에 근접해 있으면, 부정의 범위가 더욱 넓어지고 다양해지며 특이하게 자기방어적이 된다.

나는 빌이라는 특별한 환자의 사례를 기억하고 있다. 빌은 악성 뇌종양이라는 진단을 받은 지 6개월 후에 나를 찾아왔다. 종양은 빠른 속도로 성장해 전두엽을 압박했으며, 결국 신경외과 의사가 그것을 제거했다. 불행하게도 그때는 이미 종양이 넓게 퍼진 다음이었다. 그는 1년 이상 살 수 없을 거라는 통보를 받았다. 빌은 고등교육을 받은 사람이었으며, 자신이 처한 상황의 심각성을 알고 있어야 했다. 그런데 그는 그것에 무관심했다. 대신 그는 자신의 뺨에 난 조그만 물집으로 내 관심을 끌고자 했다. 그는 다른 의사가 그 물집을 보고도 아무 조치를 취하지 않았다고 불평을 늘어놓았다. 그리고 내게 그것을 제거해줄 수 있느냐고 물었다. 내가 뇌종양에 대해 말하려고 하면, 그는 그 이야기를 피하면서 "의사들이 때때로 엉터리 진단을 하는 것을 잘 아시잖아요." 하는 말을 늘어놓았다.

의사가 제시한 증거들을 간단히 부정하고, 뇌에 암이 생겼다는 사실을 장난스럽게 평가절하하는 지성적인 사람이 여기에 있다. 막연한 두려움에 시달리기보다는 뭔가 구체적인 것에 대해 걱정하는 손쉬운 전략을 채택한 것이다. 물집이 가장 손쉬운 대상이었다. 물집에 대한 그의 집착은, 임박한 죽음에서 자신의 주의를 돌리려 하는 위장된 시도이다. 프로이트는 이를 '전치기제'라고 불렀다. 흥미롭게도 부정하는 것보다는 딴 데로 관심을 돌리는 것이 때로는 쉬운 일이다.[10]

내가 들었던 가장 극단적인 기만은, 올리버 색스가 묘사했던 한밤중에 침대에서 계속 떨어지는 남자에 관한 이야기이다. 그가 바닥에 떨어질 때마다 병실을 지키는 직원이 그를 침대로 끌어올려 주었다. 하지만 그는 몇 분 후에 또다시 떨어지기를 반복했다. 이런 일이 몇 번 일어난 후에, 색스 박사는 그에게 왜 자꾸 침대에서 떨어지느냐고 물었다. 그는 경계심을 나타내면서 다음과 같이 말했다. "박사님, 의대 학생들이 자꾸 시체의 팔을 내 침대 속으로 집어넣어요. 밤새 그것을 치우느라 그랬습니다." 마비된 팔이 자기 것임을 인정하지 않으면서 그것을 바깥으로 치우려는 순간마다 그는 마루로 떨어졌다.

부정과 기억상실

　앞서 우리가 논의했던 실험들은 부정 환자가 단지 체면을 유지하기 위해서 그러는 것은 아님을 암시한다. 부정은 그들의 정신 속 깊은 곳에 닻을 내리고 있다.[11] 그런데 이것은 자신의 마비에 대한 정보가 억압된 채로 어딘가에 격리되어 있다는 것을 의미하는가? 아니면 그런 정보가 두뇌의 어디에도 존재하지 않음을 의미하는가? 후자일 것 같지는 않다. 만약 그런 지식이 존재하지 않는다면, 왜 환자들은 "두 손으로 신발을 묶었습니다." "두 손으로 맥주를 마시고 싶습니다." 같은 말을 하겠는가? 그리고 왜 "나는 양손잡이가 아닙니다." 같은 책임을 회피하는 식의 이야기를 하겠는가? 이러한 언급들은 두뇌 속의 '누군가'가 환자 자신이 마비되었다는 사실을 알고 있음을 의미한다. 그런데 그런 정보가 의식적인 마음에게는 드러나지 않는 것이다. 만일 그렇다면, 금지된 지식에 접근할 수 있는 어떤 방법이 있는가?

　이를 찾아내기 위해 우리는 1987년 이탈리아의 신경학자 에도아르도 비시아치Edurado Bisiach가 무시와 부정 환자에게 행했던 기발한 실험을 활용했다. 비시아치는 차가운 얼음물이 들어 있는 주사기를 사용해 귓속에 물을 집어넣었다. 전정신경의 기능을 시험하기 위한 절차이다. 몇 초가 지나지 않아 환자의 눈은 심하게 떨리기 시작했다. 안진(눈떨림)이라고 부르는 현상이다. 차가운 물은 귀의 관 속에 대류현상을 만들며, 머리가 움직인다고 두뇌를 속이게 된다. 그 결과 안진이라 부르는 본능적인 교정 움직임이 눈에서 일어난다. 비시아치는 부정 환자에게 팔을 움직일 수 있느냐고 물었다. 그녀는 차분하게 왼팔을 사용할 수 없다고 대답했다! 놀랍게도 차가운 물을 왼쪽 귀에 흘림으로써 비록 일시적이기는 하지만 질병인식불능증을 완전히 회복시켰다.

이 실험에 관해 읽었을 때 나는 의자에서 박차고 일어났다. 오른쪽 두정엽의 손상에 의해 야기된 신경병적 증세가, 귓속에 물을 주사하는 간단한 행위를 통해 역으로 회복된 것이다. 이 놀라운 실험이 왜 〈뉴욕 타임스〉의 첫머리에 등장하지 않은 것일까? 나의 직업적 동료 대부분은 그 실험에 대해 들어본 적이 없었다. 나는 내가 보살피던 질병인식불능증 환자에게 동일한 실험을 해보기로 했다.

그 환자는 3주 전 오른쪽 두정엽에 뇌졸중을 일으켰고, 그 결과 왼쪽에 마비가 일어난 할머니 매켄 여사였다. 나의 목적은 단순히 비시아치의 관찰을 확인하는 것만이 아니었다. 나는 그녀의 기억을 시험하는 질문을 하고자 했다. 이런 실험은 한 번도 체계적으로 이루어진 적이 없다. 만일 환자가 자기 신체가 마비되었다는 점을 갑자기 인정하기 시작한다면, 그녀는 그전에 자신이 부정했던 것에 대해서는 뭐라고 말할까? 그녀는 자신의 부정을 부정할까? 만약 그것을 인정한다면, 그녀는 그것을 어떻게 설명할까? 그녀는 우리에게 왜 그것을 부정했는지 말해줄 수 있을까, 아니면 이는 단지 바보 같은 질문인가?

나는 매켄 여사를 2주 동안에 매주 사나흘을 만났다. 우리는 매번 똑같은 이야기를 반복했다.

"매켄 여사님, 걸을 수 있나요?"

"네, 걸을 수 있습니다."

"두 팔을 사용할 수 있습니까?"

"네."

"둘 다 모두 튼튼합니까?"

"네."

"왼손을 움직일 수 있습니까?"

"네."

"오른손을 움직일 수 있습니까?"

"네."

이런 질문들을 거친 다음에, 나는 주사기에 차가운 얼음물을 채워 그녀의 귓속으로 흘려넣었다. 기대했던 것처럼, 그녀의 눈이 특유한 방식으로 움직이기 시작했다.

"기분이 어떻습니까, 매켄 여사?"

"귀가 아파요. 차갑습니다."

"또 다른 것은요? 팔은 어때요? 팔을 움직일 수 있습니까?"

"물론이죠."

"걸을 수 있습니까?"

"네, 걸을 수 있습니다."

"두 팔을 모두 움직일 수 있습니까? 둘 다 튼튼합니까?"

"네, 둘 다 모두 튼튼합니다."

나는 도대체 그 이탈리아 과학자가 무슨 말을 했던 것인지 의아해졌다. 그런데 집으로 돌아가는 도중에 내가 다른 귀에 물을 흘려넣었다는 것을 깨달았다. (왼쪽 귀에 차가운 물을 혹은 오른쪽 귀에 따뜻한 물을 흘려넣으면, 눈이 자꾸 왼쪽으로 쏠리면서 갑자기 오른쪽으로 움찔한다. 그 반대도 성립한다. 이는 많은 의사들이 혼동하는 것 중의 하나이며, 나도 그랬다. 나는 무심코 대조실험을 먼저 했던 것이다.)

다음 날 우리는 다른 쪽 귀에 같은 실험을 반복했다.

"매켄 여사, 어떻습니까?"

"좋습니다."

"걸을 수 있습니까?"

"물론이죠."

"오른손을 움직일 수 있습니까?"

"네."

"왼손을 움직일 수 있습니까?"

"네."

"둘 다 튼튼합니까?"

"네."

안진이 있은 후에 나는 다시 질문했다.

"느낌이 어떻습니까?"

"귀가 차가워요."

"팔은 어때요? 팔을 움직일 수 있습니까?"

"아니오. 내 왼팔은 마비되어 있습니다."

뇌졸중을 일으킨 후 3주 동안에 그녀가 이렇게 말한 것은 처음이었다.

"메켄 여사, 얼마 동안 마비되어 있었습니까?"

"최근에 계속 그랬습니다."

그녀가 대답했다.

그것은 놀라운 발언이었다. 내가 그녀를 만나던 몇 주 동안에 그녀는 매번 마비 사실을 부정했다. 하지만 이 발언은, 실패한 시도에 대한 기억이 비록 그것에 대한 접근은 봉쇄되고 있지만 두뇌 어딘가에 등록되고 있었음을 암시한다. 차가운 물이 마비에 대한 억압된 기억을 표면으로 끌어올리는 '진실 토로 약'으로 작용한 것이다.

30분이 지난 다음 나는 그녀에게 다시 물었다.

"팔을 움직일 수 있습니까?"

"아니오, 왼팔이 마비됐어요."

안진이 멈춘 지 한참이 지났지만, 그녀는 여전히 자신이 마비되었음을 인정했다.

12시간 후에 내 학생 중 한 명이 그녀를 방문해서 물었다.

"라마찬드란 박사를 기억하십니까?"

"아, 네. 인도인 의사입니다."

"그가 어떻게 했습니까?"

"차가운 얼음물을 내 귀에 넣었고, 그래서 귀가 아팠습니다."

"또 다른 것은요?"

"뇌 모양이 그려진 타이를 매고 있었습니다."

사실이었다. 나는 PET 스캔이 그려져 있는 타이를 매고 있었다. 세세한 부분에 대한 그녀의 기억은 문제가 없었다.

"그가 어떤 질문을 했습니까?"

"그는 내가 양팔을 쓸 수 있는지 물었습니다."

"뭐라고 대답했나요?"

"모두 괜찮다고 대답했습니다."

이제 그녀는 마치 '대본'을 완전히 다시 쓰고 있는 것처럼, 자신이 이전에 인정했던 마비를 다시 부정하고 있다. 마치 우리는 서로를 모르는 완전히 다른 두 명의 의식적 인간을 만들어낸 것처럼 보인다. 지적으로 정직하고 자신의 마비를 인정하는 '차가운 물' 매퀸 여사와, 부정 증세를 가지고 있으며 자신의 마비를 단호하게 부정하는 차가운 물이 없는 매퀸 여사 말이다!

두 명의 매퀸 여사를 관찰하는 일은 지킬 박사와 하이드 씨를 통해 불후의 명성을 얻게 된 다중인격 증세를 떠올리게 했다. 다중인격 증세는 논란의 여지가 많다. 차갑고 이성적인 나의 동료들 대부분은 그런 증세가 존재한다는 사실 자체를 믿지 않으며, 단지 매우 정교한 가장의 한 형태일 뿐이라고 주장한다. 하지만 우리가 매퀸 여사에게서 관찰한 현상은, 비록 그들이 하나의 육체를 점하고 있지만 하나의 인격과 다른 인격이 부분적으로 단절되는 일이 실제로 발생할 수 있음을 의미한다.

여기서 무슨 일이 일어나고 있는지 이해하기 위해 작전실의 장군으로 다시 돌아가보자. 나는 좌뇌에 일종의 정합성을 유지하려는 메커니즘(장군)이 있다는 것을 예시하기 위해 이 유비를 사용했었다. 이 메커니즘은 비정상적인 것을 억제하고, 통일적인 믿음체계의 출현을 가능하게 하며, 자아의 통합성과 안정성에 대한 대부분의 책임을 지고 있다. 그런데 누군가가 원래의 믿음체계와 일관되지 않은, 하지만 그것들 사이는 서로 일관적인 다수의 비정상성과 마주치게 된다면 어떻게 될까? 이들은 비눗방울처럼 서로 융합해서 이전의 것과는 격리된 새로운 믿음체계를 형성해 다중인격을 만들어낼 수도 있을 것이다. 분할하는 것이 내전을 치르는 것보다는 낫다. 정상인들도 때때로 그런 경험을 한다는 사실을 고려한다면, 인지심리학자들이 이런 현상이 실재함을 받아들이기를 꺼리는 것은 약간 당혹스러운 일이다. 누군가가 내게 실컷 웃을 수 있는 매우 재미있는 농담을 들려주는 꿈을 꾸었던 기억이 난다. 이런 꿈은 최소한 그 꿈속에서나마 내 속에 서로 기억하지 못하는 두 개의 인격이 있음을 함축한다. 내 생각으로는 이것이 다중인격의 가능성에 대한 '존재증명'이다.[12]

그런데 어떻게 차가운 물이 그런 기적 같은 효과를 매켄 여사에게 미칠 수 있었는가 하는 문제가 남아 있다. 하나의 가능성은 차가운 물이 우뇌를 '깨웠다'는 것이다. 전정신경에서 오른쪽 두정엽의 전정피질과 우뇌의 다른 영역으로 투사되는 연결이 있다. 우뇌에 있는 이들 회로의 활성화는 환자로 하여금 좌측에 주의를 기울이게 하고, 자신의 왼팔이 생기 없이 놓여 있음을 알아차리게 한다. 그다음 그녀는 처음으로 왼팔이 마비되었음을 인지하게 된다.

이 해석은 최소한 부분적으로는 옳을 것이다. 그러나 나는 이런 현상이 빠른 눈 운동(REM) 수면 동안에 꾸게 되는 꿈과 연관되어 있다는 사변적 가설을 검토해보고자 한다. 사람들은 인생의 3분의 1을 잠자면서 보낸다. 그리고 잠자는 시간의 25퍼센트에 해당하는 시간 동안, 안구가 움직이면서 사람들은 감정이 수반되는 생생한 꿈을 경험한다. 이런 꿈을 꾸는 동안 우리는 스스로에 대한 불쾌하거나 혼란스러운 사실에 직면하기도 한다.

차가운 물이 흐르는 상태나 빠른 눈 운동 수면 상태에 공통적으로, 안구의 움직임이 있으며 불쾌하거나 억제된 기억이 표면으로 부상한다. 이는 단순한 우연이 아닐 것이다. 프로이트는 우리가 꿈속에서 일상에서 검열된 것들을 찾아낸다고 믿었다. '귀에 차가운 물이 흐르는' 자극이 있는 동안에 동일한 상황이 벌어지는 것은 아닌지 의심해볼 수 있다.

비유를 너무 멀리 밀고 나간 느낌은 있지만, 우리의 장군을 다시 한번 언급해보자. 그는 다음 날 저녁, 코냑 한 잔을 마시고 침실에 앉아 있다. 이제 그에게는 오전 5시 55분에 정찰병이 가져왔던 보고서를 찬찬히 살펴볼 시간이 있다. 이렇게 곰곰이 생각하고 해석하는 것이 우리가 꿈이라고 부르는 것에 해당된다. 보고서 내용이 그럴듯하다면 그는 그것을 다음 날 전투계획에 통합하려고 할 것이다. 내용의 앞뒤가 맞지 않거나 너무 뒤죽박죽이라면 그는 그것을 책상 서랍 속에 집어넣고 잊어버릴 것이다. 이것이 아마도 우리가 대부분의 꿈의 내용을 기억하지 못하는 이유일 것이다.

나는 차가운 물에 의해 야기된 전정신경의 자극이 빠른 눈 운동 수면을 만들어내는 동일한 신경회로를 부분적으로 작동시켰을 거라고 생각한다. 이는 환자로 하여금 자신의 마비처럼, 평소에 깨어 있을 때는 억제되어 있는 스스로에 대한 불쾌하거나 혼란스러운 사실을 복원하도록 만들어준다.

이는 대단히 사변적인 추측이다. 나는 이것이 옳을 가능성의 확률은 10퍼센트 정도라고 생각한다. (아마도 내 동료들은 1퍼센트 정도라고 생각할 것이다.) 하지만 이는 간단하게 시험해볼 수 있는 예측으로 우리를 이끈다. 부정 증세의 환자들은 자신들이 마비되었다는 꿈을 꾸어야 한다. 만약 빠른 눈 운동이 일어나는 동안 그들이 깨어 있다면, 그들은 다시 부정으로 돌아가기 전 몇 분 동안은 자신의 마비를 인정할 것이다. 온도를 이용한 안진현상의 효과(마비에 대한 매켄의 고백)는 안진운동이 멈춘 다음에도 최소한 30분은 지속되었다.[13]

마음의 병에 걸린 사람을 보살펴줄 수는 없는가?

기억 속에 뿌리박힌 슬픔을 뽑아내고,

뇌수에 각인된 고통을 지우며,

어떤 감미로운 망각의 약을 사용해

심장을 짓누르는 그 위험한 것들을

답답한 가슴에서 씻어내줄 수는 없는가?

– 윌리엄 셰익스피어

선택적 기억상실

기억은 신경과학의 성배로 불린다. 타당한 평가이다. 이 주제에 대해서 두꺼운 책 한 권을 쓸 수 있을지는 몰라도, 우리가 기억에 대해 아는 바는 사실 거의 없다. 최근 몇십 년 동안에 나온 연구들은 두 개의 범주로 나눌 수 있다. 하나는 시냅스 사이에 일어나는 물리적 변화의 본성이나 신경세포 안에서 이루어지는 화학적 연쇄에서 발견할 수 있는 기억 흔적의 형성에 관한 것이다. 두 번째는 (1장에서 간략히 설명한) H.M. 같은 환자에 대한 연구에 기초하고 있다. H.M.은 간질 때문에 해마를 외과적으로 제거했고, 수술 이전의 것은 대부분 기억하지만 수술 이후에는 더 이상 새로운 기억을 형성할 수 없었다.

세포와 H.M. 같은 환자들에 대한 실험은 새로운 기억 흔적이 어떻게 형성되는지에 대한 새로운 통찰을 주었다. 하지만 이들 실험들은, 그와 동일한 정도로 중요한, 기억의 서사적 혹은 구성적인 측면을 연구하는 데는 완전히 실패했다. 새로운 항목들은, 언제 어디서 일어났느냐에 따라 분류되기 전에, 어떻게 편집되고 (필요에 따라서) 검열을 받는가? 기억의 미세한 이런 측면들은 정상인을 통해 연구하기는 대단히 어렵다. 하지만 나는 몇 분 전에 일어났던 일을 '억압'하는 매켄 여사와 같은 환자를 통해 그것들을 연구해볼 수 있다는 것을 깨달았다.

이 새로운 영역의 지도를 그리기 위해서는 얼음물도 필요하지 않았다. 나는 결국 일부 환자들이 왼팔이 '움직이지 않거나' '약하거나' 때로는 '마비되어' 있음을 인정하도록 부드럽게 유도할 수 있었다. 이런 인정 때문에 그들이 동요하는 것 같지는 않았다. 내가 어떻게든 그런 진술을 끄집어낸 다음에 방을 나갔다가 10분 후에 돌아오면, 환자는 자신의 '고백'을 전혀 기억하지 못한다. 자신의 왼팔에 대한 일종의 선택적인 기억상실이다. 자신이 마비되었음을 알아차리고 10분 동안 울었던(파국반응) 한 여성은, 그것이 감정적으로 매우 격한 경험이었을 텐데도 불구하고 몇 시간이 지나자 그 일을 기억하지 못했다. 이는 거의 프로이트적인 억압과 같은 것이다.

부정 증세의 자연스러운 진행 경로는 우리에게 기억의 기능을 탐구할 또 다른 수단을 제공한다. 그 이유를 알 수는 없지만, 대부분의 환자들은 2주나 3주가 지난 다음에 부정 증세에서 완전히 회복되는 경향이 있다. 물론 그들의 팔은 여전히 거의 마비 상태이거나 극도로 약해져 있다. (자신의 음주나 신체상에 대한 두려운 사실을 부정하는 알코올 중독자나 신경성무식욕증anorexia nervosa 환자들이 부정 증세처럼 그렇게 빨리 회복될 수 있다면 얼마나 좋을까? 왼쪽 귀에 차가운 얼음물을 흘리는 것이 도움이 될지 궁금하다.) 마비에 대한 부정 현상이 끝난 환자를 찾아가서, "내가 지난주에 당신의 왼팔에 대해서 물었을 때 뭐라고 대답했습니까?"라고 물으면 그는 어떻게 대답할까? 그는 자신이 부정 상태에 있었음을 인정할까?

　내가 그 질문을 처음으로 한 환자는 뭄타즈 샤였다. 그녀는 뇌졸중을 일으킨 지 거의 한 달 동안 마비를 부정했으며, 그다음에 (마비는 그대로지만) 부정 증세에서 완전히 회복했다. 나는 뻔한 질문으로 시작했다.

　"샤 여사, 나를 기억합니까?"

　"네. 나를 보러 머시 병원에 왔었지요. 당신은 언제나 학생 간호사인 베키와 수잔과 함께였습니다." (모두 사실이었다. 여기까지는 올바르게 이야기했다.)

　"내가 당신의 팔에 대해 질문했던 것을 기억합니까? 뭐라고 이야기했습니까?"

　"내 왼팔이 마비되었다고 말했습니다."

　"내가 당신을 여러 번 만난 것을 기억합니까? 매번 뭐라고 말했습니까?"

"여러 번 보았지요. 그때마다 같은 대답을 했습니다. 내가 마비되었다고."(사실 매번 그녀는 자신이 괜찮다고 이야기했다.)

"뭄타즈, 곰곰이 생각해보세요. 당신은 왼팔이 마비된 것이 아니라 괜찮다고 말하지 않았습니까?"

"글쎄요, 박사님. 내가 그렇게 말했다면, 내가 거짓말을 했다는 것인데요. 나는 거짓말쟁이가 아닙니다."

뭄타즈는 내가 병원으로 수차례 찾아갔을 때 그녀가 10여 회가 넘게 부정했다는 사실을 억압하고 있었다.

같은 일이 샌디에이고 재활센터에 있던 환자 진에게도 일어났다. 우리는 통상적인 문답을 이어갔다.

"오른팔을 쓸 수 있습니까?"

"네."

"왼팔을 쓸 수 있습니까?"

"네."

그런데 "둘 다 똑같이 튼튼합니까?" 하는 질문에 이르자, 진은 "아니오. 내 왼팔이 더 강합니다"라고 대답했다.

나는 놀라움을 감추고 복도 끝에 있는 마호가니 탁자를 가리키면서 그것을 오른손으로 들어올릴 수 있는지 물었다.

"아마 할 수 있을 것입니다."

그녀가 대답했다.

"얼마만큼 들어올릴 수 있습니까?"

4킬로그램은 됨직한 탁자로 다가가면서 그녀가 대답했다.

"아마 3센티미터 정도는 들어올릴 수 있을 것입니다."

"왼손으로 탁자를 들 수 있습니까?"

"물론입니다. 5센티미터 정도 들어올릴 수 있을 것입니다."

진이 대답했다. 그리고 오른손을 들어서 엄지와 검지를 벌여 무기력한 왼손으로 탁자를 어느 정도 들어올릴 수 있는지 보여주었다. 이것은 반동형성이다.

다음 날 부정 증세에서 회복된 후에 진은 자신의 말을 부인했다.

"진, 어제 내가 했던 질문을 기억합니까?"

그녀는 오른손으로 안경을 벗으면서 말했다.

"네. 당신은 나에게 오른손으로 탁자를 어느 정도 들어올릴 수 있는지 물었습니다. 나는 3센티미터쯤 들어올릴 수 있다고 대답했습니다."

"왼팔에 대해서는 뭐라고 말했습니까?"

"왼손은 쓸 수 없다고 대답했습니다."

그녀는 이상하다는 듯이 나를 쳐다보았다.[14]

부정과 프로이트의 심리적 방어기제

우리가 앞서 살펴본 부정의 '모형'은 우리가 항상 행하고 있는 미묘한 일상적 부정의 형태나, 부정 환자들의 강력한 반대 모두를 부분적으로 설명해준다. 이런 설명은 좌뇌가 어떤 대가를 치르더라도 정합적인 세계관을 유지하려고 시도하며, 그것을 달성하기 위해 잠재적으로 자아의 안정성을 '위협하는' 정보를 때때로 차단한다는 생각에 의존하고 있다.

그런데 이런 '불쾌한' 사실을 수용하기 쉽도록 만들면, 즉 환자의 믿음체계에 덜 위협적인 것으로 만들면 어떻게 될까? 이 경우 환자는 왼손이 마비되었다는 사실을 인정하려고 할까? 달리 말해서, 단순히 그의 믿음 구조를 변경함으로써 부정 증세를 '치유'할 수 있을까?

나는 낸시라는 여성 환자에게 비공식적인 정밀신경검사를 하는 것처럼 해서 이를 시도해보았다. 나는 그녀에게 염분을 함유한 액체가 들어 있는 주사기를 보여주면서 다음과 같이 말했다.

"신경검사의 일환으로, 당신의 왼팔에 이 마취약을 주입하겠습니다. 그러면 곧장 당신의 왼팔은 몇 분 동안 일시적으로 마비될 것입니다."

낸시가 내 말을 분명히 이해하도록 한 다음에 나는 그녀의 팔에 소금물을 '주입'했다. 이제 마비를 받아들이기 한결 쉬워졌으므로, 그녀는 자신의 마비를 갑작스레 인정하게 될 것인가? 아니면 "주사가 아무런 효과가 없네요. 왼팔은 여전히 잘 움직입니다."라고 대답할 것인가? 이것은 인간의 믿음체계에 대한 훌륭한 실험 사례이다. 나는 이런 연구 영역에 대해서, 철학자들을 골려주기 위해 실험인식론이라는 이름을 붙였다.

낸시는 주사의 '효과'가 나타날 때까지 몇 분 동안 조용히 앉아 있었다. 그동안 그녀의 눈은 내 연구실에 있는 오래된 골동품 현미경들을 둘러보고 있었다. 내가 그녀에게 물었다.

"이제 왼팔을 움직일 수 있습니까?"

그녀가 대답했다.

"아니오. 팔이 아무 일도 하기 싫은가 봐요. 움직이지 않습니다."

이제 그녀가 실제로 팔이 마비되었다는 사실을 인정할 태세가 되었으므로, 내가 주입한 가짜 주사가 효과를 내는 것처럼 보였다.

그런데 이것이 내가 설득을 잘했기 때문이 아니라는 것을 어떻게 확신할 수 있는가? 단지 내가 낸시로 하여금 그녀의 팔이 마비되었다는 것을 인정하도록 '최면'을 건 것은 아닐까? 나는 대조실험을 해보기로 했고, 동일한 과정을 그녀의 오른팔에 반복했다. 10분 후에 방으로 돌아와 여러 가지 주제에 대해 간단한 잡담을 한 후에 내가 그녀에게 말했다.

"신경검사의 일환으로 당신의 오른팔에 이 국부 마취약을 주입하겠습니다. 주사를 놓고 나면 오른팔이 몇 분 동안 마비될 것입니다."

그리고 나는 아까와 똑같이 소금물 주사를 놓았다. 그리고 잠시 기다린 후에 물었다.

"오른팔을 움직일 수 있습니까?"

낸시는 아래쪽을 쳐다보며 오른손을 턱 쪽으로 들어올리면서 말했다.

"네, 움직이는데요. 박사님도 보이지 않으세요?"

나는 놀라는 시늉을 했다.

"어떻게 그것이 가능할까요? 아까 당신의 왼손에 사용했던 것과 같은 마취제를 주사했는데요!"

그녀는 믿을 수 없다는 듯 고개를 저으며 대답했다.

"잘 모르겠습니다. 박사님. 마음이 물질보다 우위에 있기 때문이 아닐까요? 나는 항상 그렇게 생각하고 있습니다."[15]

우리가 우리의 믿음에 대해 합리적 근거라고 부르는 것들은 종종 우리의 본능을 정당화하기 위한 극단적인 비합리적 시도들이다.

– 토머스 헨리 헉슬리

5년 전 이 연구를 시작했을 때, 나는 지그문트 프로이트에 대해서 아무런 관심이 없었다. (아마도 그는 내가 부정 증세에 빠져 있다고 말했을 것이다.) 내 동료들 대부분과 마찬가지로, 나는 그의 생각에 매우 회의적이었다. 신경과학 공동체 전체는 프로이트에 대해서 매우 회의적이다. 프로이트는 파악하기 힘든 인간 본성의 측면에 대해 말하고 있다. 그의 말은 사실처럼 들리기는 하지만 경험적으로 시험해볼 수 없다. 그리고 그가 쓴 것의 많은 부분은 말도 안 되는 이야기이다. 그런데 이들 환자들과 연구를 진행하면 할수록, 프로이트가 천재였다는 사실을 부인할 수 없음이 더욱 명확해졌다. 특히 세기 전환기의 빈의 사회적 · 지성적 분위기를 고려한다면 더욱 그러하다. 프로이트는 인간 본성이 체계적 과학 탐구의 대상이 될 수 있다는 점을 강조한 최초의 사람들 중의 한 명이다. 심장병 의사가 심장을 연구하고 천문학자가 행성의 운동을 연구하는 것처럼, 인간의 심리활동을 지배하는 법칙을 찾아낼 수 있다는 것이다. 지금은 우리 모두 이를 당연한 것으로 받아들인다. 그러나 당시로서는 혁명적인 생각이었다. 그가 유명해진 것은 결코 놀라운 일이 아니다.

프로이트의 가장 값진 공헌은, 의식적 마음은 단지 겉치레일 뿐이며, 두뇌에서 실제로 진행되는 일의 90퍼센트는 우리가 전혀 모른다는 점을 발견한 것이다. (그 놀라운 예가 4장의 좀비이다.) 심리적 방어에 대해서도 프로이트가 옳았다. '초조함을 숨기는 웃음'이나 '합리화'의 실재성에 대해서 그 누가 의심할 수 있겠는가? 놀랍게도 우리는 항상 이런 속임수를 사용하면서도 그것을 전혀 모르고 있다. 만일 누군가가 지적하면, 우리는 그것을 부정하려 한다. 다른 사람이 속임수를 쓰는 것을 보고 있으면, 그것은 웃음이 나올 정도로 명백하게 보이며 때로는 당황스러울 정도이다. 극작가나 소설가들은 이 모든 것을 너무나 잘 알고 있었다. (셰익스피어나 제인 오스틴을 읽어보라.) 그러나 우리의 심리적 삶을 형성하는 데 심리적 방어기제의 중추적 역할을 지적한 것은 프로이트의 공헌이다. 하지만 불행하게도 이를 설명하기 위해 그가 구축한 이론체계는 너무 막연하거나 전혀 시험해볼 수 없는 것이었다. 그는 인간의 상태를 설명하기 위해 불명료한 용어나 성에 대한 강박에 너무 자주 의존했다. 게다가 자신의 이론을 유효화할 수 있는 어떤 실험도 하지 않았다.

그런데 우리는 이런 메커니즘이 부정 환자들을 통해 바로 눈앞에서 전개되는 것을 목격할 수 있다. 우리는 지그문트 프로이트와 안나 프로이트가 묘사했던 자기기만의 다양한 목록을 만들어내고, 각각의 분명하고 강화된 사례들을 확인할 수 있다. 나는 그 목록들을 살펴보고, 심리적 방어기제의 실재성과 그것이 인간 본성에서 담당하는 중추적 역할에 대해 처음으로 확신하게 되었다.

부정 가장 명백한 형태는 물론 철저하고 노골적인 부정이다. "내 팔은 괜찮습니다." "내 팔을 움직일 수 있습니다. 마비되지 않았습니다."

억압 우리가 보았듯이, 때때로 환자들은 반복된 질문에 실은 자신이 마비되었음을 인정한다. 하지만 이내 그것을 다시 부정한다. 그 후 그들은 바로 몇 분 전에 했던 고백의 기억을 '억압'하는 듯 보인다. 많은 인지심리학자들은 아동학대를 갑작스럽게 기억해내는 것과 같은 억압된 기억들은 본질적으로 허위라고 주장한다. 치료사들이 심리적 씨앗을 심고 환자가 그 꽃을 피워 거둔 수확이라는 것이다. 그러나 우리는 시간적 범위가 짧긴 하지만, 억압에 해당하는 어떤 것이 진행되고 있음에 대한 증거를 가지고 있다. 환자의 행동이 실험자들에 의해 부당한 영향을 받았을 가능성은 전혀 없다.

반동형성 이는 스스로 사실이라고 여기는 것의 정반대를 주장하려는 경향이다. 가령, 잠재적인 동성애자는 무의식적으로 자신의 남성성을 드러내기 위해 맥주를 마시고 카우보이 부츠를 신고 뽐내며 마초적인 행동을 한다. X등급의 남성 포르노를 볼 때, 공공연한 게이가 편견을 갖지 않는 남성보다 더욱 크게 발기된다는 최근의 연구 결과도 있다. (어떻게 발기된 성기의 크기를 쟀는지 궁금할 것이다. 연구자들은 음경혈류측정기라는 장치를 사용했다.)

자신의 오른손으로 커다란 탁자를 3센티미터쯤 들어올릴 수 있으며, 마비된 왼손이 오른손보다 더욱 강하다고 말했던 진을 떠올려 보자. 그녀는 왼손으로 탁자를 5센티미터 정도 들어올릴 수 있다고 말했다. 신발 끈을 묶을 수 있냐고 물었을 때, "네, 두 손 모두를 이용해 신발 끈을 묶었습니다." 하고 대답했던 도즈 여사도 있다. 이들은 모두 반동형성의 놀라운 사례들이다.

합리화 이 장에서 우리는 합리화의 여러 사례들을 살펴보았다. "박사님, 내 어깨에 관절염이 있어서 아프기 때문에 팔을 움직일 수 없습니다." 또 다른 환자는 이렇게 말했다. "의대 학생들이 온종일 들쑤셔서, 지금은 팔을 움직이고 싶지 않습니다."

두 손을 올리라고 했을 때, 한 남자는 오른손을 높이 들었다. 내 시선이 그의 움직이지 않는 왼손에 고정되어 있다는 것을 알아차리고, 그는 이렇게 말했다. "당신도 보다시피 오른손을 들기 위해 왼손으로 내 몸을 고정시키고 있어요."

아주 가끔은 노골적인 작화증을 볼 수 있다. "내 왼손으로 당신의 코를 만지고 있어요." "네, 지금 박수를 치고 있어요."

유머 프로이트도 잘 알고 있었듯이, 유머는 때때로 이들 환자들뿐만 아니라 우리에게도 도움이 된다. 어색해서 웃는 웃음이나, 긴장을 풀기 위해 유머를 사용했던 순간들을 떠올려보라. 수많은 농담들이 죽음이나 성 같은 잠재적으로 위협적인 주제들을 다루고 있다는 것은 단순한 우연일까? 이들 환자들을 대한 다음에, 나는 어리석은 인간의 처지에 대한 가장 효율적인 대항수단은 예술이 아니라 유머라고 확신하게 되었다.

영문학 교수였던 환자에게 마비된 왼팔을 움직여보라고 했던 일이 기억난다.

"싱클레어 씨, 당신의 왼손으로 내 코를 만질 수 있습니까?"

"네."

"좋습니다. 보여주시겠습니까? 이리 와서 만져보세요."

"박사님, 나는 명령을 받는 것에 익숙하지 않습니다."

나는 당황스러워서 그가 농담을 한 것인지 아니면 비꼰 것인지 물었다.

"아니오. 나는 매우 진지합니다. 농담한 것이 아니에요. 왜 그런 것을 묻습니까?"

환자의 말에서 비딱한 유머의 냄새가 났지만, 그들 스스로는 자신들이 웃긴다는 것을 알지 못했다.

또 다른 예가 있다.

"프랑코 여사, 당신의 왼손으로 내 코를 만질 수 있습니까?"

"네. 하지만 조심하세요. 당신의 눈을 파내버릴지도 몰라요."

투사 이는 질병이나 장애를 대면하고 싶지 않아서, 그것을 다른 누군가에게 귀속시키려 할 때 사용되는 방법이다. "내 팔이 괜찮다는 것을 너무나 잘 알고 있으므로, 이 마비된 팔은 내 오빠의 것입니다." 이것이 실제 투사의 경우에 해당하는지 결정하는 일은 정신분석학자의 몫으로 남겨두겠다. 내 생각에는 거의 그런 것 같다.

신체상에 대한 착각은 교정 가능한가?

우리가 일상적인 삶 속에서 사용하는 프로이트식의 방어기제와 정확히 동일한 유형의 방어기제, 즉 부정, 합리화, 작화증, 억압, 반동형성 등을 구사하는 환자들이 바로 여기에 있다. 나는 이들이 최초로 프로이트의 이론을 과학적으로 시험할 기회를 제공한다는 점을 깨달았다. 이들 환자들은 당신이나 나의 소우주이다. 하지만 이들의 방어기제는 압축된 시간단위의 열 배 정도는 증폭되어서 나타난다. 그 결과 우리는 프로이트 분석학자들이 꿈꾸어왔던 실험을 할 수 있다.

예를 들면, 상황에 따라 어떤 방어기제를 사용할지는 무엇이 결정하는가? 왜 어떤 경우에는 직접적인 부정을 사용하고, 또 어떤 경우에는 합리화나 반동형성을 사용하는가? 어떤 방어기제를 사용할지 결정하는 것은 당사자의 인성 유형인가? 혹은 사회적 맥락이 그것을 결정하는가? 당신보다 우월한 사람과 사회적 약자에게 각각 다른 전략을 사용하는가? 달리 말해, 심리적 방어기제의 '법칙'들은 무엇인가? 물론 이들 질문들에 접근하기 위해 우리가 가야 할 길은 아직도 멀다.[16] 지금까지 이는 소설가나 철학자에게만 할애되어 있던 영역이었다. 우리 과학자들이 이 영역을 침범하기 시작했다는 것을 상상하는 것만으로도 나는 무척 신이 난다.

한편 이런 발견 중의 일부가 실질적인 임상적 결과를 낳을 수 있을까? 차가운 물을 이용해 신체상에 대한 착각을 교정하는 것은 환상적인 일로 보인다. 그런데 이것이 환자들에게도 유용할까? 반복적으로 찬물을 흘려주면, 매켄 여사의 부정 증세를 영구적으로 '치유'하고 그녀가 재활 과정에 능동적으로 참여하게 만들 수 있을까?

신경성무식욕증도 궁금해지기 시작했다. 이들 환자들은 식욕장애를 겪고 있으며, 자신의 신체상에 대해 착각하고 있다. 이들은 실제로는 병적으로 말랐지만, 거울에 비친 자신의 몸이 뚱뚱하게 보인다고 주장한다. (시상하부에 있는 섭식 및 포만억제중추와 연관된) 식욕장애가 우선적인가, 아니면 신체상의 왜곡이 식욕

문제를 야기하는가? 우리는 앞 장에서 일부 무시 환자들이 거울 속의 대상을 '실재'인 것으로 믿기 시작했음을 보았다. 감각적 혼란이 실제로 그들의 믿음체계를 변화시킨 것이다. 부정이나 질병인식불능증 환자의 경우에도, 우리는 종종 자신의 왜곡된 신체상을 수용하기 위해 믿음을 왜곡하는 경우를 볼 수 있다. 그와 유사한 어떤 메커니즘이 신경성무식욕증에도 관련되어 있을까?

우리는 도피질 같은 변연계 일부가, 시상하부의 식욕중추뿐만 아니라 신체상과 관련된 두정엽의 일부에 연결되어 있음을 알고 있다. 우리는 다음과 같이 생각해볼 수 있다. 오랜 기간에 걸쳐서 우리가 먹는 음식의 양, 뚱뚱한지 말랐는지에 대한 지성적 믿음, 신체상에 대한 지각, 그리고 식욕, 이 모든 것들은 우리가 알고 있는 것보다 훨씬 밀접하게 두뇌 속에서 연결되어 있다. 그리고 이들 체계 중 하나의 왜곡이 다른 체계의 혼란으로 이어질 수 있다. 이런 생각은 신경성무식욕증 환자의 귀에 차가운 물을 흘리고, 그것이 신체상에 대한 착각을 일시적으로 교정해주는지 확인함으로써 직접적으로 시험할 수 있다. 무리한 가능성이기는 하지만, 과정의 용이함이나 신경성무식욕증에 효과적인 치료 수단이 없다는 점을 감안한다면 한번 시도할 만한 가치는 있다. 신경성무식욕증의 경우 10퍼센트 정도는 매우 치명적이다.

유한성에 대한 두려움을 극복한 인간

프로이트를 비난하는 일은 오늘날 인기 있는 지적 유희가 되었다. 물론 뉴욕이나 런던에는 여전히 그의 팬들이 많다. 그런데 이 장에서 보았듯이, 프로이트는 인간의 상태와 관련한 어떤 부분에 대해서는 가치 있는 통찰력을 가지고 있었다. 심리적 방어기제에 대한 그의 주장은 기본적으로 옳았다. 하지만 그는 이런 기제가 어떻게 진화했고, 그것을 실현하는 신경기제는 어떤 것인지는 전혀 생각하지 않았다. 프로이트의 주장 중에서 비록 덜 알려지긴 했지만 흥미로운 것 중의 하나는, 그가 모든 위대한 과학혁명에 공통적인 단일 분모를 발견했다는 것이다. 약간은 놀랍지만, 이들 모두는 우주의 중심에서 '인간'을 퇴위시키고 모욕하는 것들이다.

프로이트에 따르면, 그 첫 번째는 코페르니쿠스의 혁명이다. 여기서 우주의 지동설 혹은 지구 중심적 견해가 지구는 단지 광활한 우주의 한 점 먼지에 불과하다는 생각으로 대체된다.

두 번째는 다윈의 혁명이다. 이에 따르면 우리는 유태성숙의 왜소한 털 없는 원숭이일 뿐이며, 최소한 지금의 일시적 성공을 가능케 한 모종의 특성을 우연히 진화시킨 존재이다.

세 번째 위대한 과학혁명은 프로이트 자신에 의한 무의식의 발견이다. 그에 따르면, 우리가 '무엇을 장악하고 있다'는 인간적 생각은 환상에 불과하다. 우리가 삶에서 행하는 모든 일은 무의식적인 감정, 욕구, 동기 등에 의해 지배된다. 의식이라는 것은 우리의 행위를 사후적으로 세련되게 정당화시켜주는 빙산의 일각과 같은 것이다.

나는 프로이트가 위대한 과학혁명의 공통분모를 정확하게 지적했다고 생각한다. 그런데 그는 왜 그것이 위대한 과학혁명의 공통분모인지는 설명하지 않았다. 왜 인간은 '모욕당하거나' 권좌에서 물러나는 것을 즐기는가? 인간 종을 왜소하게 만드는 새로운 세계관을 받아들이는 대가로 인간은 무엇을 얻는가?

여기서 방향을 틀어, 우주론, 진화, 두뇌과학이 왜 비단 전문가뿐만 아니라 일반인에게도 매력적으로 다가오는지 프로이트적으로 해석해보자. 다른 동물들과는 달리 인간은 자신의 유한성을 분명히 알고 있으며 죽음을 두려워한다. 그런데 우주를 연구해 초시간적인 통찰을 갖게 되면서, 우리가 더 큰 무엇의 일부라는 생각을 하게 된다. 우리가 변화하는 우주, 영원히 끝나지 않는 드라마의 일부라는 사실을 알게 될 때, 우리 자신의 개인적 삶이 유한하다는 사실에 대한 두려움을 조금은 덜게 된다. 아마도 여기가 과학자들이 가장 종교적인 경험을 하게 되는 지점일 것이다.

같은 이야기를 진화의 연구에도 적용할 수 있다. 이는 우리에게 시간과 공간에 대한 인식과 함께, 스스로를 위대한 여행의 일부로 파악하게 해준다. 두뇌과학도 마찬가지이다. 이 혁명을 통해 우리는 마음이나 육체와 구분되는 영혼이 있다는 생각을 포기했다. 그런데 이런 생각은 무섭기는커녕 우리를 매우 자유롭게 해준다. 스스로가 이 세계의 특별한 존재이고 특권적 위치에서 우주를 쳐다보는 고상한 존재라면, 우리의 소멸은 매우 받아들이기 힘들다. 그런데 우리가 단지 구경꾼이 아니라 시바가 추는 거대한 우주적 춤의 일부라면, 우리의 불가피한 죽음은 비극이 아니라 자연과의 행복한 재결합이 된다.

브라만이 전부이다. 브라만에서 현상, 감각, 욕구, 행위가 나온다. 그런데 이 모든 것은 단지 이름과 형상일 뿐이다. 누군가가 브라만을 알기 위해서는 자기 자신과, 브라만이라는 심장의 연꽃 속에 거주하는 자아와의 일체성을 경험해야만 한다. 그렇게 함으로써 인간은 슬픔과 죽음에서 벗어날 수 있고, 모든 지식을 초월한 신비한 본질과 하나가 된다.

- 우파니샤드, B.C. 500

8

'진 짜' 나 는 누 구 인 가 ?

"누구든지 불가능한 것을 믿을 수는 없어."
"나는 네가 충분히 연습하지 않았기 때문이라고 생각해.
내가 네 나이일 적에는 항상 하루에 30분씩 연습했어. 때때로 나는
아침을 먹기 전에 불가능한 것을 여섯 개씩이나 믿기도 했어." 여왕이 말했다.

- 루이스 캐럴

홈스가 말했다.
"일반적으로, 기이하면 기이한 것일수록 덜 신비로운 것으로 판명된다.
가장 알아보기 힘든 얼굴이 흔해빠진 얼굴인 것처럼,
정말로 골치 아픈 것은 아무 특징도 없는 흔해빠진 범죄이다."

- 셜록 홈스

전화기 반대편에서 전해온 그 목소리의 좌절과 절망을 나는
결코 잊지 못할 것이다. 전화가 왔던 이른 오후에, 나는 책상 옆
에서 논문들을 넘기며 그 속에 섞여 있는 편지 한 통을 찾고 있
었다. 이 사람이 무슨 말을 하고 있는지 파악하는 데는 그리 오
랜 시간이 걸리지 않았다. 그는 자신을 베네수엘라의 전직외교
관이라 소개했고, 아들이 무섭고 잔인한 망상을 겪고 있다고 했
다. 내가 도움을 줄 수 있을까?

"어떤 종류의 망상입니까?"

내가 물었다. 그의 대답과 목소리에 담겨 있는 간절함이 나를 놀라게 했다.

"서른 살 먹은 내 아들이 내가 자기 아버지가 아니라 가짜라고 생각합니다. 아들은 엄마도 가짜라고 합니다. 우리가 그의 실제 부모가 아니라는 것입니다."

그는 감정이 가라앉도록 잠시 기다렸다.

"도움을 받기 위해 무엇을 해야 할지, 어디로 가야 할지 전혀 모르겠습니다. 보스턴에 있는 한 정신과 의사가 당신의 이름을 알려주었습니다. 지금까지는 누구도 우리를 도와줄 수 없었고, 아서를 낫게 할 방법을 찾아내지 못했습니다."

그는 울먹거리고 있었다.

"라마찬드란 박사님, 우리는 아들을 사랑하며 그애를 돕기 위해서라면 지구 끝까지라도 갈 것입니다. 박사님이 그애를 한 번 봐줄 수 없을까요?"

"물론 그렇게 하겠습니다. 그를 언제 데려올 수 있습니까?"

나는 그렇게 말했다.

이틀 후 아서가 처음 우리 실험실로 왔다. 그리고 그것이 그의 상태에 대한 1년 이상의 연구로 이어졌다. 그는 잘생겼고, 청바지와 흰 셔츠를 입고 모카신을 신고 있었다. 그는 수줍음이 많고 어린애처럼 순진했다. 기어들어가는 목소리로 속삭이듯 말했고, 깜짝 놀라 눈을 크게 뜬 채 우리를 쳐다보기도 했다. 에어컨이나 컴퓨터 소음 때문에 나는 가끔씩 그의 목소리를 알아들을 수 없었다.

부모들의 설명에 따르면, 아서는 산타 바버라에 있는 학교를 다닐 때 교통사고를 당해 거의 죽을 뻔했다고 한다. 머리를 유리창에 세게 부딪힌 그는 거의 3주 동안 의식불명 상태에 있었다. 그 누구도 회생을 확신할 수 없는 상황이었다. 그런데 마침내 그가 깨어났고, 집중적인 재활치료를 시작했으며, 모두가 희망에 차 있었다. 아서는 점차 말하기와 걷기를 배웠고, 과거의 기억을 떠올렸으며, 겉으로는 정상으로 돌아온 것처럼 보였다. 그런데 그는 자신의 부모가 가짜라는 망상에 사로잡혀 있었다. 그 무엇도 그렇지 않다고 그를 납득시킬 수 없었다.

긴장을 풀기 위해 간단한 대화를 나눈 다음, 나는 아서에게 물었다.

"아서, 누가 당신을 병원으로 데려왔습니까?"

"대기실에 있는 저 사람들요. 저 사람은 나를 보살펴주고 있는 나이 든 신사입니다."

아서가 대답했다.

"당신의 아버지 말입니까?"

"아니오, 박사님. 그 사람은 내 아버지가 아닙니다. 단지 내 아버지처럼 보일 뿐입니다. 그는 가짜입니다. 그렇다고 그가 어떤 해를 끼치는 것은 아닙니다."

"아서, 왜 그가 가짜라고 생각합니까? 무엇 때문에 그런 느낌이 드는 것입니까?"

그는 어떻게 내가 그런 뻔한 질문을 물어볼 수 있느냐는 눈빛으로 나를 쳐다보며 대답했다.

"네, 그는 내 아버지와 똑같이 생겼습니다. 하지만 그는 진짜가 아닙니다. 좋은 사람이기는 하지만 내 아버지는 아닙니다."

"그런데 아서. 왜 이 사람이 당신 아버지인 척하는 걸까요?"

아서는 체념한 듯 슬픈 표정으로 말했다.

"그게 정말 놀라운 일입니다. 왜 다른 사람이 내 아버지인 척할까요? 아마도 진짜 내 아버지가 나를 보살피라고 돈을 주고 이 사람을 고용했는지도 몰라요."

그는 그럴듯한 설명을 찾지 못해 혼란스러운 듯 보였다.

나중에 내 연구실에서 아서의 부모들은 상황을 더욱 복잡하게 만드는 이야기를 하나 더 해주었다. 아서와 전화로 이야기를 나눌 때는, 그가 자신들을 가짜라고 여기지 않는다는 것이다. 그는 얼굴을 대면하고 만나서 말할 때만 부모가 가짜라고 주장한다. 이는 아서가 부모에 대한 기억상실에 빠졌거나, 단순히 '미친' 것이 아님을 함축한다. 만일 그렇다면 왜 전화로 말할 때는 정상이고, 얼굴을 볼 때만 부모의 정체에 대해 망상에 사로잡히겠는가? 아서의 아버지가 말했다.

"아주 황당합니다. 그애는 자신이 과거에 알고 있던 사람들을 전부 알아봅니다. 대학 때의 룸메이트, 어릴 적 친구들, 옛날 여자친구 전부 말입니다. 그애는 이들 중 누구도 가짜라고 말하지 않습니다. 그녀석이 우리한테 무슨 불만이 있는 것 같아요."

나는 아서의 부모가 가여웠다. 우리가 아들의 두뇌를 검사해서 그의 상태가 어떤지 알아낼 수는 있을 것이다. 그리고 그의 이상한 행동을 논리적으로 설명할 수 있다는 것이 어느 정도 위안이 될지는 모르겠다. 하지만 효과적으로 치료할 수 있는 가능성은 거의 없었다. 이런 종류의 신경증 상태는 대개 영구적이다.

어느 토요일 아침, 그의 아버지가 나에게 전화를 걸었다. 환상사지에 대한 프로그램에서 내가 거울을 사용해 두뇌를 속일 수 있음을 증명하는 것을 보고 흥분해서 전화를 한 것이다.

"라마찬드란 박사님, 만약 당신이 마비된 환상사지를 다시 움직이도록 속일 수 있다면, 왜 비슷한 속임수로 아서의 망상을 없애버릴 수는 없습니까?"

그러게 말이다. 왜 안 되겠는가? 다음 날, 아서의 아버지는 아들 방으로 가서 쾌활하게 말했다.

"아서, 알고 있니? 요즘 너와 살던 그 사람은 가짜야. 그 사람은 네 아버지가 아니야. 네가 옳았어. 그래서 그를 중국으로 보내버렸단다. 내가 진짜 네 아버지야. 다시 보니 반갑구나, 아들아!"

그는 아서에게 다가가 어깨를 두드렸다. 아서는 놀란 것 같으면서도 그 말을 액면 그대로 받아들이는 듯했다. 다음 날 그가 우리 실험실로 왔을 때 내가 물었다.

"오늘 여기에 당신을 데려온 사람은 누구입니까?"

"내 진짜 아버지입니다."

"지난주에 당신을 보살펴준 그 사람은 누구입니까?"

"아, 그 사람은 중국으로 갔습니다. 그는 내 아버지와 닮았지요. 하지만 이제 그는 여기 없습니다."

그날 오후에 아서의 아버지에게 전화를 걸어보았다. 그는 이제 아서가 자신을 '아버지'라고 부른다고 확인해주었다. 하지만 아서는 여전히 뭔가 잘못되었다고 느끼는 것 같았다. 그의 아버지는 이렇게 말했다.

"그애가 머리로(지적으로)는 나를 받아들이는 것 같아요. 하지만 가슴으로(정서적으로)는 아닙니다. 그애를 껴안아도 따뜻함이 느껴지지 않아요."

하지만 불행히도 아서가 자신의 부모를 머리로 인정하는 일도 오래 지속되지 않았다. 1주일 후에 아서는 가짜가 돌아왔다고 주장하면서 원래의 망상으로 돌아갔다.

카프그라 증후군Capgras' syndrome

아서는 신경학에서 매우 희귀하지만 가장 희한한 증세 중의 하나인 카프그라 망상Capgras' delusion에 빠져 있다.[1] 이 증세를 겪는 환자들은 정신적으로 멀쩡하다. 하지만 자기와 매우 가까운 인물 가령 부모, 아이, 배우자 등을 가짜라고 생각한다. 아서가 다음과 같이 반복해서 말하듯 말이다. "저 남자는 내 아버지와 똑같이 생겼어요. 하지만 내 진짜 아버지가 아닙니다. 내 어머니라고 주장하는 저 여자요? 저 여자는 거짓말을 하고 있습니다. 내 엄마와 비슷하게 생겼지만, 진짜가 아니에요."

이런 이상한 망상은 정신병적 상태에 의해 발생될 수도 있다. 그러나 기록되어 있는 카프그라 증후군의 3분의 1은, 아서가 자동차 사고로 입었던 머리 부상처럼, 외상성 두뇌 손상과 함께 일어난다. 이는 이 증세가 두뇌 조직과 관련된 것임을 보여준다. 그런데 대다수의 카프그라 환자들은 정신과 의사에게 보내진다. 이런 망상이 '자연발생적으로' 나타나기 때문이다. 정신과 의사들은 이 증세를 프로이트적으로 설명하는 것을 선호한다.

그런 견해에 따르면, 우리 정상인들은 모두 어릴 적에 부모에게 성적으로 끌린다. 그래서 모든 남자는 (오이디푸스처럼) 어머니를 성적으로 원하게 되고, 아버지를 성적인 경쟁자로 간주하게 된다. 모든 여자는 평생 아버지에 대한 성적 강박관념을 깊숙이 숨기고 있다(엘렉트라 콤플렉스). 이런 금지된 욕구들은 비록 성인이 되면 완전히 억압되지만, 화재가 진화된 다음 그 속에 깊이 숨어 있는 불씨처럼 잠복 상태로 남아 있다. 그리고 머리에 어떤 충격이 가해지고 (혹은 인지되지 않은 어떤 해제기제를 통해) 어머니와 아버지를 향한 억압된 성적 욕망이 표면으로 부상한다고 많은 정신과 의사들은 주장한다.

환자들은 갑작스럽게 부모에 대한 설명할 수 없는 성적 유혹을 느끼면서, 자신에게 이렇게 말한다. "오, 신이시여. 이 사람이 내 어머니라면 어떻게 내가 유혹을 느낄 수 있습니까?" 아마도 온전함을 유지할 수 있는 유일한 길은 자신에게 이렇게 말하는 것이다. "이 사람은 내가 모르는 다른 사람이 틀림없어." 혹은 "나는 아버지에게 한 번도 이 같은 성적 질투심을 느껴본 적이 없어. 그러므로 이 사람은 가짜가 틀림없어."

실제 대부분의 프로이트적 설명처럼, 이 설명도 대단히 독창적이다. 나는 자신이 기르는 애완견에게 유사한 망상을 가진 카프그라 환자를 만났다. 그 앞에 있는 피피는 가짜이고 진짜 피피는 브루클린에 살고 있다는 것이다. 나는 이것이 카프그라 증후군에 대한 프로이트식의 설명을 뒤집는 사례라고 생각한다. 나는 우리 모두에게 어떤 야수성이 잠복해 있을지도 모른다고 생각한다. 하지만 그것이 아서의 문제는 아니다.

카프그라 증후군을 연구하는 더 나은 접근방식은, 두뇌의 시각 인식 및 감정과 관련된 경로를 중심으로 신경해부학을 자세히 들여다보는 것이다. 측두엽에는 얼굴과 사물의 인식에 특화된 영역이 위치한다(4장에서 설명한 무엇 경로). 우리는 무엇 경로의 특정 부위가 손상을 입으면 환자가 얼굴을 인식하는 능력을 상실[2]한다는 사실을 통해 이를 알고 있다. 올리버 색스의『아내를 모자로 착각한 남자』를 통해 널리 알려졌듯이, 이런 환자는 가까운 친구나 친척들의 얼굴도 알아보지 못한다. 정상적인 두뇌에서 (두뇌 양편에서 발견되는) 얼굴인식 영역은 두뇌의 중간 깊숙이 있는 변연계에 정보를 중계한다. 변연계는 특정 얼굴에 대한 감정적 반응을 만들어낸다(그림 8.1).

어머니의 얼굴을 볼 때 사랑을 느끼고, 상사나 성적인 경쟁자를 보면 화가 난다. 나를 속였거나 아직 용서하지 않은 친구의 얼굴을 보면 의도적으로 냉담해진다. 각각의 경우, 내가 얼굴을 볼 때 시각피질이 이미지(어머니, 상사, 친구)를 인식하고, 해당 정보를 변연계의 출입구인 편도로 보내 그 얼굴의 감정적 의미를 분별한다. 이런 작용이 변연계의 나머지 부분으로 중계되면, 나는 그 특정 얼굴에 어울리는 사랑, 분노, 실망과 같은 감정적 느낌을 경험하기 시작한다. 사건들 간의 실제 연쇄는 이보다 훨씬 복잡하다. 하지만 이 정도의 그림으로도 그 핵심을 포착할 수 있다.

아서의 증세를 생각하던 중에, 나는 그의 이상한 행동이 이런 두 영역(인식과 관련된 영역과 감정과 관련된 영역)의 단절 때문에 일어났을 거라는 생각이 들었다. 아서의 얼굴 인식 경로는 완전

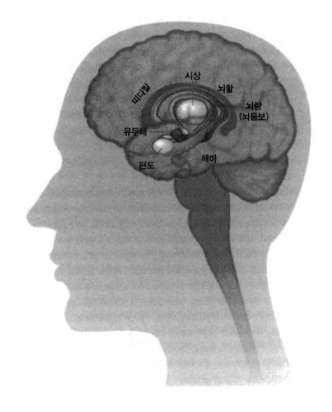

그림 8.1 변연계는 감정과 연관되어 있다. 그것은 기다란 C자 모양의 섬유로 서로 연결되어 있는 다수의 핵(세포 덩어리)으로 이루어져 있다. 측두엽의 전두극에 있는 편도는 감각 영역에서 입력을 받으며, 변연계의 나머지 영역에 메시지를 보내 감정적 반응을 일으킨다. 이런 연쇄적인 과정은 종국적으로 시상하부와 자율신경계로 이어지며, 동물이나 사람이 행동을 준비하도록 한다.

히 정상이다. 그렇기 때문에 그가 어머니, 아버지를 포함해 사람들의 얼굴을 알아보는 데는 아무 문제가 없다. 그런데 '얼굴 영역'과 편도의 연결이 선택적으로 손상되었을 수 있다. 그 경우 아서는 부모의 얼굴은 알아보지만, 그들의 얼굴을 쳐다볼 때 아무런 감정도 경험하지 못한다. 사랑하는 어머니의 얼굴을 보아도 '따뜻한 온기'를 느끼지 못하는 것이다. 그 결과 그는 자신에게 이렇게 말할 것이다. "만약 이 사람이 내 어머니라면, 도대체 무엇 때문에 어머니와 함께 있다는 느낌을 느낄 수 없는가?"

이런 딜레마의 유일한 탈출구는 이 여인이 단지 어머니를 닮았을 뿐이라고 가정하는 것이다. 두뇌의 두 영역의 연결이 단절되었다고 하면, 이것이 그가 할 수 있는 사리에 들어맞는 유일한 해석이다. 그 여자는 가짜가 틀림없다.[3]

이는 매우 흥미로운 생각이다. 그런데 이런 생각을 어떻게 시험해볼 것인가? 이는 대단히 복잡한 도전처럼 보인다. 하지만 심리학자들은 일상생활에서 부딪히는 얼굴, 대상, 장면, 사건 등에 대해서 우리의 감정적 반응을 측정하는 간단한 방법을 찾아냈다. 이것의 작동을 이해하기 위해서는 먼저 신경계의 해부학적 내용에 대한 약간의 지식이 필요하다. 신경계는 우리 두뇌의 일부로, 기관이나 혈관, 샘, 그리고 신체 여러 조직의 무의식적이고 자동적인 활동을 통제하는 곳이다.

우리가 위협적이거나 성적으로 매력적인 얼굴로 인해 감정적으로 고양되었다고 하자. 이 경우, 얼굴인식 영역에서 출발하는 정보는 변연계를 거쳐 시상하부에 있는 조그만 세포 덩어리로 간다. 시상하부는 자동신경계의 명령중추이다. 시상하부에서는 심장, 근육, 그리고 두뇌의 다른 영역에 이르는 신경섬유가 뻗어 있다. 이는 특정 얼굴에 반응해 적절한 신체적 행동을 취하도록 한다. 우리가 싸우거나 도망치거나 짝짓기를 할 때면, 혈압이 올라가고 세포에 더 많은 산소를 공급하기 위해 심장 박동이 빨라진다. 그와 동시에 우리는 땀을 흘리기 시작한다. 이는 근육에 쌓인 열을 분산시킬 뿐만 아니라, 땀에 젖은 손바닥은 나뭇가지, 무기 혹은 상대방의 목을 더 잘 쥐기 위한 것이다.

실험자의 입장에서, 땀에 젖은 손바닥은 위협적인 얼굴에 대한 감정적 반응의 가장 중요한 특징이다. 우리는 상대방에 대해 내가 어떻게 느끼는지 손이 땀으로 젖는 것을 통해 무심코 드러낸다. 우리는 손바닥에 전극을 달아 피부의 전기저항을 기록함으로써, 이런 반응을 매우 손쉽게 측정할 수 있다. (전기피부반응 혹은 GSR이라 부르는 이 간단한 절차는 그 유명한 거짓말 탐지기의 근거가 된다. 거짓말을 할 때마다 손바닥이 살짝 젖는다. 젖은 피부는 마른 피부보다 전기저항이 낮으므로, 전극 반응을 통해 거짓말을 잡아내는 것이다.) 이를 우리의 목적과 연관시켜보자. 잘 믿기지는 않겠지만, 아버지나 어머니를 볼 때마다, 우리의 몸은 미세하게 땀을 흘리기 시작하며 전기피부반응을 나타낸다.

그렇다면 아서가 어머니나 아버지를 볼 때는 무슨 일이 일어나는가? 내 가설의 예측에 따르면, 아서는 (얼굴인식 영역은 정상이므로) 그들이 부모와 닮은 것으로 보지만, 전기 전도도의 변화는 일어나지 않아야 한다. 두뇌에서의 단절이 그의 손바닥에 땀을 흐르는 것을 막을 것이다.

"내 부모는 가짜예요"

우리는 비 오는 겨울날, 가족들의 허락하에 캠퍼스 지하에 있는 실험실에서 실험을 시작했다. 아서는 편안한 의자에 앉아 날

씨와 아버지의 자동차에 대해 농담을 했다. 우리가 그의 왼손 검지에 두 개의 전극을 고정하는 동안, 아서는 몸의 한기를 쫓기 위해 뜨거운 차를 마시며 비디오의 화면보호기를 보았다. 손가락에 땀이 약간이라도 나면, 그것은 그의 피부저항을 변화시키고 이는 화면상으로 기록된다.

나는 그에게 엄마와 아버지, 할아버지의 사진, 그리고 그 사이에 낯선 사람들의 사진을 끼워 연속적으로 보여주었다. 그리고 그의 전기피부반응을 비교대조군인 동일한 사진을 본 여섯 명의 학부 학생의 반응과 비교했다. 실험하기 전, 피실험자들에게는 그들이 얼굴 사진을 볼 것이며, 그중 어떤 것은 친숙하고 또 어떤 것은 낯선 사진이라고 일러주었다. 전극을 부착한 다음, 우리는 이들에게 각각의 사진을 2초 정도 보여주었다. 하나의 사진에서 다음 사진으로 넘어가기 전에는, 피부의 전기전도도가 기저선baseline으로 회복될 때까지 15초에서 25초 정도의 간격을 두었다.

예상했던 대로, 학생들은 부모의 사진을 볼 때 급격한 전기피부반응을 보였으며, 모르는 사람의 사진을 볼 때는 아무 반응도 보이지 않았다. 반면 아서의 경우에는 모든 반응이 일률적으로 낮았다. 부모에 대한 반응에서도, 신호 증가가 전혀 없거나 때로는 마치 그가 다시 한번 찬찬히 보기라도 하듯이 아주 미미한 증가만 있었을 뿐이다. 이런 결과는 우리 이론이 옳았음을 간접적으로 증명한다. 아서는 자신의 부모에게 전혀 감정적으로 반응하지 않았으며, 이것이 전기피부반응의 결여로 이어졌다.

그런데 아서가 얼굴을 알아본다는 것을 어떻게 확인할 수 있는가? 그의 머리 부상이 얼굴을 분간하는 측두엽 세포들을 손상시켰으며, 그 결과 부모나 이방인 모두에게 평평한 GSR이 나온 것은 아닐까? 그러나 그럴 것 같지는 않다. 병원으로 그를 데려온 사람, 즉 아버지, 어머니가 자신의 부모를 닮았다고 그가 쉽게 인정했기 때문이다. 또한 빌 클린턴이나 알베르트 아인슈타인 같은 유명인의 얼굴을 알아보는 데도 아무런 어려움이 없었다. 어쨌든 우리는 얼굴을 인식하는 그의 능력을 더욱 직접적으로 시험할 필요가 있었다.

우리는 직접적인 증거를 얻기 위해 어쩌면 뻔한 일을 해보았다. 나는 아서에게 열여섯 쌍의 낯선 사람의 사진을 보여주었다. 각각은 동일인의 약간 다른 사진이거나, 다른 두 사람의 스냅사진이었다. 우리는 그에게 각 쌍의 사진이 동일한 사람의 것인지 물었다. 사진 가까이 코를 갖다대고 뚫어지게 쳐다보던 아서는 열여섯 쌍 중에서 열네 쌍을 올바로 대답했다.

우리는 이제 아서가 얼굴을 알아보고 그것들을 분간하는 데 아무 문제가 없다는 것을 확신할 수 있었다. 그러면 그가 부모에 대해 강한 전기피부반응을 보이지 않은 것은, 그의 감정적 능력에 총체적인 혼란이 생겼기 때문은 아닐까? 우리는 그의 머리 부상이 번연계를 손상시키지 않았다는 것을 어떻게 확신할 수 있는가? 아마 그는 아무런 감정을 느끼지 않을 수도 있다.

하지만 이 또한 가능성은 없어 보인다. 나는 여러 달에 걸쳐 그와 많은 시간을 함께 보냈다. 그 기간 동안, 그는 모든 영역에 걸친 인간적 감정을 보여주었다. 내 농담에 웃기도 했고, 내게 웃기는 이야기를 들려주기도 했다. 좌절, 두려움, 분노를 표현했으며, 때로는 울기도 했다. 그 모든 상황에서 그의 감정은 적절한 것이었다. 그렇다면 아서의 문제는 얼굴을 알아보거나 감정을 경험하는 능력의 문제는 아니다. 그가 잃어버린 것은 이 둘을 연결하는 능력이다.

거기까지는 좋다. 그런데 왜 이런 현상이 가까운 인척에 국한해서 나타나는가? 가령, 우편배달부는 친숙한 얼굴임에도 불구하고, 그는 왜 가짜라고 말하지 않는가?

(사고 전의 아서를 포함해) 모든 정상인은 그와 감정적으로 매우 가까운 사람, 즉 부모, 배우자, 형제들을 대할 때 어떤 감정이 고조되고 따뜻하고 훈훈한 느낌이 일어나기를 기대한다. 때로 그것은 매우 희미하게 경험될 수도 있다. 그러므로 이런 따뜻함을 전혀 느낄 수 없다는 것은 놀라운 일이다. 이 경우, 아서가 의지할 유일한 방책은 그것을 합리화시키고 설명해줄 수 있는 말도 안 되는 망상을 만들어내는 것이다. 반면에 우편배달부를 볼 때는 그런 따뜻함의 고조를 기대하지 않는다. 그 결과 '따뜻한 느낌' 반응의 결핍을 설명하기 위해 망상을 만들어내야 할 아무런 유인 요소가 없다. (관계가 연애로 발전하지 않는 한) 우편배달부는 단지 우편배달부일 뿐이다.

카프그라 환자들의 가장 공통적인 망상은 부모가 가짜라는 것이다. 옛날 의학책을 보면 더욱 기이한 사례들을 발견할 수 있다. 기록으로 남아 있는 한 경우, 그 환자는 의붓아버지가 로봇이라고 확신하고, 마이크로 칩을 찾기 위해 그의 머리를 자른 다음에 두개골을 열었다. 이 환자의 경우 감정과의 분리가 너무나 극단적이어서, 아서와 비교해 더욱 얼토당토않은 망상을 갖

게 된 것이다. 의붓아버지가 인간이 아니라, 인간의 모습을 한 마음이 없는 로봇이라고 말이다.[4]

1년쯤 전, 라 졸라의 보훈병원에서 아서에 관한 강의를 하고 있었다. 이때 한 신경과 레지던트가 내 이론에 대해 날카로운 반박을 제기했다. 내 이론은 선천적으로 (변연계의 출입구인) 편도가 석회화하면서 퇴화되는 질병을 갖고 태어난 환자나, 수술이나 사고로 편도(우리는 모두 두 개의 편도를 가지고 있다)를 완전히 상실한 사람들의 경우를 설명할 수 없다는 것이다. 그런 사람들이 분명 존재하며, 이들의 GSR은 모든 감정적 자극에 대해 평평한 반응을 보인다. 하지만 이들은 카프그라 증후군으로 발전하지 않는다. 이와 유사하게, (변연계에서 정보를 받아 미래에 대한 세세한 계획을 세우는) 전두엽에 손상을 입은 환자들도 종종 GSR이 결여되어 있다. 하지만 이들도 카프그라 증후군 증세는 보이지 않는다.

그 이유는 무엇인가? 그 대답은, 이들 환자들의 경우에 모든 감정 반응이 전체적으로 둔감해져서, 비교를 위한 기저선이 없다는 것이다. 〈스타트랙〉에 나오는 벌칸이나 데이터처럼 이들 환자는 감정이 무엇인지 전혀 모른다고 주장할 수 있다. 반면에 아서 같은 카프그라 증후군 환자는 다른 모든 부분에서 정상적인 감정생활을 누리고 있다.

이러한 생각은 두뇌의 기능에 대한 중요한 한 가지 원리를 우리에게 가르쳐준다. 우리의 모든 지각 혹은 우리 마음의 모든 측면은 절대값이 아니라 비교를 통해 지배된다는 것이다. 이런 점은 신문 인쇄가 진하다고 판단하는 사소한 일에서부터 우리의 내적인 감정 지평에서 그 변화를 감지하는 미묘한 일에 이르기까지 모두 참인 것처럼 보인다. 이런 결론은 광범위한 의미를 함축하고 있다. 이는 또한 우리의 접근방식, 즉 현재 인지신경과학이라는 이름으로 진행되는 분야의 힘을 예시하는 데도 도움을 준다. 우리는 두뇌가 어떻게 작동하는가에 대한 중요한 일반적 원리를 발견하고, 적당한 환자에게 상대적으로 간단한 실험을 해봄으로써 심오한 철학적 질문에 접근할 수 있다. 우리는 매우 기이한 증세에서 출발해서 희한한 이론을 제안하고 그것을 실험실에서 시험한다. 그리고 이런 이론에 대한 반론에 응답하는 과정을 통해 건강한 두뇌가 실제로 어떻게 작동하는지에 관해서 더욱 많은 것을 배우게 된다.

코타르 증후군Cotard's syndrome

이런 사변을 좀 더 밀고 나가서, 코타르 증후군이라는 매우 특이한 장애를 살펴보도록 하자.

이 증세를 겪는 환자는 자신이 죽었다고 주장한다. 그는 살이 썩는 냄새를 맡으며 온몸 위로 벌레가 기어다닌다고 주장한다. 대부분의 사람들은 그 사람이 미쳤다고 생각할 것이다. 몇몇 신경학자들도 그렇게 생각한다. 그러나 이는 왜 그런 특정 형태의 망상이 생겨나는지 설명하지 못한다.

나는 코타르 증후군이 카프그라 증후군의 과장된 형태이며 그 기원이 비슷하다고 생각한다. 카프그라의 경우, 얼굴인식 영역만 편도와 절단되어 있다. 반면에 코타르의 경우는 모든 감각 영역이 변연계와 단절되어 있으며, 그 결과 세계와의 감정적 접촉이 전적으로 상실된다. 이는 우리가 이미 알고 있는 두뇌회로를 통해 대부분의 사람들이 정신질환이라고 간주하는 기이한 두뇌장애를 설명할 수 있는 또 하나의 사례이다. 우리는 이런 생각을 실험실에서 시험해볼 수 있다.

나는 코타르 증후군 환자들이 단지 얼굴에 대해서뿐만 아니라, 모든 외부적 자극에 대해 GSR을 완전히 결여할 거라고 예측한다. 이들은 감정적으로 격리된 섬에 좌초되어서 죽음을 경험하는 것과 유사한 상태에 빠져 있는 것이다.

카프그라 망상을 초래하는 시선의 변화

아서는 실험실에 오는 것이 즐거운 것 같았다. 그의 부모들은 그가 '미친' 것이 아니며, 그의 증상을 논리적으로 설명할 수 있다는 것에 만족했다. 나는 그가 어떤 반응을 보일지 확신할 수 없었으므로, 자세한 내용을 아서에게 알려주지 않았다.

아서의 아버지는 명석한 사람이었다. 한번은 아서가 옆에 없을 때, 그가 나에게 물었다.

"만일 당신의 이론이 옳다면, 즉 정보가 편도에 이르지 않아서 이런 증상을 보인다면, 왜 전화상으로 우리를 알아보는 데는 아무 문제가 없습니까? 그게 말이 되나요?"

나는 다음과 같이 대답했다.

"청각피질, 즉 측두엽의 듣는 영역에서 편도에 이르는 경로는 다른 경로입니다. 한 가지 가능성은, 사고에도 불구하고 이 듣기 경로는 손상되지 않았다는 것입니다. 단지 시각중추만이 아서의 편도에서 단절된 것이지요."

이 대화는 나로 하여금 편도와 그것에 뻗어 있는 시각중추의 또 다른 잘 알려진 기능에 대한 궁금증을 불러일으켰다. 편도에서 세포의 반응을 기록하던 과학자들은, 이 세포들이 얼굴 표현이나 감정 외에도 시선의 방향에 대해 반응한다는 사실을 알아냈다. 가령, 어떤 세포는 누군가 당신을 똑바로 쳐다볼 때 발화하고, 이웃한 세포는 그 사람의 시선이 2센티미터 정도 빗겨나 있을 때 발화한다. 또 다른 세포는 왼쪽이나 오른쪽으로 시선이 뚝 떨어져 있을 때 발화한다.

영장류의 사회적 의사소통에서 시선의 방향[5]이 중요한 역할을 한다는 것을 고려하면, 이런 현상은 결코 놀라운 일이 아니다. 영장류는 죄책감 혹은 부끄러움을 느끼거나 당황하면 시선을 피하고, 사랑하는 상대는 똑바로 응시하며, 적은 위협적으로 노려본다. 감정은 사적으로 경험되는 것임에도 불구하고 타인과의 상호작용에 연관되어 있다. 우리는 그것을 잊어버리는 경향이 있다. 상대방과 상호작용을 하는 한 가지 방법은 시선을 맞추는 것이다. 시선의 방향과 친숙감, 감정이 서로 연관되어 있다고 할 때, 나는 얼굴 사진에서 시선의 방향을 파악하는 아서의 능력이 손상을 입었는지 궁금해졌다.

이를 알아보기 위해 나는 여러 장의 사진을 준비했다. 같은 모델이 카메라 렌즈를 똑바로 쳐다보거나, 렌즈의 왼쪽이나 오른쪽으로 3센티미터 혹은 5센티미터 되는 지점을 쳐다보고 있는 사진들이었다. 아서가 해야 할 일은 사진 속의 모델이 그를 똑바로 쳐다보는지의 여부를 알려주는 것이었다. 당신이나 나는 시선이 조금만 이동해도 정확히 알아낸다. 하지만 아서에게는 이런 능력이 전혀 없었다. 그는 오직 모델의 시선이 전혀 다른 방향을 향해 있는 경우에만, 그 모델이 자신을 보고 있지 않다고 올바로 분간해냈다.

이러한 발견은 그 자체로도 흥미롭다. 하지만 시선의 방향을 포착하는 데 우리가 이미 알고 있는 편도나 측두엽의 역할을 고려한다면, 전혀 예상치 못한 결과는 아니다. 그런데 아서가 열여덟 번에 걸쳐 사진을 쳐다보는 동안에 전혀 예측하지 못했던 일이 일어났다. 그는 거의 변명조로 들리는 부드러운 목소리로 중간에 모델이 바뀌었다고 주장했다. 그는 이제 다른 사람을 보고 있다는 것이다.

이는 단순한 시선 변화가 카프그라 망상을 불러일으키기에 충분하다는 것을 의미한다. 아서에게 '두 번째' 모델은 단지 '처음'의 모델을 닮았을 뿐인 전혀 새로운 사람이다.

"이 사람이 나이가 더 들었습니다."

아서는 단호히 말했다. 그는 두 사진을 뚫어져라 쳐다보았다.

"이 사람은 아줌마이고, 이 사람은 처녀입니다."

시간이 조금 더 지난 후에, 아서는 또 하나의 복제를 만들어냈다. 한 사람은 나이가 들었고, 다른 한 사람은 나이가 어리며, 또 다른 사람은 그보다 더 어리다는 것이다. 시험이 끝나고도 그는 세 명의 다른 사람을 보았다고 고집했다. 2주가 지난 후,

전혀 새로운 얼굴의 사진을 이용해 재시험을 해보았지만 그의 반응은 같았다.

분명 한 사람의 얼굴을 보고 있으면서도, 어떻게 세 명의 다른 사람을 본다고 주장할 수 있을까? 왜 단순히 시선의 방향을 바꾸는 것이, 연속적인 사진을 서로 연결짓지 못하는 상태로 빠지게 하는가?

대답은 기억을 형성하는 구조에 있다. 특히 이는 얼굴의 지속적인 표상을 만드는 능력과 관련되어 있다. 어느 날 당신이 상점에 갔는데, 친구가 조라는 사람을 소개했다고 가정해보자. 당신은 그 사건에 대한 기억을 형성하고, 그것을 두뇌 속 어딘가에 저장한다. 2주가 지난 후에 당신은 도서관에서 조와 마주쳤다. 조는 두 사람 모두 친구 사이인 다른 친구의 이야기를 해주고, 당신은 조와 함께 웃는다. 당신의 두뇌는 이 두 번째 사건에 대한 기억도 정리해 보관한다. 또 몇 주가 지나고 당신은 조를 그의 사무실에서 다시 만났다. 그는 의학연구자이며, 하얀 실험실 가운을 입고 있다. 하지만 당신은 이전에 그를 만난 적이 있으므로, 곧장 그를 알아본다. 이번에도 조에 대한 다른 기억이 형성되고, 이제 당신의 마음속에는 '조'라는 새로운 분류가 생겼다.

이 심적 그림은 당신이 조를 만날 때마다 점점 더 세밀해지고 풍부해진다. 그리고 커진 친밀감은 영상들과 사건들을 연결하는 동기로 작용한다. 최종적으로 당신은 그가 재미난 이야기를 잘하고, 연구실에서 일하며, 당신을 웃게 하고, 정원 가꾸기에 대해 많이 알고 있다는 등의 조에 대한 굳은 개념을 형성한다.

이제 (측두엽의 또 다른 중요 조직인) 해마 손상으로 야기된 특정 형태의 기억상실증 환자에게 무슨 일이 일어나는지 살펴보자. 이들 환자에게는 새로운 기억을 형성하는 능력이 전혀 없다. 하지만 해마가 손상되기 전에 그들의 삶에 일어났던 모든 사건들은 완벽하게 기억한다. 이 증세에서 끌어낼 수 있는 논리적 결론은, 기억이 실제로 해마에 저장된다(따라서 과거의 기억이 거기에 보존된다)는 것이 아니라, 새로운 기억흔적을 획득하는 데 해마가 핵심적이라는 점이다. 그런 환자가 세 번 연속으로 슈퍼마켓과 도서관, 사무실에서 새로운 사람(조)을 만났다고 하자. 그는 이전에 조를 만났다는 사실조차 기억하지 못할 것이다. 간단히 말해 그는 조를 알아보지 못한다. 그는 이전에 몇 번을 만나 이야기했는가와 관계없이 매번 조가 전혀 낯선 사람이라고 주장할 것이다.

그런데 정말로 조는 완전히 낯선 사람일까? 놀랍게도 그런 기억상실증 환자들이 실제로는 조와 관련된 연속적 사건들을 넘어서서 새로운 범주를 형성하는 능력을 유지하고 있음이 실험을 통해 드러났다. 만일 우리의 환자가 조를 열 번 만났고 매번 조가 그를 웃게 만들었다고 하자. 그는 다음 만남에서 조가 누군지 여전히 알아보지 못하지만, 막연하게 즐겁고 행복한 느낌을 갖는 경향을 드러낸다. 조에 대한 친숙감도 전혀 없고, 조를 만난 각각의 사건에 대한 기억도 전혀 없다. 하지만 그는 조가 자신을 행복하게 해준다고 인정할 것이다. 이는 기억상실증 환자들이 아서와는 달리 연속적인 사건을 결합해 (즐거움에 대한 무의식적 기대와 같은) 새로운 개념을 형성할 수 있음을 의미한다. 물론 그는 각각의 사건을 잊어버린다. 반면에 아서는 각각의 사건을 기억하지만 서로 연결짓지 못한다.

어떤 측면에서 아서는 기억상실증 환자의 거울 이미지에 해당한다. 조와 같은 전혀 낯선 사람을 만날 때, 아서의 두뇌는 조와 그 연관된 경험에 대한 파일을 만든다. 그런데 조가 30분 정도 방을 나갔다가 돌아오면, 아서의 두뇌는 때때로 이전의 파일을 끄집어내 거기에 추가하는 대신에, 완전히 새로운 파일을 만든다.

카프그라 증후군의 경우, 왜 이런 일이 일어나는가? 이는 두뇌가 연속적인 사건들을 연결하기 위해 변연계에서 오는 신호, 즉 아는 얼굴이나 기억과 연관된 친밀감이나 따뜻함에 의존하기 때문일 것이다. 만약 친밀감에 대한 활성화가 이루어지지 못하면, 두뇌는 시간을 관통하는 지속적인 범주를 형성할 수 없다. 아서가 30분 전에 만났던 사람과 꼭 닮은 사람을 새로 만났다고 주장하는 것은 바로 그런 이유 때문이다. 인지심리학자나 철학자들은 개별자와 유형을 구분한다. 우리의 모든 경험은 일반적인 범주 혹은 유형(사람, 자동차)이나 특수한 사례나 개별자(조, 내 자동차)로 구분될 수 있다. 아서에 대한 우리의 실험은 이런 구분이 단지 학술적인 것이 아님을 보여준다. 이는 두뇌의 구조 깊숙이 각인되어 있다.

프레골리Fregoli와 완강한 인종주의

우리는 아서에 대한 시험을 계속해가면서, 그가 또 다른 특이하고 유별난 특징을 갖고 있음을 알아냈다. 그는 시각적 범주에 대해 일반적 문제를 갖고 있는 것처럼 보였다. 우리는 모두 사건이나 대상을 심적으로 분류하고 구분한다. 오리와 거위는 조류이지만 토끼는 아니다. 우리 두뇌는 공식적인 생물학 교육을 받지 않았다 하더라도 이런 범주를 형성하고 있다. 이는 아마도 기억의 저장을 용이하게 하고, 필요한 시점에 그 기억에 즉시 접근하는 능력을 향상시키기 위해서일 것이다.

반면에 아서는 범주에 대한 혼란을 암시하는 발언을 자주 했다. 가령, 그는 유대인이나 가톨릭 신자에 대해 거의 강박적인 선입관을 가지고 있다. 그는 최근에 만난 사람들 중에서 지나치게 많은 사람을 유대인으로 생각하는 경향이 있었다.

이러한 성향은 프레골리라 부르는 또 다른 희귀 증세를 떠올리게 한다. 프레골리 환자는 모든 곳에서 같은 사람을 계속 본다. 거리를 걸어갈 때 거의 대부분의 여자가 자신의 어머니로 보이고, 젊은 남자는 전부 자신의 형제로 보인다. (나는 프레골리 환자의 얼굴인식 영역과 편도의 연결이 단절되었기 때문이 아니라, 그러한 연결이 너무 과도하기 때문이라고 짐작한다. 모든 얼굴에 친숙함과 '따뜻함'이 스며들어 있어서, 그 결과 같은 얼굴을 반복해서 계속 보게 되는 것이다.)

프레골리와 비슷한 착각이 정상적인 두뇌에서도 일어나는 것은 아닐까? 이것이 인종주의적인 일반적 전형을 형성하는 기초는 아닐까? 인종주의는 거의 하나의 단일한 물리적 유형을 향하고 있다(흑인, 아시아인, 백인 등). 어떤 시각 분류에 속하는 단한 명의 구성원에 대한 한 번의 불쾌한 경험이 변연계에 모종의 연결을 만들어낸다.

이런 연결은 부적절하게 일반화되어 그 분류에 속하는 모든 구성원에게 적용된다. 그리고 이는 고위두뇌중추에 저장된 정보들에 입각한 '지성적 교정'의 영향을 받지 않는다. 실제로 이러한 감정적 조건반사가 우리의 지성적 견해를 덧칠할 수 있다. (단순한 말장난이 아니다.) 그 결과가 인종주의의 악명 높은 완강함이다.

'진짜' 나는 누구인가?

우리는 가짜에 대한 아서의 망상을 설명하기 위해 그와 여행을 시작했었다. 그 과정에서 우리는 인간의 두뇌가 어떻게 기억을 저장하고 다시 불러내는지에 대한 새로운 통찰을 얻을 수 있었다. 그의 이야기는 우리 각자가 자신의 삶과 그 속에 거주하는 사람들에 대한 내러티브를 어떻게 구성하는지에 대한 통찰을 제공한다. 자전적인 우리의 삶은 어떤 의미에서 첫 번째 키스, 졸업 무도회 저녁, 결혼식, 아이의 탄생, 낚시 여행 등의 매우 개인적인 사건들의 긴 나열이다. 물론 단순히 그것만은 아니다. 실존이라는 섬유를 관통하는 금색 실처럼 통일된 '자아'에 대한 개인적 정체성의 느낌이 있다.

스코틀랜드의 철학자 데이비드 흄은 인성과 강에 대한 유비를 제시했다. 강물은 항상 변하지만 강 자체는 불변한다. 그는 다음과 같이 묻는다. 만일 누군가가 발을 강에 담그고, 30분이 지난 후에 다시 담근다면, 그것은 같은 강인가 아니면 다른 강인가? 이 질문을 싱거운 의미론적 수수께끼라 여긴다면 당신이 옳다. 그 대답은 '같은'이나 '강'에 대한 당신의 정의에 달려 있기 때문이다. 어쨌든 이 물음의 요점은 분명하다. 연속적인 사건의 기억을 연결하는 데 아서가 어려움을 겪고 있다는 점을 고려한다면, 실제로 두 개의 강이 있을지도 모른다! 사건이나 대상을 복제하는 이런 경향성은, 그가 얼굴을 대할 때 가장 두드러진다.

아서는 사물을 거의 복제하지 않았다. 자신의 머리카락을 손가락으로 쓸어넘기면서 그것이 가발이라고 한 적은 있었다. 신경외과 수술 때문에 생긴 흉터 때문에 그의 두피가 낯설게 느껴졌기 때문이다. 한번은 아서가 두 개의 파나마가 있다고 주장하며 국가를 복제하기도 했다. (최근에 그는 가족과 함께 파나마에 다녀왔다.)

그중에서 가장 주목할 만한 점은 아서가 때로는 자신을 복제하기도 했다는 것이다! 처음 이런 일이 일어난 것은, 내가 가족 앨범에서 가져온 그의 사진 중에서 사고가 나기 2년 전에 찍은 스냅사진을 가리켰을 때였다.

"이것은 누구의 사진입니까?"

내가 물었다.

"그것은 다른 아서입니다. 꼭 나처럼 보이긴 하지만, 내가 아닙니다."

그가 대답했다. 나는 내 눈을 의심할 수밖에 없었다. 그때 아서는 내가 놀란 것을 알아차린 것 같았다. 그는 이렇게 말하면서 자신의 주장을 강화했다.

"여기 보세요. 그는 코 밑에 수염이 있지만, 나는 없잖아요."

하지만 이런 망상은 아서가 거울에 비친 자신의 모습을 들여다볼 때는 일어나지 않았다. 거울 속의 얼굴이 다른 누군가의 것일 수 없음을 알아차릴 정도의 분별은 있는 셈이다. 그런데 자신을 이전의 아서와 다른 사람으로 간주하는, 스스로를 '복제'하려는 아서의 경향은 대화 중에 가끔씩 자연스럽게 드러났다. 한번은 놀랍게도 이렇게 말했다.

"네, 내 부모들이 수표를 보냈습니다. 그런데 그들은 그 수표를 다른 아서한테 보냈습니다."

하지만 아서의 가장 심각한 문제는 그에게 가장 중요한 사람들, 즉 부모와 감정적인 접촉을 할 수 없다는 것이었다. 그것이 그를 매우 화나게 했다. 나는 그의 머릿속에서 다음처럼 말하는 목소리를 상상할 수 있다. "내가 따뜻함을 느끼지 못하는 이유는 내가 진짜 아서가 아니기 때문일 것이야." 하루는 아서가 어머니를 보면서 말했다. "엄마, 진짜 아서가 돌아오더라도, 여전히 나를 친구로 대하고 사랑할 거라고 약속해줄 거죠?" 다른 모든 점에서는 완전히 지적이며 전혀 미치지 않은 사람이 어떻게 자신을 두 사람으로 간주할 수 있을까? 자아를 분리한다는 것에는 내적으로 모순된 뭔가가 있다. 자아는 그 본성상 통일적인 것이다. 만일 내가 나 자신을 여러 사람으로 간주한다면, 그중 누구를 위해 계획을 세워야 하나? 어느 내가 '진짜' 나인가? 이는 아서에게 실제적이면서 고통스러운 딜레마이다.

철학자들은 오랫동안 만일 우리 존재와 관련해 의심할 수 없는 것이 있다면, 그것은 '내' 가 시간과 공간 속에 지속하는 단일한 인간으로 존재하는 사실이라고 주장해왔다. 아서는 인간 존재와 관련한 이 기본적인 공리에 의문을 제기한다.

9

두 뇌 는 왜 신 을 보 았 다 고 믿 는 가 ?

우주에 대한 종교적 느낌을 가져보지 못한 사람에게 그것을
설명하기란 매우 어려운 일이다…… 모든 시대의 종교적 귀재들은
교리와 관련 없는 바로 이런 종교적 느낌에 의해서 구별된다……
나는, 이런 느낌을 깨우고 감수성이 풍부한 사람들 속에 그것이 살아 있도록
하는 것이 예술과 과학의 가장 중요한 기능이라고 생각한다.

– 알베르트 아인슈타인

〔신〕은 세상에서 가장 위대한 민주주의자이다.
선과 악 사이에서 스스로 선택할 수 있도록 우리를
'자유롭게 풀어주었기' 때문이다. 신은 세상에서 가장 위대한 폭군이다.
우리 입술에 컵을 내던지고, 자유의지라는 미명하에,
단지 우리의 희생으로 신 자신의 즐거움만을 가져올 뿐인,
전혀 불충분한 선택의 여지만을 우리에게 남겨주었기 때문이다.
그래서 힌두교는 모든 것이 신의 놀이Lila이며, 모든 것이 환상Maya이라고 한다.
그저 그의 피리 소리에 맞춰 춤을 추자. 그러면 모든 것이 잘될 것이다.

– 모한다스 K. 간디

머리에 어떤 영구적 손상을 가하지 않으면서 두뇌의 특정 부
위에 자극을 줄 수 있는 헬멧 같은 기계가 있다고 상상해보자.
당신은 이 장치를 어떤 용도로 사용하고 싶은가?

이는 공상과학 이야기가 아니다. 경두개 자기자극기라는 그
런 기계가 이미 존재한다. 이는 상대적으로 만들기도 용이하다.

두피에 씌워 사용하면, 이 기계는 빠르게 변동하는 매우 강력한 자기장을 두뇌 조직의 일부에 발사한다. 그 결과 그 조직을 활성화시키고 그 조직의 기능이 무엇인지에 대한 단서를 제공한다. 가령, 운동피질의 특정 부위를 자극하면 여러 다른 근육들이 수축한다. 손가락에 경련이 오기도 하고, 자기도 모르게 꼭두각시 인형처럼 어깨가 들썩거리기도 한다.

만일 당신이 이 장치에 접근할 수 있다면, 두뇌의 어떤 부위를 자극해보고 싶은가? 만약 사이막에 대한 초창기의 신경외과 수술 기록에 정통하다면, 그 부위에 자기를 적용해보고 싶을 것이다.[1] 사이막은 두뇌 중앙의 시상 앞부분에 위치한 세포 덩어리이다. 이 부분을 '쏘인' 환자들은 '수천 번의 오르가슴이 한 곳에 몰리는 듯한' 강력한 쾌감을 경험한다고 한다. 당신이 태어날 때부터 장님이었고 두뇌의 시각 영역이 퇴화하지 않았다면, 다른 사람들이 색깔이나 '본다'고 하는 것이 무슨 의미인지 알기 위해 시각피질의 일부를 자극해볼 수 있을 것이다. 좌측 전두엽이 '좋은' 느낌을 갖는 것과 연관되어 있다는 의학적 보고를 알고 있다면, 왼쪽 눈 위 부위를 자극해서 자연적 상쾌함이 유도되는지 확인해볼 수 있을 것이다.

신은 어디에 존재하는가?

캐나다의 심리학자 마이클 퍼싱어는 몇 년 전에 유사한 장치를 손에 넣고, 자신의 측두엽을 자극해보기로 했다. 놀랍게도 그는 인생에서 처음으로 신을 경험했다.

나는 내 동료인 퍼트리샤 처치랜드에게서 퍼싱어 박사의 이상한 실험 이야기를 처음 들었다. 그녀는 캐나다의 대중 과학잡지에서 그 실험에 대한 설명을 보았다고 했다. 그녀는 즉시 나에게 전화를 했다.

"라마, 아마 이것을 믿지 못할 거예요. 캐나다에서 자신의 측두엽을 자극해서 신을 경험한 사람이 있다는군요. 어떻게 생각해요?"

"측두엽에 발작이 있었나요?"

내가 물었다.

"아니오, 전혀. 그는 정상적인 남자예요."

"그런데 자신의 측두엽을 자극했다고요?"

"기사에 따르면요."

"음, 만약 무신론자의 두뇌를 자극하면 어떤 일이 일어날지 궁금해지는군요. 그도 신을 경험하게 될까요?"

나는 웃으면서 이렇게 혼잣말을 했다.

"프랜시스 크릭에게 그 장치를 시험해봐야 할 것 같군."

나는 좌측 측두엽이 어떤 식으로든 종교적 경험과 관련되어 있다고 항상 생각해왔다. 그러므로 퍼싱어의 관찰이 깜짝 놀랄 만한 일은 아니었다. 모든 의과대 학생들은, 측두엽에서 간질 발작을 일으키는 환자는 발작이 일어나는 동안에 강력한 영적 경험을 체험하게 되며, 때로는 발작이 일어나지 않거나 발작간 기간interictal period에도 종교나 도덕적 문제에 집착한다고 배운다.

이런 증상은 우리 두뇌가 종교적 경험에 특화된 모종의 회로를 포함하고 있음을 의미하는가? 우리 머리속에는 '신 모듈'이 존재하는가? 만일 그런 회로가 존재한다면 그것은 어디에서 유래하는가? 그것은 언어나 입체적 시각과 마찬가지로, 생물학적 의미에서 인간의 자연적 특질이며 자연선택의 산물인가? 혹은 철학자, 인식론자, 신학자들의 말처럼, 어떤 심오하고 비밀스러운 일이 거기에서 진행되고 있는가?

인간을 독특한 존재로 만드는 여러 특징이 있다. 그러나 그중에서도 신이나 현상을 초월하는 높은 힘을 믿으려 하는 종교적 성향이 가장 불가사의하다. 인간이 아닌 다른 존재가 무한자나 '모든 것의 의미'에 관해 생각하고 있을 것 같지는 않다.

그런데 그런 느낌은 어디에서 오는가? 어떤 지능적이고 감각이 있는 존재이든, 자신의 미래를 생각할 수 있고 유한성과 대면할 수 있다면, 그런 불안한 명상을 시작하게 되는 것은 시간 문제일 것이다. 거대한 우주 질서 속에서, 나의 작은 삶은 어떤 진정한 의미를 갖는가? 그 운명적인 밤에 내 아버지의 정자가 바로 그 난자와 수정하지 않았다면, 나는 존재하지 않았을 것이다. 그 경우 우주는 어떤 실질적인 의미에서 존재하고 있는 것일까? 어윈 슈뢰딩거가 말했듯이, 그것은 단지 '텅 빈 좌석을 앞에 두고 벌어지는 연극' 같은 것은 아닐까? 내 아버지가 바로 그 중요한 순간에 기침을 했고, 그 결과 다른 정자가 난자와 수정되었다면 어떻게 되었을까?

이런 가능성들을 생각하면 머리가 어지러워지기 시작한다. 우리는 역설이라는 악귀의 저주를 받은 셈이다. 한편으로 우리의 삶은 매우 중요하다. 가슴속에 간직하고 있는 개인적인 기억들은 얼마나 소중한가? 다른 한편으로, 사물의 우주적 질서 속에서 유한한 우리 존재는 대단히 하찮은 것이다. 사람들은 어떻게 이 딜레마를 해소하는가? 많은 사람들에게 그 대답은 분명하다. 종교 안에서 위안을 찾는 것이다.

그런데 거기에는 분명 그 이상의 것이 있다. 종교적 믿음이 단지 불멸성에 대한 열망과 부질없는 기대가 결합한 결과에 불과하다면, 측두엽 간질 환자들이 경험하는 강렬한 종교적 황홀경이나, 신이 직접 그들에게 말을 걸었다는 주장은 어떻게 설명할 수 있는가?

많은 환자들은 '모든 것을 비추는 신성한 빛'이나, '보통 마음이 도달할 수 없는 궁극적 진리'에 관해서 말한다. '우리의 보통 마음은 혼잡한 일상적 삶에 너무 찌들어서, 그것의 아름다움이나 위엄함을 파악할 수 없다.' 물론 이들은 정신분열증 환자가 경험하는 것 같은 환각이나 망상을 겪고 있을지도 모른다.

하지만 그것이 사실이라면, 왜 그런 환각은 주로 측두엽과 관련해서 발생하는가? 더욱 이해하기 힘든 것은, 왜 그런 환각은 위와 같은 특정 형태로만 나타나는가 하는 문제이다. 그런 환자들은 왜 돼지나 당나귀에 관한 환각은 경험하지 않는가?

변연계와 감정

1935년, 해부학자 제임스 파페즈James Papez는 광견병 환자들이 죽기 몇 시간 전에 극단적인 분노와 공포를 일시에 분출하

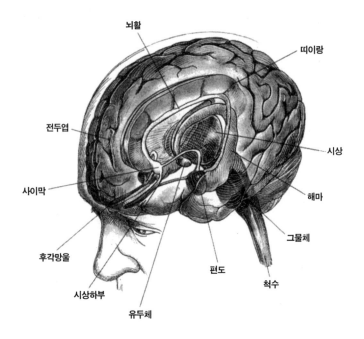

뇌활

띠이랑

전두엽

시상

사이막

해마

그물체

후각망울

편도

시상하부

척수

유두체

그림 9.1 다른 각도에 본 변연계의 그림. 변연계는 전뇌 중앙에 액으로 찬 뇌실을 둘러싸고 있는, 상호 연결된 일련의 조직으로 이루어져 있다. 이는 대뇌피질의 안쪽 경계를 형성한다. 변연계는 해마, 편도, 사이막, 시상전핵, 유두체, 띠다발피질 등을 포함한다. 해마와 유두체는 뇌활이라는 긴 섬유다발로 연결되어 있다. 변연계는 감각이나 운동과 직접적인 관련은 없다. 하지만 변연계는 사건에서 끌어낸 정보, 즉 사건에 대한 기억이나 사건에 대한 감정적 연상을 다루는, 두뇌의 중앙 핵심 처리장치를 구성하고 있다. 경험이 우리가 앞으로 하게 될 행동을 안내하려면, 이런 처리 과정은 필수적이다(Winson, 1985). W. H. 프리먼 앤드 컴퍼니의 허락을 얻어서, 블룸과 레이저슨의 『뇌, 정신, 행동』(1988)에서 가져온 그림이다.

는 경험을 한다는 것을 발견했다. 그는 이 병이 개한테 물려서 생긴다는 것을 알고 있었고, 개의 침에 있는 광견병 바이러스가 개한테 물린 곳 근처의 신경에서 척수를 따라 두뇌로 이동한다고 추론했다. 희생자의 두뇌를 해부한 파페즈는, 바이러스의 종착지가 두뇌 깊숙한 C자 모양의 섬유 관으로 연결된 신경세포와 신경핵 덩어리임을 발견했다(그림 9.1). 한 세기 전, 프랑스의 유명한 신경학자 피에르 폴 브로카Pierre Paul Broca는 이 구조에 변연계라는 이름을 붙였다. 광견병 환자들이 격렬한 감정적 발작을 겪었으므로, 파페즈는 이 변연계가 인간의 감정적 행동과 밀접하게 연관되어 있다고 추론했다.[2]

변연계는 시각, 촉각, 청각, 미각, 후각의 모든 감각체계에서 입력을 받는다. 특히 후각은 편도로 곧장 올라가 변연계와 직접 연결되어 있다. 편도는 변연계의 출입구 역할을 하는 아몬드 모양의 조직이다. 하급 포유동물에서 냄새가 감정이나 영역 행동, 공격성, 성적 행동과 밀접히 관련되어 있다는 점을 고려한다면, 이는 결코 놀라운 사실이 아니다.

파페즈가 깨달았듯이, 변연계의 출력은 주로 감정의 경험이나 표현에 연동되어 있다. 감정적 경험은 변연계와 전두엽을 오고가는 연결을 통해 조정된다. 우리가 내면적으로 느끼는 풍부한 감정은 많은 부분 이들 연결에 의존할 것이다. 반면에 감정이 외적으로 표현되기 위해서는 촘촘히 결집되어 있는 작은 세포 덩어리인 시상하부가 필요하다. 시상하부는 그 스스로 중요한 세 개의 출력을 담당하는 통제중추이다. 첫째, 시상하부 핵은 호르몬 신호와 신경 신호를 뇌하수체로 보낸다.

뇌하수체는 종종 내분비 오케스트라의 '지휘자'로 묘사된다. 이 체계를 통해 방출된 호르몬은 인간 신체의 거의 모든 부분에 영향을 미친다. 우리는 심신 간의 상호작용을 분석하면서, 이 생물학의 역작을 살펴보게 될 것이다(11장). 둘째, 시상하부는 눈물이나 침, 땀의 생산, 혈압이나 심장 박동, 체온, 호흡, 방광 기능, 배변 등의 다양한 생장 및 신체 기능을 통제하는 자율신경계에 명령을 보낸다. 시상하부는 이 오래된 보조신경체계의 '두뇌'라고 할 수 있다. 세 번째 출력은 기억술에서 '네 개의 F'로 부르는 싸움fighting, 도망fleeing, 급식feeding, 그리고 성적 행동sexual behavior(아마도 F로 시작하는 비속어를 점잖게 표현한 것으로 짐작된다—옮긴이)의 실제 행동을 구동한다. 간단히 말해서, 시상하부는 절박한 긴급 상황에서 신체의 준비 과정을 돕고 때로 유전자의 계승을 도와주는 신체의 '생존중추'이다.

변연계의 기능에 대한 지식은 많은 부분이 두뇌의 이 부분에 간질발작을 일으킨 환자들에게서 얻은 것이다. '간질'이라는 말을 들으면, 우리는 보통 신체의 모든 근육이 비자발적으로 강력히 수축하는 발작을 일으키거나 경련을 일으키며 바닥으로 쓰러지는 누군가를 생각한다. 물론 이런 증세는 대발작이라는 가장 잘 알려진 간질 형태이다. 이런 발작은 두뇌의 어딘가에서, 조그만 뉴런 덩어리들의 무질서한 발화가 마치 들불이 두뇌 전체를 삼키는 것처럼 번지면서 오작동하는 경우에 일어난다.

그러나 발작은 '국소적'일 수도 있다. 즉 두뇌의 조그만 영역에 국한해 일어날 수 있다. 그런 국소 발작이 주로 운동피질에서 일어난다면, 그 결과는 근육의 경련이 연속해서 일어나는 잭슨 발작jacksonian seizure이다.

그런데 발작이 변연계에서 일어날 때의 가장 뚜렷한 증세는 정서적인 것이다. 환자들은 자신의 느낌에 대해서, 강렬한 황홀경에서 극심한 절망에 이르기까지 강한 흥분 상태라고 말한다. 죽음이 임박했다는 느낌이나 격렬한 분노와 공포를 느낀다는 것이다. 여성은 때때로 발작 중에 오르가슴을 경험하기도 한다. 그 이유는 분명하지 않지만 남성은 결코 그런 적이 없다. 그런데 그중에서 가장 놀라운 것은 신 앞에 있음을 느꼈다거나 신과 직접 이야기했다는 영적 체험을 하는 환자들이다. 그들을 둘러싼 모든 것은 우주적인 의미를 띠고 나타난다. 이들은 이렇게 말한다. "이제 나는 최종적으로 이 모든 것이 무엇을 위한 것인지 이해하게 되었다. 이는 내가 평생을 기다려온 순간이다. 갑자기 모든 것이 의미를 갖기 시작했다." 혹은 다음과 같이 말한다. "결국 나는 우주의 진정한 본성을 통찰할 수 있게 되었다."

우리는 참과 거짓을 분간하는 두뇌의 이성적 능력에 대해서 큰 자부심을 가지고 있다. 그런데 진리가 드디어 그 모습을 드러냈다는 절대적 확신이나 깨달음에 대한 느낌이, 두뇌에서 생각을 담당하는 이성적 부분이 아니라 감정과 관련된 변연계에서 나온다는 것은 참으로 역설적이다.

신은 '정상'인에게는 심오한 진리를 가끔씩만 일별할 기회를 허락했다. (내 경우는 어떤 감동적인 음악의 한 소절을 듣고 있을 때나, 망원경으로 목성의 위성을 쳐다보고 있을 때이다.) 그런데 이들 환자들은 발작을 일으킬 때마다 신의 눈을 직접 응시할 수 있는 특권을 누린다. 그 누가 이런 경험이 (그 의미가 무엇이든 간에)

'진짜'라거나 '병적인' 것이라 말할 수 있는가? 의사들은 정말로 이들을 치료해서 조물주를 만날 수 있는 특권을 박탈하기를 원하는가?

발작은 대개 몇 초 동안 지속된다. 측두엽에서 일어나는 이 짧은 소란은 때때로 환자의 인성을 영구적으로 바꾸어놓을 수 있다. 그 결과, 심지어 발작 사이에도 그는 다른 사람과 다르다.[3] 왜 이런 일이 일어나는지는 아무도 모른다. 추측건대, 폭풍우가 칠 때 흘러내려온 물이 언덕을 따라 새로운 개울이나 고랑, 수로를 만들어내는 것처럼, 환자의 두뇌에서 반복되는 전기적 폭발(변연계 내부에서 대량의 신경자극이 일제히 오고가는 것)이 어떤 특정 경로를 통한 소통을 영구적으로 촉진시키거나 새로운 통로를 만들어내는 것 같다. 점화라고 부르는 이 과정은 환자의 정서적인 삶을, 때로는 풍부하게 만들면서 영구적으로 뒤바꾸어놓는다.

이런 변화는 일부 신경학자들이 측두엽 인격temporal lobe personality이라고 부르는 것을 만들어낸다. 이들 환자들은 감정 상태가 고양되어 있으며, 사소한 사건에도 우주적 의미를 부여한다. 그들은 유머가 없고, 자신을 매우 중요하게 여기는 경향이 있다. 또 평범한 사건들을 매우 자세하게 기록하는 일기를 쓴다. 이는 글쓰기 중독hypergraphia이라 부르는 특징이다. 환자들은 때로 신기한 부호나 개념으로 가득 찬 수백 페이지의 문서를 나에게 주기도 했다. 환자 중 일부는 논쟁적이고 현학적이며 자기중심적인 대화에 집착한다. (나의 많은 과학자 동료들보다는 덜하지만.) 그들은 철학적이고 신학적인 주제들에 강박적으로 집착한다.

신이 된 남자

　의과대생들은 '교과서적인 사례'를 병동에서 볼 것으로 기대
하지 말라고 배운다. 교과서의 사례들은 무덤 속에 있는 것들을
조합해서 꾸며낸 것에 불과하다는 것이다. 얼마 전 인근의 굿윌
가게에서 부 매니저로 일하는 32세의 폴이 우리 실험실로 걸어
들어왔다. 나는 그가 『두뇌의 신경학 교과서』에서 바로 걸어 나
온 사람처럼 느껴졌다. 이 책은 모든 신경학자들에게 가장 권위
있는 책이다. 그는 초록색 네루 셔츠와 흰색 오리털 바지를 입
고 있었다. 제왕과 같은 당당한 자세에, 보석이 박힌 커다란 십
자가 목걸이를 하고 있었다.

　우리 실험실에는 편안한 안락의자가 있다. 하지만 폴은 결코
자세를 늦추려 하질 않았다. 내가 상담한 많은 환자들은 처음에
는 부자연스러워한다. 폴은 그런 의미로는 전혀 불안해하지 않
았다. 오히려 그는 자신 및 자신과 신의 관계에 대해 간증하기
위해 불려온 전문 간증인처럼 행세했다. 그는 매우 격정적이었
고, 자신에게 푹 빠져 있었으며, 믿는 자의 오만을 드러냈다. 어
디에서도 깊은 신심을 가진 사람의 겸손은 찾아볼 수 없었다.
그는 별달리 재촉하지 않아도 이내 자신의 이야기를 늘어놓기
시작했다.

　"나는 여덟 살 때 처음으로 발작을 일으켰습니다. 바닥으로

떨어지기 전에 밝은 빛을 보았고, 그것이 어디서 왔는지 궁금해했던 것을 기억합니다." 몇 년 후에 그는 자신의 삶 전체를 변화시킨 발작을 여러 번 더 일으켰다. "갑자기 모든 것이 너무나 투명해졌습니다. 더 이상의 의심은 없었습니다." 그는 종교적인 황홀경을 경험했다. 그에 견주어서, 다른 모든 것들은 그 빛을 잃었다. 그는 황홀경 속에서 투명하게 신을 파악했고, 거기에는 단지 창조주와 하나가 되는 것 외에는 그 어떤 구분이나 경계도 없었다. 그는 이 모든 이야기를 하나도 남김없이 하려는 듯, 아주 집요하고 자세하게 이야기했다.

흥미를 느낀 나는 "조금 더 자세하게 말해줄 수 있나요?"라며 계속 이야기할 것을 부탁했다.

"박사님, 쉬운 일은 아니에요. 아직 적령기에 이르지 않은 아이에게 섹스의 절정을 설명해야 하는 것과 비슷합니다. 무슨 말인지 이해가 되나요?"

나는 고개를 끄떡였다.

"섹스의 절정에 대해서 어떻게 생각합니까?"

그가 대답했다.

"솔직히 말해서 나는 더 이상 거기에 관심이 없습니다. 이제 그것은 나에게 큰 의미가 없습니다. 내가 본 신적인 빛 앞에서 섹스는 모든 면에서 초라해 보입니다."

하지만 그날 오후 늦게, 폴은 대학원 여학생 둘에게 뻔뻔스럽게 수작을 걸면서 집 전화번호를 알아내려고 했다. 성욕은 상실했지만, 성적인 의식儀式에 집착하는 이런 역설적 결합은 측두엽 간질 환자들에게 드문 현상은 아니다.

다음 날 폴이 연구실로 다시 왔을 때, 그는 요란하게 장식된 녹색 표지에 싸인 엄청난 양의 원고를 가지고 왔다. 그가 여러 달 동안 몰두해온 일이 있었다. 원고는 철학, 신비주의, 종교에 대한 그의 견해, 삼위일체의 본성, 다윗의 별의 도해, 영적인 주제를 묘사하는 정교한 그림, 기이한 기호와 지도 등을 담고 있었다. 나는 흥미로웠지만 당황스럽기도 했다. 그것은 내가 주로 심사하는 내용의 것들은 아니었다.

내가 고개를 들자, 폴의 눈에 이상한 빛이 흐르고 있었다. 그는 자기 손을 꽉 쥔 채 검지로 턱 밑을 만지며 말했다.

"한 가지 더 말해줄 것이 있습니다. 나는 놀라운 플래시백을 경험합니다."

"어떤 종류의 플래시백인가요?"

"어느 날 발작이 일어났을 때, 몇 년 전에 읽었던 책의 세세한 내용이 기억났습니다. 한 줄, 한 줄, 페이지별로, 게다가 단어까지 모든 것이 기억났습니다."

"확실합니까? 책을 찾아서 그 기억과 비교해보았습니까?"

"아니오, 책을 잃어버렸습니다. 하지만 이런 식의 일이 자주 일어납니다. 단지 그 책 한 권뿐만이 아닙니다."

나는 폴의 주장에 흥미를 느꼈다. 그의 이야기는 이전에 내가 다른 의사나 환자들에게서 여러 번 들었던 유사한 주장을 확인시켜주는 내용이었다. 그 무렵 나는 폴의 놀라운 기억능력에 대해 '객관적 시험'을 해볼 계획을 세웠다.

그는 단지 자신이 세세한 내용을 체험한다고 상상하고 있는 것은 아닐까? 아니면 발작을 일으킬 때, 그는 정상적인 기억에서 일어나는 검열이나 편집 과정을 결여하고 있는 것일까? 그 결과 모든 사소한 세부적인 것들이 기록되고, 그것이 역설적으로 기억의 증가로 나타난 것은 아닐까? 확인할 수 있는 유일한 방법은 그가 말한 원래 책과 구절을 찾아 그에게 시험해보는 것이었다. 그 결과는 우리에게 두뇌에서 어떻게 기억 흔적이 형성되는지에 대한 중요한 통찰을 제공할 것이다.

한번은 폴이 플래시백에 대해 회상하고 있을 때, 내가 중간에 불쑥 끼어들어 물었다.

"폴, 신을 믿습니까?"

그는 당황하는 듯이 보였다. 그리고 물었다.

"그게 신이 아니라면 도대체 뭐란 말인가요?"

종교적 경험에 대한 진화심리학적 설명

그런데 왜 폴과 같은 환자들은 종교적 경험을 하는 것일까? 네 가지 가능성을 생각해볼 수 있다. 하나는 정말로 신이 이 사람들을 찾은 것이다. 이것이 사실이라면 그렇다고 치자. 누가 신의 무한한 지혜에 의문을 제기할 것인가? 불행히도 이는 경험적 근거를 통해 증명되거나 배제될 수 없다.

두 번째 가능성은 이들 환자들이 마치 가마솥이 끓는 듯한 온갖 기이하고 불가해한 감정을 경험하기 때문이라는 것이다. 이때 그들이 의지할 수 있는 유일한 방법은 종교적 평온함의 고요한 물에 몸을 담그는 일이다. 혹은 뒤죽박죽된 정서가 다른 세계에서 온 신비한 메시지로 잘못 해석되었을 수 있다.

나는 이러한 해석이 두 가지 이유로 그 가능성이 크지 않다고 생각한다. 첫째로 전두엽 증후군, 정신분열증, 조울증, 우울증처럼 감정적 혼란을 겪는 다른 신경병이나 정신질환들이 있다. 그런데 이들 환자에게는 비슷한 정도의 종교적 집착을 찾아보기 어렵다. 정신분열증 환자들도 때때로 신에 관해서 말하지만, 그 느낌은 대개 지나가는 것이다. 이들은 측두엽 간질에서 볼 수 있는 강렬한 열정이나 강박, 판에 박힌 특징들을 보여주지 않는다. 따라서 감정적 변화 하나만으로 종교에 대한 몰두를 완전히 설명할 수 없다.[4]

세 번째 설명은 (시각과 청각의) 감각중추와 편도의 연결에 호소하는 것이다. 변연계의 편도는 외부 세계의 사건에 대한 정서적 의미를 인식하는 데 전문화되어 있는 영역이다. 평범한 날에 우리가 만나는 모든 사람이나 사건이 우리에게 경보를 울리지는 않는다. 만일 그랬다면 우리는 부적응 상태에 빠져 금방 미쳐버렸을 것이다. 세계의 불확실성을 극복하기 위해, 우리는 싸우거나 도망가라는 메시지를 시상하부나 변연계의 나머지 영역으로 중계하기 전에, 사건들의 현저한 특징을 측정하는 방법을 필요로 한다.

그런데 변연계의 발작에서 생기는 가짜 신호가 이런 경로를 통과한다면 어떤 일이 일어날지 생각해보자. 우리는 앞에서 기술했던 점화현상 같은 것을 경험하게 된다. 이러한 '현저한 특징 감지' 경로가 강화되고, 두뇌 조직들 사이의 통신이 증가할 것이다. 사람이나 사건을 보고 목소리나 소음을 듣는 두뇌의 감각 영역은 감정중추와 보다 밀접하게 연결된다. 그 결과는? 단지 특출한 것들뿐만이 아니라 모든 대상과 사건들이 심오한 의미를 지니게 된다. 그 결과 환자는 '한 줌의 모래 속에서 우주'를 보게 되며, '손 안에 무한을 쥐게' 되는 것이다. 그는 니르바나의 해변으로 치는 보편의 파도를 타고 종교적 황홀경의 바다 위를 떠다닐 것이다.

네 번째 가설은 더욱 사변적이다. 인간이 단지 종교적 경험을 매개하는 것에만 전문화된 신경회로를 진화시켰을 가능성은 없을까? 초자연적인 것에 대한 인간의 믿음은 전 세계의 모든 사회에 널리 퍼져 있다. 따라서 우리는 그러한 믿음의 성향이 생물학적 기초를 가지고 있는지 물어볼 수 있다.[5] 만일 그렇다면 우리는 다음의 핵심 질문에 답해야 한다. 어떤 종류의 다윈적 선택 압력이 그런 기제를 만들어낼 수 있을까? 그리고 만일 그런 메커니즘이 있다면, 종교적이거나 영적인 학습과 관련된 유전자는 없을까? 무신론자들이 결여하고 있거나 그것을 회피하는 법을 배운 그런 유전자 말이다. (이 부분은 그냥 농담이다!)

이런 식의 논증은 진화심리학이라는 비교적 새로운 학문에서 유행하는 방식이다. (이는 사회생물학이라고도 불렸다. 하지만 이 용어는 정치적 이유 때문에 불명예스러운 것이 되었다.) 진화심리학의 핵심적 주장에 따르면, 인간의 많은 특징과 성향은 그것들의 적응적 가치 때문에 사실상 자연선택을 통해 선택된 것이었다. 여기에는 일반적으로 우리가 '문화'에 귀속시키고 싶어 하는 특징이나 성향들도 포함된다.

그 좋은 예가 남성의 바람기와 일부다처제적인 성향이다. 남성에 비해 여성은 비교적 일부일처제적인 경향을 띤다. 전 세계를 통틀어 수백이 넘는 인간의 문명 중에서 한 명 이상의 남편이나 남성 배우자를 갖는 관행인 일처다부제를 공식적으로 승인한 곳은 남인도의 토다스뿐이다. '여성은 일처일부제, 남성은 일부다처제'라는 오래된 격언은 이러한 사태를 반영한다. 이는 진화적인 관점에서 그럴듯한 이야기이다. 가령, 여성은 후손에게 엄청난 시간과 노력을 기울여야 한다. 즉 아홉 달 동안의 위험하고 힘든 임신 기간을 겪어야 한다. 그러므로 성적인 파트너를 선택할 때 매우 신중해야만 한다. 남성의 경우, 최적의 진화적 전략은 각각의 만남에 몇 분의(때로는 몇 초의) 시간을 투자하면서 가능한 한 자신의 유전자를 많이 퍼뜨리는 것이다. 이러한 행동 성향이 문화적인 것 같지는 않다. 우리가 아는 한, 문화는 이를 조장하기보다 금지하고 최소화하려 한다.

다른 한편으로 이 '진화심리학'의 논증을 너무 멀리 밀고 나가지 않도록 유의해야 한다. 단지 어떤 특징이, 서로 접촉한 적 없는 문화를 포함해 모든 문화에 보편적이라는 이유만으로, 그 특징이 유전적으로 주어졌다는 결론이 도출되지는 않는다. 가령, 우리가 아는 거의 모든 문화에는 그것이 아무리 원시적이라 하더라도 모종의 요리 방법이 있다. (심지어 영국에도 있다.) 그러나 아무도 여기에서 자연선택에 의해 연마된 요리 유전자가 있고, 이것이 규정하는 요리 모듈이 두뇌에 있다고 논하지는 않을 것이다. 요리하는 능력은 분명 서로 연관되어 있지 않은 여러 다른 기술들이 결합한 결과일 뿐이다. 충분한 인내심, 훌륭한 후각이나 미각, 요리법을 한 단계씩 잘 따를 수 있는 능력 등이 그런 기술이다.

그렇다면 종교(혹은 최소한 신이나 영성에 대한 믿음)는 문화가 주도적 역할을 하는 요리와 유사한가, 아니면 강한 유전적 근거가 있어 보이는 일부다처제와 같은 것인가? 진화심리학자들은 종교의 기원을 어떻게 설명하는가? 한 가지 가능성은 권위에 의존하려는 인간의 보편적 경향이 조직화된 사제의 출현, 제의 참여, 찬송과 춤, 산 제물을 바치는 의식, 도덕률의 준수 같은 것들을 초래함으로써, 순응적 행동을 격려하고 동일한 유전자를 공유하는 사회적 집단(친족)의 안정성에 기여한다는 것이다. 따라서 그런 순응적 특징의 양성을 장려하는 유전자가 번창해 퍼져 나갈 것이고, 그런 유전자가 없는 사람은 그들의 일탈적인 사회적 행동 때문에 처벌받고 배척될 것이다. 이러한 순응성과 안정성을 확보하는 가장 손쉬운 길은 우리의 운명을 통제하는 모종의 초월적 힘을 믿는 것이다. 측두엽 간질 환자들이, 마치 "나는 선택된 자이다. 하찮은 너희 존재들에게 신의 뜻을 전하는 것이 나의 의무이고 특권이다"라고 말하듯이, 전능하고 위대한 느낌을 경험하는 것은 놀랄 일이 아니다.

이상의 설명은 그다지 엄격하지 않은 진화심리학의 기준에 비추어보아도 대단히 사변적인 논증이다. 그러나 종교 순응 '유전자'의 존재를 믿지 않는다 하더라도, 그런 경험이 생겨날 때 측두엽의 특정 부위가 두뇌의 다른 영역보다 더욱 직접적인 역할을 한다는 점은 분명하다. 퍼싱어 박사의 개인적 경험이 어떤 의미가 있다면, 이런 점이 단지 간질 환자뿐만 아니라 우리 모두에게 참이어야 한다는 것이다.

다음과 같은 점을 서둘러 말해야겠다. 환자와 관련해서, 그에게 일어나는 변화는 모두 진정한 것이고 때로는 바람직하기까지 하다. 환자의 인성에 그런 신비로운 경험이 덧붙여진 것에 대해 의사가 어떤 가치평가를 할 권리는 없다. 그 신비로운 경험이 정상인지 비정상인지 무슨 근거로 결정할 것인가? '독특'하거나 '드문' 것을 비정상과 동일시하는 일반적 경향이 있다. 그러나 이는 논리적 오류이다. 천재성은 드물지만 매우 값진 특성이다. 충치는 일반적이지만 바람직한 것은 아니다. 신비한 경험은 이 중 어느 분류에 속하는가? 초월적 경험을 통해 계시된 진리가 우리 과학자들이 손대는 현세적인 진리보다 '열등'하다고 생각할 어떤 이유가 있는가? 만일 당신이 그런 결론으로 비약하고 싶은 유혹을 느낀다면, 다른 사람들도 측두엽과 종교가 관련 있다는 똑같은 증거를 사용해, 신의 존재를 부인하는 것이 아니라 증명할 수도 있음을 명심하라.

유비를 사용하자면, 대부분의 동물은 색 시각을 위한 수용체나 신경기제를 갖고 있지 않다. 오직 특권적 소수만이 그것을 가지고 있다. 이것으로 당신은 색깔이 실재하지 않는다는 결론을 내리고 싶은가? 당연히 아니다. 만일 그렇다면 동일한 논증이 왜 신에게는 적용되지 않는가? 단지 '선택'된 자만이 필요한 신경 연결을 가지고 있을 수 있다. (어쨌거나 '신은 신비로운 방식으로' 일한다.) 달리 말하면, 과학자로서 나의 목적은 종교적 감수성이 어떻게, 왜 두뇌에서 기원하는지 밝히는 일이다. 이는 신이 실제로 존재하는가, 그렇지 않은가의 문제와는 아무 관련이 없다.

신God 절개술

이제 우리는 왜 측두엽 간질이 그런 경험을 갖게 하는가에 관한 몇 가지 경쟁적 가설을 가지고 있다. 이 모든 이론은 동일한 신경구조에 호소하고 있다. 하지만 이들은 매우 다른 메커니즘을 가정한다. 이를 평가할 수 있는 방법을 찾으면 좋을 것이다. 점화현상이 측두엽에서 편도에 이르는 모든 연결을 무차별적으로 강화한다는 생각은 환자의 전기피부반응을 측정함으로써 직접 평가해볼 수 있다. 일상적으로 대상은 측두엽의 시각 영역에서 인지한다. 그것이 친구의 얼굴인지, 아니면 포악한 사자의 얼굴인지 하는 정서적 특징은 편도의 신호를 통해 포착된다.

이 신호가 변연계로 전송되면, 우리는 감정적으로 고양되거나 땀을 흘리기 시작한다. 그런데 점화현상이 이 경로상의 모든 연결을 강화시킨다면, 모든 것이 두드러져 보일 것이다. 정체를 알 수 없는 낯선 사람, 걸상, 책상 등, 그 무엇을 보든 간에 이것들은 변연계를 강하게 활성화시킬 것이며, 우리는 땀을 흘리게 된다. 보통 우리는 어머니나 아버지, 배우자, 사자 혹은 쿵하는 커다란 소리에 높은 GSR 반응을 나타낸다. 이런 우리와는 달리, 측두엽 간질 환자들은 태양 아래에 있는 모든 것에 대해 높은 전기피부반응을 보일 것이다.

이런 가능성을 시험해보기 위해, 나는 간질 진단과 치료가 전문인 두 명의 동료, 빈센트 이라귀 박사와 이브린 테코마 박사와 접촉했다. '측두엽 인격'이라는 개념 자체가 매우 논란의 여지가 있는 것이기 때문에, 이들은 내 생각에 큰 관심을 나타냈다.

(이런 인성적 특징이 간질 환자에게 더 자주 발견된다는 것에 모든 사람이 동의하지는 않는다.) 며칠 후 그들은 이 증후군의 분명한 '증세'를 보이는 두 명의 환자를 모집했다. 글쓰기 중독, 영적인 편향, 자신의 느낌이나 종교, 그리고 형이상학적 주제에 대해서 말하고 싶은 강박적 욕구 등이 그런 증세에 포함된다. 이들 환자가 이 연구에 자원하려고 할까?

두 사람 모두 기꺼이 참여하고자 했다. 종교에 대해 직접적으로 과학 실험을 하는 것은 처음일 수 있는 상황이었다. 나는 그들을 편안한 의자에 앉게 하고 전극을 그들의 머리에 부착했다. 일단 컴퓨터 화면 앞에 자리를 잡은 다음, 나는 여러 유형의 단어와 그림을 임의적인 순서로 보여주었다. 일상적인 사물(신발, 꽃병, 탁자 등)을 나타내는 단어나, 친숙한 얼굴(부모, 형제), 낯선 얼굴, 성적인 연상을 일으키는 단어나 그림(도색잡지의 사진), 성과 관련된 네 글자 단어, 강한 폭력이나 공포스러운 장면(악어가 산 채로 사람을 먹는 장면이나 불 위에 앉아 있는 사람), 그리고 종교적인 단어나 아이콘('신' 같은 단어) 등이 포함되었다.

만일 이 실험의 대상이 우리라면, 우리는 폭력적인 장면이나 성적으로 노골적인 단어와 그림에 매우 높은 GSR 반응을, 친숙한 얼굴에는 그런대로 높은 반응을 기록하고 여타의 모든 범주에 대해서는 거의 아무 반응도 기록하지 않을 것이다. (물론 신발 페티시 같은 것이 없다면 말이다. 페티시 성향이 있다면 그 대상에 반응을 보일 것이다.)

이들 환자들의 경우는 어떠했을까? 점화현상 가설은 모든 범주에 대해 일정하게 높은 반응을 보일 거라 예측한다. 그런데 놀랍게도 우리는 실험에 참여한 두 환자가 종교적 단어와 아이콘에 높은 반응을 보인다는 것을 발견했다. 보통은 높은 반응을 일으키는 성적 단어나 그림을 포함해서 다른 범주들에 대한 반응은 정상적인 사람들과 비교해 이상할 정도로 낮았다.[6]

따라서 그 결과는 모든 연결에 대한 포괄적인 강화는 없다는 것이다. 실제로 어떤 것이 있다면 그것은 오히려 감소였다. 놀라운 점은 종교적 단어에 대해서만 선택적으로 증폭이 일어났다는 사실이다. 이 기술을 진정한 신자와 그냥 건성으로 믿는 사람, 종교적인 사기꾼('벽장 무신론자')을 구분하기 위한 일종의 '경건 지표'로 사용해도 될 것이다. 아마도 눈금의 0은 프랜시스 크릭의 전기피부반응을 측정해 설정하면 될 것이다.

모든 측두엽 간질 환자가 종교적으로 되는 것은 아니라는 점을 강조해야겠다. 측두피질과 편도 사이에는 평행하는 많은 신경 연결이 있다. 그중 어떤 연결이 관련되었는가에 따라 환자의 인성은 다른 방향으로 왜곡될 수도 있다. 달리 말해 환자에 따라서는 글쓰기와 그리기, 철학을 논하는 것에 몰두하고, 드물지만 섹스에 집착할 수도 있다. 아마도 이들 환자의 GSR 반응은 종교적인 기호보다 이런 자극에 높은 반응을 보일 것이다. 우리뿐 아니라 다른 실험실에서도 이 같은 가능성을 연구하고 있다.

GSR 기계를 통해 신이 우리에게 직접 말하는 것일까? 이제 우리는 천국으로 통하는 직통 라인을 갖게 된 것일까? 종교적인 단어나 기호에 대한 선택적인 증폭을 어떻게 해석하든 간에, 이러한 발견은 환자들의 경험에 대한 한 가지 설명을 제외시킨다. 그들을 둘러싼 모든 것이 두드러져 보이고 심오한 의미를 지니게 되었기 때문에, 이들이 영적으로 된다는 가정이 그것이다. 다른 한편으로, 실험의 결과는 종교적 어휘나 그림과 같은 특정 범주의 자극에 대해서는 반응이 선택적으로 증가하지만, 성적인 함의를 지닌 것과 같은 여타의 범주에 대해서는 실제로 반응이 감소함을 보여준다. (일부 환자들이 성적 욕구의 감소를 보고한 것과 일관된 결과이다.)

그렇다면 이러한 발견은 측두엽에 간질 과정에 의해서 선택적으로 강화되는 종교나 영성에 전문화된 신경구조가 있다는 의미인가? 이는 매력적인 가설이다. 하지만 다른 해석도 가능하다. 우리가 아는 한, 환자의 종교적 열정을 촉발하는 변화는 꼭 측두엽이 아니라 다른 어디에서도 발생할 수 있다. 그런 활동은 여전히 일련의 연쇄를 거치면서 결국에는 변연계에 영향을 미칠 수 있고, 종교적 그림에 대해 증가된 GSR 반응을 보이는 것과 같은 동일한 결과를 가져올 것이다. 따라서 높은 GSR 자체는 측두엽이 종교와 직접적으로 연관되어 있음을 보장해주지 못한다.[7]

하지만 이 문제를 해결해줄 수 있는 다른 실험이 있다. 이 실험은 발작이 너무 심해서 심각한 무능력 상태가 되거나, 생명에 위협을 받고 있거나 치료에 전혀 반응이 없을 때, 측두엽 일부를 외과적으로 제거한다는 사실을 이용한다. 만일 측두엽 일부를 제거하면, 환자의 인성, 특히 그의 종교적인 편향에는 어떤 일이 일어날까? 변화된 그의 인성 일부는 원래대로 '돌아올' 것인가? 신비한 경험이 갑자기 중단되면서 그가 무신론자나 불가지론자가 될까? 우리가 '신 절개술'을 행하는 것은 아닐까?

앞으로 그런 연구를 해보아야 할 것이다. 하지만 우리는 GSR 연구를 통해 이미 뭔가를 배웠다. 발작은 환자의 심리적 삶을 영구적으로 바꾸어놓고, 종종 그들의 인성을 매우 선택적이며 흥미로운 방식으로 굴절시킨다. 이런 식의 깊은 감정적 고양이나 종교적인 집착은 다른 신경장애에서는 거의 찾아볼 수 없다. 간질 때문에 발생한 결과에 대한 가장 간단한 설명은, 간질이 일부 연결을 선택적으로 강화하고 일부 연결은 약화시킴으로써 측두엽회로에 영구적인 변화를 일으킨다는 것이다. 그 결과 환자의 정서적인 풍경에 새로운 봉우리와 골짜기가 만들어진다.

진실은 무엇인가? 이 모든 것에서 드러나는 한 가지 분명한 결론은 인간의 두뇌 속에는 종교적 경험과 관련된 회로가 존재하며, 이것이 일부 간질의 경우에 과잉 활동하게 된다는 것이다. 우리는 이 회로들이 (진화심리학자들이 주장하듯) 종교만을 위해 진화한 것인지, 아니면 종교적 믿음을 유도하는 경향이 있는 다른 감정을 산출하는 것뿐인지는 아직 모른다. (후자의 경우 많은 환자들이 보여주는 믿음의 열정을 설명할 수 없다.) 인간의 두뇌 속에 유전적으로 결정되어 있는 '신 모듈'이 존재한다는 것을 증명해 보이는 것은 아직 요원한 일이다. 하지만 신이나 영성의 문제에 과학적으로 접근할 수 있게 되었다는 사실이 나를 흥분시킨다.

나는 하늘을 향해 울부짖으며 물었다.

"어둠 속에 헤매는 어린 자식들을 안내하기 위해 운명은 어떤 등불을 가지고 있습니까?"

"눈먼 지성!"

하늘이 대답했다.

– 우마르 하이얌의 루바이야트

위대한 과학자들의 마음을 사로잡은 서번트 신드롬

환상사지나 무시 증후군, 카프그라 증후군 등 앞 장들에서 다루었던 많은 주제들에 대해서 이제 우리는 실험 결과를 통해 합리적으로 해석할 수 있게 되었다. 그런데 신이나 종교적 경험과 관련된 두뇌중추를 찾으려고 시도하면서, 나는 나 스스로가 신경학을 넘어서는 '중간지대'에 들어섰음을 깨달았다. 두뇌에 관한 매우 신비하고 불가사의한 질문이 몇 가지 있다. 대부분의 진지한 과학자들은 이 질문들을 피하려 한다. "그것들을 연구하기에는 아직 시기상조야." 혹은 "그런 연구를 시작한다면 바보처럼 보일 거야."라고 말하는 듯이 말이다. 하지만 동시에 이들은 우리 대부분을 열광시키는 문제들이기도 하다. 그중에서 가장 두드러진 것은 물론 인간의 본질적 특징인 종교이다. 하지만 종교는 단지 인간 본성에 관한 풀리지 않은 수수께끼 중 하나일 뿐이다.

음악이나 수학, 유머, 시의 능력 같은 다른 인간적 특징들은 어떠한가? 모차르트가 머릿속으로 교향곡 전체를 작곡할 수 있게 한 것은 무엇일까? 페르마나 라마누잔 같은 수학자들이 단계적인 형식적 증명을 거치지 않고도 완벽한 추측이나 정리를 '발견'한 것은 무엇 때문일까? 딜런 토머스처럼 감동적인 시를 쓰는 사람들의 두뇌 속에서는 무슨 일이 진행되고 있을까? 창조적 불꽃은 단지 우리 모두에게 존재하는 신적인 불꽃의 표현에 불과한 것일까? 역설적이지만 특출백치 증후군(idiot savant syndrome, 정치적으로 좀 더 정확한 표현을 쓰자면, 서번트 증후군 savant syndrome)이라 부르는 특이한 증세에서 그 대답의 단서를 찾을 수 있다. 성장이 지체되었지만 뛰어난 재능을 타고난 이들은 인간 본성의 진화에 관한 값진 통찰의 기회를 제공한다. 이 주제는 지난 세기 동안에 많은 위대한 과학자들의 마음을 사로잡았다.

빅토리아 시대에 찰스 다윈과 앨프리드 러셀 윌리스라는 두 명의 뛰어난 생물학자 사이에 격렬한 지적 논쟁이 벌어졌다. 다윈은 누구나 아는 이름이다. 모든 사람이 유기체 진화의 주요 동인인 자연선택을 발견한 사실과 그의 이름을 연관 짓는다. 윌리스라는 이름은 생물학자나 과학사가를 제외하고는 거의 알려져 있지 않다. 애석한 일이다. 윌리스 또한 매우 뛰어난 학자였고, 다윈과는 독립적으로 같은 견해에 도달했다. 자연선택을 통한 진화에 관한 첫 번째 과학논문은 실제로 다윈과 윌리스 두 사람의 이름으로 발표되었고, 1850년 조셉 후커를 통해 리니언 소사이어티에 전해졌다. 이들은 오늘날의 많은 과학자들처럼 우선권을 위해 서로 반목하지 않았고, 서로의 공헌을 기꺼이 인정했다. 윌리스는 자연선택에 대한 '다윈'의 이론을 옹호하기 위해 스스로 『다윈주의』를 쓰기도 했다. 이 책에 대해서 전해 들은 다윈은 "다윈주의 대신에 윌리시즘Wallacism이라는 제목을 붙였어야 했다"고 응답했다.

이 이론이 말하는 바는 무엇인가? 주요 내용은 다음 세 가지이다.[8]

1. 자손의 출산은 가용 자원을 초과해 이루어지므로, 자연계에는 늘 생존 투쟁이 있을 수밖에 없다.
2. (일란성 쌍둥이의 드문 경우를 제외하고는) 한 종에 속하는 두 개체는 정확하게 동일할 수 없다. 그것이 아무리 사소한 것이라 하더라도, 세포분화 과정에서 발생하는 유전자의 혼합을 통해 신체유형의 우연적 변이가 발생한다. 유전자 혼합은 후손으로 하여금 부모뿐만 아니라 서로 간에도 차이를 만들어 진화적 변화의 가능성을 높여준다.
3. 개체로 하여금 국지적 환경에 더욱 잘 적응하게 해주는 우연적인 유전자의 결합은, 그 개체의 생존과 재생산의 기회를 높여주므로, 개체군 속에서 증가하고 파급되어 나간다.

다윈은 그의 자연선택 원리가 손가락이나 코 같은 형태적 특징의 출현뿐만 아니라, 두뇌의 구조나 심리적 능력도 설명해줄 것이라 믿었다. 달리 말해서, 자연선택이 음악, 미술, 문학, 그리고 인간의 여타 지적인 성취를 설명할 수 있다는 것이다. 월리스는 여기에 동의하지 않았다. 그는 다윈의 원리가 손가락이나 발가락과 일부의 간단한 심리적 특징은 설명해줄지 모르지만, 수학이나 음악 재능 같은 인간능력의 정수에 해당하는 것들은 우연의 맹목적인 작용을 통해 생겨날 수 없다고 생각했다.

그 이유는 무엇인가? 월리스에 따르면, 인간의 두뇌는 진화하는 동안 문화라는 새롭고 강력한 힘과 마주치게 된다. 그는 문화나 언어, 쓰기 등이 일단 등장하고 나면 인간의 진화는 라마르크식이 된다고 주장했다. 즉 후천적으로 획득한 지혜를 후손에게 물려줄 수 있다는 것이다. 이들 후손은 배우지 못한 자의 후손보다 훨씬 영리할 것이다. 그런데 이는 유전자가 변했기 때문이 아니라, 이들 지식을 문화라는 형태로 우리 두뇌에서 후손의 두뇌로 물려주었기 때문이다. 이런 식으로 두뇌와 문화는 공생한다. 이들은 벌거벗은 집게와 그 껍데기, 유핵세포와 미토콘드리아처럼 상호의존적이다.

월리스에 따르면 문화는 인간의 진화를 촉진해 우리를 동물의 왕국에서 유일무이한 존재로 만들었다. 그는 '문화'의 엄청난 중요성을 강조하면서, 우리가 신체기관보다 마음이 훨씬 더 중요한 유일한 동물인 것이 놀랍지 않느냐고 말한다. 게다가 우리의 두뇌는 실제로 더 이상의 전문화를 불필요하게 만든다.[9] 대부분의 유기체는 기린의 긴 목이든 박쥐의 음파든 간에, 새로운 서식에 맞도록 더욱 전문화되는 방향으로 진화한다. 반면에 인간은 두뇌라는 기관을 진화시켜 더 이상 전문화가 필요 없는 능력을 갖추게 되었다. 우리는 북극곰처럼 수백만 년 동안 털가죽을 진화시키기 위해 기다릴 필요 없이 곧장 북극에 정착할 수 있다. 북극곰을 잡아 털가죽을 벗겨서 가죽옷을 해 입으면 되기 때문이다. 그리고 그것을 아들, 손자에게도 물려줄 수 있다.

'맹목적 우연이 모차르트와 같은 재능을 낳을 수 있다'는 것에 반대하는 월리스의 두 번째 논증은 (리처드 그레고리가 사용한 구절인) '잠재적 지능'이라 부르는 것과 관련되어 있다. 현대의 토착사회 어딘가에서 글을 읽을 줄 모르는 젊은 원주민을 데려와 리오나 뉴욕 혹은 도쿄에서 현대적인 공교육을 시킨다고 하자. (타임머신을 이용해 크로마뇽인을 데려와도 좋다.) 물론 그는 이도시에서 자란 아이들과 비교해서 크게 다르지 않을 것이다. 월리스에 따르면, 이는 원주민이나 크로마뇽인이 자연환경을 극복하는 데 필요한 정도를 훨씬 초과하는 잠재적 지능을 가지고 있기 때문이다. 이런 잠재적 지능은 공식 교육을 통해 실현되는 동적 지능과 대비된다.

그런데 이 잠재적 지능이 도대체 왜 진화했는가? 이는 영국 학교에서 라틴어를 배워서 생기는 것이 아니다. 거의 모든 사람은 열심히 노력하면 계산법을 익힐 수 있다. 하지만 그렇다고 해서 잠재적 지능이 계산법을 배우도록 진화한 것은 아닐 것이다. 이런 잠재적 능력이 출현할 수 있게 한 선택 압력은 무엇이었을까? 자연선택은 오직 유기체에 의해 현실적으로 표출된 능력의 출현만을 설명할 수 있을 뿐 결코 잠재적 능력을 설명해주지 못한다. 유용하고 생존에 도움이 되는 능력은 다음 세대로 전해진다. 그런데 잠재적인 수학능력의 유전자는 어떻게 설명할 것인가? 이런 능력이 선사시대의 사람들에게 어떤 이익을 가져다주었을까? 이는 과도한 능력처럼 보인다.

월리스는 다음과 같이 쓰고 있다. "최소한의 어휘를 사용하는 가장 낮은 수준의 미개인조차 서로 다른 다양한 분절적 소리를 내는 능력을 가지고 있다. 그리고 거기에 억양 변화나 어형 변화를 거의 무한하게 적용시킬 수 있다. 이는 고등의 〔유럽〕 종족에 비추어 결코 열등하지 않다. 소유자의 필요에 앞서 도구가 먼저 발달한 것이다.” 똑같은 논증을 수학이나 음악 재능과 같은 심원한 능력에도 강하게 적용할 수 있다.

여기에 걸림돌이 있다. 소유자의 필요에 앞서 도구가 발달했다. 그런데 우리는 이미 진화에는 앞을 내다보는 능력이 없음을 알고 있다. 하지만 여기에 진화의 선견지명을 보여주는 듯한 사례가 있다! 어떻게 이것이 가능한가?

월리스는 이 역설과 열심히 씨름했다. 어떻게 잠재적인 형태의 심원한 수학능력이 그런 잠재력을 가진 종족의 생존에 영향을 미치면서, 동시에 그렇지 못한 종족의 소멸을 가져올 수 있었을까? 그는 다음과 같이 쓰고 있다. “현대의 모든 작가는 인류가 아주 오래되었음을 인정한다. 그러면서도 그들 대부분은 지성이 최근에 발달한 것임을 주장하면서, 우리의 정신적 능력에 필적하는 인간이 선사시대에 살았을 가능성은 거의 고려하지 않는다. 약간은 기이한 일이다.”

그러나 우리는 그런 인류가 존재했었다는 사실을 알고 있다. 네안데르탈인이나 크로마뇽인의 두개골은 모두 우리보다 크다. 잠복되어 있던 그들의 잠재적 지능이 호모사피엔스의 그것과 동일하거나 더 큰 경우를 전혀 생각할 수 없는 것도 아니다.

어떻게 이런 놀라운 잠재력이 이미 선사시대의 두뇌에서 출현했음에도 불구하고, 오직 마지막 천년에 이르러서야 실현된 것일까? 월리스의 대답은 신에 의해서라는 것이다. “어떤 고등의 지능적 존재가 인간 본성의 발달 과정을 감독하고 있었던 것이 틀림없다.” 따라서 인간의 위대함은 ‘신적 위대함’의 현세적 표현이라는 것이다.

여기가 바로 월리스와 다윈이 갈라서는 지점이다. 다윈은 단호하게 자연선택이 진화의 주된 힘이며, 가장 심원한 정신적 특징의 출현조차 최고 존재의 손을 빌리지 않고도 설명할 수 있다고 주장했다.

현대 생물학자는 월리스의 역설을 어떻게 해결하려 할까? 그는 아마도 음악이나 수학 능력 같은 심원하고 '고등한' 인간적 특징은 '일반지능'이라 부르는 것의 구체적 표출이라고 주장할 것이다.[10] 일반지능은 최근 300만 년 동안에 그 크기나 복잡성이 폭발적으로 증가한 인간 두뇌의 최고 정점에 해당하는 것이다. 이 논증에 따르면 일반지능이 진화한 결과, 사람들은 의사소통을 하고 사냥을 하며 식량을 비축할 수 있게 되었다. 뿐만 아니라 세련된 사회적 의식에 종사하며, 스스로 즐기고 그 생존에 도움을 주는 수많은 일들을 할 수 있게 되었다.

일단 일반지능이 등장하고 나면, 우리는 이것을 계산, 음악, 감각 능력을 확장하기 위한 과학도구의 제작 같은 모든 종류의 일에 사용할 수 있다. 비유적으로 인간의 손을 생각해보자. 그것의 놀라운 다재다능함은 나뭇가지를 움켜쥐기 위해 진화한 결과이다. 하지만 이제 그것은 계산을 하고, 시를 쓰고, 요람을 흔들며, 홀笏을 휘두르고, 꼭두각시 인형극을 하는 데 사용된다.

천재적 재능을 가진 서번트들 사례

그런데 마음과 관련해 이 논증은 나에게 크게 설득력이 없다. 이것이 틀렸다고 말하지는 않겠다. 하지만 창으로 영양을 찌르는 능력이 나중에 계산을 위해 사용되었다는 주장은 어딘지 의심스럽다. 나는 다른 설명을 제안하고자 한다. 이 설명은 앞서 언급한 서번트 증후군뿐만 아니라, 정상적인 인구군에서 특출한 재능과 천재성을 가진 사람들이 왜 산발적으로 출현하는가에 대한 더 일반적인 질문으로 우리를 인도한다.

'서번트'는 정신적 능력이나 일반지능이 매우 낮지만, '일부' 대단히 뛰어난 재능을 가진 사람이다. 가령, IQ가 50 이하이고 정상적인 사회생활을 거의 할 수 없지만, 여덟 자리의 소수를 쉽게 생각해내는 사람이 있다. 이는 가장 뛰어나 수학자도 할 수 없는 일이다. 어느 서번트는 몇 초 사이에 여섯 자릿수의 세제곱근을 찾아내고, 8,388,628을 24번 곱해 140,737,488,355,328을 계산해낸다. 이런 사람들은 특수한 재능이 단지 일반지능을 보다 영리하게 사용한 결과라는 주장에 대한 살아 있는 반박이다.[11]

미술이나 음악의 영역은 모든 시대에 걸쳐 사람들에게 놀라움과 즐거움을 함께 선사한 재능 있는 서번트들을 배출했다. 올리버 색스는 맹인이면서 자신의 신발 끈도 묶을 수 없었던 열세 살의 소년 톰을 소개하고 있다. 그는 음악뿐 아니라 어떤 형태의 교육도 받은 적이 없었고, 단지 다른 사람이 연주하는 것을 듣고 피아노를 치는 법을 배웠을 뿐이다. 그가 한 가장 놀라운 일 중 하나는 세 개의 음악을 동시에 연주한 것이다. 한 손으로는 〈어부의 호른 파이프〉를, 다른 손으로는 〈양키 두들 댄디〉를 치면서, 입으로는 〈딕시〉를 불렀다. 그는 또 등을 돌린 채 손을 거꾸로 해서 건반 위를 오가며 피아노를 칠 수 있었다. 작곡도 했다. 한 평자는 다음과 같이 지적했다. "그는 자신이 누군가를 대행하고 있다는 것을 스스로 의식하지 못하는 대행자처럼 보인다. 그의 마음은 자연이 보석을 저장해두고 필요할 때마다 불러내는 텅 빈 저장고이다."

나디아는 IQ가 60~70인 미술 천재이다. 그녀는 여섯 살 때 심한 자폐증의 모든 징후를 보였다. 그녀는 다른 사람과 관계를 맺지 못했고, 제한된 언어를 구사하며, 의식적인 행동ritualistic behavior을 했다. 두 단어 이상을 함께 사용할 수 없을 정도였다. 하지만 나디아는 어릴 적부터 주위의 사람이나 말, 복잡한 풍경에 대해 실물과 똑같은 그림을 그릴 수 있었다. 그녀의 그림은 그 또래들이 그리는 '올챙이 모양'의 그림과는 달랐다. 그녀의 그림은 생동감이 넘쳐흘렀고, 그림 안의 것들이 캔버스에서 곧장 뛰쳐나올 것처럼 보였다. 그녀의 그림은 메디슨 애비뉴 갤러리에 걸릴 정도로 훌륭하다(그림 9.2).

다른 서번트들도 믿을 수 없을 정도의 특출한 재능을 가지고 있다. 어떤 소년은 시계를 보지 않고 현재 시간을 초까지 정확히 말할 수 있다. 심지어 잠을 자면서도 그렇게 할 수 있다. 때때로 그는 꿈을 꾸면서 정확한 시간을 중얼거리기도 한다. 그의 머릿속 '시계'는 롤렉스 시계만큼이나 정확하다. 또 다른 사람은 3~4미터 떨어진 지점에서 사물의 정확한 너비를 측정할 수 있다. 당신이나 나는 어림짐작으로 말한다. 그러나 그녀는 "저

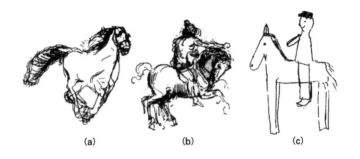

그림 9.2 (a) 자폐인 서번트 나디아가 다섯 살 때 그린 말 그림. (b) 레오나르도 다빈치가 그린 말 그림. (c) 여덟 살짜리 정상 아동이 그린 말 그림. 나디아의 그림이 여덟 살짜리 정상 아동의 그림보다 훨씬 뛰어나다. 그녀의 그림은 다빈치의 그림과 비슷하거나 더 뛰어난 정도이다. (a)와 (c)는 아카데믹 출판사의 허락을 얻어서, Lorna Selfe의 『나디아』에서 가져온 것이다.

바위는 정확히 90,804센티미터 크기"라고 말한다. 그녀의 말은 정확하다.

이들 사례는 비밀스러운 특수한 재능이 일반지능에서 자발적으로 생겨나지 않음을 보여준다. 만일 그랬다면, 어떻게 '서번트'들이 그런 능력을 보여줄 수 있겠는가?

이런 점을 주장하기 위해 서번트 같은 극단적인 병리 사례에 호소할 필요도 없다. 이런 증세의 요소들은 모든 재능 있는 사람과 천재들에게도 있기 때문이다. 사람들이 일반적으로 잘못 알고 있는 것과 달리, '천재'는 초인적인 지능과 동의어가 아니다. 내가 특별히 알게 된 대부분의 천재들은 그들 스스로 인정하는 것보다 훨씬 더 서번트와 유사하다. 그들은 소수의 특정 영역에서 뛰어난 재능을 보이지만, 다른 면에서는 그냥 보통 수준이다.

자주 언급되는 인도인 수학 천재 라마누잔에 대해 살펴보자.

그는 세기가 바뀔 무렵, 내가 태어난 곳에서 몇 킬로미터 떨어진 마드라스 항구에서 점원으로 일하고 있었다. 그는 고등학교에 입학했지만 모든 과목에서 부진했고, 고급 수학에 대한 정식 교육은 전혀 받지 못했다. 하지만 그는 놀라운 수학적 재능을 가지고 있었고 거기에 몰두했다. 너무 가난했던 그는 종이를 살 수 없어서 쓰다가 버린 편지봉투에 수학공식을 끼적거렸다. 그런 과정 속에서 그는 스물두 살이 되기 전에 몇 개의 새로운 정리를 발견했다. 그는 인도의 수 이론가들을 아무도 몰랐으므로 자신이 발견한 정리를 세계 곳곳의 수학자들에게 알리기로 했다.

거기에는 영국 케임브리지도 포함되어 있었고, 당시 세계 최고의 수 이론가였던 하디G.H. Hardy도 그가 휘갈겨 쓴 편지를 받아보았다. 하디는 처음에는 라마누잔을 이상한 사람으로 생각했다. 편지를 한 번 흘끗 본 다음에 그는 테니스를 치러 나갔다. 하지만 게임이 진행되는 동안에 라마누잔의 공식이 그를 계속 괴롭혔으며, 마음속에는 숫자들이 어른거렸다. 하디는 나중에 다음과 같이 썼다. "누구도 그것을 만들어낼 상상력을 가질 수 없으므로 그것은 참이 틀림없었다." 그는 그 즉시 돌아가 봉투 뒷면에 있는 복잡한 공식의 타당성을 검사했고 대부분이 올바르다는 것을 확인했다. 그는 곧장 동료인 리틀우드J. E. Littlewood에게 노트를 보냈고, 그도 필사본을 훑어보았다. 두 사람의 권위자는 이내 라마누잔이 최고의 능력을 가진 수학 천재라는 것을 알아차렸다. 그들은 라마누잔을 케임브리지로 초청했고, 라마누잔은 거기에서 몇 해를 보냈다. 라마누잔은 결국 그 공헌의 독창성이나 중요도에서 두 사람을 능가하게 되었다.

만약 당신이 라마누잔과 저녁식사를 함께 한다면, 당신은 그에게서 이상한 점을 전혀 발견하지 못할 것이다. 그는 보통 사람과 비슷하다. 그의 수학능력이 상상을 초월한다는 점을 제외하고는. 어떤 사람들은 그의 수학능력이 초자연적이라고 말한다. 만일 수학능력이 단순히 일반지능의 함수라면, 다시 말해 수학능력이 두뇌가 커지고 전반적으로 더 나아진 것의 결과라면, 지능이 뛰어난 사람이 수학을 더 잘해야 할 것이며 그 역도 성립한다. 당신이 라마누잔을 만난다면 이는 사실이 아님을 알게 될 것이다.

그 해답은 무엇일까? 마을의 신인 나마기리Namagiri 여신이 완성된 공식을 꿈속에서 속삭여준다는 라마누잔 자신의 설명은 별도움이 되지 않는다. 나는 두 가지 가능성을 생각해보았다.

첫째, 좀 더 간결한 견해는, 일반지능은 실제로 여러 다른 심적 특성으로 이루어지며, 유전자와 이들 특성이 서로의 표현에 상호영향을 끼친다는 것이다. 유전자는 개체군 내에서 무작위로 결합하므로, 우리는 가끔 이들 특성의 운 좋은 결합을 만나게 된다. 가령, 생생한 시각적 형상과 뛰어난 수학능력이 결합하면, 전혀 예기치 못했던 다양한 종류의 상호작용이 일어날 것이다. 그 결과 우리가 천재라고 부르는 비범한 재능이 꽃을 피우게 된다. 자신의 공식을 '시각화' 할 수 있는 아인슈타인의 재능, 자신의 작곡 내용을 단지 듣기만 한 것이 아니라 마음의 눈으로 펼쳐 본 모차르트가 그런 경우이다. 이런 천재들이 드문 이유는 그런 운 좋은 유전적 결합이 드물기 때문이다.

그러나 이 논증에는 문제가 있다. 우연적인 유전자의 결합에서 천재가 나온다면, 일반지능이 매우 낮은 나디아와 톰의 재능은 어떻게 설명할 수 있는가? (실제로 자폐에 빠진 서번트의 사회적 기능은 보노보 원숭이보다 떨어진다.) 게다가 일반 인구군에는 서로 뒤섞을 수 있는 수많은 건강한 특징들이 있다. 그럼에도 각 세대별로 일반적인 인구군보다 서번트에게서 그런 독특한 재능이 더욱 흔하게 나타난다. (일반 인구군의 경우에 1~2퍼센트만이 절대음감을 갖는 반면, 자폐 어린이의 10퍼센트가량이 그런 능력을 보인다.) 위의 이론은 그 이유를 설명하기 어렵다. 훌륭한 결과가 나오기 위해서는, 개인의 이러한 특성들이 서로 정확하게 '맞물려서' 상호작용해야 한다. 그런 점에서 첫 번째 견해는 바보 얼간이 연합을 통해 과학이나 예술 천재의 작품을 만들려는 일만큼이나 가능성 없는 각본이다.

서번트의 비밀을 품고 있는 모이랑

이제 특수하게는 서번트, 일반적으로는 천재에 관한 두 번째 설명을 살펴보자. 어떻게 신발 끈도 매지 못하고 정상적인 대화도 할 수 없는 사람이 소수를 계산해낼 수 있는가? 그 대답은 모이랑이라는 좌뇌 영역에 있는 것 같다. 이 부분에 손상을 입은 환자는 (1장의 뺄셈을 할 수 없는 공군조종사 빌처럼) 100에서 7을 빼는 것과 같은 단순한 계산도 할 수 없게 된다. 이런 사실이 좌측 모이랑이 두뇌의 수학 모듈임을 의미하는 것은 아니다. 하지만 수학 계산에서 좌측 모이랑이 어떤 핵심적 역할을 담당하고 있다고 말할 수는 있다. 이는 언어나 기억, 시각에는 본질적이지 않다. 하지만 수학을 하려면 좌측 모이랑이 필요하다.

서번트가 출생을 전후해 두뇌 손상을 입었을 가능성을 생각해보자. 이들의 두뇌도 환상사지 환자의 경우처럼 모종의 리매핑 과정을 거치게 될까? 출생 전이나 출생 직후의 손상은 비정상적인 재배선으로 이어지는가? 서번트의 경우, 두뇌 한 부분이 어떤 불분명한 이유로 정상보다 큰 입력이나 그에 상응하는 자극을 받아 더욱 촘촘해지고 커지는 경우가 있다. 엄청나게 큰 모이랑이 그 예이다. 이는 수학능력에 어떤 결과를 가져올까? 이것이 여덟 자리 소수를 찾아내는 어린아이를 만들어낼 수 있을까?

뉴런이 어떻게 그런 추상적 기능을 수행하는지 우리가 실제로 아는 바는 별로 없다. 그러므로 그런 변화의 결과를 예측하기는 어렵다. 두 배로 커진 모이랑은 단순히 수학능력의 두 배 증가가 아니라, 수백 배의 기하급수적인 증가를 가져올 수도 있다. 단순하지만 '비정상적'인 두뇌 용적의 증가가 재능의 폭발적 증가로 귀결되는 것을 우리는 상상할 수 있다. 비슷한 논증이 그림, 음악, 언어, 그리고 실상 인간적인 모든 특징에 적용될 것이다.[12]

이 논증은 어설프고 지나치게 사변적이다. 하지만 최소한 시험은 가능하다. 가령, 수학의 서번트는 비대하게 발달한 좌측 모이랑을 가지고 있을 것이며, 미술의 서번트는 우측 모이랑이 비대할 것이다. 내가 아는 한 그런 실험이 이루어진 적은 없다.

하지만 우리는 모이랑이 위치한 오른쪽 두정엽에 손상을 입으면 미술능력에 중대한 손실이 생긴다는 사실을 알고 있다. (왼쪽에 손상을 입으면 계산능력의 혼란을 가져온다.)

우리는 유사한 논증을 통해 정상적인 인구군에서 천재나 특출한 재능을 가진 사람이 간헐적으로 나타나는 것을 설명하고, 특히 진화에서 그런 능력이 어떻게 처음으로 생겨났는가 하는 성가신 문제에 대답할 수 있다. 두뇌가 어떤 일정한 크기에 도달하면, 자연선택을 통해 선택된 것은 아니지만 전혀 새롭고 예측할 수 없는 특징이나 성질이 출현할 수 있다. 혹은 창 던지기, 말하기, 이동 같은 좀 더 명백한 적응상의 이유 때문에 두뇌가 더 커져야 했는지도 모른다.

이를 달성하는 가장 간단한 방법은 성장과 관련한 한두 가지 호르몬이나 형태형성유전자를 증가시키는 것이다. (형태형성유전자는 유기체 발달에서 크기나 형태를 변화시키는 유전자이다.) 호르몬이나 형태형성유전자에 입각한 급성장은 다른 부위는 그대로 두면서 특정 부위의 크기만을 선택적으로 증가시킬 수 없다. 따라서 그 부수적인 결과로 두뇌가 전체적으로 커지게 된다. 모이랑이 엄청나게 커지면 그에 동반해 수학능력이 수십 배, 수백 배로 향상된다. 이 논증은 매우 '일반적인' 능력을 먼저 발달시키고 그다음에 그것을 특수한 일에 활용한다는 우리의 일반적 믿음과는 상당히 다르다.

이런 사변을 한층 더 밀고 나가보자. 음악이나 시, 그림, 수학의 심원한 능력이 거대한 두뇌의 외적인 징표로 작용한다는 이유 때문에 인간이 이런 것들에 성적인 매력을 느낄 수는 없을까? 공작의 커다란 무지갯빛 꼬리나 거대한 수코끼리의 엄니는 그 동물의 건강을 나타내는 일종의 '광고 속의 진실' 이다. 낮은 목소리로 노래를 중얼거리거나 시를 짓는 인간의 능력도 뛰어난 두뇌의 표지일 수 있다. ('광고 속의 진실' 은 배우자 선택에서 중요한 역할을 담당한다. 리처드 도킨스는 발기된 성기의 크기와 힘이 남성의 일반적인 건강의 징표일 거라고 반농담조로 주장했다.)

이런 식의 추론은 몇 가지 흥미진진한 가능성을 만들어낸다. 가령, 우리는 인간 태아나 유아의 두뇌에 호르몬이나 형태형성 유전자를 주입해 두뇌 크기를 인위적으로 키울 수 있다. 그렇게 해서 초인적 재능을 가진 천재들을 만들 수 있을까? 실제로 이를 인간에게 행하는 것은 비윤리적인 일이다. 하지만 사악한 천재가 유인원에게 이런 시도를 해보고 싶은 유혹을 느낄 수 있다. 만일 그랬다면 이들 유인원에게서 비범한 정신적 재능이 갑자기 출현했을까? 우리는 유전공학과 호르몬 투입, 인위적 선택을 결합해 유인원의 진화속도를 가속화시킬 수 있을까?

서번트들이 결여한 것, '창의성' 이란 무엇인가?

두뇌의 특정 영역이 어떤 일로 인해 비대화되었을 것이라는 서번트에 대한 나의 기본적 논증은 옳을 수도 틀릴 수도 있다. 그러나 비록 그것이 타당하다고 하더라도, 어떤 서번트도 피카소나 아인슈타인이 될 수 없음을 명심하라. 진정한 천재이기 위해서는 격려된 특정 재능뿐만 아니라 다른 능력이 필요하다. 대부분의 서번트는 창조적이지 않다. 나디아가 그린 그림에서는 창조적인 미술능력을 알아볼 수 있다.[13] 그러나 수학이나 음악의 서번트 중에 그런 사례는 없다. 그들에게 누락된 것은 바로 말로는 형언하기 힘든 창의성이라 부르는 성질이다.

창의성은 인간이 무엇인가라는 본질을 대면하도록 만든다. 혹자는 창의성을 단지 겉으로 관계없어 보이는 생각들을 임의로 연결시키는 능력이라고 말한다. 그러나 그것만으로는 충분하지 않다. 타자기를 가지고 노는 원숭이도 결국에는 셰익스피어의 희곡을 찍어낼 수 있을지 모른다. 그러나 그 원숭이가 이해할 수 있는 단 한 줄의 문장을 쳐내기 위해서는 10억 번 이상의 삶이 필요하다. 시를 짓거나 희곡을 쓰는 일은 언급할 필요도 없다.

얼마 전 나는 한 동료에게 창의성에 대한 내 관심에 대해 말한 적이 있다. 그는 진부한 주장을 계속했다. 단순히 여러 생각을 머릿속으로 굴리면서 이리저리 결합하다 보면, 우연히 미학적으로 만족스러운 조합에 이르게 된다는 것이다. 나는 그에게 몇 개의 단어와 생각을 '굴려서' '어리석게 일을 극단으로 몰고 가거나' '무엇을 지나치게 하는 것'을 나타내는 도발적인 은유 하나를 만들어보라고 했다. 그는 머리를 싸매고 고민했다. 30분이 지나자 그는 그 정도로 독창적인 것은 한 가지도 생각해낼 수 없다고 고백했다. (그의 언어적 IQ가 매우 높다는 사실을 덧붙여야겠다.) 나는 그에게 셰익스피어는 단 하나의 문장에 그러한 은유를 다섯 개나 집어넣었음을 지적해주었다.

정제한 금에 도금을 하거나, 백합에 색칠을 하거나, 제비꽃에 향수를 뿌리거나, 얼음을 매끄럽게 만들거나, 무지개에 또 하나의 색조를 더하는 것은…… 낭비이고 어리석은 과도함이다.

이는 매우 간단해 보인다. 그런데 셰익스피어는 그것을 생각할 수 있고, 다른 사람은 그러지 못한 이유는 무엇일까? 우리 각자는 같은 단어를 마음대로 사용할 수 있다. 여기서 전달하는 생각은 복잡하지도 난해하지도 않다. 일단 말을 듣고 나면 너무나 분명하며, '왜 나는 그런 생각을 못했을까?' 하고 느낀다. 이런 느낌은 대부분의 아름답고 창조적인 통찰을 특징짓는 보편적 성질이다. 하지만 당신이나 나의 경우, 이들 단어를 아무리 뒤섞어보아도 결코 그 정도로 수려한 은유를 만들어낼 수 없다. 우리에게 빠져 있는 것은 천재들의 창의적 불꽃이다. 이는 윌리스에게 그랬던 것처럼 지금의 우리에게도 여전히 신비롭게 남아 있다. 그가 신의 개입에 호소하고 싶었던 것은 전혀 놀라운 일이 아니다.

10

인 간 은 짐 승 인 가 , 천 사 인 가 ?

신은 웃기를 두려워하는 청중 앞에서 공연하는 코미디언이다.
- 프리드리히 니체

신은 해커이다.
- 프랜시스 크릭

1931년 어머니의 장례식 날 아침, 윌리 앤더슨은 새 검정 양복과 깨끗한 흰색 셔츠를 입고 형에게 빌린 좋은 신발을 신었다. 그는 25세이며 런던에서 배관공 일을 하고 있다. 그는 어머니를 매우 사랑했으며, 그의 슬픔은 이루 말할 수 없었다. 장례식은 한 시간쯤 교회에서 거행되었다. 가족들은 눈물 속에 포옹을 하고 장례식 내내 말없이 앉아 있었다. 교회 안은 덥고 환기가 되지 않아서 답답했다. 윌리는 드디어 밖으로 나와 공동묘지의 차갑고 시원한 공기를 마실 수 있었다. 그는 나머지 가족들과 친구들을 향해 고개 숙여 인사를 했다. 그런데 무덤을 파는 사람들이 어머니의 관을 줄에 묶어 땅속으로 내리려고 할 때, 윌리가 갑자기 웃기 시작했다. 처음에는 소리 죽여 흥얼거리듯이 웃었지만, 이내 길게 킥킥거리며 웃기 시작했다. 윌리는 고개를 수그리고 턱을 셔츠 깃 속에 묻은 채, 웃음을 참기 위해 오른손을 입으로 가져갔다. 그러나 소용이 없었다. 엄청나게 황당한 일이었지만, 그는 의지와는 반대로 큰 소리로 웃기 시작했다. 그가 웃음을 참으려고 몸을 완전히 구부릴 때까지 웃음은 폭발하듯 걷잡을 수 없이 터져 나왔다.

장례식에 온 사람들은 전부 어이가 없다는 듯 그를 쳐다보았다. 윌리는 뒷걸음치며 자포자기하는 심정으로 숨을 곳을 찾았다. 그는 가라앉지 않는 웃음에 대해 용서를 구하기라도 하듯 허리를 수그린 채 걸어갔다. 조문객들은 묘지 끝에서 들려오는 그의 웃음소리를 들을 수 있었다. 그의 웃음소리는 묘비들 사이에 메아리쳤다.

그날 저녁, 윌리의 사촌은 그를 병원으로 데려갔다. 몇 시간 후에 웃음은 잦아들었다. 하지만 그것은 도저히 이해할 수 없고, 상황에 비추어 너무나 부적절한 행동이었다. 가족들은 전부 이것이 응급상황이라고 생각했다. 그날 당직인 에슬리 클락 박사는 윌리의 동공을 검사하고 활력징후를 확인했다. 이틀 후, 한 간호사가 침대에 의식을 잃고 누워 있는 윌리를 발견했다. 그는 심각한 거미막밑 출혈subarachnoid hemorrhage을 일으켰으며 의식을 회복하지 못한 채 사망했다. 부검 결과 두뇌 아래쪽의 동맥에 커다랗게 파열된 동맥류가 있었고, 이것이 두뇌 맨 아래쪽에 있는 시상하부 일부와 유두체, 그리고 다른 조직들을 꽉 누르고 있었다.

필라델피아에서 사서로 일하는 58세의 루스 그리너프라는 여인이 있다. 그녀는 미약한 뇌졸중을 일으켰지만, 도서관 일을 계속할 수 있었다. 그런데 1936년의 어느 날 루스는 갑자기 강한 두통을 느꼈고, 몇 초가 지나지 않아 눈이 뒤집히면서 웃음이 터지는 발작을 시작했다. 웃음 때문에 온몸이 떨렸지만 웃음을 그칠 수 없었다. 짧은 호흡이 빠른 속도로 이어지면서 루스의 두뇌에 산소가 부족해졌고, 그녀는 갑자기 땀을 흘리기 시작했다. 숨이 막히는 듯 때때로 그녀는 목구멍으로 손을 가져갔다. 그녀의 어떤 행동도 발작적으로 나오는 웃음을 멈출 수 없었다. 의사가 준 모르핀을 주사했지만 소용이 없었다.

웃음은 한 시간 반 정도 계속되었다. 그동안 루스의 눈은 내내 뒤집힌 채 완전히 열려 있었다. 그녀는 의식이 있었고 의사의 지시에 따를 수 있었지만, 단 한 마디도 내뱉을 수 없었다. 한 시간 반이 지날 무렵, 루스는 완전히 기진맥진해 누워 있었다. 웃음은 계속되었지만 소리는 들을 수 없었다. 거의 상을 찌푸리고 있는 것 같았다. 갑자기 그녀는 힘이 빠졌고 의식불명 상태가 되었다.

24시간이 지난 후에 루스는 사망했다. 문자 그대로 그녀는 웃으면서 죽은 것이다. 부검 결과 두뇌 중간의 제3뇌실이라는 공간이 혈액으로 차 있었다. 시상 아래쪽이 관련되어 있고 인근의 여러 조직을 압착한 출혈이 일어난 것이다.

루스의 사례를 설명한 영국의 신경학자 퍼돈 마틴 박사는 다음처럼 쓰고 있다. "그 웃음은 기만이거나 가짜이다. 때로 기만적으로 웃음을 흉내 내는 일도 있다. 그러나 환자가 자신의 운명의 전조로 웃도록 강요된다는 것은 모든 기만 중에서 최고의 기만이다."[1]

최근 영국의 〈네이처〉지는 수술하는 도중에 직접적인 전기 자극을 통해 웃음이 촉발된 최근 사례를 보고하고 있다. 환자는 수잔이라는 이름의 15세 소녀였다. 그녀는 고치기 힘든 간질 치료를 받고 있었다. 의사는 발작의 초점에 해당하는 조직을 제거하고자 했고, 다른 중요한 핵심 기능을 담당하는 부분을 제거하지 않기 위해 인근 부위를 조사하는 중이었다.

의사가 수잔의 부운동피질을 자극했을 때 전혀 예상하지 못했던 반응이 나왔다.(부운동피질은 두뇌의 감정중추에서 입력을 받는 전두엽 영역과 인접해 있다.) 수잔은 수술대 바로 위에서 억제할 수 없이 웃기 시작했다. (그녀는 수술 시간 동안 깨어 있었다.) 그녀는 신기하게도 말의 사진을 포함해 주위의 모든 것이 자신을 웃게 만든다고 했다. 그녀는 주위 사람들이 엄청나게 웃겨 보인다고 덧붙였다. 그녀는 의사들에게 이렇게 말했다. "아저씨들이 빙 둘러싸고 서 있는 것이 너무 웃겼어요."[2]

웃음과 진화심리학

윌리나 루스에게서 볼 수 있는 병리적 웃음은 흔하지 않다. 의학 책에도 20여 명 정도의 사례가 설명되고 있을 뿐이다. 그런데 이들을 모아보면 놀라운 사실이 드러난다. 사람들을 웃게 만드는 비정상적 활동이나 손상은 거의 대부분 변연계 쪽에 위치한다. 변연계는 시상하부, 유두체, 띠이랑 같은 조직들의 집합으로 감정과 관련이 있다.(그림 8.1) 웃음과 그것이 갖는 복잡한 문화적 의미를 고려할 때, 상대적으로 작은 두뇌구조의 덩어리가 웃음 현상 배후의 '웃음회로' 라는 것은 놀라운 일이다.

그런 회로의 위치를 확인하는 것 자체가 왜 웃음이 존재하고 그 생물학적 기능이 무엇인지 말해주지는 않는다. (단지 그 느낌이 좋기 때문에 진화했다고 말할 수는 없다. 이는 섹스가 우리의 유전자를 퍼뜨리기 때문에 좋게 느껴진다고 말하는 대신에, 단지 그 느낌이 좋아서 섹스가 존재한다고 말하는 것 같은 순환논증이 될 것이다.) 하품이나 웃음, 울음, 춤추기 등에 대해 왜 그런 특징이 진화했냐고 묻는 것은 이런 것들의 생물학적 기능을 이해하기 위한 핵심적 질문이다. 그런데 신경학자들은 두뇌 손상 환자들을 연구하면서도 이런 질문들은 거의 제기하지 않는다. 두뇌가 신체의 다른 생물학 기관인 신장이나 간, 췌장 등과 마찬가지로 자연선택을 통해 만들어졌다는 점을 고려한다면 이는 대단히 놀라운 일이다.

다행스럽게도 부분적으로는 앞 장에서 언급했던 새로운 학문인 '진화심리학' 덕분에 그런 상황이 바뀌고 있다.[3] 이 논란 많은 분야의 핵심적 교의는, 인간 행동의 여러 두드러진 측면들은 자연선택을 통해 만들어진 특수 모듈(심리적 기관)을 통해 조정된다는 것이다. 우리 최초의 선조들은 홍적세의 고대 사바나를 뛰어다녔다. 이들의 두뇌는 친족을 알아보고, 건강한 성적 배우자를 찾아내며, 썩은 냄새가 나는 음식을 피하는 등의 일상적 문제를 해결하기 위한 방식으로 진화했다.

예를 들어, 진화심리학자들은 대소변에 대한 우리의 혐오가 부모가 가르쳐준 것이기보다는 두뇌 속에 고정배선되어 있다고 주장한다. 배설물에는 전염성이 있는 박테리아나 기생충과 그 알 같은 것이 포함될 수 있다. 그러므로 '배설물에 대한 혐오' 유전자를 가진 고대 인간만이 살아남아 자신의 유전자를 물려주었다는 것이다. 반면에 (배설물 다발의 유혹을 도저히 피할 수 없었던 쇠똥구리와는 달리) 그렇지 못한 인간은 사라졌다. 이런 생각은 콜레라에 감염된 배설물이나, 살모네라균, 시겔라(이질균의 일종)에서 왜 썩은 냄새가 나는지 설명해준다.[4]

진화심리학은 과학자들을 양분시키는 경향이 있는 학문 중의 하나이다. 사람들은 등 뒤로 손가락질이나 야유를 교환하면서 그것에 찬동하거나 격렬히 반대한다. 마치 모든 사람이 전적으로 (유전자가 모든 것을 결정한다는) 생득주의자나 (두뇌는 그 구조가 문화를 포함하는 환경에 의해 결정되는 빈 서판 같은 것이라는) 경험주의자이기나 한 것처럼 말이다. 실제 두뇌는 이런 단순한 이분법이 함축하는 것보다 훨씬 더 복잡하다.

어떤 특징의 경우에는 진화적 관점이 필수적이다. 나는 웃음이 그런 특징 중의 하나라고 주장한다. 진화적 관점은 왜 웃음에 특화되어 있는 회로가 존재하는지 설명해줄 수 있다. 또 다른 특징의 경우에는 이런 식의 사고가 시간 낭비이다. (9장에서 보았듯이, 요리를 위한 유전자나 심리적 기관이 존재한다는 것은 비록 요리가 인간의 보편적 특징이기는 하지만 웃기는 이야기이다.)

진화심리학에서는 사실과 허구의 구분이 다른 어떤 학문들보다 더욱 쉽게 흐려진다. 대부분의 '진화심리학'적 설명은 전혀 시험해볼 수 없다. 증명이나 반증을 위해 그것들을 시험해볼 수 없는 것이다. 이런 사실이 문제를 더욱 악화시킨다. 가령, 유전적으로 결정되는 특정 메커니즘이 번식력이 좋은 배우자를 찾도록 돕는다거나, 여성이 입덧을 하는 것은 음식물의 독성에서 태아를 보호하기 위한 것이라는 일부 이론들은 매우 독창적이다. 하지만 어떤 것은 말도 안 되게 억지스럽다.

어느 날 오후, 장난기가 발동한 나는 진화심리학 쪽의 학자들을 놀려주기 위해 엉터리 진화심리학이론을 작성했다. 나는 대부분의 사람들이 그 기원을 '문화'라고 간주할 인간 행동의 어떤 측면에 대해서, 완전히 작위적이고 시험 불가능한 진화적 설명을 어느 정도까지 밀고 나갈 수 있는지 알고 싶었다. 그 결과물이 '왜 신사는 금발을 좋아하는가?'라는 풍자였다. 놀라운 일이었지만, 내가 장난 삼아 쓴 이 논문을 의학 저널에 제출하자 그 즉시 게재 수락을 받았다. 더욱 놀랍게도 나의 많은 동료들은 그것이 장난임을 알아채지 못했다. 그들에게 그것은 속임수가 아니라 충분히 그럴듯한 논증으로 비쳤다.[5]

웃음의 구조적 메커니즘

웃음은 어떤가? 합리적인 진화적 설명을 할 수 있을까? 아니면 웃음의 진정한 의미는 영원히 설명할 수 없는가?

만일 외계인 동물행동학자가 지구에 착륙해 인간을 관찰한다면, 그는 우리 행동의 많은 부분을 신기하게 여길 것이다. 나는 웃음이 그 목록의 거의 최상위에 있다는 데 내기를 걸겠다. 그가 인간의 상호작용을 관찰하고 있다고 하자. 그는 우리가 다양한 상황에서 갑자기 하던 일을 중단한 채 얼굴을 찡그리고 커다란 소리를 반복적으로 내는 것을 관찰하게 될 것이다. 이 이상한 행동은 어떤 기능을 하는 것일까? 유머나 사람들이 우습다고 생각하는 것은 분명 문화적 요소의 영향을 받는다. 영국 사람들은 상당히 세련된 유머를 구사한다고 여겨지지만, 독일이나 스위스 사람은 거의 모든 것에 대해 그다지 재미를 느끼지 않는다.

이것이 사실이라 하더라도, 모든 유머 밑에는 모종의 '심층 구조'가 놓여 있지 않을까? 웃음 현상의 세세한 부분은 문화에 따라 다르고 사람들이 양육되는 방식의 영향을 받는다. 그러나 이것이 모든 유머의 공통분모에 해당하는 유전적으로 결정된 웃음 메커니즘이 없다는 것을 뜻하지는 않는다. 많은 사람들은 그런 메커니즘이 실제로 존재한다고 생각한다. 웃음과 유머의 생물학적 기원에 대한 이론은 유머가 없기로 유명한 두 명의 독일 철학자 쇼펜하우어와 칸트로 거슬러 올라가는 오랜 역사를 가지고 있다.

다음의 두 농담을 살펴보자. (놀랄 일은 아니지만, 인종주의나 성차별주의, 종족 중심이 아닌 유머의 예를 찾기가 어려웠다. 열심히 조사한 끝에 그런 유머 하나와 그렇지 않은 유머 하나를 찾아낼 수 있었다.)

한 사내가 캘리포니아의 트럭 휴게소에 앉아 점심을 먹고 있었다. 그런데 갑자기 자이언트 판다 한 마리가 걸어 들어와 햄버거와 감자튀김, 초콜릿 밀크셰이크를 주문한다. 판다는 앉아서 음식을 먹다가eats 갑자기 일어서서 다른 손님 몇몇을 쏜shoots 다음 문밖으로 뛰어 나갔다. 그 사내는 경악했지만 웨이터는 태연했다. 그는 "도대체 무슨 일이 일어난 겁니까?" 하고 물었다. 웨이터가 대답했다. "별로 놀랄 것 없어요. 도서관에 가서 '판다' 항목을 찾아보세요." 그래서 그 사내는 도서관으로 가서 사전에서 '판다'를 찾아보았다. '중국의 열대우림에 사는, 크고 흰색과 검정색 털이 섞인 동물. 판다는 줄기와 잎을 먹는다It eats shoots and leaves.'

　갈색 봉투를 든 사내가 술집으로 들어와 마실 것을 주문했다. 바텐더는 미소를 띤 채 술을 따르면서 호기심을 억누르지 못하고 물었다. "그 봉투 안에 무엇이 들어 있습니까?" 그 남자는 살짝 웃으며 말했다. "보고 싶어요? 무엇이 있는지 한번 보세요." 그는 손을 뻗어 15센티미터도 되지 않는 조그만 피아노를 끄집어내었다. "이것이 무엇입니까?" 바텐더가 물었지만 그 남자는 아무 말도 하지 않았다. 그는 다시 봉투에 손을 뻗어 30센티미터 정도 되는 조그만 사람을 꺼낸 다음 피아노 앞에 앉혔다. 바텐더는 감탄하며 소리쳤다. "와! 이런 것은 난생처음 봅니다." 그 조그만 사람은 쇼팽의 곡을 치기 시작했다. "세상에, 도대체 이런 것을 어디서 구했습니까?" 그 남자는 한숨을 쉬면서 말했다. "마술램프를 발견했는데 그 안에 지니가 있었습니다. 그는 원하는 것은 무엇이든 들어주지만, 단 한 가지 소원만 빌 수 있습니다." 바텐더는 실망하며 말했다. "오, 그래요. 도대체 누굴 놀리려 하세요?" 남자는 기분이 상한 듯 말했다. "나를 믿지 못하겠습니까?" 그는 외투 안으로 손을 넣어 화려한 장식의 손잡이가 달려 있는 은색 램프를 끄집어냈다. "이게 바로 지니가 들어 있는 램프입니다. 나를 믿지 못하겠다면 램프를 문질러보세요."

바텐더는 램프를 자기 쪽으로 가져와 그 남자를 의심스러운 듯 쳐다보며 램프를 문질렀다. 그런데 '펑' 하며 지니가 나타나 바텐더에게 절을 하며 말했다. "주인님, 당신이 원하는 것을 명령하세요. 내가 당신의 소원을 딱 하나만 들어드리겠습니다." 바텐더는 숨이 막혔지만 이내 평정을 회복하고 말했다. "좋아요. 좋아요. 나한테 백만 불만 주세요." 지니는 마법의 지팡이를 흔들었고, 실내는 갑자기 수만 마리의 꽥꽥거리는 오리들로 가득 찼다. 오리들은 사방에 가득했고 엄청나게 소리를 질러댔다. 꽥꽥, 꽥꽥. 바텐더는 남자 쪽으로 돌아서며 말했다. "이 지니는 도대체 어떻게 된 겁니까? 백만 불bucks을 달라고 했는데, 백만 마리의 오리ducks를 주었잖아요. 도대체 귀머거리입니까, 무엇입니까?" 그 남자는 바텐더를 쳐다보며 말했다. "당신은 내가 진짜로 30센티미터짜리 피아니스트를 원했을 거라고 생각하세요?"

이런 이야기들이 재미있는 이유는 무엇인가? 다른 농담들과의 공통점은 무엇인가? 겉으로는 매우 다양하지만, 대부분의 농담과 우스운 일은 다음과 같은 논리 구조를 가지고 있다. 전형적인 구조는 먼저 듣는 이를 현혹시키면서 기대를 부풀리며 천천히 긴장을 높여간다. 그리고 마지막에 가서 전혀 기대하지 않았던 반전이 일어나고, 앞서 제시된 모든 이야기를 완전히 재해석하도록 만든다. 여기서 중요한 점은 새로운 해석이 전혀 기대하지 않았던 것이지만, 원래 '기대했던' 해석과 마찬가지로 이야기 속에 주어진 전체 사실들과 앞뒤가 잘 들어맞아야 한다는 것이다. 그런 점에서 농담은 토머스 쿤이 '비정상성'에 대응하는 '패러다임 전환'이라고 불렀던, 과학적 창의성과 많은 공통점을 가지고 있다. (대부분의 창의적 과학자들이 유머감각이 매우 뛰어났었다는 사실은 아마도 우연이 아닐 것이다.) 농담에서 비정상성에 해당하는 것은 농담의 급소에 해당하는 부분이다. 농담은 청자가 순간적으로 어떻게 모든 주어진 사실을 재해석해 비정상적인 결말을 통합할 수 있는지 파악해 그 급소를 찾을 수 있어야만 재미가 있다. 상대방을 현혹시키면서 기대를 고조시키는 단계가 길고 구불구불할수록 마지막 반전이 더 '재미' 있어진다. 좋은 코미디언은 이런 원칙을 활용해서 이야기 전개의 긴장감을 높이는 데 많은 시간을 투자한다. 어중간한 반전은 유머의 가장 큰 적이다.

마지막에 갑작스러운 반전을 도입하는 것은 유머를 만드는 데 필수적이다. 하지만 그것만으로 충분하지 않다. 내가 탄 비행기가 샌디에이고 공항에 착륙하려고 할 때, 내가 좌석벨트를 조이면서 준비하고 있다고 가정하자. 이때 조종사가 갑자기 기내방송을 한다. 아까 기류가 불안할 때 들렸던 '쿵' 소리는 사실은 엔진 고장 때문이며, 착륙 전에 연료를 모두 버려야 한다는 것이다. 내 마음속에는 모종의 패러다임 전환이 일어난다. 하지만 그것이 나를 웃게 만들지 않는다. 그 방송은 오히려 나를 비정상성에 적응시키고 비정상성을 극복할 행동을 준비하도록 만든다.

내가 아이오와 시티의 친구 집에 머물러 있던 또 다른 예를 생각해보자. 그 집 식구들은 외출하고 없었으며, 나 혼자 낯선 환경 속에 남겨져 있었다. 늦은 밤, 잠이 살짝 들려고 할 때 아래층에서 뭔가 툭 치는 소리가 들렸다. 나는 '아마 바람 소리겠지.' 하고 생각했다. 몇 분 후에 처음보다 더 큰 굉음이 들렸다. 나는 나름대로 '합리화'를 꾀한 다음 다시 잠을 청했다. 20분 후에 다시 '뺑' 하며 엄청나게 큰 소리가 울렸다. 나는 침대에서 빠져나왔다. 무슨 일일까? 혹시 강도일까? 변연계가 자연스럽게 작동하고, 나는 긴장하면서 회중전등을 들고 아래층으로 내려갔다. 지금까지는 그 어느 것도 웃습지 않다. 그런데 갑자기 마루에 흩어져 있는 커다란 꽃병 조각과 그 옆에 있는 큰 얼룩무늬 고양이가 눈에 들어왔다. 명백한 범인이 거기 있는 셈이었다.

비행기 사고의 경우와 달리, 이번에는 내가 웃기 시작한다. 내가 감지한 '비정상성'과 그에 뒤따라 일어난 '패러다임 전환'이 사소한 것임을 깨달았기 때문이다. 이제 심상치 않은 강도이론이 아니라, 고양이 이론을 통해 지금까지의 모든 사실을 설명할 수 있다.

우리는 이런 예에 비추어 유머와 웃음을 더욱 명확하게 정의할 수 있다. 현혹하는 이야기로 기대감을 고조시키고 같은 사실을 완전히 재해석할 수 있는 갑작스러운 반전이 마지막에 등장한다. 그리고 새로운 해석의 결과가 크게 중요하지 않은 사소한 것일 때 웃음이 뒤따른다.

거짓경보이론과 어색한 웃음

그런데 왜 웃음인가? 왜 이런 터져나오는 반복적 소리인가? 웃음이 억눌린 내적 긴장을 해소시켜 준다는 프로이트의 견해는 별로 설득력이 없다. 그의 견해는 복잡하고 부자연스러운 수력에 대한 비유에 의지하고 있다. 그는 파이프 속에 점점 차오르는 물은 (내부의 압력이 강해지면 안전밸브가 열리듯이) 가장 저항이 적은 경로 쪽으로 나간다고 주장한다. 웃음이 (그것이 무엇이든) 심적 에너지의 출구에 해당하는 안전밸브 역할을 할 수도 있다. 하지만 이 '설명'은 나에게 설득력이 없다. 이는 '원인은 제거하지 못한 채 몰이해라는 통증에 둔감하게' 만드는, 이른바 피터 메더워가 '진통제'라고 부른 유형의 설명에 해당한다.

다른 한편, 동물행동학자들에게 모든 정형화된 소리는 거의 언제나 해당 유기체가 동일한 사회집단에 속하는 누군가에게 무엇인가를 '전달'하려 하는 것이다. 이것을 웃음의 경우에 적용하면 어떻게 될까? 나는 웃음의 주요 목적이, 어떤 개체가 사회집단(주로 친족)의 누군가에게 감지된 비정상성이 사소한 것이며 걱정할 필요가 없음을 알리는 것이라고 생각한다. 웃는 사람은 결과적으로 거짓경보에 대한 발견을 공지하고 있는 셈이다. 나머지 너희들은 거짓위협에 대응하기 위해 귀중한 에너지와 자원을 낭비할 필요가 없다고 알려주는 것이다.[6] 이는 웃음이 왜 그렇게 전염성이 강한지도 설명해준다. 그런 신호의 가치는 사회 집단에 널리 퍼지면 퍼질수록 커지기 때문이다.

유머에 대한 '거짓경보이론'은 동시에 익살극도 설명해준다. 뚱뚱하고 거만한 어떤 사람이 거리를 걸어가다가 바나나 껍질에 미끄러져 넘어지는 것을 우리가 보았다고 하자. 만일 그의 머리가 바닥에 부딪혀 피가 흘러나오는 것을 보면, 우리는 웃지 않을 것이다. 우리는 그를 돕기 위해 달려가거나 근처에 있는 전화기를 이용해 구급차를 부를 것이다. 그런데 그가 아무렇지도 않게 일어나서 이마에 묻은 땀을 닦아내고 계속 걸어간다면, 우리는 아마도 웃음을 참지 못할 것이다. 그 결과, 우리의 웃음은 근처에 있는 사람들에게 그를 돕기 위해 달려갈 필요가 없음을 알리게 된다. 〈로렐과 하디〉나 〈미스터 빈〉을 보고 있는 경우라면, 불운한 희생자에게 일어나는 '실제' 위해나 부상에 대해 우리는 더욱 관대해진다. 우리는 그것이 영화일 뿐이라는 것을 잘 알고 있기 때문이다.

이 모형은 웃음의 진화적 기원을 설명해준다. 하지만 이것이 현대인 사이에 유머가 갖는 모든 기능을 설명해주는 것은 아니다. 그런데 일단 웃음 메커니즘이 자리 잡고 나면 그것은 다른 목적을 위해 쉽게 이용될 수 있다. (이는 진화에서 흔한 일이다. 새의 깃털은 원래 보온을 위해 진화했지만 나중에 나는 목적을 위해 적응되었다.)

새로운 정보에 입각해 사건을 재해석하는 능력은 세대를 거치면서 더욱 정교해진다. 그리고 이는 사람들로 하여금 더 큰 생각이나 개념들을 흥미 삼아 병치시켜 보도록 만든다. 말하자면 창의적이 되는 것이다. (유머의 본질적 요소인) 친숙한 생각을 새로운 관점에서 바라보는 능력은 보수적인 생각에 대해서는 해독제로, 창의성에 대해서는 촉매로 작용할 수 있다. 웃음과 유머는 창의성에 대한 무대연습일지도 모른다. 만약 그렇다면 농담이나 말장난, 여타 형태의 유머를 가능한 한 빨리 초등학교 정식교육 과정의 일부로 도입해야 한다.[7]

이러한 설명은 유머의 논리적 구조를 설명해줄지 모르지만, 왜 유머 자체가 때로는 심리적 방어기제의 일환으로 사용되는지는 설명하지 못한다. 가령, 비정상적으로 많은 수의 농담이 죽음이나 성 같은 잠재적으로 불안한 주제들을 다루고 있다는 것은 우연의 일치인가? 한 가지 가능한 설명은 진짜로 불안한 비정상성을 아무렇지 않은 것처럼 가장해 사소하게 만들려는 시도가 바로 농담이라는 것이다. 우리는 스스로의 거짓경보 메커니즘을 작동시켜 불안에서 주의를 딴 데로 돌리려 한다. 따라서 사회집단의 타인들을 달래기 위해 진화한 특징이 이제는 실제 긴장 상황을 극복하기 위해 내면화되고, 이른바 '어색한 웃음'으로 나타난다. 어색한 웃음과 같은 신기한 현상도 여기서 논의한 진화론적 생각에 비추어보면 쉽게 이해할 수 있다.

미소 또한 웃음의 '약한' 형태로 유사한 진화론적 기원을 가질 수 있다. 우리 선조에 해당하는 유인원이 멀리서 그를 향해 다가오는 다른 개체와 마주쳤다고 하자. 대부분의 이방인은 잠재적 적이라는 정당한 가정하에, 그는 처음에는 위협적으로 찡그린 표정을 지으며 송곳니를 드러낼 것이다. 하지만 그 개체가

'친구'나 '친족'이라는 것을 확인하고 나면 찡그린 표정을 반쯤 풀면서 미소를 만들어내고, 그것이 공식적인 인사의 형태로 진화했을 수 있다. '당신이 나를 위협하지 않음을 알고 있으며, 나도 그에 대한 응답을 한다.'[8] 따라서 내 이론에 따르면, 미소는 웃음과 마찬가지 방식으로 중간에 그만둔 긴장 반응이다.

웃음에 깔려 있는 신경 메커니즘

지금까지 살펴본 생각들은 유머, 웃음, 미소의 가능한 진화론적 기원과 생물학적 기능을 설명하도록 도와준다. 하지만 웃음에 깔려 있는 신경 메커니즘은 무엇인가 하는 문제는 여전히 남아 있다. 어머니의 장례식에서 웃기 시작한 윌리, 문자 그대로 웃다가 죽은 루스는 어떻게 설명할 수 있는가? 이들의 이상한 행동은 주로 변연계에서 발견되는 웃음회로와 전두엽에 있는 그 표적의 존재를 함축한다. 이미 우리가 잘 알고 있듯이, 변연계의 역할은 잠재적인 위협에 대비하도록 하거나 경보를 울리는 일이다. 이 점을 고려한다면, 변연계가 거짓경보에 대한 중단된 경계 반응으로서의 웃음과 관련되어 있다는 사실은 그리 놀라운 일이 아니다. 이 회로의 어떤 부분은 웃음을 동반하는 즐거운 느낌과 같은 감정을 다루며, 또 다른 부분은 물리적인 행동 자체와 연관되어 있다. 현재 우리는 어떤 부분이 어떤 역할을 하고 있는지 잘 알지 못한다.

그런데 통각마비pain asymbolia라고 부르는 또 다른 기이한 신경장애가 있다. 이는 웃음에 깔려 있는 신경구조에 대한 단서를 추가로 제공한다. 이 증세를 가진 환자는 일부러 바늘로 손가락을 찔러도 고통을 느끼지 못한다. 그는 "아이고."라고 말하는 대신에 "박사님, 찌르는 느낌은 있지만 아프지는 않아요."라고 말한다. 그는 아픈 것을 회피하게 만드는 통증의 감정적 효과를 경험하지 못한다. 그런데 신비하게도 그들 중 일부는 바늘로 찌른 것이 아니라 간지럼을 태우기라도 한 듯 마치 간질 발작처럼 킥킥거리며 웃기 시작한다.

최근에 나는 인도 마드라스에 있는 병원에서 한 학교 선생님을 검사한 적이 있다. 통상적인 신경과 검사의 일환으로 여기저기를 핀으로 쿡쿡 눌러보았다. 그런데 그녀는 왜 그런지는 설명할 수 없지만, 그것이 엄청나게 우습게 느껴진다고 했다.

나는 이 장에서 내가 제안한 웃음의 진화이론에 대한 추가적 증거를 찾을 목적으로 통각마비에 관심을 갖게 되었다. 이 증세는 주로 두정엽과 측두엽 사이의 주름 속에 묻혀 있는 도피질 조직에 손상이 있을 때 관찰된다. (이는 윌리나 루스가 손상을 입은 조직과 밀접하게 연결되어 있다.) 이 조직이 고통을 포함해 피부나 내부 기관에서 오는 감각 입력을 받아들이고 (띠이랑 같은) 변연계의 일부로 출력을 보내면, 그 결과 우리는 격렬한 아픔과 같은 통증의 강한 회피반응을 경험하게 된다. 만약 띠이랑에서 도피질에 이르는 연결이 손상을 통해 끊어지면 어떤 일이 일어날지 상상해보자. 두뇌의 한 부분(도피질)은 "여기에 아프고 잠재적인 위협이 있다"고 말한다. 하지만 다른 부분(변연계의 띠이랑)은 몇 분의 1초 늦게 "걱정 마. 그것은 아무런 위협도 되지 않아"라고 말한다. 여기에는 위협과 그 절하라는 두 가지 요소가 존재한다. 환자가 이 역설을 해결하는 유일한 방안은 내 이론이 예측하듯이 웃는 것이다.

동일한 방식의 추론이 왜 간지럼을 태우면 사람들이 웃는지도 설명해준다.[9] 손을 위협적으로 펼치고 아이에게 다가가보자. 아이는 "저 사람이 나를 해칠까, 흔들까, 찌를까?"하며 궁금해한다. 그런데 당신의 손가락이 가볍게 간헐적으로 그의 배를 만진다. 여기에도 위협과 그에 뒤따른 격하라는 요소가 존재한다. 아이는 마치 다른 아이들에게 알리기라도 하듯이 웃음을 터뜨린다. "그는 나쁜 짓을 하지 않아. 장난치는 것뿐이야!" 그리고 이는 어린아이로 하여금 성인의 유머에 필요한 일종의 심리 놀이를 연습하도록 도와준다. 다시 말해서 '복잡한 인지적' 유머라는 것은 간지럼을 태우는 것과 동일한 논리적 구조를 가지고 있다. 따라서 이는 도피질, 띠이랑, 그리고 여타의 변연계로 구성되는 '위협적이지만 유해하지 않은' 감지자라는 동일한 신경회로에 얹혀 있다. 이런 식으로 메커니즘을 전용하는 일은 심리적, 물리적 특성의 진화에서 예외라기보다 법칙에 해당한다. 이경우, 전용은 완전히 다른 기능이 아니라 그와 연관된 고위 기능을 위해 발생했다.

이런 생각은 지난 10여 년 동안에 진화생물학자들, 특히 진화심리학자들 사이에 진행되고 있는 열띤 논쟁과 관련해 모종의 의미를 함축하고 있다. 나는 두 가지 입장이 대립하고 있다는 인상을 받는다. 한 입장은 (겉으로는 부인하지만) 우리의 모든 심적 특성, 혹은 최소한 99퍼센트는 자연선택을 통해 특정하게 선택되었다는 것이다.

　스티븐 제이 굴드로 대표되는 또 다른 입장은 첫 번째 입장을
'극단적 다윈주의자' 라고 부르면서, 다른 요소들도 염두에 두어
야 한다고 주장한다. (일부 요소는 실제 선택 과정과 관련되어 있고,
나머지는 자연선택이 작용할 원재료에 관계된 것이다. 이들은 자연선
택을 부인하기보다 보완한다.) 내가 아는 모든 생물학자들은 이 요
소들이 무엇인가에 대한 강력한 견해를 가지고 있다. 다음은 내
가 좋아하는 사례들이다.

* 지금 우리가 관찰하는 것은, 전혀 다른 목적을 위해 선택된 다른
　무엇의 유용한 부산물 혹은 보너스에 해당하는 것일 수 있다. 가
　령, 코는 냄새를 맡고 공기를 따뜻하고 축축하게 하기 위한 목적
　으로 진화되었다. 하지만 안경을 걸치기 위한 용도로 사용될 수
　있다. 손은 나뭇가지를 잡기 위해 진화했지만, 계산을 위해 사용
　될 수도 있다.
* 어떤 특성은 원래 전혀 다른 목적을 위해 선택된 다른 특성이 (자
　연선택을 통해) 개량된 것일 수 있다. 새의 깃털은 보온을 위해 파
　충류의 비늘에서 진화한 것이다. 하지만 이후에 날기 위한 날개의
　깃털로 전용되고 변형되었다. 이를 전前적응이라고 한다.
* 자연선택은 사용 가능한 것 중에서 선택할 수 있다. 하지만 때로
　사용 가능한 것의 목록은 매우 제한되어 있다. 이는 유기체가 걸
　어왔던 진화의 역사뿐 아니라 특정한 발달상의 경로를 통해 제한
　받는다. 발달상의 경로는 영구적으로 폐쇄되었거나 아직 열려 있
　을 수 있다.

만약 이런 진술들이 인간의 본성을 구성하는 수많은 심리적 특성에 대해 일정 부분 참이 아니라면 매우 놀라운 일일 것이다. 물론 이것 말고도 (우연이나 행운의 여신을 포함해) '자연선택'에 의해 포섭되지 않는 다른 원리가 많다.[10] 그러나 극단적 다윈주의자는 분명하게 학습된 것 외의 특성들은 대부분 자연선택의 구체적 산물이라는 의견을 변함없이 고수한다. 이들에게 전적응이나 우연 같은 것들은 진화에서 아주 사소한 역할만을 담당할 뿐이다. 그것들은 '법칙을 증명해주는 예외'에 해당하는 것들이다. 게다가 이들은 환경적이고 사회적인 제약조건을 살펴봄으로써 다양한 인간적 특성들을 원리상 역설계할 수 있다고 믿는다. ('역설계'는, 어떤 것의 작동방식을 가장 잘 이해하는 길은 그것이 어떤 환경적 도전에 대응하기 위해 진화했는지 물어보는 것이라는 생각이다. 그다음에는 그 도전에 대한 그럴듯한 해결책을 생각해본다. 이는 공학자나 컴퓨터 프로그래머들에게 널리 퍼져 있는 생각이다.)

생물학자로서 나는 굴드 쪽으로 기울어져 있다. 나는 자연선택이 분명히 진화의 가장 중요한 구동력이라고 믿는다. 하지만 동시에 각각의 경우를 개별적으로 조사할 필요도 있다고 믿는다. 달리 말해서, 동물이나 인간에게서 관찰할 수 있는 심리적, 물리적 특징들이 자연선택을 통해 선택되었는가의 문제는 경험적 질문이다. 게다가 환경적 문제를 해결하는 데는 10여 가지의 방법이 있다. 그리고 우리가 보고 있는 동물의 진화 역사나 분류학, 고생물학을 알지 못하면, 깃털이나 웃음, 듣기와 같은 개별적 특성들이 정확하게 어떤 경로를 거쳐 현재의 형태로 진화해왔는지 알아낼 수 없다. 이를 전문용어로는 적합도 지형fitness landscape에서 그 특징이 취한 '궤적'이라고 한다.

이 현상에 대해 내가 가장 좋아하는 예는 중이中耳에 있는 망치뼈, 모루뼈, 등자뼈라는 세 개의 작은 뼈와 관련되어 있다. 그중 두 개의 뼈(망치뼈와 모루뼈)는 지금은 듣기에 쓰이지만, 원래는 우리의 파충류 조상의 아래턱의 일부였으며 씹기 위한 용도로 사용되었다. 파충류는 거대한 먹이를 삼키기 위해 유연하고 다요소로 이루어진 여러 개의 관절이 있는 턱이 필요했다.

반면에 포유동물은 열매를 깨거나 곡물처럼 딱딱한 것을 씹기 위해 강한 뼈(치골)를 선호했다. 그래서 파충류가 포유류로 진화함에 따라, 두 개의 턱뼈는 중이로 전용되어 소리를 증폭하기 위해서 사용되었다. (이는 부분적으로 초기 포유류가 야행성이어서 생존을 위해 청각에 많이 의존했기 때문이다.)

이는 매우 엉뚱하고 임시변통적인 가설이다. 만일 우리가 비교해부학적 지식이 없고 중간 단계의 화석을 발견하지 못했다면, 이는 유기체의 기능적 필요만을 고려해서는 결코 도출할 수 없는 내용이다. 극단적인 다윈주의자의 견해와는 반대로, 역설계는 생물학에서 언제나 통하지 않는다. 신은 기술자가 아니라 해커라는 간단한 이유 때문이다.

이 모든 것이 미소와 같은 인간의 특징과 무슨 관련이 있는가? 전부 관련이 있다. 만약 미소에 관한 내 논증이 옳다면, 미소는 비록 자연선택을 통해 진화했을지 모르지만 그 모든 특징이 지금 현재의 수요에 적응되어 있는 것은 아니다. 말하자면, 미소는 자연선택만을 통해 현재의 형태를 취하고 있는 것이 아니라는 것이다. 오히려 지금과는 반대인 위협적으로 찌푸린 표정에서 진화해왔기 때문에 현재의 형태를 취하고 있다. 만일 우리가 송곳니의 존재 및 인간이 아닌 유인원류가 거짓위협을 위해 송곳니를 드러낸다는 사실, 그리고 거짓위협이 실제로 위협하는 모습에서 진화해왔다는 사실을 알지 못한다면(큰 송곳니는 정말로 위험하다), 역설계만을 통하거나 적합도 지형 속의 특정한 궤적을 발견하는 것만으로 이런 결론을 도출할 방도는 없다.

누군가가 우리를 향해 웃고 있을 때마다, 그 사람은 사실 자신의 송곳니를 드러내 보임으로써 반쯤은 우리를 위협하고 있다. 이러한 사실은 무척이나 역설적이다. 『종의 기원』을 출간했을 때, 다윈은 책의 마지막 장에서 우리도 원숭이와 같은 조상에서 진화해왔을지 모른다고 암시했다. 영국의 정치가 벤저민 디즈레일리Benjamin Disraeli는 이것에 격노했고, 옥스퍼드에서 열린 한 모임에서 그 유명한 수사적 질문을 던졌다. "인간은 짐승인가, 천사인가?" 아내가 그를 보고 웃을 때 드러나는 송곳니만 보았더라면, 그는 그 질문에 답할 수 있었을 것이다. 또한 그는 이를 통해서 우애를 나타내는 이 간단한 보편적인 인간의 동작 속에, 우리의 야만적 과거에 대한 냉혹한 기억이 숨겨져 있음도 알아차렸을 것이다.

다윈은 『인류의 기원』에서 다음과 같은 결론을 내리고 있다.

여기서 우리는 희망과 두려움이 아니라 오직 진리에만 관심이 있다. 내가 보기에 우리 인간은 여전히 신체구조 속에 미천한 기원의 지워지지 않는 흔적을 지니고 있음을 인정해야 한다. 인간의 모든 고귀한 특성들, 가장 낮은 것들에 대해 느끼는 인간의 연민, 다른 인간뿐만 아니라 가장 미천한 존재들에게 보여주는 자비심, 태양계의 운동과 그 구성을 꿰뚫는 신적인 지성, 이 모든 고귀한 능력에도 불구하고 말이다.

11

사 라 진 쌍 둥 이 를 찾 아 라 !

> 불가능한 것을 제외하면,
> 그것이 아무리 일어날 성싶지 않은 것이라 하더라도
> 남아 있는 바로 그것이 참임이 틀림없다는 것이
> 나의 오래된 행동원리이다.
>
> **- 셜록 홈스**

선명한 붉은색 머리를 깔끔하게 틀어올린 32세의 메리 나이트가 먼로 박사의 사무실로 들어왔다. 그녀는 자리에 앉으면서 환한 웃음을 지었다. 그녀는 임신 9개월째로 지금까지는 모든 것이 순조로웠다. 오랫동안 기다리고 간절히 바라던 임신이었다. 먼로 박사를 방문한 것은 이번이 처음이었다. 때는 1932년이었고 돈이 부족했기 때문이다. 남편은 고정적인 일이 없었다. 그래서 지금까지 메리는 거리 끝에 사는 산파하고만 약식으로 상의해 왔다.

하지만 오늘은 달랐다. 메리는 아이가 간헐적으로 발로 차는 것을 느꼈고 출산이 임박한 것으로 생각했다. 그녀는 먼로 박사가 다시 한번 검사를 해서 아이가 올바른 위치에 있다는 것을 확인시켜주고 임신의 최종단계를 안내해주기를 원했다. 출산을 준비해야 할 시간인 것이다.

먼로 박사는 젊은 여인을 검사했다. 그녀의 복부는 매우 불러 있었고 아래쪽으로 처져 있었다. 태아가 아래로 내려왔다는 뜻이었다. 그녀의 가슴은 부풀어 있었고 젖꼭지는 얼룩덜룩했다.

그런데 뭔가 이상했다. 청진기로 태아의 심장 박동소리를 명확히 들을 수 없었다. 아이가 이상한 방식으로 돌아앉았거나 어떤 문제가 생겼는지도 모른다. 그러나 그것이 아니었다. 메리 나이트의 배꼽이 완전히 잘못되어 있었다. 임신의 확실한 징후는 배꼽이 뒤집어져서 바깥쪽으로 튀어나오는 것이다. 메리의 배꼽은 보통의 경우처럼 안으로 향해 있었다. 그녀의 배꼽은 '바깥쪽'이 아니라 '안쪽'을 향해 있었다.

먼로 박사는 부드럽게 휘파람 소리를 냈다. 그는 의대에서 상상임신에 대해 배운 적이 있었다. 임신을 간절히 원하거나 때로는 임신을 극도로 두려워하는 일부 여성들은 진짜 임신의 모든 증세와 징후를 보이기도 한다. 그들의 복부는 등을 뒤로 젖혀서 버텨야 할 정도로 엄청나게 불러온다. 신기하게도 복부에 지방이 축적되는 것이다. 그들의 젖꼭지도 임신한 여성처럼 착색된다. 그들은 월경이 끊기고, 젖이 나오며, 입덧을 하고, 태아의 움직임을 느낀다. 한 가지만 제외한다면 모든 것이 정상으로 보인다. 문제는 아기가 없다는 것이다.

먼로 박사는 메리 나이트가 상상임신을 했음을 알아차렸다. 그런데 그 사실을 어떻게 그녀에게 말해줄 것인가? 모든 것이 그녀의 머릿속에서 일어난 일이며, 신체의 극적인 변화도 환상 때문에 생긴 것이라고 어떻게 설명해야 하는가?

그는 부드럽게 말했다.

"메리, 아기가 지금 나올 거예요. 오늘 오후에 태어날 것입니다. 당신이 통증을 느끼지 않도록 에테르를 주겠습니다. 그리고 출산이 시작되면 그냥 진행하면 됩니다."

메리는 고무되었고 마취에 빠졌다. 에테르는 출산 시에 통상적으로 사용하는 마취제였고, 그녀도 예상하고 있던 것이었다. 잠시 후에 먼로 박사는 그녀의 손을 잡고 가볍게 쳐서 메리를 깨웠다. 그는 그녀가 정리할 시간을 몇 분 주었다.

"메리, 이런 소식을 전하게 되어서 대단히 유감입니다. 매우 안 좋은 소식입니다. 아기를 사산했습니다. 내가 할 수 있는 모든 조취를 취했지만 소용이 없었습니다. 정말 유감입니다."

메리는 울음을 터뜨렸지만 먼로 박사가 전하는 소식을 받아들였다. 바로 그 순간 그녀의 복부가 가라앉기 시작했다. 아기는 사라졌고 그녀는 비탄에 빠졌다. 그녀는 집으로 가서 남편과 어머니에게 이 소식을 전해야 했다. 이는 모든 가족들에게 얼마나 실망스러운 소식인가?

1주일이 흘렀다. 그런데 메리가 다시 이전처럼 배를 내밀고 사무실로 들어와 박사를 경악시켰다. 그녀가 외쳤다.

"박사님! 저 다시 왔어요. 선생님이 쌍둥이를 분만하는 것을 잊었어요! 지금 그 녀석이 발로 여기를 차는 것이 느껴집니다."[1]

환상임신

나는 3년 전 1930년대의 낡아빠진 한 의학논문에서 메리 나이트의 이야기를 접하게 되었다. 그 보고를 한 사람은 '환상사지'라는 말을 만든 필라델피아의 의사 실라스 워 미첼 박사였다. 그는 메리의 상태를 환상임신phantom pregnancy이라 언급했고, (거짓으로 배가 불러오는) '거짓임신pseudocyesis'이라는 말을 만들어냈다. 이 이야기를 전한 이가 다른 사람이었다면, 나는 아마도 대수롭지 않게 여겼을 것이다. 하지만 워 미첼은 빈틈없는 임상관찰자이다. 나는 여러 해를 지내면서 그의 글을 꼼꼼히 읽어야 한다는 점을 터득했다. 나는 특히 마음이 어떻게 육체에 영향을 미치고, 또 그 역은 어떻게 성립하는가에 대한 현대의 논쟁에서 그의 보고가 어떤 관련성을 가질지 궁금했다.

나는 인도에서 태어나고 교육을 받았다. 그 때문에 사람들은 종종 내가 서구인들이 파악하지 못하는 마음과 몸의 연결을 믿는지 물어온다. 요가 수행자들은 어떻게 자신의 혈압과 박동수, 호흡을 통제하는가? (일단 왜 그런 짓을 하려고 하는가 하는 질문을 미뤄둔다면) 요가에 가장 뛰어난 사람은 장운동을 거꾸로 할 수도 있다는데 그것이 사실인가? 고질적인 스트레스 때문에 병이 생기는가? 명상을 하면 더 오래 살 수 있는가?

만약 당신이 5년 전에 이런 질문을 했다면, 나는 마지못해 동의했을 것이다. "물론, 마음은 신체에 영향을 미칠 수 있다. 즐거운 마음가짐은 면역체계를 강화해 병의 회복을 가속화시킨다. 그리고 우리가 완전히 이해하지 못하는 위약효과라는 것도 있다. 치료에 대한 믿음은 실제 물리적 건강은 아니라 할지라도 증세가 호전된 것처럼 보이게 만든다."

그런데 치료가 불가능한 것을 마음이 치유할 수 있다는 주장에 대해서 나는 매우 회의적이다. 이는 내가 서양의학의 훈련을 받았기 때문만은 아니다. 나는 또한 많은 경험적 주장들도 설득력이 없다고 생각한다. 삶에 적극적인 태도를 가진 환자가 자신의 병을 받아들이지 않는 환자보다 평균 두 달 정도를 더 살았다고 해서 무슨 큰 의미가 있겠는가? 물론 두 달은 없는 것보다 낫다. 하지만 폐렴 환자의 생존율을 증대시킨 페니실린 같은 항생제의 효과에 비한다면, 이는 그리 뽐낼 만한 일이 아니다. (오늘날 항생제를 칭송하는 것이 시류에 맞지 않는 일이라는 것은 나도 알고 있다. 그러나 단 몇 번의 페니실린 주사를 맞고 폐렴이나 디프테리아에서 목숨을 구한 어린아이를 본다면, 정말로 항생제가 기적의 약이라는 것을 납득하게 될 것이다.)

학생 때 나는 아주 적은 (정말로 소소한) 비율의 치유 불가능한 암이 아무런 치료를 하지 않았는데도 기적처럼 사라졌다는 것과, '많은 악성종양 환자들이 자신의 의사보다 더 오래 살았음'을 배웠다. 자연완화spontaneous remission로 알려진 그 현상을 교수님이 설명했을 때, 내가 품었던 의심을 아직도 기억하고 있다. 모든 것이 원인과 결과로 묶여 있는 과학에서, 어떻게 한 현상이 자연발생적으로 일어날 수 있는가? 그것도 특히 악성종양의 사멸과 같은 극적인 일이.

이런 반론을 제기했을 때, 나는 사소한 개별 차이들의 축적효과가 예기치 않았던 엄청난 반응을 설명할 수 있다는 '생물학적 변이'에 대한 기본 사실만을 들었을 뿐이다. 종양의 퇴행이 변이로 생겼다고 말하는 것은 대단한 내용이 아니다. 그것은 거의 설명이라 할 수도 없는 정도이다. 만약 암의 퇴행이 변이 때문이라면, 다음과 같은 질문을 던져야 할 것이다. 특정 환자에게 퇴행을 야기한 핵심적 변수는 무엇인가? 만일 우리가 이 문제를 해결할 수 있다면, 이는 사실상 암에 대한 치유책을 발견한 것이다. 물론 그런 퇴행은 여러 변수의 우연적 결합의 결과일 수 있다. 하지만 그렇다고 해서 그것이 해결할 수 없는 문제인 것은 아니다. 그것은 단지 문제를 조금 더 어렵게 만들 뿐이다.

그렇다면 왜 암 연구기관들은 이런 경우를 단지 호기심의 대상으로만 간주하는가? 이들은 왜 거기에 더 많은 주의를 기울이지 않는가? 유해성 인자에 저항력을 높여주거나 변절한 종양억제 유전자에 다시 제동을 걸기 위한 단서를 찾아서, 누군가가 그런 흔치 않은 생존자들을 자세히 연구할 수는 없는가? 이런 전략은 후천성면역결핍증후군(AIDS)의 연구에 성공적으로 적용되었다. 일부 장기 생존자들이 바이러스가 면역세포에 침투하는 것을 막아주는 유전자 돌연변이를 가지고 있다는 발견은 지금 임상에서 활용되고 있다.

이제 심신의학 문제로 다시 돌아가보자. 어떤 암이 때때로 저절로 퇴행한다는 것은 최면술이나 적극적 태도가 그런 완화를 가져왔다는 것을 필연적으로 증명해주지 않는다. 단지 그것들이 신비하다는 이유만으로 모든 신비한 현상을 함께 뭉뚱그리는 우를 범해서는 안 된다. 이들 현상의 공통점은 단지 그뿐일 수 있기 때문이다. 내가 납득하려면 우리 마음이 신체의 과정에 직접적으로 영향을 미친다는 단 하나의 증명된 사례, 분명하고 반복할 수 있는 그런 사례가 필요하다.

메리 나이트의 사례와 마주쳤을 때, 나는 거짓임신 혹은 환상임신이 내가 찾고 있는 연결을 보여주는 사례가 아닐까 하는 생각이 들었다. 만일 인간의 마음이 임신과 같은 복잡한 무엇을 만들어낼 수 있다면, 그 외에 두뇌가 신체에게 할 수 있는 일에는 어떤 것들이 있을까? 마음과 육체의 상호작용의 한계는 어디까지이며, 어떤 경로가 이런 이상한 현상을 중재하고 있는가?

환상임신이라는 착각은 놀랍게도 임신과 관련한 전 영역의 생리적 변화와 연관되어 있다. 생리의 중단, 유방의 확대, 유두의 착색, (이상한 음식을 먹고 싶어 하는) 이식증, 입덧과 같은 현상이 일어난다. 그중에서도 가장 놀라운 일은 배가 점점 불러오고, 실제 산통에서와 같은 '태동'을 느낀다는 것이다! 항상 그렇지는 않지만 때때로 자궁과 경부의 확장도 일어난다. 하지만 방사선상에는 음성으로 나타난다. 나는 의과대학을 다닐 때, 아주 경험이 많은 산부인과 의사도 주의하지 않으면 임상적인 증세에 속을 수 있다는 것을 배웠다.[2] 과거에는 여러 차례 거짓임신 환자에게 제왕절개 수술이 이루어지기도 했다고 한다. 먼로 박사가 메리에게서 확인한 것처럼 사실을 밝혀주는 징후는 배꼽에 있다.

거짓임신에 대해 잘 알고 있는 현대의 의사들은 그것이 뇌하수체나 난소의 종양 때문에 생긴 결과라고 가정한다. 이것들이 호르몬을 분비시키고 임신 증세를 모방하게 한다는 것이다. 뇌하수체에서 프로락틴을 분비하는, 임상적으로는 발견하기 힘든 작은 종양이 배란과 월경을 억제하고 여타의 증세를 일으킨다. 그런데 만일 그것이 사실이라면, 왜 이런 증세를 원래대로 되돌릴 수 있는 경우가 존재하는 것일까? 도대체 어떤 종류의 종양이 메리 나이트에게 일어났던 일을 설명해줄 수 있을까? 그녀는 '출산'에 들어갔고, 복부가 수축했다. 그다음에 '쌍둥이' 때문에 복부가 다시 부풀어올랐다. 이 모든 것을 설명할 수 있는 종양이 있다면, 이는 거짓임신보다 더욱 신비한 현상일 것이다.

그렇다면 무엇이 거짓임신을 야기하는가? 당연하지만 문화적 요인이 주요한 역할을 할 것이다.[3] 이는 거짓임신이 1700년대 후반에는 200명에 한 명꼴로 나타났다가 오늘날에는 10,000명에 한 명꼴로 준 것을 설명해준다. 과거에는 여성들이 아기를 가져야 한다는 강한 사회적 압력을 받았다. 그리고 그들이 임신했다고 느꼈을 때 그것이 아니라는 것을 확인해줄 초음파가 없었다. 누구도 "보세요. 태아가 없어요."라며 확신을 가지고 말할 수 없었다. 역으로 오늘날 임신한 여성은, 계속되는 진찰을 통해 불분명할 여지를 거의 남겨두지 않는다. 초음파를 이용한 물리적 증거는 대개의 경우 착각이나 그와 연관된 물리적 변화를 일소시키기에 충분하다.

거짓임신에 대한 문화의 영향을 부인할 수는 없다. 하지만 실제 물리적 변화를 야기한 것은 무엇일까? 마음과 몸의 이 이상한 불행에 대한 몇몇 연구에 따르면, 복부가 불러오는 현상 자체는 보통 다섯 가지 요소의 결합에 의해 야기된다. 장에 축적된 가스, 횡격막의 하강, 척추의 골반 부분이 앞으로 밀려나옴,

(장 앞쪽에 느슨하게 걸려 있는 지방막인) 큰그물막의 엄청난 성장, 그리고 드물지만 실제로 일어나는 자궁의 확장이 그것들이다. 두뇌에서 내분비를 조절하는 부위인 시상하부가 잘못되어서 호르몬 분비에 엄청난 변화가 생김으로써 임신의 거의 모든 징후를 모방할 수도 있다. 그리고 이는 일종의 쌍방향 도로이다. 신체가 마음에 미치는 영향은 마음이 신체에 미치는 영향만큼이나 크며, 거짓임신을 만들어내고 유지하는 것과 관련한 복잡한 피드백 고리를 만들어낸다.

가령, 가스 때문에 생긴 복부 팽창이나 여성의 '임신한 몸의 자세'는 부분적으로 고전적인 조작조건화로 설명할 수 있다. 임신을 원했던 메리는 배가 불러오는 것을 보고 횡경막이 내려가는 것을 느꼈다. 이때, 그녀는 그것이 아래로 더 내려갈수록 더욱 임신한 것처럼 보인다는 사실을 무의식적으로 알게 된다. 마찬가지로, 아마도 공기삼킴증aerophagia과 위장괄약근의 자율적 수축을 결합해 가스 축적을 증가시키는 것도 무의식적으로 배우게 될 것이다. 이러한 무의식적인 학습 과정을 거쳐 메리의 '아기'와 '사라진 쌍둥이'가 문자 그대로 희박한 공기에서 만들어진다.

복부 팽창에 대해서는 이 정도로 해두자. 그렇다면 유방 및 유두, 여타의 변화는 어떻게 일어나는가? 거짓임신에서 볼 수 있는 모든 임상적 징후에 대한 가장 경제적인 설명은, 어린아이를 바라는 강한 갈망과 그에 따른 우울증이 두뇌의 '즐거움 전달자'인 도파민과 노르에피네프린의 수준을 낮춘다는 것이다. 이는 다시 배란을 일으키는 난포자극호르몬(FSH)과 프로락틴

분비억제인자라는 물질의 생산을 줄인다.[4] 이들 호르몬의 수위가 낮아지면 배란과 월경이 중단되고 (남성호르몬인) 프로락틴의 수준이 높아진다. 그 결과 유방이 커지며 젖을 분비하게 되고 유두가 저리며 남성적인 행동을 하게 된다. 이와 함께 난소에서는 에스트로겐과 프로게스테론의 생산이 증가하고, 전반적으로 임신이 되었다는 인상을 갖게 한다. 이러한 생각은 심한 우울증이 월경을 중단시킬 수 있다는 이미 잘 알려진 임상적 관찰과도 일관적이다. 이는 신체장애가 있거나 억압을 받을 때 배란이나 임신과 관련된 귀중한 자원의 낭비를 피하고자 하는 진화의 전략이라 할 수 있다.

그런데 우울증을 느낄 때 월경이 멈추는 것은 흔한 일이지만, 거짓임신은 매우 드문 일이다. 아이에 집착하는 문화에서 아이가 없어 겪는 우울증에는 뭔가 특별한 점이 있다. 만약 우울증이 임신에 대한 환상과 연결되어 있는 경우에만 그런 징후가 발생한다면 아주 흥미로운 문제가 생겨난다. 어떻게 신피질에서 유래하는 매우 구체적인 소원이나 환상이 시상하부에 의한 FSH 감소나 프로락틴 증가로 전환되는가? 만일 그것이 진정한 원인이라면 말이다. 더욱 혼란스러운 것은, 거짓임신을 겪는 일부 환자의 경우 프로락틴의 수준이 올라가지 않는다는 점이다. 그리고 많은 환자들은 정확히 9개월째에 산통을 시작한다. 이런 점들은 어떻게 설명할 것인가? 만일 자라고 있는 태아가 없다면 무엇이 출산 시의 자궁근육 수축을 야기하는가? 이들 질문에 대한 궁극적인 대답이 무엇이든 간에, 거짓임신은 마음과 몸 사이에 있는 전인미답의 신비한 영역에 대한 값진 탐구의 기회를 제공한다.

여성의 거짓임신과 출산은 매우 놀라운 현상이다. 그런데 남자가 거짓임신을 했다는 보고도 있다! 임신에 따르는 모든 변화 중에서 일부 증세가 특정 남성들에게 일어날 수도 있다. 여기에는 복부의 팽창, 젖의 분비, 이식증, 구역질, 심지어 산통까지 포함된다. 가장 일반적으로, 이는 임신한 배우자에게 깊이 감정이입을 하는 남자들에게 이른바 교감임신이나 의만擬娩 증후군의 형태로 나타난다.

나는 이에 대해, 임신한 여성에 대한 남성의 감정이입(혹은 여성에게서 나오는 페로몬)이 어떤 방식으로든 남편의 두뇌 속에 임신호르몬인 프로락틴의 분비를 일으키고, 이것이 그러한 변화를 일으키는 것은 아닐까 생각한다. (이 가설은 겉보기에는 엉뚱하지만 실제로 그렇지 않다. 타마린 원숭이 수컷은 수유를 하는 어미와 가까이 있을 때 높은 프로락틴 수준을 보인다. 그리고 이는 부성애나 자식에 대한 애정을 북돋우고 유아살해를 줄인다.) 라마즈 교실에 참가하는 남성들을 면담하고 위와 같은 의만 증후군을 경험하는 사람들의 프로락틴 수준을 측정해보고 싶은 유혹을 느낀다.

'생각' 만으로 종양을 없앨 수 있는가?

거짓임신은 매우 극적이다. 그런데 그것은 심신의학의 예외적이고 돌출적인 사례인가? 그렇지 않다고 생각한다. 내가 들었던 다른 이야기들이 생각난다. 그중에는 내가 의과대학에서 처음 들었던 이야기도 있다. 한 친구가 다음과 같이 물었다.

"루이스 토머스에 따르면 누군가에게 최면을 걸어서 그 사람의 사마귀를 제거할 수 있다고 해. 알고 있니?"

나는 "말도 안 돼." 하며 비웃었다. 그러자 그녀가 말했다.

"아냐, 사실이야. 기록으로 남아 있는 경우가 있어.[5] 최면에 걸리고 며칠이 지나면 사마귀가 없어진다고. 때로는 하룻밤 사이에 사라진대."

일단 이 말은 어리석게 들린다. 만일 이것이 사실이라면 현대 과학에 대단히 중요한 의미를 함축한 것이다. 사마귀는 본질적으로 유두종 바이러스에 의해서 생기는 종양(양성암)이다. 최면으로 사마귀를 제거할 수 있다면, (비록 다른 세포주이기는 하지만) 동일한 유두종 바이러스에 의해 생기는 자궁경부 암은 왜 제거할 수 없겠는가? 물론 이것이 가능하다고 내가 주장하는 것은 아니다. 최면의 영향을 받는 신경 경로가 피부에는 도달하지만 경부의 내층에는 도달하지 못할 수도 있다. 하지만 적절한 실험을 하지 않는다면 우리는 그에 대해서 결코 알 수 없다.

논의의 목적을 위해, 최면을 통해서 사마귀가 제거될 수 있다고 가정해보자. 그렇다면 다음의 질문이 제기된다. 어떻게 사람이 오로지 '생각으로' 종양을 없앨 수 있는가? 최소한 두 가지 가능성이 있다.

하나는 자율신경계와 관련이 있다. 자율신경계는 의식적 사유의 직접 통제에 들어오지 않는 혈압이나 땀의 분비, 심장 박동, 소변, 발기, 기타 생리적 현상을 제어하는 신경 경로이다. 이들 신경은 다양한 신체 부위의 여러 다른 기능을 수행하는 전문적 회로들로 이루어져 있다. 어떤 신경은 머리칼을 곤두서게 하고, 어떤 신경은 땀을 흘리게 하며, 또 어떤 신경은 혈관의 국지적 수축을 야기한다. 마음이 자율신경계에 작용해서, 사마귀 인근의 혈관을 수축시킴으로써 사마귀가 시들고 말라 죽게 할 수 있을까? 이런 설명은 자율신경계를 통해 예상 밖의 정확한 통제가 가능하고, 자율신경계가 최면을 '이해'하고 사마귀가 있는 부위로 그것을 전달한다는 것을 의미한다.

두 번째 가능성은 최면이 모종의 방식으로 면역체계를 작동시키고, 그 결과 바이러스를 제거한다는 것이다. 하지만 이는 최소한 기록으로 남아 있는 다음의 한 경우를 설명할 수 없다. 이 사람은 최면을 통해 몸에 있는 사마귀 중에서 한쪽 것들만 사라졌다. 면역체계가 왜, 어떻게 한쪽 부분의 사마귀만 선택적으로 제거할 수 있었는지는 더 많은 사변을 요구하는 미스터리이다.

마음과 몸의 상호작용

마음과 몸의 상호작용에 대한 더 일반적인 예는, 면역체계와 우리 주위 세계의 지각적 단서 사이에 성립하는 상호작용이다. 30년 전 의과대생들은 장미의 꽃가루를 들이마시는 것뿐만 아니라, 장미, 심지어 가짜 장미를 보기만 해도 조건화된 알레르기 반응이 생겨 천식발작을 일으킬 수 있다고 배웠다. 다시 말하면, 진짜 장미와 꽃가루에 노출되는 일은 장미의 시각적 출현과 기관지 협착 사이에 성립하는 '학습'된 연상을 두뇌에 만들어놓는다. 이런 조건화는 정확히 어떻게 작동하는가? 어떻게 메시지가 두뇌의 시각 영역에서 폐의 기관지 내부를 덮고 있는 비만세포mast cell에게로 전달되는가? 어떤 경로들이 여기에 연관되어 있을까? 심신의학 30년의 역사에도 불구하고 우리는 아직 분명한 해답을 갖지 못하고 있다.

1960년대 말 의과대학 학생일 때, 나는 옥스퍼드에서 온 심리학 초빙교수에게 이런 조건화 과정과 조건화된 연상이 치료에 이용될 수 있는지 물어보았다. "환자에게 가짜 장미를 보여주는 조건화만으로 천식발작을 일으키는 것이 가능하다면, 또 다른 조건화를 통해 발작을 중단시키거나 무력화하는 것이 이론적으로 가능해야 합니다. 예를 들어, 교수님이 천식을 앓고 있고, 매번 가짜 해바라기를 보여주면서 노르에피네프린 같은 기관지 확장제(혹은 항히스타민제나 스테로이드)를 준다고 합시다. 그러면 해바라기의 이미지와 천식의 완화 사이에 연상이 생기기 시작할 것입니다. 일정 시간이 지나면 해바라기를 호주머니에 넣고 다니다가 발작기가 느껴지면 그것을 꺼내 보면 됩니다."

당시 이 교수는 이것이 독창적이기는 하지만 어리석은 생각이라고 여겼다. (그는 나중에 나의 멘토가 되었다.) 우리는 둘 다 크게 웃음을 터뜨렸다. 그것은 억지스럽고 엉뚱해 보였다. 교수님에게 혼나기는 했지만 나는 그 생각을 계속 마음에 담아두고 실제로 면역체계를 조건화할 수 있을지 개인적으로 고민했다.

만일 그럴 수 있다면, 이런 조건화 과정은 어느 정도로 선택적일 수 있을까? 누군가에게 변성된 파상풍균을 주사한다면 그는 이내 파상풍에 대한 저항력을 갖게 될 것이다. 그런데 면역이 계속 '살아' 있도록 하기 위해서 이 사람은 몇 년 단위로 추가 접종을 받아야 한다. 그런데 추가 접종을 할 때마다, 종을 울리거나 녹색 빛을 비춘다면 어떤 일이 일어날까? 두뇌는 그 사이의 연상을 학습하게 될까? 그리고 종국에는 추가 접종을 하지 않고도, 단지 종을 울리거나 녹색 빛을 비추어서 면역능력이 있는 세포들을 선택적으로 증식시킴으로써 파상풍에 대한 면역력을 되살릴 수 있을까? 이런 발견이 임상의학에 함축하는 바는 엄청나게 클 것이다.

지금까지 이런 실험을 시도해보지 않은 것에 대해 나는 스스로를 질책하고 있다. 이 생각은 몇 년 전 누군가가 우연한 발견을 통해 내가 버스를 놓쳤음을 증명할 때까지 내 마음 어딘가에 처박혀 있었다. 이런 일은 과학에서 종종 일어난다.

맥매스터 대학의 랠프 에더 박사는 쥐의 음식 혐오를 연구하고 있었다. 구역질을 유도하기 위해 그는 쥐들에게 사카린과 함께 구역질을 유발하는 시클로포스파미드라는 약을 주었다. 그는 다음번에 사카린만 주어도 쥐가 구역질 징후를 나타낼지 알고 싶었다. 실험은 성공했다. 예상했던 대로 쥐는 음식 혐오를 드러냈다. 이 경우에는 사카린에 대한 혐오였다. 하지만 놀랍게도, 쥐는 그와 함께 온갖 감염 증세를 보이면서 심각하게 아프기 시작했다. 시클로포스파미드는 구역질을 유발하는 것 외에도 면역체계를 심각하게 약화시킨다.

그런데 왜 사카린만으로도 이런 결과가 나오는가? 에더는 무해한 사카린과 면역억제 약물을 짝 지움으로써 쥐의 면역체계가 그 연관을 '학습'하도록 했다고 추론했다. 일단 그런 연관이 확립되고 나면, 매번 설탕 대용품을 맞닥뜨릴 때마다 쥐의 면역 체계가 급격히 떨어지면서 감염에 노출된다. 이는 마음이 신체에 영향을 미친다는 것을 보여주는 강력한 사례이다. 이는 의학과 면역학의 역사에 획기적인 사건으로 받아들여졌다.[6]

나는 세 가지 이유 때문에 이들 사례를 언급했다. 첫째, 당신의 교수 말을 듣지 마라. 비록 그가 옥스퍼드에서 왔다고 하더라도 말이다. (내 동료 세미르 제키 식으로 말하면, 특히 그가 옥스퍼드에서 왔다면 말이다.) 두 번째, 이 사례들은 우리의 무지를 예시해주는 동시에, 뚜렷한 이유 없이 많은 사람들이 무시해온 주제에 대해 실험해야 할 필요성을 부각시켜준다. 특이한 임상적 현상을 보이는 환자들은 단지 하나의 사례일 뿐이다. 셋째, 마음과 몸의 구분은 의과대 학생들을 가르치기 위한 교수법적 장치에 불과하다는 사실을 인식할 시점이 되었다는 것이다. 이는 인간의 건강과 질병, 행동을 이해하는 데 유용한 구성물이 아니다. 나의 많은 동료들이 생각하는 것과는 반대로, 디팩 초프라Deepak Chopra나 앤드류 웨일Andrew Weil 같은 의사들이 설법하는 메시지는 단순한 뉴에이지 심리요법이 아니다. 이들은 진지한 과학적 조사의 가치가 있는 인간 유기체에 대한 중요한 통찰을 담고 있다.

사람들은 서양의학의 불모성과 온정의 결여에 대해 점점 더 인내심을 잃어가고 있다. 이는 최근의 '대체의학'의 부활을 설명해준다. 그러나 불행히도 뉴에이지 구루들이 권하는 치료법은 그럴듯하게 들리기는 하지만 엄격한 시험을 받아본 적은 거의 없다.[7] 우리는 (만일 그런 것이 있다면) 어떤 치료법이 효과가 있고, 어떤 치료법이 그렇지 않은지 모른다. 물론 아무리 완고한 회의주의자라 하더라도 거기에 어떤 흥미로운 것이 있다는 점에는 동의할 것이다. 우리가 어떤 진보를 꾀하고자 한다면, 이들의 주장을 주의 깊게 시험하고 그런 효과를 뒷받침할 두뇌의 메커니즘을 탐구할 필요가 있다.

면역조건화의 일반적 원리는 이미 명확히 확립되어 있다. 그런데 서로 다른 감각적 자극과 다른 유형의 면역반응을 짝 지울 수는 없을까? (가령, 종과 장티푸스에 대한 반응, 휘파람과 콜레라.) 혹은 이런 현상이 광범위한 작용을 통해 모든 면역기능을 전반적으로 상승시키는 것은 아닐까? 조건화는 면역성 자체에 영향을 미치는가, 아니면 자극인자에 뒤따르는 염증 반응에만 영향을 미치는가? 최면은 위약僞藥과 동일한 경로를 거치는가?[8] 서양의학과 대체의학은, 이들 질문에 분명히 대답하기 전에는 어떤 접점도 없이 평행선을 달리는 기획으로 남아 있을 것이다.

기존 패러다임에 도전하는 '비정상'

이 모든 증거들이 바로 눈앞에 있는데도 불구하고, 왜 서양의학 종사자들은 마음과 몸의 직접적 연결에 대한 이 놀라운 예들을 계속 무시하는가?

어떻게 과학적 지식이 진보하는지 아는 것이 그 이유를 이해하는 데 도움이 된다. 매일 일어나는 대부분의 과학적 진보는 거대한 건축물에 단순히 벽돌 한 개를 얹는 것에 의존한다. 고인이 된 역사가 토머스 쿤이 '정상과학'이라고 불렀던 평범하고 단조로운 행위가 바로 그것이다. 널리 승인된 다수의 믿음을 통합하는 지식의 집합체계들을 '패러다임'이라고 부른다. 시간이 지날수록 새로운 관찰들이 나타나며, 이들은 기존의 표준 모형에 흡수된다. 대부분의 과학자는 벽돌공이지 건축가가 아니다. 그들은 대성당에 단순히 돌 한 개를 더하는 일에 행복을 느낀다.

그런데 때로는 새로운 관찰이 잘 들어맞지 않는다. 이는 기존의 구조와 일치하지 않는 '비정상'이다. 이때 과학자가 할 수 있는 일은 다음 세 가지 중 하나이다.

첫째, 비정상을 카펫 밑으로 쓸어넣어 버리고 무시할 수 있다. 저명한 연구자들 사이에서도 놀랄 만큼 흔한 일종의 심리학적 '부정'이다.

둘째, 패러다임에 약간의 수정을 가해 비정상을 그들의 세계관에 맞게 만들 수 있다. 이것도 여전히 정상과학의 한 형태이다. 혹은 마치 한 그루의 나무에서 여러 개의 가지가 나오듯이 임시변통적인 보조 가설을 추가할 수도 있다. 그러나 이 가지들은 이내 너무 두꺼워지고 개수가 많아져서 나무 자체를 쓰러뜨릴 수도 있다.

마지막으로 기존의 건축물을 무너뜨리고 원래의 것과 거의 닮지 않은 전혀 새로운 건축물을 창조할 수도 있다. 이것이 이른바 쿤이 '패러다임 전환' 혹은 과학혁명이라 불렀던 것이다.

과학의 역사에는 처음에는 사소하거나 사기라고 무시되었지만 나중에 근본적인 중요성을 가진 것으로 판명된 다수의 비정상 사례가 존재한다. 이는 대부분의 과학자들이 기질적으로 보수적이기 때문이다. 건축물을 무너뜨릴 수 있는 새로운 사실이 등장할 때, 최초의 반응은 그것을 무시하거나 부정하는 것이다. 이는 생각보다 그렇게 어리석은 짓은 아니다. 대부분의 비정상이 거짓경보로 판명될 것이므로 그것들을 무시하고 안전한 길로 가는 것이 나쁜 전략은 아니다. 만약 외계인 납치나 숟가락 구부리기에 대한 이야기를 모두 우리의 체계에 수용하고자 했다면, 과학이 오늘날처럼 엄청나게 성공적이고 내적으로 일관된 믿음체계로 진화하지 못했을 것이다. 신문 머리기사를 장식하는 혁명과 마찬가지로, 회의주의는 우리 전체 기획의 핵심부분이다.

가령, 원소 주기율표를 살펴보자. 멘델레예프는 원소를 원자의 무게에 따라 연속적으로 배열해 주기율표를 만들면서 어떤 원소들은 거기에 잘 '들어맞지' 않음을 발견했다. 그것들의 원자 무게가 이상했다. 그는 자신의 모형을 포기하는 대신에 비정상적인 무게를 무시하는 편을 택했다. 처음부터 이 원자들의 무게가 잘못 측정되었다는 결론을 내린 것이다. 그리고 이후에 용인된 원자의 무게가 잘못되었음이 밝혀졌다. 모종의 동위원소가 측정을 왜곡했기 때문이다. 아서 에딩턴 경의 유명한 역설적 발언은 상당 부분 진실이다. "이론에 의해 확증되기 전까지 실험 결과를 신뢰하지 마라."

그러나 모든 비정상을 무시해서는 안 된다. 이들 중의 일부는 패러다임 전환을 이끌 만한 잠재력을 가지고 있기 때문이다. 어떤 비정상이 사소한 것이고 어떤 비정상이 잠재적 금광인지 분간하는 것이 바로 우리의 지혜이다. 불행하게도 금과 사소한 것을 구분해주는 간단한 공식은 어디에도 없다. 주먹구구식으로 말한다면, 특이하고 비일관적인 관찰이 상당 기간 계속되고, 반복적인 성실한 시도에도 불구하고 경험적으로 확증되지 않는다면 그것은 아마도 사소한 것이다. (나는 텔레파시나 엘비스를 계속해서 보았다는 이야기가 이 범주에 속한다고 생각한다.) 반면에 문제의 관찰이 반박을 위한 몇 번의 시도를 견뎌내고, 그것이 기이한 이유가 단지 현재의 개념체계로 설명되지 않는다는 점뿐이라면 그것은 아마도 진정한 비정상일 것이다.

한 가지 유명한 예가 대륙이동설이다. 금세기로 바뀔 무렵 (1912), 독일의 기상학자 알프레트 베게너는 남미의 동부 해안과 아프리카의 서부 해안이 거대한 조각 퍼즐처럼 반듯하게 '들어맞는'다는 것을 알게 되었다. 또한 조그만 민물 파충류인 '메조사우러스'의 화석이 지구 전체에서 브라질과 서아프리카 단 두 군데에서 발견되었다는 사실도 알아냈다. 그는 민물 도마뱀이 어떻게 대서양을 헤엄쳐 건널 수 있었는지 의아했다. 이 두 개의 대륙은 아주 먼 과거에는 실제로 하나의 거대한 땅덩어리였으며 나중에 갈라져서 서로 떨어지게 되었다고 생각해볼 수는 없는가?

이런 생각에 사로잡힌 그는 증거를 더 찾으려고 했다. 그는 동일한 바위 지층에 흩어져 있는 공룡의 화석을 이번에도 아프리카의 서쪽 해안과 브라질의 동쪽 해안에서 찾아냈다. 이는 매우 강력한 증거였다. 하지만 놀랍게도 모든 지질학 단체들은 이를 부정했다. 이들은 비록 지금은 가라앉았지만 고대에 두 대륙을 이어주던 육지의 다리를 공룡들이 건너갔을 거라고 주장했다. 1974년에만 하더라도, 내가 베게너를 언급하자 영국 케임브리지 세인트존스 대학의 한 지질학 교수는 고개를 내저으며 분노에 찬 목소리로 "헛소리"라고 말했다.

하지만 이제 우리는 베게너가 옳았음을 안다. 그의 생각은 단지 사람들이 대륙 전체의 표류를 야기하는 메커니즘을 생각해낼 수 없었기에 거부당했다. 우리 모두가 공리로 인정하는 것이 하나 있다면, 그것은 아마 육지가 고정되어 있다는 것일 터이다. 그러나 판 구조론이 발견되자, 베게너의 생각은 믿을 만한 것이 되었고 보편적인 승인을 획득했다. 판 구조론은 뜨겁고 끈적이는 맨틀 위를 떠다니는 딱딱한 판에 대한 연구이다.

이 이야기의 교훈은, 단지 그것을 설명하는 메커니즘을 생각할 수 없다는 이유만으로 어떤 생각을 별난 것으로 부정해서는 안 된다는 것이다. 이 논증은 대륙이나, 유전, 사마귀, 거짓임신에 대해서 말할 때도 타당하다. 다윈의 진화론은 유전 메커니즘이 명료하게 이해되기 훨씬 이전에 제안되었고 또 광범위하게 인정되었다.

다중인격장애

진정한 비정상의 두 번째 예로 다중인격장애, 즉 MPD를 들 수 있다. 내 생각에 이는 지질학의 대륙이동에 버금갈 만큼 의학적으로 중요한 것이다. MPD는 심신의학의 주장을 시험해볼 수 있는 값진 기반을 제공한다. 그럼에도 의학공동체는 오늘날까지 이를 무시해왔다. MPD는 『지킬 박사와 하이드 씨』의 로버트 루이스 스티븐슨에 의해 불후의 명성을 얻었다. 이 증후군은 한 사람이 둘 혹은 그 이상의 서로 다른 인격을 갖는 것을 말한다. 각 인격은 서로에 대해서 전혀 모르거나 희미하게 알고 있을 뿐이다. 다음과 같은 보고들을 임상적 문헌에서 찾을 수 있다. 한 인격은 당뇨이지만 다른 인격은 그렇지 않을 수 있다. 두 인격 사이에는 여러 활력징후나 호르몬 구성이 다를 수 있다. 한 인격은 어떤 물질에 알레르기를 일으키지만 다른 인격은 그렇지 않을 수 있다. 한 인격은 근시임에도 다른 인격은 20/20의 시력을 가진다는 주장도 있다.[9]

MPD는 상식에 도전한다. 어떻게 두 개의 인격이 하나의 몸에 거주할 수 있는가? 7장에서 우리는 다양한 삶의 경험에서 단일한 통합적 믿음체계를 만들어내기 위해, 마음이 끊임없이 분투하고 있음을 보았다. 작은 차이가 발생할 경우 우리는 자신의 믿음을 재조정하거나 지그문트 프로이트가 말했던 종류의 부정이나 합리화에 관여하게 된다. 그런데 두 개의 믿음체계를 가지고 있다면 어떤 일이 일어날지 생각해보자. 각각의 체계는 내적으로 일관되고 합리적이다. 그러나 이 둘은 완전히 상충한다. 최선의 해결책은 두 개의 인성을 만들어내 그 사이에 벽을 치고 서로를 분리하는 것이다.

물론 우리 모두에게도 이런 '증후군'의 요소들은 있다. 우리는 매춘부/마돈나 환상에 대해 말한다. 그리고 이렇게 말하기도 한다. "마음이 두 개로 나뉘어져 있어." "오늘은 내가, 내가 아닌 것 같아." "당신이 옆에 있으면 그 사람은 마치 딴사람 같아." 그러나 아주 가끔은 이런 분열이 말처럼 되어서 두 개의 '분리된' 마음이 나타난다. 하나의 믿음체계는 다음과 같이 말한다. "내 이름은 수이며, 보스턴의 엘름가 123번지에 사는 섹시한 여성이다. 나는 저녁에 멋진 남자를 만나기 위해 술집에서 와일드 터키를 스트레이트로 마신다. 그리고 AIDS 검사 따위는 개의치 않는다." 또 다른 믿음체계는 다음과 같이 말한다. "내 이름은 페기이며, 보스턴 엘름가 123번지에 사는 권태에 빠진 주부이다. 저녁에는 텔레비전을 보고, 허브티보다 독한 음료는 전혀 마시지 않는다. 나는 조금만 아파도 병원에 간다." 이 두 이야기는 서로 너무 다르다. 겉으로만 보아서 마치 다른 두 사람이 이야기하고 있는 것 같다. 페기 수에게는 문제가 있다. 위의 두 사람은 모두 그녀이다. 그녀는 하나의 육체, 하나의 두뇌를 점유하고 있다! 내전을 피하기 위한 유일한 방법은 그녀가 자신의 믿음을 비눗방울 나누듯이 두 개의 덩어리로 '분리' 하는 것이다. 그 결과 다중인격이라는 이상한 현상이 일어난다.

많은 정신과 의사들에 따르면, 일부 MPD의 경우는 어린 시절의 성적, 육체적 학대의 결과라고 한다. 아이는 자라면서 학대를 감정적으로 받아들일 수 없다. 그 때문에 점점 그것을 페기가 아니라 수의 세계에 가둔다는 것이다. 정말로 놀라운 일은 그런 환상을 유지하기 위해 그녀가 각각의 인격에 서로 다른 목소리, 억양, 동기, 버릇, 심지어 서로 다른 면역체계를 부여한다는 것이다. 거의 두 개의 신체라고 말할 수 있다. 어쩌면 그녀는 이런 마음의 구분을 계속 유지하기 위해 그런 정교한 장치를 필요로 하는지 모른다. 그렇게 해야만 이들이 합쳐지고 견딜 수 없는 내적 갈등을 일으키는 그런 위험을 피할 수 있기 때문이다.

나는 페기 수와 같은 사람들을 대상으로 실험을 해보고 싶다. 하지만 아직까지 MPD라고 분명히 말할 수 있는 사례를 만나지 못했다. 그런 환자를 찾기 위해 여러 정신의학과 친구들에게 전화를 해보았다. 이들은 그런 환자를 보기는 했지만 환자들 대부분이 단 두 개가 아닌 여러 개의 인격을 가지고 있다고 말했다. 한 남자는 자신 안에 열아홉 개의 '분신'이 있다고 주장했다. 이런 식의 주장은 다중인격이라는 현상 전체를 의심하게 만든다. 시간과 자원은 한정되어 있으므로, 과학자는 언제나 저온핵융합, 중합수, 킬리언 사진처럼 희박하고 반복 불가능한 '결과'에 시간을 낭비하는 것과, 대륙이동이나 소행성의 충돌에서 배운 바처럼 열린 마음을 유지하는 것 사이에 균형을 취해야 한다. 아마도 가장 좋은 전략은 상대적으로 증명이나 반증하기 쉬운 주장들에 초점을 맞추는 것일 것이다.

내가 단 두 개의 인격을 가진 환자를 찾았다고 하자. 나는 그에게 두 장의 고지서를 보내봄으로써 이를 확인할 것이다. 돈을 지불한다면 그는 진짜 다중인격자이다. 지불하지 않는다면 그는 가짜이다. 어떤 경우이든 간에 내가 질 수는 없다.

한 가지만 더 진지하게 이야기하자. 환자가 다른 두 상태에 있을 때의 특정한 면역반응 상태를 측정해 면역기능에 대한 체계적인 연구를 수행하면 흥미로울 것이다. (림프구나 단핵세포에 의한 시토카인의 생산, 미토겐의 자극을 받은 T세포에 의한 인터루킨의 생산 같은 것을 측정하면 된다. 미토겐은 세포분열을 촉진하는 인자이다.) 이런 실험은 지루하고 어렵다. 하지만 이 실험들을 해봄으로써 우리는 동양과 서양의 올바른 융합을 달성하고, 의학의 새로운 혁명을 이룰 수 있다. 나의 교수님들 대부분은 아유르베다 의학, 탄트라, 명상 같은 힌두들이 행하는 고대의 '피부접촉 중심'의 치료방식을 비웃었다. 그러나 역설적이게도 지금 우리가 사용하는 아스피린이나 디기탈리스, 레세르핀 같은 가장 효과적인 약물 대부분의 기원은 고래의 민간치료법으로 거슬러 올라간다. 서양의학에서 사용하는 약물의 30퍼센트 이상이 식물에서 나오는 것으로 추정된다. (만일 곰팡이(항생제)를 '풀'로 생각한다면 그 비율은 더욱 높아질 것이다. 고대 중국 의학에서는 종종 상처에 곰팡이를 문질렀다.)

여기서 우리가 배울 수 있는 것은 '동양의 지혜'를 맹목적으로 믿어야 한다는 것이 아니다. 그보다 이 고대의 관행들 속에 분명 귀중한 통찰이 많다는 것이다. 하지만 우리가 '서양식' 실험을 해보지 않는다면, 어느 것이 실제로 작용하고(최면과 명상) 어느 것이 작용하지 않는지(수정요법) 결코 알 수 없을 것이다. 전 세계의 많은 실험실들은 이런 실험을 시작할 준비가 되어 있다. 내 생각에 다음 세기의 전반부는 신경학과 심신의학의 황금기로 기억될 것이다. 이 분야의 신진 연구자들에게는 커다란 축복과 행복의 시간이 될 것이다.

12

자아는 두뇌의 어디에 존재하는가?

근대철학의 모든 것은 이미 말해진 것을 밝히고 찾아내고
부인하는 것으로 이루어져 있다.
– V. S. 라마찬드란

왜 두뇌의 분비물인 사유가 중력이나 물질의 성질보다 더 경이로운가?
– 찰스 다윈

　다음 세기 전반부에 과학은 지난 수천 년 동안 신비주의와 형
이상학에 깊이 스며들어 있던 질문에 대답해야 하는 거대한 도
전에 직면하게 될 것이다. 자아의 본성은 무엇인가? 인도에서
태어났고 힌두 전통에서 자란 나는 우주로부터 초연한 채 주위
를 둘러싼 세계를 위엄 있게 쳐다보고 있는 자아라는 개념이 마
야maya라는 베일에 둘러싸인 착각이라고 배웠다. 깨달음을 추
구한다는 것은 이 베일을 걷어내고 내가 '우주와 하나'가 되는
것이다. 역설적이게도, 서양의학의 오랜 훈련을 받고 신경병 환

자와 시각적 착각에 관해 15년 이상을 연구한 다음에 나는 이 견해가 상당 정도 진리임을 깨닫게 되었다. 두뇌 속에 '거주하는' 단일한 통일적 자아의 개념은 정말로 착각일 수 있다. 정상인이나 두뇌의 다양한 부분에 손상을 입은 환자들에 대한 연구를 통해 내가 배운 것은 모두 다음과 같은 생각을 향하고 있다. 우리는 단지 단편적인 정보들에서 스스로의 '실재'를 만들어낼 뿐이며, 우리가 '보는' 것은 세계에 존재하는 것에 대한 신뢰할 만한 (하지만 항상 정확하지는 않은) 재현일 뿐이다. 두뇌에서 진행되는 대부분의 사건들을 우리는 전혀 모르고 있다. 실제로 우리 행동 대부분은 몸속에서 우리(인격)와 평화롭게 조화를 이루며 존재하는 다수의 무의식적 좀비들에 의해 수행된다. 자아의 문제가 더 이상 형이상학적 수수께끼가 아니라 과학적 탐구의 대상으로 충분히 무르익었다는 점을 지금까지의 이야기를 통해 확신하게 되었기를 바란다.

그럼에도 많은 사람들은 우리의 모든 생각, 느낌, 감정, 그리고 친숙한 자아까지 포함한 심리적 삶의 풍성함이 한 움큼밖에 되지 않는 두뇌 속 원형질의 활동에서 생겨난다는 것에 혼란스러움을 느낀다. 어떻게 이것이 가능하단 말인가? 어떻게 의식과 같은 신비한 현상이 두개골의 한 덩이 고기에서 생겨날 수 있는가? 마음과 물질, 물체와 영혼, 착각과 실재의 문제는 수천 년 동안 동서양 철학의 주요 관심사였다. 그러나 지속적인 가치가 있다고 여길 만한 결과는 그리 많지 않다. 영국의 심리학자 스튜어트 서덜랜드는 다음과 같이 말한다. "의식은 매혹적이지만 이해하기 힘든 현상이다. 그것이 무엇이며, 무엇을 하고, 어떻

게 진화해왔는지 규정하는 것은 불가능하다. 그것에 대해 읽을
만한 가치가 있는 것은 하나도 씌어지지 않았다."

이 신비를 내가 푼 것처럼 가장하지는 않겠다.[1] 하지만 나는
의식을 철학이나 논리, 개념의 문제가 아니라 경험적 문제로 다
룸으로써 의식을 연구하는 새로운 방법이 생겼다고 생각한다.

의식의 생물학적 기원에 대한 탐구

개미탑이나 온도계, 포마이카 탁자를 포함해 우주 속의 모든
것들이 의식적이라고 믿는 (범심론자로 불리는) 일부의 괴짜들을
제외하고는, 이제 대부분의 사람들은 의식이 비장이나 간, 췌장
같은 기관이 아니라 두뇌에서 생겨난다는 데 동의한다. 출발은
이미 좋은 셈이다.

나는 탐구의 범위를 더욱 좁혀, 의식은 두뇌 전체에서 생겨나
는 것이 아니라 특수한 유형의 계산을 수행하는 특정 두뇌회로
에서 생겨나는 것임을 제안한다. 이런 회로의 본성과 이것들이
행하는 특수한 계산을 예시하기 위해, 나는 이 책에서 이미 살
펴보았던 지각심리학이나 신경학의 여러 예들을 끌어들일 것이
다. 이들 예들은 의식의 생생한 주관적 성질을 구현하고 있는
회로도가 주로 측두엽 일부(편도, 사이막, 시상하부, 도피질)와 전
두엽의 유일한 투사 영역인 띠이랑에 위치하고 있음을 보여줄
것이다.

이들 구조의 활동은 내가 '감각질의 세 가지 법칙'이라고 부

르는 세 가지 중요한 기준을 충족시켜야 한다. (물리학의 세 가지 기본법칙을 말했던 아이작 뉴턴에게 용서를 구한다.) '감각질'은 '고통'이나 '빨강' '뇨끼'의 주관적 성질처럼 감각의 날 느낌raw feel을 의미한다. 의식의 세 가지 법칙과 이것을 구현하고 있는 전문구조를 확인함으로써 이루고자 하는 나의 목적은 의식의 생물학적 기원에 대한 더 많은 탐구를 자극하는 일이다.

내가 생각하는 우주의 중심적 신비는 다음과 같다. 왜 언제나 우주에 대해서 1인칭 설명('나는 빨간색을 본다')과 3인칭 설명('두뇌의 특정 경로가 600나노미터의 파장과 만나면 그는 빨간색을 본다고 말한다')이라는 두 가지 평행하는 기술이 있는가? 어떻게 이 두 가지 설명은 서로 완전히 다르면서도 상보적일 수 있는가? 왜 3인칭 설명만 있지 않을까? 물리학자나 신경과학자의 객관적인 세계관에 따르면 3인칭적인 것만이 실재하는 유일한 것이다. (이런 견해를 가진 과학자들을 행동주의자라고 부른다.) '객관적 과학'이라는 그들의 기획에서 1인칭 설명은 그 필요성조차 제기되지 않는다. 이는 의식이 존재하지 않음을 함축한다. 그러나 우리 모두는 그런 견해가 옳을 수 없음을 잘 알고 있다.

행동주의자에 대한 다음과 같은 우스갯소리가 생각난다. 방금 정열적인 사랑을 나눈 후에 이 행동주의자는 연인을 바라보며 말한다. "당신이 만족했다는 것은 분명해 보인다. 그런데 나도 좋았는가?" 1인칭과 3인칭 설명('나' 견해와 '그' 혹은 '그것' 견해)을 조화시켜야 한다는 것은 과학에서 해결되지 않은 가장 중요한 문제이다. 인도의 신비주의자와 현자들에 따르면, 이 장벽을 허물고 나면 자아와 비자아의 분리가 허상임을 보게 되고 우리는 진정으로 우주와 하나가 된다.

철학자들은 이 난제를 감각질 혹은 주관적 감각의 수수께끼라 부른다. 어떻게 미세한 젤리 알갱이(두뇌의 뉴런)에서 일어나는 이온과 전류의 흐름이 빨간색, 따뜻함, 차가움, 혹은 고통과 같은 주관적 감각의 세계를 산출하는가? 도대체 어떤 마술을 통해 물질이 느낌과 감각의 보이지 않는 천으로 변형되는가? 이는 너무나 당황스러운 문제이다. 어떤 사람들은 심지어 그것이 질문으로 성립한다는 것 자체에 동의하지 않는다. 나는 철학자들이 좋아하는 두 가지 사유실험을 통해 이른바 감각질 수수께끼를 예시하도록 하겠다. 이 기발한 모의실험은 실제로는 수행하기 불가능하다. 내 동료인 프랜시스 크릭은 사유실험이라는 것을 매우 미심쩍게 생각한다. 나는 이들이 종종 문제를 회피하는 가정을 숨기고 있어서 오해를 불러일으킬 여지가 많다는 점에서 그에게 동의한다. 하지만 이들은 논리적 요점을 명확히 하려는 목적으로 사용될 수 있다. 여기서 나는 감각질의 문제를 생생하게 소개하기 위해 사유실험을 이용하려고 한다.

먼저 당신이 인간 두뇌의 작동에 대한 완벽한 지식을 갖고 있는 미래의 슈퍼 과학자라고 상상해보자. 그런데 불행히도 당신은 완전히 색맹이다. 당신의 눈에는 여러 색을 분간하도록 해주는 망막조직인 원뿔 수용체가 없다. 그러나 흑과 백을 보는 간상체는 있으며, 두뇌에서 색깔을 처리하는 고위 메커니즘도 올바로 작동하고 있다. 만약 당신의 눈이 색을 분간할 수 있다면, 당신의 두뇌도 색을 분간할 수 있다.

이제 슈퍼 과학자인 당신이 나의 뇌를 연구한다고 하자. 나는 정상적으로 색을 지각하는 사람이다. 나는 하늘이 파란색이고, 풀이 녹색이며, 바나나가 노란색이라는 것을 볼 수 있다. 당신은 내가 이들 색 개념을 이용해 무엇을 의미하는지 알고 싶어한다. 내가 대상을 쳐다보면서 청록색, 황록색, 주홍색이라고 묘사할 때, 당신은 내가 무엇을 말하는지 전혀 알 수가 없다. 이것들은 모두 당신에게 여러 농도의 회색으로 보일 뿐이다.

하지만 당신은 이 현상에 대해 매우 흥미를 느끼고 있으며, 그래서 잘 익은 빨간 사과의 표면을 분광계로 측정한다. 분광계는 600나노미터의 파장을 가진 빛이 사과에서 나온다고 가리킨다. 하지만 당신은 빨간색을 경험해본 적이 없으므로 그 색이 무엇에 대응하는지 전혀 알 수 없다. 흥미를 느낀 당신은 빛에 반응하는 내 눈의 색소 세포와 두뇌의 색 경로를 연구한다. 마침내 당신은 파장을 처리하는 과정에 대한 법칙을 완전히 기술하게 되었다.

'빨간색'이라는 말을 산출하는 신경활동을 감시함으로써, 당신의 이론은 이제 내 눈의 수용체에서 두뇌의 경로를 따라 흘러가는 색 지각의 연속적 과정을 모두 추적할 수 있다. 간단히 말해 당신은 색 지각(좀 더 정확하게는, 파장 처리의 법칙)을 완전히 이해하게 되었다. 이제 당신은 사과나 오렌지, 레몬의 색깔을 내가 어떤 표현으로 묘사할지 나에게 미리 말해줄 수 있다. 슈퍼 과학자로서 당신은 그 설명의 완전성을 의심할 이유가 없다. 만족한 당신은 플로 차트를 가지고 나에게 다가와서 이렇게 말한다.

"라마찬드란, 이것이 당신의 두뇌 속에서 진행되고 있는 일입니다."

그러나 내가 반발한다.

"물론 그것이 두뇌 안에서 진행되는 일이겠죠. 하지만 나는 또한 빨간색을 봅니다. 빨간색은 이 그림 속의 어디에 있습니까?"

"그것이 무엇입니까?"

당신이 묻는다.

"그것은 바로 말로 형언할 수 없는 색에 대한 실제 경험입니다. 당신이 완전히 색맹이므로 그것을 도저히 전달할 수 없습니다."

이 사례는 '감각질'의 정의와 연결되어 있다. 감각질은 과학적 묘사를 불완전한 것으로 만드는, 나의 관점에서 파악한 내 두뇌의 측면이다.

두 번째 사례로, 우리와 같은 정도로 지능이 높은 아마존의 전기물고기를 상상해보자. 그런데 이 물고기는 우리가 갖지 않은 어떤 것을 가지고 있다. 즉 피부에 있는 특수 기관을 사용해 전기장을 감지할 수 있다. 앞의 예의 슈퍼 과학자처럼 당신은 이 물고기의 신경생리학을 연구해 몸의 측면에 있는 그 기관이 어떻게 전류를 변환시키는지, 이 정보가 어떻게 두뇌로 전달되는지, 두뇌의 어떤 부분이 이 정보를 분석하는지, 두뇌가 어떻게 이 정보를 사용해 포식자를 피하고 먹이를 찾는지 등을 알아낼 수 있다. 만약 그 물고기가 말을 할 수 있다면 아마 이렇게 말할 것이다. "좋습니다. 하지만 당신은 전기를 감지하는 것이 어떤 느낌인지 결코 알 수 없을 것입니다."

이들 사례들은 왜 감각질이 본질적으로 사적私的인가 하는 문제를 명료하게 서술하고 있다. 또한 왜 감각질의 문제가 필연적으로 과학의 문제가 아닌지도 예시한다. 당신의 과학적 설명이 완전한 것임을 상기하라. 그러나 당신은 전기장이나 빨간색을 경험하는 것에 대해 결코 알 수 없다. 그러므로 당신의 설명은 인식론적으로 불완전하다. 그러한 설명은 당신에게 영원히 '3인칭'으로 남을 수밖에 없다.

우리가 시각이라고 부르는 것

여러 세기 동안 철학자들은 두뇌와 마음 사이의 이런 간극이 심오한 인식론적 문제를 제기한다고 생각해왔다. 그것은 넘을 수 없는 장벽이라는 것이다. 정말로 그럴까? 아직 그 장벽을 넘지 못했다는 것에는 나도 동의한다. 그러나 그렇다고 해서 장벽을 결코 넘을 수 없다는 결론이 나오는가? 나는 그런 장벽이 실제로 존재하지 않는다고 주장한다. 마음과 물질, 물체와 영혼 사이에 실재하는 경계는 없다. 나는 그런 장벽이 단지 현상적인 것일 뿐이며 언어 때문에 생기는 결과라고 믿는다. 이런 종류의 장애물은 하나의 언어를 다른 언어로 번역하고자 할 때 언제나 생겨난다.[2]

이와 같은 생각을 어떻게 두뇌와 의식의 연구에 적용할 수 있을까? 나는 여기서 우리가 상호 이해 불가능한 두 개의 언어를 다루고 있음을 주장한다. 그 하나는 신경자극의 언어이다. 이는 가령, 우리에게 빨간색을 보게 하는 신경활동의 시간적·공간적 패턴으로 이루어져 있다. 두 번째 언어는 당신과 청자 사이를 오가는 공기의 파동인 영어나 독일어, 일본어 같은 자연어이다. 이 언어를 사용해 우리는 우리가 보는 것이 무엇인지 타인에게 전달한다. 이 둘은 엄격한 전문적 의미에서 모두 언어이다. 즉 의미 전달을 의도하는 정보가 풍부한 메시지들이다. 하나는 각기 다른 두뇌 영역 사이의 시냅스를 넘나들고, 다른 하나는 두 사람 사이의 공기를 넘어 전달된다.

문제는 슈퍼 과학자인 당신에게 내가 단지 자연어만을 통해서 나의 감각질(빨간색을 보는 나의 경험)에 대해 말할 수 있다는 것이다. 그러나 형언할 수 없는 '경험' 그 자체는 번역 과정에서 사라져버린다. 당신은 빨간색의 실제 '빨강'에 영원히 접근할 수 없다.

그런데 만약 내가 의사소통의 수단으로서 자연어를 건너뛰고, (조직배양을 하거나 다른 사람에게서 가져온) 신경 경로의 선을 내 두뇌의 색 처리 영역에서 당신 두뇌의 색 처리 영역으로 직접 연결한다면 어떻게 될까? (당신 눈은 색 수용체가 없어서 파장을 분간할 수 없지만 색깔을 보는 두뇌의 메커니즘은 그대로 있음을 상기하라.) 이 선은 색 정보가 중간의 번역 과정을 거치지 않은 채 내 두뇌에서 당신 두뇌의 뉴런으로 직접 가도록 만들어준다. 물론 이는 약간 억지스러운 이야기이지만 논리적으로 불가능하지는 않다.

이전에 내가 '빨간색'이라고 말했을 때 그것은 당신에게 아무 의미가 없었다. '빨간색'이라는 말을 사용하는 것에는 이미 번역이 개입하기 때문이다. 그런데 번역을 건너뛰어 선을 사용한다면, 그 결과 신경자극 자체가 당신의 색깔 영역으로 직접 간다면 당신은 아마도 이렇게 말할 것이다. "아! 이제 당신이 무슨 말을 하는지 알겠습니다. 나도 이 새로운 엄청난 경험을 하고 있습니다."[3]

이 이야기는 감각질을 이해하는 데 극복할 수 없는 장벽이 있다는 철학자들의 논증을 무너뜨린다. 당신은 원리상 다른 존재의 감각질을 경험할 수 있다. 비록 그것이 전기물고기의 감각질이라 하더라도 말이다. 만일 물고기 두뇌의 전기지각 부분이 어떤 일을 하는지 알아내고 그것을 필요한 모든 연결과 함께 당신 두뇌의 적당한 부분에 이식시킨다면, 당신은 물고기의 전기적 감각질을 경험하기 시작할 것이다. 여기서 우리는 그것을 경험하기 위해 당신이 물고기가 될 필요가 있는지, 혹은 인간으로서 당신이 과연 그것을 경험할 수 있는지에 관한 철학적 논란에 빠질 수도 있다. 그러나 그런 논란 자체는 나의 논증과 관련이 없다. 내가 여기서 지적하고자 하는 논리적 요점은 물고기가 된다는 것의 전체 경험이 아니라 오직 전기적 감각질에만 관련된 것이다.

여기서 핵심적인 생각은 감각질 문제가 심신문제에만 국한된 유일한 문제가 아니라는 것이다. 그것은 모든 번역에서 생기는 문제들과 그 종류가 다르지 않다. 따라서 감각질의 세계와 물질세계 사이에 존재하는 어떤 커다란 구분에 호소할 필요가 없다. 수많은 번역 장벽이 있는 단 하나의 세계만이 있을 뿐이다. 그 장벽들을 극복하면 문제는 사라진다.

이것이 난해한 이론적 논쟁으로 들릴지 모르겠다. 보다 현실적인 예를 하나 들어보겠다. 이는 실제로 우리가 계획하고 있는 실험이다. 17세기 영국의 천문학자 윌리엄 몰리뉴는 (또 다른 사유실험인) 다음과 같은 문제를 제기했다.

어떤 어린아이를 태어나서 열두 살이 될 때까지 완벽한 어둠 속에서 양육한 다음에 어느 날 갑자기 그에게 정육면체를 보여주면 어떻게 될까? 그는 정육면체를 인지할 수 있을까? 만약 그 아이에게 갑자기 보통의 햇빛을 보여준다면 어떤 일이 벌어질까? 그는 빛을 경험하고, "아! 이제 사람들이 빛이라고 하는 것이 무엇인지 알겠습니다"라고 말할까? 아니면 그는 어쩔 줄 모른 채 장님으로 계속 남아 있을까? (논증의 목적을 위해 이 철학자는 비록 아이가 빛을 보지 못했지만 시각 경로는 퇴화하지 않았다고 가정한다. 그리고 선을 사용하기 전에도 우리의 슈퍼 과학자가 색에 대한 지성적 개념을 가지고 있었듯이, 이 아이도 본다는 것에 대한 지성적 개념을 가지고 있다고 가정한다.)

이는 실제 경험적으로 답할 수 있는 사유실험이다. 어떤 불행한 사람들은 눈에 치명적인 손상을 입고 태어나 단 한 번도 세계를 본 적이 없다. 이들은 실제로 '본다'는 것이 무엇인지 의아해한다. 우리가 물고기의 전기지각을 궁금해하는 것처럼, 그들은 본다는 것을 궁금해한다. 그런데 이제 경두개 자기자극기라는 장치를 사용해 그들의 두뇌 일부를 직접 자극하는 것이 가능해졌다. 이는 극히 강력하고 움직임이 심한 자기를 이용해 신경섬유를 일정 정도 정확하게 활성화시키는 장치이다.

만약 그런 사람의 작동하지 않는 눈을 우회해서, 자기펄스로 시각피질을 직접 자극한다면 어떻게 될까? 두 가지 가능한 결과를 상상해볼 수 있다. 그는 이렇게 말할지 모른다. "뭔가 머리 뒤쪽에서 탁 쏘는 느낌이 들어요." 그리고 그뿐이다. 혹은 이렇게 말할지도 모른다. "우와! 이건 정말 특별해요. 이제 당신들이 무슨 이야기를 하는지 알겠습니다. 이제 나도 드디어 시각이라 부르는 이 추상적인 것을 경험하고 있습니다. 이것이 빛이고, 이것이 색이고, 이것이 바로 보는 것이군요!"

이 실험은 슈퍼 과학자에게 했던 신경 케이블 실험과 논리적으로 동치이다. 자연어를 우회해 맹인의 두뇌를 직접 자극하고 있기 때문이다. 그런데 이제 당신은 이런 질문을 할 수 있다. 그가 만일 전혀 새로운 감각(우리가 시각이라고 부르는 것)을 경험하고 있다면, 그것이 실제로 진정한 시각이라는 것을 어떻게 우리가 확신할 수 있는가? 한 가지 방법은 그의 두뇌 속의 지형적 증거를 찾는 것이다. 내가 그의 시각피질의 여러 부위를 자극하고서, 그로 하여금 이 이상하고 새로운 감각을 경험하는 외부 세계의 여러 영역을 가리켜보라고 할 수 있다. 이는 내가 당신의 머리를 망치로 때릴 때 당신이 '저 바깥'에 별이 반짝이는 것을 보는 것과 유사하다. 당신은 그 별들을 당신의 두개골 안에 있는 것으로 경험하지 않는다. 이런 실험은 그가 난생처음 우리의 보는 경험에 매우 가까운 어떤 것을 경험하고 있다는 것에 대한 설득력 있는 증거를 제공할 것이다. 비록 그것이 정상적으로 보는 것만큼 복잡하거나 식별력이 있는 것은 아닐 수도 있지만 말이다.[4]

감각질qualia이 지각에 미치는 영향

왜 주관적 감각인 감각질이 진화에서 등장했을까? 왜 두뇌의 어떤 사건들은 감각질을 갖게 되었는가? 감각질을 산출하는 어떤 특별한 유형의 정보 처리가 존재하는가? 감각질과 배타적으로 연관된 특정한 유형의 뉴런이 있는가? (스페인의 신경학자 라몬 이 카할Ramón y Cajal은 이런 뉴런들을 '심령 뉴런'이라고 부른다.) 우리는 세포의 미세한 부분에 불과한 DNA가 유전과 직접적인 관련이 있으며, 단백질 같은 다른 부분은 그렇지 않음을 알고 있다. 마찬가지로, 특정 신경회로만 감각질과 관련이 있고 다른 부분들은 관련이 없는 것이 아닐까?

프랜시스 크릭과 크리스토프 코흐Christof Koch는 감각질이 일차감각구역의 아래 층lower layer들에 있는 일련의 뉴런에서 생긴다는 기발한 제안을 했다. 그곳이 바로 여러 고위 기능을 수행하는 전두엽으로 투사되는 영역이기 때문이다. 그들의 이론은 과학 공동체 전체를 자극했으며, 감각질을 생물학적으로 설명하려는 이들에게 촉매로 작용했다.

어떤 이들은 우리가 어떤 것에 주의를 기울이거나 그것을 자각적으로 알 때, 넓게 퍼져 있는 두뇌의 특정 영역에서 신경자극의 실제 패턴이 '동시화' 됨을 제안했다.[5] 달리 말해서 동시화 그 자체가 의식적인 자각으로 이어진다는 것이다. 이에 대한 직접적인 증거는 아직 없다. 하지만 최소한 이 질문을 실험적으로 탐구하려는 사람들이 나타나게 된 점은 고무적인 일이다.

이런 접근은 환원주의가 과학에서 유일하게 가장 성공적인 전략이었다는 사실 바로 그 이유 때문에 매력적이다. 영국의 생물학자 피터 메더워는 환원주의를 다음과 같이 정의한다. "환원주의는, 전체는 그것을 구성하는 부분의 (수학적인 의미에서) 함수로 표상될 수 있다는 믿음이다. 함수는 부분들의 시간적이고 공간적인 정렬, 그리고 부분들이 상호작용하는 정확한 방식과 관계가 있다." 불행하게도 이 책의 서두에서 내가 서술했던 것처럼, 어떤 주어진 과학의 문제에 대해 적절한 환원주의의 수준이 무엇인지 선험적으로 아는 것이 항상 쉬운 일은 아니다.

의식과 감각질을 이해하기 위해서 신경자극을 전도하는 이온 통로나 재채기를 조정하는 뇌줄기의 반사작용, 방광을 통제하는 척수의 반사회로를 살펴보는 일은 큰 의미가 없다. 물론 이것들은 (최소한 어떤 사람들에게) 그 자체로 흥미로운 문제이다. 하지만 감각질 같은 두뇌의 고위 기능을 이해하기 위해 이것들을 살펴보는 일은 컴퓨터 프로그램의 논리를 이해하기 위해 현미경으로 실리콘 칩을 들여다보는 일만큼이나 무익한 짓이다. 그런데 이것이 바로 대부분의 신경과학자들이 두뇌의 고위 기능을 이해하기 위해 사용하고 있는 전략이다. 그들은 문제가 존재하지 않는다거나, 우리가 개별적인 뉴런의 활동을 꾸준히 관찰하다 보면 언젠가는 문제가 해결될 것이라 주장한다.[6]

철학자들은 의식과 감각질이 '부수현상'이라고 말함으로써 이 딜레마에 대한 또 다른 해결책을 제시한다. 이 견해에 따르면 의식은 기차가 달릴 때 생기는 경적 소리나 말이 달릴 때 만들어지는 그림자 같은 것이다. 그것은 두뇌가 행하는 실제 일에서 인과적 역할을 전혀 하지 않는다. 말하자면, 의식적인 존재가 하는 것과 동일한 방식으로, '좀비'가 무의식적으로 모든 일을 수행하고 있다고 상상하면 된다. 무릎 관절 근처의 힘줄을 세게 치면 일련의 신경 사건과 화학적 사건이 연쇄적으로 시작되면서 그 결과 무릎반사가 일어난다. (무릎의 뻗침 수용체는 척수신경에 연결되어 있으며, 여기서 근육으로 메시지를 다시 돌려보낸다.) 의식은 이 그림 속에 등장하지 않는다. 하반신 마비 환자는 때리는 것을 느낄 수 없지만 빼어난 무릎반사를 보인다.

이제 긴 파장의 빛이 우리 망막을 때리고 여러 중계장치를 거치면서 '빨간색'이라고 말하게 하는 훨씬 더 복잡한 사건의 연쇄를 상상해보자. 우리는 이 복잡한 연쇄가 의식적 자각 없이 일어나는 것을 상상할 수 있다. 여기에서 의식은 이 전체 구도와 관련이 없다는 결론이 나오는가? 어쩌면 신(혹은 자연선택)은 우리처럼 행동하고 말하지만 그것을 의식하지 못하는 무의식적 존재를 창조했을 수도 있었을 것이다.

이 논증은 그럴듯하게 들린다. 하지만 이 논증은 어떤 것이 논리적으로 가능함을 우리가 상상할 수 있기 때문에 실제로 가능하다고 추론하는 오류에 입각하고 있다. 동일한 논증이 물리학의 문제에 적용된 경우를 살펴보자. 우리는 빛의 속도보다 빠르게 움직이는 어떤 것을 상상할 수 있다. 그러나 아인슈타인이 말했듯이 이 '상식적' 견해는 잘못되었다. 단지 어떤 것이 논리적으로 가능함을 상상할 수 있다고 해서 그것이 실제 세계에서도 가능함을 보증하지는 않는다. 마찬가지로, 우리가 할 수 있는 모든 일을 무의식적 좀비가 하는 것을 상상할 수 있지만, 어떤 숨겨진 자연적 원인이 그런 존재가 생겨나는 것을 방해할 수도 있다. 이 논증은 의식이 인과적 역할을 가져야 함을 증명하지도 않는다. 이는 단지 '어쨌든, 나는 상상할 수 있다'로 시작하는 진술을 사용해 어떤 자연현상에 대한 결론을 이끌어내어서는 안 됨을 증명한다.

감각질의 첫 번째 특징, '입력의 비가역성'

나는 약간 다른 접근방법을 통해 감각질을 이해하고자 한다. 당신이 눈으로 어떤 게임을 하게 함으로써 그 접근법을 소개하겠다. 먼저 맹점에 대한 5장의 논의를 떠올려보자. 오른쪽 눈을 감고 그림 5.2에 있는 검은 점에 초점을 고정한 채 종이를 눈에서 천천히 떼거나 붙여보라. 그러면 당신은 빗금 친 원이 사라지는 것을 보게 될 것이다. 그 원이 당신의 자연적 맹점에 맞춰진 것이다. 이제 오른쪽 눈을 다시 감고 오른손 검지를 들어서 그 손가락의 중간에 왼쪽 눈의 맹점을 맞추어라. 빗금 친 원이 그렇듯이 손가락의 중간이 사라져야 한다. 그런데 그렇게 되지 않는다. 손가락은 연속되어 보인다.

달리 말하면, 감각질의 경우에 당신은 '나의 맹점이 여기에 있다'면서 손가락이 연속적임을 지성적으로 연역하지 않는다. 우리는 문자 그대로 손가락의 '사라진 부분'을 보게 된다. 심리학자들은 이런 현상을 '채워넣음'이라고 부른다. 이 표현은 오해의 여지가 있기는 하지만 유용하기도 하다. 이는 아무것도 존재하지 않는 공간 영역에서 우리가 뭔가를 보는 현상을 의미한다.

그림 12.1 노란색 도넛이 널려 있는 그림(여기에는 흰색으로 되어 있다). 오른쪽 눈을 감고, 왼쪽 눈으로 그림 중앙에 있는 작은 흰색 점을 쳐다보아라. 페이지가 얼굴에서 15~22센티미터 정도 떨어져 있을 때, 도넛 중 하나가 정확히 당신 왼쪽 눈의 맹점과 일치할 것이다. 도넛 중앙의 검은색이 당신 맹점보다 약간 작기 때문에 검은 부분은 사라지고, 맹점은 테두리의 노란색(흰색) 감각질로 '채워진다'. 그 결과 당신은 고리 대신 노란색 원반을 보게 된다. 고리들을 배경으로 해서 원반이 현저하게 '튀어나와' 보이는 것에 주목하라. 역설적이지만, 맹점 때문에 목표물이 더욱 또렷하게 보인다. 만약 그러한 착각을 경험할 수 없다면, 사진을 확대 복사해서 흰색 점을 수평으로 이동시켜보라.

만약 당신이 그림 12.1을 쳐다보면 이 현상을 더욱 극적으로 증명할 수 있다. 오른쪽 눈을 감고 왼쪽 눈으로 오른쪽에 있는 조그만 흰색 점을 쳐다보라. 그리고 '도넛' 중 하나가 당신의 맹점에 들어올 때까지 책을 당신 쪽으로 천천히 움직여라. 도넛의 내부 지름(작은 검은 원)이 당신의 맹점보다 약간 작기 때문에, 검은 점이 사라지고 흰 테두리가 맹점을 에워싸야 한다. 도넛(고리)이 노랗다고 해보자. 만일 당신의 시각이 정상이라면 당신이 보는 것은 전부가 노란색인 완전한 원일 것이다. 이는 당신의 두뇌가 노란 감각질로 맹점을 '채워넣었음'을 나타낸다. (그림 12.1에서는 흰색으로 채워진다.) 어떤 사람들은 우리 모두가 단순히 맹점을 무시하며, 실제로 무엇이 진행되는지 알아차리지 못한다고 주장한다. 따라서 어떤 '채워넣음'도 없다는 것이다. 그러나 이러한 주장은 옳을 수 없다.

당신이 여러 개의 고리를 누군가에게 보여주고, 그중 하나가 맹점과 중심이 일치한다고 하자. 그 고리는 동질적인 원으로 보일 것이며, 실제로 다른 고리들을 배경으로 해서 지각적으로 '튀어나와' 보일 것이다. 어떻게 당신이 무시한 어떤 것이 당신을 향해 튀어나와 보일 수 있는가? 이는 맹점이 그것과 연관된 감각질을 가지고 있음을 의미한다. 게다가 감각질은 실제의 '감각적 기반'을 제공한다. 달리 말해 당신은 단순히 도넛의 중앙이 노랗다는 것을 연역하는 것이 아니라, 문자 그대로 그것을 노랗게 본다.[7]

관련된 예를 하나 살펴보자. 내가 (더하기 기호처럼) 손가락 하나를 다른 손가락 위에 교차시킨 다음에 두 손가락을 쳐다본다고 가정하자. 물론 나는 뒤쪽 손가락을 연속적인 것으로 본다. 나는 그것이 연속적임을 알고 있다. 그것을 연속적인 것으로 간주하는 것이다. 그런데 만약 당신이 나에게 손가락의 빠진 부분을 문자 그대로 보느냐고 묻는다면, 나는 아니라고 답할 것이다. 누군가가 나를 속이기 위해 나도 모르는 사이에 손가락을 둘로 잘라서 위쪽에 있는 손가락 양옆에 붙여놓았을 수도 있기 때문이다. 나는 정말로 내가 빠진 부분을 보고 있는지 확신할 수 없다.

이 두 경우를 비교해보자. 이들은 두뇌가 빠져 있는 정보를 채운다는 점에서 둘 다 유사하다. 그 차이는 무엇인가? 노란 도넛은 중간에 감각질을 갖고 있지만, 가려져 있는 손가락 부분은 그렇지 않다. 이러한 차이는 의식적인 우리 인간에게 왜 문제가 되는가? 그 차이는 도넛 중앙에 있는 노란색에 대해서는 우리가 마음을 바꿀 수 없다는 것이다. 우리는 '그것이 노란색 같아. 아니면 분홍색인가? 파란색일지도 몰라'라는 식으로 생각할 수 없다. 그것은 우리에게 이렇게 소리치고 있다. "아냐. 나는 노란색이야." 달리 말하면, 채워진 노란색은 불가역적이며, 우리가 변경할 수 있는 어떤 것이 아니다.

하지만 손가락이 가려져 있는 경우에 우리는 다음과 같이 생각할 수 있다. "저기에 손가락이 있을 확률이 매우 높다. 하지만 어떤 사악한 과학자가 두 동강 난 손가락을 양옆에 붙여놓았을지도 몰라." 물론 이는 가능성이 거의 없는 이야기이다. 하지만 전혀 생각할 수 없는 일은 아니다.

달리 말하면, 나는 손가락으로 가려져 있는 부분에 다른 무엇이 있을지 모른다고 가정할 수 있다. 하지만 맹점을 채우고 있는 노랑에 대해서는 그럴 수 없다. 감각질이 있는 지각과 감각질이 없는 지각의 핵심적인 차이는, 감각질이 있는 지각의 경우에는 두뇌의 고위중추가 간섭할 수 없기 때문에 비가역적이라는 것이다. 반면에 감각질이 결여된 지각은 유연하다. 우리는 상상력을 이용해 여러 가지 다양한 '가상의' 입력 중 하나를 선택할 수 있다. 감각질이 있는 지각은 일단 발생하고 나면 우리는 그것에 고착될 수밖에 없다. (그림 12.2의 달마시안 개 그림이 좋은 예이다. 처음 이 그림을 보면 모든 것이 흩어져 있는 조각으로 보인다. 그런데 갑자기 번쩍하는 순간에 개를 보게 된다. 막연하게 말해서, 이제 당신은 개 감각질을 갖게 된 것이다. 다음번에 이 그림을 볼 때, 당신은 그 개를 보지 않을 도리가 없다. 최근에 우리는 개를 일단 보고 나면 두뇌의 뉴런이 그 연결을 영구적으로 바꾼다는 사실을 확인했다.)[8]

감각질의 두 번째 특징, '출력의 유연성'

이들 사례들은 감각질의 중요한 특징 하나를 증명하고 있다. 그것은 비가역적이라는 것이다. 그런데 이런 특징이 필수적이기는 하지만, 감각질의 출현을 설명하기에 충분하지는 않다. 왜 그런가?

당신이 혼수 상태에 빠져 있고, 내가 당신의 눈에 빛을 비춘다고 가정하자. 혼수 상태가 깊지 않을 경우라면 당신의 동공은 수축한다. 하지만 당신은 빛이 야기한 어떤 감각질에 대한 주관적 자각도 갖지 못한다. 반사궁reflex arc은 전체적으로 비가역적이다. 하지만 그것과 연관된 감각질은 존재하지 않는다. 당신은 그것에 대한 당신의 마음을 바꿀 수 없다. 도넛의 예에서 맹점을 채우는 노란색에 대해 아무 일도 할 수 없는 것처럼, 반사궁에 대해서도 아무 일도 할 수 없다. 그런데 왜 도넛의 경우에만 감각질을 갖는가? 핵심적인 차이는, 동공수축의 경우에 단지 하나의 출력, 즉 하나의 최종적 산출물만 있다는 것이다. 그 결과

그림 12.2 얼룩이 뒤죽박죽으로 흩어져 있는 그림. 이 그림을 몇 초(혹은 몇 분)간 응시해보라. 당신은 최종적으로 나뭇잎 그림자로 얼룩덜룩해진 땅바닥을 쿵쿵거리고 있는 달마시안 한 마리를 보게 될 것이다. (힌트: 개의 머리가 그림 중간에서 왼쪽으로 향하고 있다. 개의 목걸이와 왼쪽 귀를 볼 수 있다.) 일단 개를 보고 나면, 그것을 제거하는 것은 불가능하다. 최근에 우리는 유사한 그림을 이용해서, 처음의 간단한 노출 끝에 일단 개를 '보고' 나면 측두엽의 뉴런들이 영구히 변화함을 증명했다(Tovee, Rolls and Ramachandran, 1996). 달마시안 사진은 론 제임스의 작품이다.

감각질을 갖지 않는다.

노란색 원의 경우에, 비록 만들어진 표상이 비가역적이기는 하지만 우리는 거기에 대해서 선택의 기회를 누린다. 즉 그 표상으로 무엇을 할지는 아직 열려 있다. 가령, 노랑 감각질을 경험할 때, 노란색에 대해 말할 수도 있고, 노란 바나나, 노란 치아, 황달에 걸린 노란 피부 등을 생각할 수도 있다. 달마시안을 보았을 때 우리 마음은 개와 관련된 무한히 많은 연상 중의 하나를 떠올리려 할 것이다. '개' 라는 단어, 개가 짖는 것, 개의 먹이, 심지어 불자동차를 떠올릴 수도 있다. 여기서 우리가 선택할 수 있는 것에는 아무런 제한이 없어 보인다.

이것이 감각질의 두 번째 중요한 특징이다. 감각질이 결부된 감각은 우리에게 선택의 기회를 제공한다. 이제 우리는 감각질의 두 가지 기능적 특징을 확인했다. 입력 측면에서의 비가역성과 출력 측면에서의 유연성이 그것이다.

감각질의 세 번째 특징, '단기기억장치'

감각질의 세 번째 특징이 있다. 감각질이 결부된 표상을 근거로 어떤 결정을 내리기 위해서는 그 표상이 충분한 시간 동안 존재해야만 한다는 것이다. 우리의 두뇌는 표상을 중간의 완충기억장치(버퍼) 혹은 순간기억에 잠시 보관할 필요가 있다. (가령, 손가락으로 번호를 누르기 전에 안내원이 알려주는 전화번호를 잠시 기억해야 한다.) 물론 이 조건도 그 자체로는 감각질을 산출하는 데 충분하지 않다. 선택을 내리는 것 외에도, 생물학적 체계가 정보를 완충기억장치에 보관해야 할 또 다른 이유가 있을 것이다.

가령, 끈끈이주걱은 방아쇠 역할을 하는 입 안의 털이 두 번 연속으로 자극받아야만 잎이 닫힌다. 이것은 첫 번째 자극에 대한 기억을 기억하고, 그것을 두 번째 자극과 비교함으로써 무엇인가 움직였다고 '추리' 하는 것처럼 보인다. (다윈은 벌레가 아닌 먼지 같은 다른 이유 때문에 우발적으로 닫히는 것을 방지하기 위해 그런 식으로 진화했다고 주장한다.) 이런 종류의 경우에는 대개 하나의 출력만 가능하다. 끈끈이주걱은 언제나 예외 없이 잎을 다 문다. 그 외에 이것이 할 수 있는 일은 없다. 감각질의 두 번째 중요 특성인 선택이 빠져 있는 것이다. 범심론자의 주장과는 달리, 나는 식물이 벌레를 감지하기 위한 감각질을 갖지 않는다고 무리 없이 결론내릴 수 있다고 생각한다.

우리는 4장에서 다이앤의 이야기를 통해 감각질과 기억이 어떻게 연결되는지 보았다. 다이앤은 일산화탄소에 중독되어서 특이한 형태의 '맹시'를 갖게 된 이탈리아에 살고 있는 젊은 여성이다. 그녀는 편지 투입구의 방향을 의식적으로 지각할 수 없다. 하지만 그녀는 수직이나 수평의 투입구에 맞추기 위해 편지를 올바른 방향으로 돌릴 수 있다. 그런데 다이앤에게 먼저 편지 투입구를 보게 한 다음, 편지를 집어넣기 전에 누군가가 불을 꺼버린다면 그녀는 더 이상 그렇게 할 수 없다. '그녀' 는 투입구의 방향을 거의 즉각적으로 잊어버리는 것 같으며 편지를 투입할 수 없다. 이는 방향을 분간하고 팔의 운동을 통제하는 다이앤의 시각체계 부위(우리가 4장에서 좀비 혹은 어떻게 경로라고 불렀던 것)가 감각질을 결여하고 있을 뿐만 아니라, 단기기억도 결여하고 있음을 암시한다.

그런데 정상적으로 투입구를 인지하고 그 방향을 지각하게 하는 시각체계 부위(무엇 경로)는 의식적일 뿐만 아니라 기억도 가지고 있다. (하지만 '그녀'는 무엇 경로가 손상되었으므로 이 경로를 사용할 수 없다. 이용할 수 있는 것은 무의식적 좀비뿐이며 '그것'은 기억을 갖고 있지 않다.) 나는 단기기억과 의식적인 자각의 이런 연관이 우연이라 생각하지 않는다.

어떻게 시각 흐름의 한 부분은 기억을 갖고 있지만 다른 부분은 그렇지 않은가? 감각질이 결부된 무엇 체계는 지각적 표상에 근거해 선택하는 일과 연관되어 있으므로 기억을 갖고 있는 것 같다. 선택하는 데는 시간이 필요하다. 반면에 감각질이 없는 어떻게 체계는 집에 있는 온도계처럼 굳게 폐쇄된 회로 속에서 연속적인 실시간 처리에 종사한다. 이것은 실제 선택을 하는 일과 연관되어 있지 않으므로 기억이 필요하지 않다. 따라서 편지를 부치는 단순한 일은 기억이 필요없다. 그러나 어떤 편지를 어디로 부칠지 선택하고 결정하는 일은 기억이 필요하다.

이러한 생각은 다이앤 같은 환자들에게 시험해볼 수 있다. 가령, 그녀가 선택을 강요받는 상황을 만든다면, (아직 손상을 입지 않은) 좀비체계는 혼란에 빠질 것이다. 가령, 다이앤에게 동시에 두 개의 투입구(하나는 수평, 하나는 수직)를 보여주면서 편지를 넣으라고 하면 그녀는 그 일을 할 수 없을 것이다. 좀비체계가 둘 중 하나를 선택할 수 없기 때문이다. 무의식적 좀비가 선택한다는 생각 자체가 사실은 자가당착적이다. 자유의지가 존재한다는 것 자체가 바로 의식을 함축하지는 않는가?

우유부단함을 제거하는 감각질

지금까지의 내용을 요약해보자. 감각질이 존재하기 위해서는 그 출발점으로서 단기기억 속에 잠재적으로 무한한 함축(바나나, 황달, 치아)을 갖지만, 안정적이고 한정적이며 비가역적인 표상을 가지고 있어야 한다. 그런 출발점이 가역적이라면 그 표상은 강하고 생생한 감각질을 갖지 않는다. 이런 것의 좋은 사례가 당신이 소파 아래로 삐져나온 꼬리를 보고 거기에 고양이가 있다고 '추리' 하는 경우이다. 저 의자에 원숭이가 앉아 있다고 상상하는 능력도 그러한 예이다. 이들 경우 우리는 강한 감각질을 갖지 않는다.

여기에는 좋은 이유가 있다. 만일 그랬다면, 우리의 인지체계가 구성되어 있는 방식을 감안할 때, 우리는 이들을 실제 대상과 혼동하게 되며 그 결과 결코 오래 생존할 수 없을 것이다. 세익스피어의 말을 다시 한번 반복해보자. "단지 성찬을 상상하는 것만으로 배고픔을 달랠 수는 없다." 이는 매우 다행스러운 일이다. 만일 그랬다면 우리는 아무것도 먹지 않은 채 포만과 연관된 감각질만을 머릿속으로 산출하려 했을 것이다. 이와 비슷하게 오르가슴에 도달하는 것을 상상하는 존재는 자신의 유전자를 다음 세대에 전달하지 못할 가능성이 많다.

왜 내적으로 산출된 어렴풋한 이미지(소파 밑의 고양이, 의자 위의 원숭이)나 믿음은 강한 감각질을 갖지 않는 것일까? 만일 그렇다면 세계가 얼마나 혼란스러워 보일지 상상해보자. 실제 지각은 결정을 하게 하며 우리에게는 망설일 여유가 없다. 따라서 지각은 생생한 주관적 감각질을 필요로 한다. 반면에 믿음이나 내적 이미지는 잠정적이고 가역적일 필요가 있으므로 감각질과 결부되어서는 안 된다. 그 결과 우리는 책상 밑으로 꼬리가 삐져나온 것을 보고 그 밑에 고양이가 있다고 믿거나 상상할 수 있다. 그런데 책상 밑에는 고양이 꼬리를 이식한 돼지가 있을 수도 있다. 비록 믿기 어렵지만 때로는 놀랄 일도 있으므로, 그런 가정을 고려할 각오가 되어 있어야 한다.

감각질을 비가역적이게 만드는 것의 기능적, 계산적 장점은 무엇인가? 한 가지 대답은 안정성이다. 만일 감각질에 대한 우리의 마음을 항상 바꾼다면, 잠재적인 산출(혹은 '출력')의 수는 무한할 것이며 그 어떤 것도 우리의 행동을 속박하지 못할 것이다. 우리는 어느 시점에 '이제는 됐다'고 말하며 깃발을 꽂을 필요가 있다. 그리고 이 깃발을 꽂는 과정이 바로 우리가 감각질이라 부르는 것이다.

지각체계는 대략 다음과 같은 원칙을 따른다. 주어진 정보를 감안하면 우리가 보고 있는 것이 노란색(혹은 개, 고통 등등)이라는 것은 90퍼센트 확실하다. 그러므로 편의상 나는 그것이 노랗다고 가정하고 거기에 맞추어 행동할 것이다. 만약 내가 "그것은 노란색이 아닐지도 몰라"라는 말만 계속하고 있다면, 적절한 행동이나 생각을 선택해야 하는 다음 단계를 밟을 수 없기 때문이다.

달리 말해서, 지각을 믿음처럼 처리한다면 우리는 우유부단함으로 무력해질 뿐만 아니라 판단력을 잃게 될 것이다. 감각질이 비가역적인 것은 우유부단함을 제거하고 결정에 확실성을 부여하기 위해서이다.[9] 그리고 이는 다시 어떤 특정의 뉴런들이 발화하는지, 그것들이 얼마나 강하게 발화하는지, 그리고 그것들이 어떤 조직들에게로 투사되는지 등에 의존할 것이다.

맹점의 '채워넣음'과 머리 뒤편의 '가역성'

고양이 꼬리가 책상 밑으로 삐져나온 것을 보고, 나는 책상 밑에 꼬리와 붙어 있는 고양이가 있다는 것을 '추측'하거나 '안다'. 그런데 나는 꼬리를 보고 있을 뿐 실제로 고양이를 보고 있지는 않다. 이는 또 다른 매력적인 질문을 제기한다. 보는 것과 아는 것, 즉 지각과 개념화의 질적 차이는 서로 다른 두뇌회로를 통해 중재되는 완전히 다른 것들인가? 아니면 그 사이에 회색지대가 있는가?

아무것도 볼 수 없는 눈의 맹점에 대응하는 영역으로 돌아가 보자. 5장에서 찰스 보넷 증후군을 논의할 때 살펴보았듯이, 우리가 아무것도 볼 수 없는 또 다른 맹점이 있다. 내 머리 뒤의 거대한 영역이 그것이다. 물론 사람들은 일반적으로 이 영역에 대해 '맹점'이라는 표현을 사용하지는 않는다. 일상적으로 우리는 머리 뒤로 커다란 공백을 경험하면서 돌아다니지 않는다. 따라서 어떤 의미로는 맹점을 채워넣는 것과 동일한 방식으로 그 공백을 채워넣는다는 결론으로 비약하고 싶은 유혹을 느낄 수 있다. 그러나 그럴 수 없다. 두뇌에는 머리 뒤의 영역에 대응하는 시각적 신경표상이 존재하지 않기 때문이다.

우리는 다음과 같은 사소한 뜻에서만 거기에 대한 정보를 채워넣는다. 우리가 정면으로 벽지를 보면서 욕실에 서 있다고 하자. 우리는 그 벽지가 머리 뒤쪽으로도 계속 이어질 거라고 가정한다. 그런데 머리 뒤쪽에 벽지가 있을 거라고 가정하지만 그것을 실제로 보는 것은 아니다. 다시 말해 이런 식의 채워넣기는 순전히 비유적인 것이며 비가역적이어야 한다는 우리의 규준을 충족시키지 못한다. 앞서도 보았듯이, '진짜' 맹점의 경우에 우리는 채워진 영역에 대해서 마음대로 생각을 바꿀 수 없다. 하지만 머리 뒤의 영역에 대해서는 자유롭게 생각할 수 있다. '거기에 벽지가 있을 가능성이 제일 높다. 하지만 누가 알겠는가? 거기에 코끼리가 있을지.'

그러므로 맹점을 채워넣는 일은 머리 뒤의 공간을 알아차리지 못하는 것과는 근본적으로 다르다. 그러나 문제는 남아 있다. 머리 뒤편에서 진행되는 것과 맹점의 차이는 질적인 것인가 아니면 양적인 것인가? (맹점에서 볼 수 있는 종류의) '채워넣음'과 (내 머리 뒤편에 있을지도 모르는 것에 대한) 단순한 추측을 구분하는 경계선은 완전히 임의적인 것인가? 이에 답하기 위해 또 다른 사유실험을 해보자.

양안兩眼 시각은 계속 유지하고 있지만 눈이 머리 측면으로 이동하는 방식으로 우리가 계속 진화하고 있다고 가정하자. 두 눈의 시야는 점점 더 머리 뒤쪽으로 잠식해 들어가서 거의 맞닿을 정도가 될 것이다. 그 시점에 우리는 머리 뒤쪽(두 눈 사이)에 정면과 동일한 크기의 맹점을 갖게 된다. 이때 다음과 같은 질문이 제기된다. 머리 뒤쪽의 맹점을 가로질러 대상을 완성시키는 것은 실제 맹점처럼 진짜로 감각질을 채워넣는 것일까? 아니면 그것은 우리가 머리 뒤로 경험하는 것과 마찬가지로 여전히 개념적이며 가역적인 심상이나 추측에 불과한 것일까?

나는 이미지가 비가역적으로 변하는 시점, 굳건한 지각적 표상이 만들어지거나 재현되어 초기의 시각 영역으로 피드백되는 명확한 지점이 존재할 것이라 생각한다. 바로 그 시점에 머리 뒤의 보이지 않는 영역은 앞쪽에 있는 정상적인 맹점과 기능적으로 동일하게 된다. 이때 두뇌는 갑자기 전혀 새로운 양태로 전환해 정보를 표상할 것이다. (사고 영역의 뉴런을 사용해 머리 뒤에 무엇이 숨어 있을지 경험에 입각해 잠정적으로 추측하는 대신에) 두뇌는 감각 영역의 뉴런을 사용해 머리 뒤의 사건을 비가역적으로 표시하게 된다.

맹점을 채워넣는 일과 머리 뒤편을 완성하는 일은 논리적으로는 연속적인 선의 두 끝단으로 간주되지만, 진화는 이 둘을 분리하는 것이 적응을 높인다고 보았다.

눈의 맹점의 경우에 어떤 중요한 것이 거기에 숨어 있을 가능성은 매우 적으므로 그 확률을 0으로 처리하는 것이 유리하다. 하지만 머리 뒤편에는 (총을 들고 있는 강도처럼) 뭔가 중요한 것이 있을 확률이 상당히 높다. 따라서 이 영역을 비가역적인 방식으로 벽지나 눈앞에 보이는 어떤 패턴으로 채우는 일은 위험하다.

몽유병 환자는 '펩시 시험'을 통과할 수 있는가?

지금까지 우리는 어떤 체계가 의식적인지 그렇지 않은지 결정하는 세 가지 논리적 규준인 감각질의 세 가지 법칙에 대해 알아보았다. 그리고 우리는 맹점과 신경병 환자들의 사례를 살펴보았다. 그런데 우리는 이러한 원칙이 얼마나 일반적인가 하는 의문을 제기할 수 있다. 의식과 관련해 의심이나 논쟁의 여지가 있는 다른 특수한 경우들에도 이를 적용할 수 있을까? 여기 몇 가지 사례가 있다.

벌은 8자 모양의 춤을 포함해 매우 복잡한 형태의 의사소통을 수행하는 것으로 알려져 있다. 정찰 벌은 꽃가루의 위치를 파악한 후에 벌집으로 돌아와 복잡한 춤을 춤으로써 벌집에 있는 나머지 벌들에게 꽃가루의 위치를 알려준다. 정찰 벌이 이런 춤을 추고 있을 때 그것에 의식이 있는가라는 질문을 제기할 수 있다.[10]

벌의 행동은 일단 시작하면 비가역적이다. 그리고 벌은 꽃가루의 위치에 대한 단기기억 표상에 입각해 행동한다. 일단 의식의 세 가지 기준 중에서 최소한 두 가지가 만족되었다. 여기서 우리는 벌이 이런 복잡한 의사소통을 할 때 의식이 있을 것이라는 결론으로 비약할 수도 있다.

그러나 벌은 유연한 출력이라는 세 번째 규준을 결여하므로, 나는 그것이 좀비라고 주장한다. 다시 말해서, 정보는 매우 정교하고 비가역적이며 단기기억에 저장되지만, 벌은 그 정보를 가지고 한 가지 일만을 할 수 있다. 즉 8자 형태의 춤이라는 단하나의 출력만이 가능하다. 이 논증은 중요하다. 이는 단순히 정보처리가 복잡하거나 정교하다는 것이 의식이 관련되어 있음에 대한 보증은 될 수 없음을 말해주기 때문이다.

의식에 대한 나의 설명이 다른 이론들과 비교해 가지고 있는 한 가지 장점은 다음과 같은 질문들에 대해서 명확한 답을 해준다는 것이다. 8자 모양의 춤을 추고 있을 때 벌은 의식이 있는가? 몽유병 환자는 의식이 있는가? 하반신 마비 환자가 발기되었을 때 의식이 있는가? 즉 그 자신의 성적인 감각질을 가지고 있는가? 개미는 페로몬을 감지할 때 의식적인가? 이들 각각의 경우에서, 우리가 다양한 정도의 의식을 다루고 있다는 모호한 주장을 하는 대신에(이것이 표준적인 대답이다), 위에서 규정한 세 가지 규준을 적용하면 된다.

가령, 몽유병 환자는 잠을 자며 걷는 동안에 펩시콜라와 코카콜라 중에서 하나를 선택하는 '펩시 시험'을 치를 수 있을까? 그는 단기기억을 가지고 있을까? 그에게 펩시를 보여준 다음에 그것을 상자에 넣고 30초 동안 불을 껐다가 다시 켜면, 그는 다시 펩시를 집을 수 있을까? (혹은 다이앤의 좀비와 마찬가지로 완전히 실패하고 말 것인가?) 겉으로는 깨어 있으며 눈으로는 우리를 좇을 수 있지만 움직이거나 말할 수 없는 무동무언증처럼, 부분적으로 혼수 상태에 빠져 있는 환자는 단기기억을 가지고 있을까? 이제 우리는 이런 질문들에 대답할 수 있으며, '의식'이라는 말의 정확한 의미가 무엇인가에 대한 끝없는 말꼬리 잡기를 피할 수 있다.

의식활동을 관장하는 측두엽

이제 우리는 다음과 같은 질문을 할 수 있다. "이상의 내용들은 감각질이 두뇌의 어디에 있는가라는 질문에 어떤 단서를 제공하는가?" 많은 사람들이 의식의 자리가 전두엽이라고 생각한다는 것은 놀라운 일이다. 왜냐하면 비록 전두엽에 손상을 입어도 감각질이나 의식 자체에는 극적인 변화가 전혀 일어나지 않기 때문이다. 물론 이런 경우에, 환자의 인성에는 심대한 변화가 일어날 수 있다. (그리고 그는 주의를 돌리는 데 어려움을 겪을 수도 있다.)

나는 대부분의 의식활동이 전두엽이 아닌 측두엽에서 일어난다고 제안한다. 의식에 현저한 혼란을 일으키는 대부분의 원인은 이 조직에 생긴 상처나 여기서 일어나는 과잉활동이다. 가령, 사물의 중요성을 파악하기 위해서는 편도나 측두엽의 여러 부분들이 필요하다. 그리고 이는 분명 의식적 경험을 구성하는 핵심적인 부분이다. 만약 이 조직이 없다면 우리는 스스로 행하고 말하는 것의 의미를 파악할 능력을 갖지 못하고, 단지 어떤 요구에 응해 단 하나의 올바른 결과만을 산출하는 좀비에 불과할 뿐이다. (철학자 존 서얼[11]의 그 유명한 중국어 방 실험에 나오는 사람처럼 말이다.)

감각질과 의식이 망막 수준에서와 같은 지각 과정의 초기 단계와 연결된 것은 아니라는 점에 모든 사람이 동의할 것이다. 이들은 실제 행동을 할 때 운동을 계획하는 최종 단계와도 관련되어 있지 않다. 대신에 이들은 중간 과정의 단계와 연관되어 있다.[12] 이는 안정적인 지각표상(노랑, 개, 원숭이)이 산출되고 그것이 의미(우리가 그중에서 최선을 선택할 수 있는 무한한 함축과 행동의 가능성)를 가지는 단계이다. 이는 주로 측두엽과 그것과 연결된 변연계에서 발생한다. 이런 의미에서 지각과 행위가 만나는 지점은 측두엽이다.

이에 대한 증거는 신경학에서 찾을 수 있다. 의식에 가장 심대한 혼란은 측두엽 간질을 일으키는 부위에 상처를 입었을 때 생긴다. 다른 두뇌 부위의 상처는 의식에 적은 혼란만을 일으킨다. 의사가 간질환자의 측두엽을 전기로 자극하면 환자는 생생한 의식 경험을 갖게 된다. 편도를 자극하는 것이 생생한 환각이나 자전적 기억 같은 온전한 경험을 '재생'하는 가장 확실한 방법이다.

측두엽 간질은 종종 인격적 동일성, 개인적 운명, 혹은 인성이라는 의미에서의 의식의 변화와도 연관되지만, 냄새나 소리의 환각처럼 생생한 감각질과도 연관되어 있다. 만일 누군가가 주장하듯이 이것들이 단순한 기억에 불과하다면 왜 사람들은 "나는 말 그대로 그것들을 다시 체험하는 것처럼 느꼈습니다"라고 말하는가? 이런 간질의 특징은 그것이 산출하는 감각질의 생생함이다. 측두엽에서 모두 생겨나는 냄새, 고통, 맛, 감정적 느낌은 이 두뇌 영역이 감각질이나 의식적 자각과 밀접하게 연관되어 있음을 암시한다.

측두엽, 특히 왼편 측두엽을 선택한 또 다른 이유는 여기가 언어의 많은 부분이 표상되는 곳이기 때문이다. 내가 사과를 보면, 측두엽의 활동은 나로 하여금 사과가 갖는 모든 함의를 거의 동시적으로 파악하도록 만든다. 사과를 어떤 종류의 과일로 인지하는 과정이 하측두피질에서 일어난다. 편도는 나의 건강에 대해 사과가 갖는 중요성을 평가하고, 베르니케Wernicke와 여타 영역은 '사과' 라는 단어를 포함해 심상들이 불러일으키는 의미의 모든 뉘앙스를 나에게 환기시킨다.

나는 사과를 먹을 수 있다. 그 냄새를 맡을 수도 있다. 파이를 구울 수도 있으며, 심을 빼거나, 그 씨앗을 심을 수도 있다. '의사를 피하기 위해' 사과를 사용할 수도 있고, 이브를 유혹할 수도 있다. 만일 누군가가 우리가 보통 '의식' 이나 '자각' 이라는 단어와 연관시키는 모든 속성들을 나열한다면, 당신은 그것들 각각이 측두엽 간질에 그 상관자를 갖고 있음을 알게 될 것이다. 시각과 청각의 생생한 환각, '신체를 빠져나오는' 경험, 전지전능에 대한 절대적인 느낌 같은 것이 여기에 포함된다.[13]

의식적 경험에 일어나는 혼란의 목록에 등장하는 각각의 증상은 두뇌의 다른 부위가 손상을 입었을 때도 개별적으로 일어날 수 있다. (가령, 두정엽장애의 경우에는 신체나 주의력에 문제가 생긴다.) 그러나 이들이 동시에 일어나거나 서로 다른 조합으로 일어나는 것은 오직 측두엽과 관련되었을 때뿐이다. 이는 측두엽이 인간 의식에서 중심적 역할을 담당하고 있음을 재차 말해준다.

자아는 무엇인가?

지금까지 우리는 철학자들이 '감각질' 문제라 부르는 것에 대해 논의했다. 이는 본질적인 사밀성과 심적 상태의 소통 불가능성과 관련된 문제이다. 나는 이것을 철학의 문제에서 과학의 문제로 변형시키려 했다. (감각의 '날 느낌' 인) 감각질 외에도 우리는 우리 안에서 이 감각질을 실제로 경험하는 '나' 인 자아에 대해서도 살펴보아야 한다. 감각질과 자아는 동전의 양면이라 할 수 있다. 누군가에게 경험되지 않은 채 공중에 떠다니는 감각질은 없으며, 모든 감각질을 결여한 자아도 상상하기 어렵다.

그런데 자아란 정확히 무엇인가? 불행하게도 '자아' 라는 단어는 '행복' 이나 '사랑' 이라는 단어와 유사하다. 우리 모두는 그것이 무엇인지 알고 있으며 그것이 실재한다는 것도 안다. 하지만 그것을 정의하거나 그 특징을 정확히 지적하는 일은 매우 어렵다. 마치 수은처럼, 그것은 움켜쥐려 하면 할수록 손에서 빠져나간다. '자아' 라는 단어를 생각하면, 마음속에 무엇이 떠오르는가? '나 자신' 을 생각해보면, 자아는 나의 다양한 모든 감각적 인상과 기억을 통일하는 그 무엇인 것으로 여겨진다(통일성). 그것은 나의 삶을 '관할' 하며, 선택하고(자유의지를 갖고), 시간과 공간 속에서 존속하는 단일한 대상으로 생각된다. 또 자아는 사회적 맥락 속에 위치하며, 가계부를 쓰거나 심지어 자신의 장례식을 계획하기도 한다.

우리는 행복과 마찬가지로, '자아' 에 대해서도 그 모든 특징을 나열하고 각각의 측면과 관련된 두뇌의 조직을 찾을 수 있다. 이는 언젠가는 우리가 자아와 의식을 더욱 명료하게 이해할 수 있게 할 것이다. 그러나 나는 유전의 수수께끼를 푸는 해결책이었던 DNA처럼, 자아의 문제에 대한 단일하고 원대한 최종적 '해결책' 이 있을 거라고 생각하지는 않는다.

자아를 정의하는 특징은 어떤 것들인가? 내 실험실의 박사후

연구생인 윌리엄 히르스타인과 나는 다음과 같은 목록을 만들 어보았다.

신체화된 자아The embodied self

나의 자아는 하나의 육체에 닻을 내리고 있다. 내가 눈을 감 으면, 다른 신체 부분들이 공간을 차지하고 있는 것을 생생하게 느낀다(어떤 부분은 다른 부분보다 더 많이 느껴진다). 이른바 신체 상이다. 당신이 내 발끝을 밟으면, 아픔을 느끼는 것은 '그것'이 아니라 바로 '나'이다. 그런데 신체상은 이미 살펴보았듯이 겉 으로는 영속적인 것처럼 보이지만 매우 유연한 것이다.

몇 초 동안 적절한 종류의 자극을 가하면, 우리는 코를 1미터 로 늘어나게 할 수도 있고, 책상에 손을 투사하도록 만들 수도 있다(3장). 또 우리는 두정엽의 회로와 이것들이 투사되는 전두 엽 영역이 이 상을 구축하는 데 매우 밀접한 관련이 있음을 알고 있다. 이 조직의 부분적 손상은 신체상의 커다란 왜곡을 가져올 수 있다. 환자는 자신의 왼팔이 어머니의 것이라 말하기도 하고, (헬싱키에서 리타 하리 박사와 함께 보았던 환자의 경우처럼) 의자에 서 일어나 걸을 때 신체의 왼쪽 절반은 여전히 의자에 앉아 있다 고 주장하기도 한다! 신체에 대한 당신의 '소유권'이 환상에 불 과하다는 것을 확신시키기 위해서 이 사례들 외에 그 어떤 것도 필요해 보이지 않는다.

정열적 자아The passionate self

감정을 배제하거나 그런 상태가 무엇을 의미하는지 고려하지 않고 자아를 상상하기는 힘들다. 만일 우리가 어떤 것의 의미나 중요성을 알지 못하고 또 그것이 갖는 모든 함의를 파악하지 못한다면, 도대체 어떤 의미에서 그것을 의식적으로 안다고 말할 수 있는가? 따라서 변연계와 편도를 통해 중재되는 우리의 감정은 자아의 본질적인 부분이다. 그것은 단지 '덤'이 아니다. (오리지널 〈스타트랙〉에 나오는 스폭의 아버지는 순수한 벌칸 족이다. 만약 그가 스폭처럼 인간의 유전자가 약간 섞이지 않았다면, 그런 존재가 의식을 갖는지 혹은 단순한 좀비인지 하는 문제는 별로 논의할 가치가 없다.) '어떻게' 경로의 좀비는 의식이 없으며, '무엇' 경로는 의식적임을 기억하자. 나는 후자가 편도 및 여타의 변연계 조직과 연관되어 있기 때문에 이런 차이가 생긴다고 생각한다(5장).

편도와 (측두엽에 있는) 변연계의 나머지 부분은 피질이나 두뇌 전체가 그 유기체의 기본적인 진화 목적에 종사하도록 도와준다. 편도는 고위의 지각표상을 감시하고, '그 손가락을 자율신경계의 키보드에 얹어두고 있다'. 이는 어떤 것에 감정적으로 반응할지의 여부와 어떤 종류의 감정이 적절할지(뱀에 대해서는 두려움, 상사에 대해서는 분노, 아이에게는 사랑의 감정)를 결정한다. 이는 또한 도피질에서 오는 정보를 받아들인다. 도피질은 다시 부분적으로 피부나 내장(심장, 폐, 간, 위)에서 오는 감각적 입력을 통해 구동된다. 그런 점에서 우리는 '내장, 식물적 자아' 혹은 어떤 것에 대한 '내장 (본능적인) 반응'을 말할 수 있다. (9장에서 보았듯이 GSR 기계를 가지고 우리가 감시하는 것이 바로 이 '내장 반응'이다. 엄격히 말해서 내장 자아는 의식적 자아의 일부가 아니라고 주장할 수도 있다. 그럼에도 이는 의식적 자아를 중대하게 방해할 수 있다. 마지막으로 메스꺼웠거나 토했던 순간을 기억해보라.)

감정적 자아에게 생길 수 있는 병리 현상에는 측두엽 간질, 카프그라 증후군, 클뤼버 부시 증후군 등이 있다. 먼저 폴 피디오Paul Fedio와 베어D. Bear가 '과다연결'이라 부르는 과정을 통해 부분적으로 야기되는 고양된 자아의 느낌이 있다. 이러한 과다연결은 측두피질의 감각 영역과 편도의 연결이 강화되는 것으로, 연속적인 발작을 통해 이들 경로가 영구적으로 강화(점화)됨으로써 생겨난다. 그 결과 환자는 (스스로를 포함해) 주위의 모든 것에 깊은 의미를 부여하게 된다. 역으로, 카프그라 증후군이 있는 사람은 특정 범주의 대상(얼굴)에 대한 감정적 반응이 감소한다. 클뤼버 부시 증후군이나 코타르 증후군이 있는 사람은 더욱 심각한 감정적 문제를 지닌다. 코타르 증후군 환자는 자신이나 세계와 감정적으로 몹시 동떨어져 있다고 느끼며, 그 결과 자신이 실제로 죽었다거나 자신의 살이 썩는 냄새가 난다는 엉뚱한 주장을 한다.

흥미롭게도 우리가 '인격'이라 부르는 것은 동일한 변연계의 구조 및 그것과 복내측 전두엽 사이에 있는 연결과 연관되어 있다. '인격'은 평생 지속되는 우리 자아의 대단히 중요한 측면이며, 다른 사람이나 상식을 통해 '교정'되지 않는 것으로 유명하다. 전두엽의 손상은 의식에 대한 직접적이고 명백한 혼란을 가져오지 않는다. 하지만 이는 우리 인격을 중대하게 변화시킬 수 있다.

피니아스 게이지라는 철도 노동자는 쇠지렛대가 전두엽을

관통하는 사고를 당했다. 그의 가까운 친구들과 친척들은 "게이지는 더 이상 예전의 게이지가 아니다"고 말한다. 전두엽 손상과 관련된 이 유명한 사례에서, 게이지는 침착하고 예의 바르며 근면한 젊은이에서 직업도 가질 수 없을 정도로 거짓말이 심하고 사기를 치는 사회적 낙오자로 전락하고 말았다.[14]

9장에서 살펴본 폴 같은 측두엽 간질 환자도 놀라운 인격 변화를 보인다. 그래서 어떤 신경학자들은 '측두엽 간질 인격'이라는 표현을 사용하기도 한다. 이들 중의 일부(의사가 아니라 환자들)는 현학적이고 논쟁적이며 자기중심적인 데다가 수다스러운 경향을 보인다. 또 '추상적 사유'에 몰두하기도 한다. 만일 이런 특징들이 측두엽 일부에서 일어나는 과다작용의 결과라면, 이들 영역의 정상적 기능은 정확히 무엇인가? 변연계가 주로 감정과 관련되어 있다면, 왜 이 부위의 발작이 추상적 사유를 산출하는 경향성을 야기하는가? 우리의 두뇌에는 추상적 사유를 만들고 조작하는 역할을 하는 영역이 따로 있는가? 이는 아직 해결되지 않은 측두엽 간질의 여러 문제 중의 하나이다.

실행하는 자아The executive self

고전 물리학과 현대의 신경과학은 (마음과 두뇌를 포함해) 우리가 결정론적인 당구공 세계에 살고 있다고 말한다. 하지만 보통 우리는 스스로를 줄에 매달려 있는 꼭두각시로 경험하지 않으며, 스스로가 재량권을 가지고 있다고 느낀다. 하지만 역설적으로 우리의 신체나 세계에서 주어지는 제약을 감안했을 때, 우리가 할 수 있는 일이 있고 할 수 없는 일이 있다는 것은 너무나 명백하다. (우리는 트럭을 들어올릴 수 없다는 것을 알고 있다. 상사에게 한 방을 날리고 싶지만 그럴 수 없다는 것도 알고 있다.) 두뇌 어딘가에 이 모든 가능성을 표상하는 데가 있다.

그리고 명령을 내리는 체계(띠고랑과 보조운동피질)는 명령을 내릴 수 있는 것과 없는 것을 구분할 수 있어야 한다. 스스로를 완전히 수동적이고 무기력한 구경꾼으로 파악하는 '자아'는 결코 자아가 아니다. 충동이나 본능에 의해 어쩔 수 없이 행동하는 자아도 무력하기는 마찬가지이다. 자아가 존재하기 위해서는 디팩 초프라가 '무한한 가능성의 보편적 장'이라 불렀던 자유의지가 필요하다. 보다 전문적으로, 의식적 자각은 '행동하기 위해 조건부로 준비되어 있음'이라고 묘사된다.

이 모든 것을 달성하기 위해 나는 내 두뇌에 세계와 그 속의 다양한 대상들에 대한 표상뿐만 아니라 내 신체를 포함해 나 자신에 대한 표상을 가질 필요가 있다. 문제를 더 종잡을 수 없게 만드는 것은 자아의 이런 회귀적 특성이다. 게다가 내가 선택할 수 있기 위해서는, 외부 대상의 표상이 (운동명령체계를 포함하는) 나의 자기 표상과 상호작용을 해야 한다. (그는 내 상사이다: 그를 때리지 마라. 그것은 과자이다: 그것은 내가 집을 수 있는 거리에 있다.) 이 메커니즘에 생기는 교란은 환자들이 정색하고 자신의 왼팔이 오빠나 의사의 것이라고 주장하게 만드는 질병인식불능증이나 신체망상분열증의 증후로 이어진다(7장).

자아의 이런 '신체적' 측면과 '실행' 측면을 표상하는 데는 어떤 신경구조가 관련되어 있을까? 앞 띠이랑에 대한 손상은 무동함구증이라는 기이한 증세로 나타난다. 환자는 스스로 주위

상황을 충분히 알고 있는 것처럼 보이지만, 아무것도 하려고 하지 않거나 할 수 없는 상태로 단지 침대에 누워 있기만 한다. 자유의지가 부재한 경우가 있다면 바로 이런 경우이다.

앞 띠이랑에 부분적 손상이 있을 경우 때로는 정반대 증상이 나타나기도 한다. 환자의 손이 의식적 생각이나 의도와는 분리되어 사물을 집으려고 하거나, 본인의 허락 없이 상대적으로 매우 복잡한 행동을 하려고 하는 것이다. 가령, 피터 홀리건 박사와 나는 옥스퍼드의 리버미드 병원에서, 계단을 내려올 때 왼손으로 난간을 꽉 쥐는 한 환자를 만났다. 그녀는 계속 걷기 위해 오른손으로 왼손의 손가락 하나하나를 난간에서 떼어내야 했다. 그 왼손은 무의식적 좀비가 통제하는 것일까? 아니면 감각질과 의식이 있는 두뇌 부위에서 통제하는 것일까? 우리는 세 가지 기준을 적용함으로써 이 질문에 답할 수 있다. 그녀의 팔을 움직이는 두뇌 속의 체계는 비가역적 표상을 만들어내는가? 그것은 단기기억을 갖고 있는가? 그것은 선택할 수 있는가?

우리가 체스게임을 하고 있을 때는 실행하는 자아와 신체화된 자아가 모두 활용된다. 우리는 '여왕'의 다음 움직임을 계획할 때 스스로를 여왕이라고 가정한다. 이런 행동을 할 때 우리는 일시적으로 여왕 안에 우리가 내재하는 것처럼 느낀다. 혹자는 여기서 내가 단지 비유적 표현을 사용하는 것이며, 문자 그대로 체스의 말을 내 신체상 안으로 동화시키는 것은 아니라고 주장할 것이다. 그런데 우리 자신의 신체에 대해서 마음이 갖는 소속감도 이와 마찬가지로 '비유적 표현'에 불과한 것이 아님을 진정으로 확신할 수 있는가?

내가 갑자기 여왕을 내리친다면 당신의 GSR에는 어떤 변화가 일어날까? 내가 당신을 때릴 때처럼 신호가 급속히 증가할 것인가? 만일 그렇다면, 여왕(체스 말)의 몸과 당신의 신체를 엄격히 구분하는 것을 어떻게 정당화할 수 있는가? 우리가 보통 스스로를 체스 말이 아니라 우리 자신의 신체와 동일시하려는 경향은 비록 그것이 영속적이긴 하지만 단순한 관습의 문제일 수는 없는가? 바로 그러한 메커니즘이 가까운 친구나 배우자, 그리고 문자 그대로 우리의 신체에서 만들어진 자식에 대해 우리가 느끼는 감정이입이나 사랑의 근저에 깔려 있는 것은 아닐까?

기억하는 자아The mnemonic self

시간과 공간 속에 지속하는 단일한 사람으로서의 인격동일성에 대한 우리의 느낌은 매우 개인적인 일련의 추억, 즉 우리의 자전적 기억에 의존한다. 이들 기억을 하나의 정합적인 이야기로 구성하는 것은 자아를 구성할 때 명백히 핵심적인 부분이다.

우리는 새로운 기억의 흔적을 획득하고 통합하는 데 해마가 필요하다는 사실을 알고 있다. 10년 전에 해마를 상실했다면, 우리는 그 후에 일어난 사건들을 전혀 기억하지 못한다. 물론 그전의 일들은 모두 기억한다. 하지만 어떤 한 중요한 측면에서 우리의 존재는 바로 그 시점에 정지해 있다.

기억 자아에 대한 중대한 혼란은 다중인격장애로 이어질 수 있다. 이 장애는 7장의 부정에 대한 논의에서 언급했던 것과 같은, 바로 그 정합성 원리가 오작동을 하는 것으로 간주할 수 있다. 이미 보았듯이, 우리가 스스로에 대한 양립 불가능한 두 종류의 믿음이나 기억의 집합체를 가지고 있다면, 끝없는 혼란과 투쟁을 방지하는 유일한 길은 하나의 신체 안에 두 개의 인격을 만들어내는 것이다. 이것이 이른바 다중인격장애이다. 자아의 본성을 이해하는 데 이 증후군의 관련성이 명백함에도 불구하고, 주류 신경학이 이에 대해 그다지 관심을 보이지 않았다는 것은 놀라운 일이다.

글쓰기 중독이라는 신비한 특징도 정합적 세계관이나 자전적 기억을 만들고 유지하는 이런 동일한 경향성이 과장되어 나타난 것일 수 있다. 글쓰기 중독은 측두엽 간질환자들이 공을 들여 일기를 쓰는 경향성을 가리킨다. 편도의 점화는 모든 외적인 사건과 내적인 믿음이 환자에게 중대한 의미를 띠도록 만든다. 그 결과 그의 두뇌 속에는 자신과 관련된 거짓믿음과 기억들이 엄청나게 확산된다. 때때로 여기에 자신의 삶을 평가받고자 하는 우리 모두의 강력한 욕구가 덧붙여진다. 우리는 주기적으로 자신이 어디에 서 있는지 반성하고, 삶의 중요한 사건들을 되돌아보고자 한다. 이러한 자연적 경향성이 과장될 때 글쓰기 중독에 빠지는 것이다. 우리는 매일매일 이런저런 생각에 잠긴다. 그런데 만약 때로 이런 생각에 작은 발작이 동반해서 행복감을 느끼게 된다면, 생각하는 것 자체가 집착으로 발전할 것이다. 그리고 말할 때나 글을 쓸 때 항상 그 믿음을 끊임없이 고질적으로 반복하게 될 것이다. 이와 유사한 현상이 열광이나 광신에 대한 신경학적 기초를 제공하는 것은 아닐까?

통일된 자아The unified self—의식에 정합성을 부여함, 채워넣기와 작화증

자아의 또 다른 중요한 특성은 그것의 여러 가지 다른 속성들에 내적인 정합성을 부여하는 통일성이다. 감각질에 대한 우리의 설명이 어떻게 자아의 문제와 연관되는가 하는 질문에 접근하는 한 가지 방식은, 맹점을 감각질로 채워넣는 일과 같은 현상이 왜 일어나는지 묻는 것이다. 맹점이 채워지지 않는다고 주장하는 많은 철학자들의 원래 동기는 우리의 두뇌 속에 그것을 채워넣을 사람이 없다는 것이었다. 즉 그것을 지켜볼 난쟁이 인간 호문쿨루스가 없다는 것이다.

호문쿨루스가 없으므로, 앞의 주장도 틀렸다고 그들은 논한다. 즉 감각질로 채워지지 않는다는 것이다. 그러나 이렇게 생각하는 것은 논리적 오류이다. 나는 실제로 감각질이 채워진다고 주장했다. 이것이 내가 감각질이 호문쿨루스에 의해 채워진다고 주장함을 의미하는가? 물론 아니다. 철학자들의 논증은 허수아비를 공격하고 있다. 추론은 다음과 같은 방식으로 이루어져야 한다. 만일 감각질이 채워진다면, 그것들은 어떤 것을 위해 채워진다. 이 '어떤 것'은 무엇인가? 심리학의 여러 분과에는 집행 혹은 통제 과정이라는 개념이 있다. 이것은 일반적으로 두뇌의 이마나 전두 부분에 위치하는 것으로 여겨진다. 나는 감각질이 어떤 '것'을 위해 채워지는 것이 아니라, 단지 다른 두뇌 과정을 위해 채워진다고 주장한다. 그리고 그 과정이 바로 앞 띠이랑 부분을 포함한 변연계와 연관되어 있는 집행 과정이다.

이 과정은 우리의 지각적인 감각질을 특정한 감정이나 목적과 연관시키고, 우리가 선택하도록 만들어준다. 이는 전통적으로 자아가 수행한다고 여겼던 일과 매우 유사한 것이다. (가령, 나는 차를 많이 마셨기 때문에 소변을 보고 싶은 감각이나 충동, 즉 감각질을 가지고 있다. 그런데 나는 강의 중이므로 강의를 끝낼 때까지 그 행동을 연기할 것을 선택하며, 마지막에는 질문을 받는 대신 화장실에 가는 것을 선택한다.) 물론 집행 과정은 온전한 인간의 모든 성질을 지니고 있는 것이 아니다. 그것은 호문쿨루스가 아니다. 이는 지각이나 동기와 연관된 두뇌 영역이 운동 출력의 계획을 관장하는 다른 두뇌 영역의 활동에 영향을 미치는 과정이다.

이런 식으로 볼 때, 채워넣음은 이들을 변연계의 집행 조직과 적절하게 상호작용하도록 하기 위해 감각질을 처리하고 '준비하는' 과정이다. 공백은 이들 집행조직의 올바른 작동을 방해하고, 그 능률과 적절한 반응을 선택하는 능력을 감소시킬 수 있다. 이 때문에 감각질을 채울 필요가 있다. 잘못된 결정을 피하기 위해 정찰병이 가져온 자료의 공백을 무시하는 우리의 장군처럼, 통제조직 또한 공백을 피할 방법을 찾아야 하며 그것이 바로 채워넣음이다.[15]

이런 통제 과정은 변연계의 어디에서 일어나는가? 감정에서 편도의 중심적인 역할 그리고 집행과 관련한 앞 띠이랑의 역할을 고려한다면, 이는 편도와 앞 띠이랑과 연관된 체계일 것이다. 우리는 이들 조직이 단절되면 무동함구증[16]이나 낯선 손 증후군alien hand syndrome 같은 '자유의지'의 혼란이 발생한다는 것을 알고 있다. 어떻게 이런 과정들에서 두뇌 속에 현실적으로 존재하는 자아에 대한 신화, 즉 '기계 속의 유령'이 생겨나는지 파악하기란 그리 어려운 일이 아니다.

경계하는 자아The vigilant self

감각질과 의식을 밑받침하는 신경회로를 이해하는 핵심적 단서를 또 다른 두 개의 신경장애에서 찾을 수 있다. 대뇌다리 환각증peduncular hallucinosis과 각성 혼수vigilant coma 혹은 무동함구증이 그것이다.

앞 띠이랑과 여타의 변연구조는 시상에 있는 세포인 시상수판내핵에서 투사를 받는다. 시상수판내핵은 다시 (콜린성 측부피계 세포와 뇌각뇌교핵 세포를 포함하는) 뇌줄기의 세포 다발에 의해 구동된다. 이들 세포의 과잉활동은 시각적 환각(대뇌다리환각증)을 만들어낸다. 우리는 또한 이들 뇌줄기 핵에 있는 세포의 수가 정신분열환자의 경우에 갑절로 늘어난다는 것을 알고 있다. 아마도 이것이 그들에게 환각을 만들어낼 것이다.

역으로, 수판내핵이나 앞 띠이랑의 손상은 각성 혼수 혹은 무동함구증을 일으킨다. 이 기이한 장애를 겪고 있는 환자는 움직이지도 말하지도 못하며 아픈 자극에 대해 (만일 반응할 수 있다면) 매우 느리게 반응한다. 하지만 겉으로 보기에 그들은 깨어있으며 눈을 움직여서 대상을 쫓아간다. 만일 환자가 그런 상태에서 벗어난다면 아마도 이렇게 말할 것이다. "어떤 단어도 어떤 생각도 내 마음에 떠오르지 않았다. 나는 어떤 행동도, 어떤 말도, 어떤 생각도 하고 싶지 않았다." (이는 매우 흥미로운 질문을 제기한다. 모든 동기가 제거된 두뇌도 기억을 기록할 수 있을까? 만일 그렇다면 그 환자는 얼마만큼 자세하게 기억할까? 그는 의사가 핀으로 찌른 것을 기억할까? 혹은 그의 여자친구가 틀어주었던 카세트테이프를 기억할까?)

분명 이들 뇌줄기와 시상의 회로는 의식 그리고 감각질과 관련해 중요한 역할을 담당하고 있다. 하지만 그것들이 (간이나 심장처럼) 단지 감각질을 위한 '보조' 역할만을 하고 있는지, 아니면 감각질과 의식을 신체화하는 회로의 불가결한 부분인지는 더 지켜보아야 할 문제이다. 이들은 비디오카세트 녹화기나 텔레비전의 전원부에 유사한가, 아니면 자기기록헤드나 브라운관의 전자총에 해당하는가?

개념적 자아The conceptual self와 사회적 자아The social self

어떤 의미에서 자아에 대한 우리의 개념은 '행복'이나 '사랑'처럼 우리가 갖고 있는 여타의 추상적 개념과 근본적으로 다르지 않다. 그러므로 일상적인 사회적 담론 속에서 '나'라는 단어를 사용하는 여러 방식을 주의 깊게 조사함으로써, 자아가 무엇인지 그리고 그것의 기능은 무엇인지에 대한 모종의 단서를 얻을 수 있다.

예를 들어, 추상적 자아 개념은 체계의 '낮은' 부분에도 접근할 수 있어야 한다. 그래야만 그 사람은 자아와 관련된 다양한 사실들, 즉 신체의 상태나 움직임 등에 대한 책임을 인정하거나 주장할 수 있다. (우리는 자동차를 얻어 탈 때 자신의 '엄지'를 '통제'하고 있다고 주장할 수 있지만, 고무망치로 힘줄을 두드릴 때의 무릎은 그렇지 않다.) 자아 개념은 자전적 기억에 대한 정보나 자신의 신체상에 대한 정보에 접근할 수 있어야 하며, 그래야만 자아에 대한 생각이나 말이 가능하다. 정상적인 두뇌에는 그러한 접근이 일어나도록 허용하는 전문화된 경로가 존재한다. 이들 경로 중 하나나 그 이상이 손상되면, 체계는 어떤 식으로든 자전적 기억이나 신체상에 대한 정보에 접근하려고 하고, 그것이 불가능하므로 자전적 기억이나 신체상에 대한 정보를 꾸며낸다. 예를 들어 7장에서 논의한 부정 증후군의 경우에는 신체 왼쪽에 관한 정보와 환자의 자아 개념 사이에 접근 통로가 존재하지 않는다. 그런데 자아 개념은 그 정보를 자동적으로 포함하도록 설정되어 있다. 그 결과가 질병인식불능증이나 부정 증후군이다. 자아는 팔이 괜찮다고 '가정' 하거나 팔의 운동을 '채워넣는다'.

자아 표상체계의 한 가지 성질은 그 사람이 그것의 결함을 은폐하기 위해 이야기를 꾸며낸다는 것이다. 이렇게 하는 주요 목적은 7장에서도 보았듯이, 비결정적인 상태가 끊임없이 계속되는 것을 방지하고 행동에 안정성을 부여하는 것이다. 또 다른 중요한 기능은 철학자 대니얼 데닛이 말하는 일종의 창조된 자아 혹은 서사적 자아를 지지하기 위한 것일 수 있다. 우리는 사회적 목적을 달성하고 타인에게 이해받기 위해 자기 자신을 통일된 모습으로 보이려 한다. 또한 우리의 과거와 미래에 대해 동일성을 인정하는 모습을 보이고자 하며, 이는 우리를 사회의 일원으로 보이도록 해준다. 우리가 과거에 했던 일에 대해 그 공이나 비난을 인정하고 받아들이는 것은 사회(대개는 유전자를 공유하는 친족)가 우리를 그 기획 속에 효과적으로 통합시키도록 도와주며, 그 결과 우리 유전자의 생존과 영속 가능성이 높아진다.[17]

사회적 자아의 실재성이 의심스럽다면 다음 질문을 스스로에게 던져보라. 당신이 아주 당혹감을 느끼는 어떤 일을 저질렀다고 상상해보자. (연애편지나 불법행위가 찍힌 폴라로이드 사진을 상상해보라.) 그리고 이제 당신은 치명적인 병에 걸렸고 두 달 안에 죽게 될 것이다. 사람들이 당신의 물건을 샅샅이 뒤지게 되면 당신의 비밀을 발견할 것이다. 이 경우에 당신은 증거를 은폐하기 위해 모든 일을 할 것인가? 그 대답이 예라면 다음과 같은 질문이 제기된다. 왜 신경을 쓰는가? 어차피 당신은 없어질 것이다. 당신이 사라진 다음 사람들이 당신을 어떻게 생각하든지 그것이 왜 문제가 되는가?

이 간단한 사유실험은 사회적 자아라는 개념과 그것의 명성이 단순히 꾸며낸 추상적 이야기가 아님을 보여준다. 그와는 반대로 그것은 우리 속에 너무나 깊이 뿌리를 내리고 있으며, 우리는 그것을 죽은 후에도 보호하고자 한다. 많은 과학자들은 사후의 명성에 집착하면서 평생을 보냈다. 거대한 건축물에 조그만 흔적을 남기기 위해 모든 것을 포기한 셈이다.

여기에 가장 역설적인 사실이 있다. 정의상 거의 전적으로 사적이라 할 수 있는 자아가 상당 정도는 타인을 위해 우리가 꾸며낸 사회적 구성물이라는 것이다. 부정을 논의할 때, 나는 꾸며냄이나 자기기만이 행위에 안정성, 내적 일관성, 정합성을 부여하기 위한 필요의 부산물로 진화했을 것이라 제안했다. 또 하나의 중요한 추가 기능이 타인에게 진실을 숨기기 위한 필요에서 생겨났을지도 모른다.

진화생물학자 로버트 트리버스[18]는 자동차 판매원이 그러듯이, 완전한 확신을 가지고 거짓말을 하기 위해 자기기만이 진화했다는 기발한 논증을 제안했다. 거짓말을 하는 것은 취업면접이나 구애를 하는 여러 가지 사회적 상황 속에서 유용할 수 있다. 문제는 가끔씩 우리의 변연계가 자신의 의도를 드러내면서 얼굴 근육에 자책감이 묻어난다는 것이다. 이를 방지하는 한 가지 방법은 먼저 자신을 속이는 것이라고 트리버스는 제안한다. 만일 우리 스스로가 자신의 거짓말을 실제로 믿고 있다면 얼굴이 우리를 배신할 위험은 없다. 효과적으로 거짓말을 할 이런 필요성은 자기기만의 출현에 대한 선택적 압력을 제공한다.

나는 트리버스의 생각이 자기기만에 대한 일반적 이론으로 크게 설득력이 있다고 생각하지 않는다. 하지만 그의 논증이 특별히 힘을 발휘하는 특수한 거짓말이 있다. 자신의 능력에 대해 거짓말을 하거나 허풍을 떠는 일이 그것이다. 자신의 재산에 대해 허풍을 떠는 것은 데이트할 기회를 더 많이 갖게 해주고 그 결과 자신의 유전자를 더욱 효과적으로 퍼뜨리게 해준다. 자기기만에 대해 지불해야 하는 대가는 스스로가 착각에 빠지게 된다는 것이다. 가령, 여자친구에게 자신이 백만장자라고 말하는 것과 스스로 그것을 실제로 믿는 것은 완전히 다른 일이다. 후자의 경우에 우리는 없는 돈을 실제로 쓰기 시작한다. 한편으로 최소한 특정 시점에 도달하기까지 성공적으로 허풍을 떨어서 생기는 이익(구애행위에 대한 대가)이 착각에서 오는 손실을 크게 상회할 수도 있다. 진화적 전략은 언제나 타협의 문제이다.

자기기만이 사회적 맥락에서 진화했음을 증명하는 실험을 해볼 수는 없을까? 안타깝게도 (모든 진화적 논증이 그렇듯이) 이는 손쉽게 시험해볼 수가 없다. 하지만 여기서도 방어기제가 크게 강화되어 있는 부정 증후군 환자가 도움이 될지 모른다. 의사의 질문에 환자는 자기가 마비되었음을 부인한다. 그런데 그 환자는 스스로에게도 마비 사실을 부정할까? 아무도 보고 있지 않은데도 부정할 것인가? 나의 실험에 따르면 아마도 그는 그럴 것이다.

나는 다른 사람이 있을 경우에 착각이 더욱 강화되는지 궁금하다. 그가 팔씨름을 할 수 있다고 자신 있게 주장할 때 그의 피부는 전기적 반응을 보일까? '마비'라는 단어를 보여주면 어떻게 될까? 비록 마비를 부인하고 있지만 그 단어의 영향을 받아 높은 GSR를 기록하게 될까? 정상 아동이 이야기를 꾸며내는(아이는 그런 행동을 할 경향이 매우 높다) 경우에도 피부반응을 보일까? 신경학자가 뇌졸중으로 인해 질병인식불능증(부정 증후군)을 겪게 되면 어떻게 될까? 그는 부정현상을 겪고 있다는 것을 스스로 알지 못한 채 이 주제에 대해 학생들에게 계속 강의하게 될까? 나는 내가 그런 사람이 아님을 어떻게 아는가? 우리는 오직 이 같은 질문들을 제기함으로써만, 과학적이고 철학적인 모든 문제 중에서 가장 중대한 질문인 자아의 본성에 대해 접근할 수 있다.

우리의 잔치는 이제 끝났다.
이미 말했듯이, 모두 영혼들인 우리 배우들은
공기 속으로 녹아 사라졌다. 엷은 공기 사이로……
우리는 꿈과 동일한 물질로 되어 있고,

우리의 하찮은 인생도 잠으로 둘러싸여 있구나.

－ 윌리엄 셰익스피어

지난 30여 년 동안 전 세계의 신경과학자들은 놀랄 만큼 자세하게 신경체계를 탐구했으며, 심리적 삶의 법칙과 이들 법칙이 어떻게 두뇌에서 출현하는지에 대해 많은 것을 배웠다. 발전의 속도는 전율을 일으킬 정도이다. 그러나 동시에 이들이 알아낸 것은 많은 사람들을 거북하게 만든다. 우리의 삶, 희망, 성공, 동경 등 이 모든 것이 단순히 두뇌의 뉴런활동에서 생겨난다는 말을 듣는 것은 당황스러운 일이다. 그러나 나는 이것이 굴욕적이기보다 우리를 고귀하게 만드는 것이라 생각한다. 우주론이나 진화, 특히 신경과학을 포함하는 과학은 우리가 우주 속에서 어떤 특권적 지위도 갖지 않는다고 말한다. '세계를 관조하는' 사적이고 비물질적 영혼을 가지고 있다는 우리의 느낌은 실제로 환상에 불과하다는 것이다. (이는 힌두교나 선불교 같은 동양의 신비적 전통에서 오랫동안 강조해온 것이다.) 우리가 관조자이기는 커녕 실제 우주 속 사건의 영원한 성쇠의 일부라는 깨달음은 우리를 대단히 자유롭게 해준다. 이런 생각은 궁극적으로 우리로 하여금 겸손함을 도야하도록 해준다. 이 겸손함은 모든 진정한 종교적 경험의 정수이다. 이는 말로 표현하기에 쉬운 생각은 아니다. 우주론자인 폴 데이비스Paul Davies의 다음과 같은 말은 이에 매우 근접한 표현이다.

과학을 통해 우리 인간은 최소한 자연의 비밀 일부를 파악할 수 있게 되었다. 우리는 우주의 암호를 일부 해독했다. 왜 그래야만 했는지, 왜 호모 사피엔스가 우주에 대한 열쇠를 제공하는 합리성의 광채를 띠게 되었는지는 심오한 수수께끼이다. 그럼에도 우주의 자식, 살아 있는 성진星塵인 우리는 그 동일한 우주의 본성에 대해 반성할 수 있다. 심지어 그것을 움직이는 규칙을 어렴풋이 알아차릴 수 있을 정도이다. 어떻게 우리가 이 우주적 차원에 연결되었는지는 여전히 신비에 싸여 있다. 그러나 그 연결은 부정할 수 없다.

이는 무엇을 의미하는가? 이런 특권의 당사자인 우리 인류는 무엇인가? 나는 우주 속의 우리 존재가 단지 운명의 변덕이나 역사의 우연, 거대한 우주적 드라마의 우발적인 잡음 같은 것이라 생각하지 않는다. 우리는 너무 깊숙이 관련되어 있다. 물리적 종으로서의 인간 자체는 아무것도 아닐지 모른다. 그러나 우주의 어떤 행성에서 어떤 유기체 속에 마음이 존재한다는 것은 분명 근본적 중요성을 갖는 사실이다. 우주는 의식적 존재를 통해 자각을 만들어냈다. 이는 하찮은 지엽적인 것에 불과하거나 무심한 맹목적 힘의 사소한 부산물일 수 없다. 우리는 진정 여기에 있도록 의도되었다.

우리는 그러한가? 나는 그 모든 성공에도 불구하고 두뇌과학만의 힘으로 이 질문에 대답할 수 있을 것이라 생각하지 않는다. 그러나 이런 질문을 던질 수 있다는 것 자체가 우리 존재의 가장 수수께끼 같은 측면이다.

1 두뇌 속의 유령들

1   여기서 내가 말하는 것은 내용이 아니라 스타일이다. 겸손한 게 아니라,
    진정으로 나는 패러데이의 발견만큼이나 중요한 어떤 관찰이 이 책에 포
    함되어 있을지 의심스럽다. 그러나 모든 실험과학자는 그의 스타일을 모
    방하려고 노력해야 한다고 생각한다.

2   물론 아무도 낮은 기술 수준의 과학을 맹목적으로 숭배하고 싶지는 않을
    것이다. 내가 말하려는 요점은, 역설적으로 곤궁하거나 조야한 장비가 때
    로는 장애가 되기보다 촉매의 역할을 한다는 것이다. 이들이 우리로 하여
    금 창의적이 되도록 강제하기 때문이다.

    하지만 혁신적인 기술이 창의적인 생각만큼이나 과학을 발전하게 한다는
    사실도 부인할 수 없다. PET, fMRI, MEG 같은 새로운 촬영 기술은 사람
    들이 실제로 다양한 심적 활동을 하는 동안 두뇌의 활동을 볼 수 있게 해
    준다. 이러한 기술의 출현은 아마도 다음 세기에 두뇌과학을 혁명적으로
    뒤바꾸어놓을 것이다. (Posner and Raichle, 1997과 Phelps and
    Mazziotta, 1981을 보라.)

    불행히도 현재에는 (거의 19세기 골상학phrenology의 반복이라 할 수 있
    는) 수많은 선정적인 이야기들이 오가고 있다. 그러나 이들 장난감을 합
    리적으로 사용한다면 엄청나게 유용할 것이다. 최고의 실험은 마음이 실
    제로 어떻게 작동하는지에 대해서 시험 가능한 명료한 가설이 두뇌 촬영

과 결합되어 있는 실험이다. 두뇌에서 무슨 일이 일어나고 있는지 이해하기 위하여 사건의 흐름을 추적하는 것이 꼭 필요한 여러 사례들이 있다. 우리는 이 책에서 몇몇의 예를 만나게 될 것이다.

3   단계별로 수명이 고정되어 있으면서 특정 단계를 거치는 곤충을 이용하면, 이 질문에 보다 쉽게 답할 수 있을 것이다. (가령, 17년매미라는 매미종은 미숙한 유충으로 17년을 지내고, 성체로는 단 몇 주를 보낼 뿐이다.) 변태 호르몬 엑디손ecdysone이나 그것에 대한 항체 혹은 호르몬 유전자를 결여한 변이 곤충을 이용하면, 이론적으로는 각 단계의 지속기간을 조작할 수 있고, 이것이 전체 수명에 어떤 영향을 미치는지 확인할 수 있을 것이다. 가령 엑디손을 억제하면 애벌레를 무한정 오래 살 것인가, 혹은 거꾸로 애벌레를 나비로 변화시키면 이는 나비로 더욱 오래 살 수 있도록 해줄 것인가?

4   제임스 왓슨과 프랜시스 크릭이 유전에서 디옥시리보핵산(deoxyribonucleic acid; DNA)의 역할을 설명하기 훨씬 전, 1928년 프레드 그리피스Fred Griffith는 열로 살균한 한 종의 박테리아에서 얻은 화학물질(S라는 폐렴구균의 균주)을 다른 균주(균주 R)와 함께 쥐에 주사하면, R균주가 S균주로 '변형'된다는 것을 증명했다. R의 형태를 S가 되도록 야기하는 어떤 것이 S 박테리아 속에 있다는 것만은 분명했다. 그리고 1940년대에 오스왈드 에이버리Oswald Avery, 콜린 매클로드Colin Macleod, 매클린 매카티Maclyn McCarty는 이런 반응이 DNA라는 화학물질 때문에 생긴다는 것을 증명했다. 그것이 갖는 함축(DNA가 유전자 코드를 포함한다는 것)은 생물학계에 엄청난 충격파를 주었어야 했지만, 실제는 조그만 파장만을 불러일으켰을 뿐이다.

5   두뇌를 연구하는 방법에는 역사적으로 여러 가지가 있었다. 심리학자들 사이에 인기 있는 한 가지 방법은 블랙박스 접근법이라는 것이다. 시스템에 가해지는 입력을 체계적으로 변화시키면서 어떻게 출력이 변화하는지 관찰하고, 그 사이에서 진행되는 것에 대한 모형을 구성하는 방법이다. 이런 방법이 지루하다고 생각할지 모르겠다. 사실이 그렇다. 그럼에도 불

구하고, 이 접근법은 색 시각 메커니즘에서 삼원색의 원리를 발견한 것과 같은 엄청난 성공을 거두었다. 연구자들은 오로지 빨강, 녹색, 파랑 세 가지 기본색을 다양한 비율로 결합함으로써 우리가 보는 모든 색깔을 만들 수 있음을 발견했으며 여기에서 우리 눈에는 단 세 종류의 수용체만 있음을 도출했다. 각각의 수용체는 한 종류의 파장에만 최대한 반응하고, 다른 파장에 대해서는 적은 정도로 반응한다.

블랙박스 접근법의 한 가지 문제는 시간이 지남에 따라 서로 경합하는 복수의 모형에 이르게 된다는 것이다. 어느 것이 옳은지 결정하는 유일한 방법은 블랙박스를 열어보는 것이다. 즉 사람이나 동물에게 생리학적 실험을 해보아야 한다. 가령, 누군가가 단지 그것의 출력(산출)만을 관찰함으로써 소화체계가 어떻게 작동하는지 알아낸다는 것은 대단히 의심스러운 일이다. 이 전략만을 사용한다면 그 누구도 씹기, 소화관의 연동운동, 침, 위액, 췌장효소, 쓸개즙의 존재를 알아내지 못할 것이며, 소화 과정을 돕기 위한 간의 기능이 열 가지가 넘는다는 사실도 깨달을 수 없을 것이다. 그런데 기능주의자로 불리는 대다수의 심리학자들은 우리 머릿속의 복잡한 물질에는 신경 쓸 필요 없이, 계산적이거나 행동주의적 혹은 '역설계적 관점'을 엄격히 취함으로써 심리적 과정을 이해할 수 있다는 견해를 고수하고 있다.

생물학적 체계를 다루는 경우에, 구조를 이해하는 것은 그 기능을 이해하는 일에 결정적이다. 이는 두뇌의 기능에 대한 기능주의자나 블랙박스 접근법에 완전히 반대되는 견해이다. 가령, DNA 분자의 이중 나선구조에 대한 이해가 유전과 유전학에 대한 이해를 완전히 변화시켜놓았음을 생각해보라. 그때까지 유전은 블랙박스 접근법의 주제로 남아 있었다. 일단 이중 나선이 발견되자, DNA 분자구조의 논리가 유전의 기능적 논리를 결정한다는 것이 명백해졌다.

6 현대 신경과학은 반세기 이상 환원주의적 경로를 따라가고 있었다. 사물을 그것의 가장 작은 부분으로 분해하고 그 작은 부분들을 모두 이해하는 것이 종국에는 전체를 설명해줄 것이라는 희망으로 말이다. 여러 문제를

해결할 때 환원주의가 자주 유용했었기 때문에, 불행히도 많은 사람들은 환원주의가 모든 문제를 해결하는 데 충분하다고 생각한다. 신경과학자들은 여러 세대에 걸쳐 이러한 신조 위에서 교육을 받았다. 이처럼 환원주의를 잘못 적용함으로써 두뇌가 어떻게 작동하는지 환원주의 그 자체가 어떤 식으로든 답해줄 것이라는 엉뚱하고 고집스러운 믿음으로 사람들을 이끌었다. 그러나 실제로 필요한 것은 담론의 여러 단계를 중계하고자 하는 시도였다. 케임브리지의 생리학자 호레이스 발로우Horace Barlow는 최근의 과학 모임에서 우리가 대뇌피질을 극도로 미세한 부분까지 연구하는 일에 지난 50여 년을 소비했음을 지적했다. 그러나 아직도 우리는 그것이 어떻게 작동하는지 혹은 무엇을 하는지 대강이라도 이해하지 못하고 있다. 그는 우리 모두가 지구를 방문하여 성에 대해서는 아무것도 모르는 채 고환의 자세한 세포 메커니즘과 생화학을 조사하는 데 50여 년을 낭비한 무성asexual의 화성인과 같다고 지적해 청중에게 충격을 주었다.

7 단원성modularity에 대한 학설은 18세기의 생리학자 프란츠 갈Franz Gall에 의해 극단적으로 우스꽝스러운 단계에까지 이르렀다. 갈은 당시 유행한 골상학이라는 가짜 과학을 정초하였다. 갈은 어느 날 강의를 하는 도중에 매우 영리한 한 학생의 안구가 돌출되었음을 알아차렸다. 갈은 왜 그가 돌출 안구를 갖고 있는가에 관해서 생각하기 시작했다. 아마도 지능은 전두엽과 어떤 관련이 있을 것이다. 이 학생의 경우에는 전두엽이 특히 크기 때문에 안구를 앞쪽으로 밀었는지 모른다. 갈은 이러한 잠정적인 추론을 기초로 인간의 두개골이 돌출된 곳과 함몰된 부위를 측정하는 일련의 실험에 착수했다. 차이를 확인한 갈은 두개골의 형태와 다양한 심적인 기능을 상관 짓기 시작했다. 골상학자들은 이내 존경, 조심, 숭고, 욕심, 비밀스러움과 같은 심원한 특징들에 대한 돌출부를 '발견'했다. 내 동료 중의 한 명은 최근 보스턴에 있는 골동품 가게에서 '공화당 정신'의 돌출부를 나타내는 골상학 흉상을 보았다! 골상학은 19세기 말에서 20세기 초까지 유행했다.

골상학자는 또한 두뇌 크기가 심리적 능력과 어떤 연관이 있는지에 대해서도 관심을 갖는다. 이들은 무거운 두뇌가 가벼운 두뇌보다 지능이 높다고 주장한다. 그들은 흑인의 두뇌가 평균적으로 백인의 두뇌보다 작고, 여성의 두뇌가 남성의 두뇌보다 작다고 주장한다. 그리고 그 차이가 두 집단 사이의 평균 지능의 차이를 '설명'한다고 주장한다. 가장 우스꽝스러운 일은 같이 죽고 나서 사람들이 그의 두뇌 무게를 실제로 측정해보았을 때, 그 무게가 여성 두뇌의 평균 무게보다 약간 가벼웠다는 사실이다. 골상학의 함정에 관한 감동적인 설명은 스티븐 제이 굴드Stephen Jay Gould의 『인간에 대한 오해The Mismeasure of Man』를 보라.

8 이 두 가지 사례는 하버드의 신경학자 노먼 게쉰드Norman Geschwind가 일반 청중을 대상으로 강연하면서 즐겨 사용하는 예이다.

9 해마를 포함하여 내측 측두엽이 기억 형성에서 어떤 역할을 담당하고 있다는 암시는 러시아의 정신과 의사 세르게이 코르샤코프Sergei Korsakov에게까지 거슬러 올라간다. H.M.이나 그와 유사한 여러 기억상실증 환자들은 브렌다 밀너Brenda Milner, 래리 바이스크랜츠Larry Weiskrantz, 엘리자베스 워링턴Elizabeth Warrington, 래리 스콰이어Larry Squire등의 연구자들을 통하여 훌륭히 연구되었다.

뉴런 간의 연결을 강화하는 세포상의 실제 변화를 연구한 가장 대표적인 인물로는 에릭 캔들Eric Kandle, 댄 알콘Dan Alcon, 게리 린치Gary Lynch, 테리 세즈노우스키Terry Sejnowski가 있다.

10 우리는 아무런 힘을 들이지 않고 (더하기, 빼기, 곱하기, 나누기 같은) 수 계산을 하는 것처럼 보인다. 그 때문에 우리는 마치 그런 능력이 '내장(고정 배선)' 되어 있다는 결론으로 비약하기 쉽다. 그러나 실제로 계산을 할 수 있게 된 것은 3세기 인도에서 자리 값place value과 영zero이라는 두 가지 기초 개념을 도입한 이후였다. 이들 두 개념과 (역시 인도에서 도입된) 음수와 십진법의 개념이 현대 수학의 기초를 놓았다.

두뇌가 수에 대한 일종의 단계적이고 도형적인 표상인 '수 직선number line'을 포함하고 있다고 주장하기도 한다. 그래프상의 각 점에는 특정한 수의 값을 나타내는 일군의 뉴런이 대응한다. 수 직선이라는 추상적 수학 개념은 9세기 페르시아의 시인이자 수학자였던 우마르 하이얌Omar Khayyám으로 거슬러 올라간다. 그런데 그런 직선이 우리의 두뇌 속에 존재한다는 증거가 있는가? 정상적인 사람에게 두 수 중에서 어느 것이 더 크냐고 질문하면, 두 수가 서로 가까이 있을수록 결정을 내리는 데 더 많은 시간이 걸린다. 빌의 경우에 어느 수가 더 크거나 작은지, 공룡의 뼈가 6천만 3년이 되었다고 말하는 것이 왜 부적절한지와 같은 개략적인 양적 추측을 하는 데는 아무 문제가 없다. 그러므로 수 직선은 영향을 받지 않은 것처럼 보인다. 그러나 머릿속에서 수를 굴리거나 수적인 계산을 하는 일에는 그것과 분리된 메커니즘이 존재한다. 이를 위해서는 좌뇌 반구의 모이랑이 필요하다. 계산장애dyscalculias에 관해 쉽게 읽을 만한 책으로는 Dehaene(1997)을 추천한다.

이곳 USCD에 있는 나의 동료 팀 리카드Tim Rickard는 기능적 자기공명영상을 이용해 '수계산 영역'이 전통적으로 생각했던 것처럼 좌측 모이랑 속에 완전히 들어 있는 것이 아니라 실제로는 그것의 약간 앞쪽에 있음을 확인했다. 그러나 이는 나의 핵심 논증에 아무 영향을 미치지 않는다. 누군가가 현대적인 촬영기술을 이용하여 '수 직선'의 존재를 증명하는 것은 단지 시간문제일 것이다.

2 갑작스러운 신체의 상실을 두뇌는 어떻게 극복하는가?

1 환자들의 이름은 이 책 전체에 걸쳐서 가명을 사용할 것이다. 장소, 시간, 상황 등도 대폭 수정했다. 그러나 임상적인 세부 내용은 가능한 한 정확하게 표현했다. 더욱 자세한 임상 정보에 대해서는 원래의 과학 논문들을 참조하기 바란다.

(6장의 부정 증후군과 같이) 고전적인 증후군을 묘사할 때, 나는 한 번 혹은 두 번 정도 신경학 교과서에 이용되는 것과 같은 복합적인 사례를 만들기 위하여 여러 환자들의 사례를 뒤섞어놓았다. 비록 한 환자가 거기서 기술된 모든 징후나 증세를 보인 적은 없지만 질환의 특징적인 측면들을 강

조하기 위해서였다.

2 Silas Weir Mitchell(1872), Sunderland(1972).

3 아리스토텔레스는 자연현상에 대한 예리한 관찰자였다. 하지만 그는 추측한 다음에 그것을 체계적으로 시험하는 실험을 해볼 생각은 결코 하지 못했다. 가령 그는 여자는 남자보다 치아의 수가 적다고 생각하였다. 이 이론을 검증하거나 반박하기 위하여 그가 해야 할 일은 여러 명의 남자나 여자에게 입을 벌리라고 하고 치아의 개수를 세는 것뿐이었다. 근대의 실험과학은 갈릴레오에게서 비로소 시작한다. 가끔씩 발달심리학자들이 아기는 "과학자로 태어난다"고 발언하는 것을 들을 때마다 나는 경악을 금치 못한다. 나에게는 심지어 '성인' 들도 그렇지 않다는 것이 너무나 명백해 보이기 때문이다. 만일 그들의 주장처럼 실험적 방법이 인간의 본성상 철저히 자연적인 것이라면, 왜 우리는 갈릴레오나 실험적 방법의 탄생을 위하여 수천 년 동안 기다려야 했었는가? 모든 사람은 크고 무거운 물체가 가벼운 물체보다 훨씬 더 빨리 떨어진다고 믿는다. 그것을 반증하기 위하여 필요한 것은 5분 정도의 실험일 뿐이다. (실제로 실험적 방법은 인간의 마음에게 너무나 낯선 것이다. 갈릴레오의 동료들은 낙하하는 물체에 대한 갈릴레오의 실험을 눈으로 직접 본 다음에도 그것을 받아들이지 않았다!) 심지어 과학혁명이 시작된 지 3백 년이 지난 오늘날까지도, 사람들은 '대조실험' 이나 '이중맹검' 연구의 필요성을 이해하는 것에 어려움을 느낀다. (가장 일반적인 오류는, A알약을 먹은 후에 나아졌으므로, A알약을 먹었기 때문에 나아졌다는 것이다.)

4 Penfield and Rasmussen, 1950.

이러한 특이한 배열이 이루어진 이유는 분명하지 않다. 아마도 이는 계통발생phylogenetic의 과거 속에 묻혀버렸을 것이다. 펜실베이니아 대학교의 마타 파라Martha Farah는 두뇌의 지도는 고도의 융통성을 갖는다는 나의 (그리고 마이크 메르제니크Mike Merzenich의 것이기도 한) 견해와 일관된 가설을 제안하였다. 그녀는 태아가 구부린 자세에서, 손은 뺨을 만지고 있고 팔은 보통 팔꿈치에서 구부려져 있으며, 발은 성기와 접촉해 있고, 다리도 구부려져 있음을 지적하였다. 태아에게서 이들 신체 부위가 반복적으로 동시에 활성화되고, 그에 대응하는 뉴런들이 동기화되어 발화하면, 그것들이 두뇌 속에서 서로 근접하여 배열되는 결과를 낳을 수 있다. 그녀의 생각은 기발하다. 그러나 이는 두뇌의 다른 영역(피질상의 S2)에서 왜 (손뿐 아니라) 발이 얼굴 옆에 놓여 있는지 설명하지 못한다. 내 추측에 따르면, 지도는 경험을 통해서 수정 가능하지만 그것의 기본적인 청사진은 발생적이다.

5 1977년 런던의 유니버시티 칼리지의 패트릭 월Patrick Wall, 1984년 샌프란시스코 소재 캘리포니아 대학의 신경과학계의 석학 메르제니크는 중추신경계의 '유연성'을 실험을 통해 최초로 명확하게 증명했다.

어른 원숭이에게서 손의 감각적 입력이 피질의 '얼굴 영역'을 활성화시킬 수 있다는 사실은 1991년 팀 폰스와 그의 동료들이 증명했다.

6 고속으로 달리는 모터사이클에서 내동댕이쳐지면, 한쪽 팔은 보통 어깨에서 비틀리게 된다. 결과적으로 자연발생적인 신경근 절단rhizotomy이 일어난다. 팔이 당겨질 때, 팔에서 척추로 들어가는 감각(등쪽)신경과 운동(배쪽)신경의 뿌리 모두가 확 당겨지면서 척수로부터 끊어지는 것이다. 그 결과 비록 팔은 몸에 붙어 있지만, 완전히 마비되어 아무 감각도 느끼지 못한다. 문제는 재활 과정을 통해 팔의 기능을 어느 정도 회복할 수 있느냐 하는 것이다. 이를 알아보기 위하여 생리학자들은 원숭이 집단을 상대로 팔에서 척수로 들어가는 감각신경을 절단했다. 그들의 목표는 원숭이가 팔을 다시 사용하도록 재교육하는 것이었다. 이들 동물을 연구함으로써 수많은 값진 정보를 얻어낼 수 있었다(Taub et al., 1993). 그런데 이 연구가 시작된 지 11년이 지난 다음에, 동물 권리 운동가들이 이 실험이 불필요하게 잔인하다고 고발함으로써 이들 원숭이는 일약 유명 사건의 주인공이 되었다. 이른바 실버 스프링 원숭이라는 이 원숭이들은 얼마 지나지 않아서 영장류의 양로원에 해당하는 곳으로 보내졌다. 그리고 이들이 병을 앓고 있다는 것이 전해지자, 이들을 안락사시키기로 결정했다. 폰스 박사와 그의 동료들은 안락사에 동의했다. 하지만 이들은 무엇이 바

꿰었는지 알아보기 위하여 먼저 원숭이의 두뇌를 기록하기로 결정했다. 기록을 하기 전에 원숭이들에게 마취를 했고, 기록을 하는 동안에 원숭이들은 아무 고통도 느끼지 않았다.

7 Ramachandran et al., 1992a, b; 1993; 1994; 1996.

Ramachandran, Hirstein and Rogers-Ramachandran, 1998.

8 과거의 많은 연구자들은 잘린 밑동의 특정 지점을 자극하면 종종 없어진 손가락에 감각이 산출된다는 것에 주목하였다(Weir Mitchell, 1871). 윌리엄 제임스(1887)는 "잘린 끝에 부는 미풍은 환상사지에 부는 미풍처럼 느껴진다"고 썼다. (Cronholm, 1951의 중요한 학술논문을 참조하라.) 불행히도 펜필드의 지도나 폰스와 그 동료들의 결과물은 그 당시에 존재하지 않았고, 결과적으로 이들 초기의 관찰에 대하여 여러 가지 해석이 주어졌다. 가령 밑동의 잘린 신경이 밑동 부위의 신경을 다시 발달시켜줄 것으로 기대되었다. 만일 그랬다면 왜 이 영역의 감각이 손가락과 연관되는지를 설명해주었을 것이다. 밑동에서 멀리 떨어진 지점에서 연관감각이 산출된 경우에, 그 결과는 종종 '신경행렬neuromatrix'의 연결이 확산된 결과로 간주되었다(Melzak, 1990). 우리의 관찰에서 새로운 사실은, 우리가 얼굴 위에서 지형적으로 조직화된 실제 지도를 발견했다는 것이다. 우리는 또한 (따뜻함이나 차가움, 진동뿐만 아니라) '액체가 똑똑 떨어지는 느낌'이나 '금속성의 느낌', '문지름'과 같은 상대적으로 복잡한 감각이 특정한 감각적 양상을 보존하는 방식으로 얼굴에서 환상 손으로 전이(연관)되었음을 알아내었다. 이런 것들이 밑동의 신경말단에 대한 우연적인 자극이나 '확산'된 연결 때문일 수 없음은 명백하다. 대신에 우리의 관찰은 성인의 두뇌에서 고도로 정확하고 조직화된 새로운 연결이 매우 빠른 속도로 형성될 수 있음을 뜻한다. 최소한 몇몇의 환자에게서는 그랬다. 더 나아가서 우리는 우리가 알아낸 것을 생리학적 결과, 특히 폰스 등의 '리매핑' 실험과 체계적인 방식으로 관련지으려고 시도했다. 가령 우리는 종종 점들의 두 집합(하나는 얼굴의 아랫 부분, 또 다른 하나는 절개선 주위나 그 인근에 있는 점들의 집합)을 보게 된다. 우리는 이것이 피질에 있

는 감각 호문쿨루스상의 손 지도와 시상이 한편에는 얼굴과, 다른 한편으로는 팔죽지와 맞닿아 있기 때문이라고 제안했다. 만약 얼굴과 밑동 위 팔죽지의 감각적 입력이 피질의 손 영역을 '침투'한다면, 우리는 정확히 이와 같은 점들의 집합을 기대할 수 있다. 이러한 원리는 신체 표면상에서 점들의 근접성과 두뇌 지도상에서 점들의 근접성을 분리해서 생각할 수 있도록 해준다. 이것이 우리가 연상감각의 리매핑 가설이라고 하는 것이다. 만약 이 가설이 올바르다면, 우리는 다리 절단 이후에 성기에서 발로 전이되는 연관을 기대할 수 있다. 신체의 이 두 부위가 펜필드 지도상에서 서로 인접해 있기 때문이다. (Ramachandran, 1993b; Aglioti et al., 1994를 보라.) 그러나 얼굴에서 환상 발로의 연관이나, 성기에서 환상 팔로의 연관은 결코 보지 못할 것이다. 주 10도 참조하라.

9 최근 데이비드 보숙David Borsook, 한스 브레이터Hans Breiter, 그리고 매사추세츠 종합병원에 있는 그의 동료들은 일부 환자들의 경우에 수술 후 몇 시간이 지나지 않아서, 얼굴을 만지거나 솔로 쓰다듬는 느낌, 문지르거나 핀으로 살짝 찌르는 것 같은 감각이 특정한 감각적 양상을 보존하면서 환상사지와 연관되었음을 보여주었다(Borsook et al., 1988). 비록 새로운 연결의 발아가 일어나기도 하겠지만, 이는 억제가 사라지거나 기존의 연결을 '차폐masking' 하는 것이 최소한 그런 결과에 기여하고 있음을 분명히 보여준다.

10 만약 리매핑 가설이 올바르다면, (얼굴의 반을 포괄하는) 3차신경을 자르는 것은 우리가 톰에게서 관찰한 것과 정반대의 결과를 가져올 것이다. 그런 환자의 경우에는 손을 만지면 얼굴에 감각이 생겨야 한다(Ram-achandran, 1994). 스테파니 클라크Stephanie Clark와 그 동료들은 최근에 이러한 예측을 훌륭하고 빈틈없는 일련의 실험을 통해 시험하였다. 이들의 환자는 종양을 제거하기 위해 인접해 있는 3차신경절trigeminal nerve ganglion을 잘라야만 했다. 2주가 지난 다음에 그들은 그 환자가 비록 얼굴과 연결된 신경은 잘렸지만, 손을 만질 때에 얼굴에서 감각을 느낀다는 것을 발견하였다. 그녀의 두뇌 속에서, 얼굴에서 오는 감각적 입력이 사라져

버린 영역을 손의 피부에서 오는 감각적 입력이 침범한 것이다.

흥미롭게도 이 환자의 경우 손을 만졌는데도 감각은 손이 아니라 오직 얼굴에서만 느껴졌다. 한 가지 가능성은 최초의 리매핑 과정에서 일종의 도를 지나침이 있었다는 것이다. 손의 피부에서 오는 새로운 감각적 입력이 원래의 연결보다 실제로 강도가 높았으며, 그 결과 손의 약한 감각을 차폐하면서 얼굴에서만 감각을 현저하게 느끼게 된다는 것이다.

11 Caccace et al., 1994.

12 연관감각referrred sensation은 인간 성인의 두뇌에서 생기는 피질 지도의 변화를 연구할 수 있는 기회를 제공한다. 그러나 "리매핑의 '기능'이 무엇인가?"라는 질문은 여전히 남아 있다. 그것은 유아기의 흔적인 잉여적 유연성에 불과한 부수현상가? 아니면 그것은 성인의 두뇌에서 어떤 기능을 계속해서 갖게 되는가? 가령 팔 절단 이후에 얼굴 영역에 할당된 피질 영역의 확장은, (두 점 구별two-point discrimination을 통해 측정되는) 감각적 구별의 향상이나 촉감에 대한 얼굴의 민감함으로 이어질 것인가? 만약 그러한 향상이 발생한다면 이는 비정상적인 연관감각이 사라진 이후에야 관찰되는가 혹은 그 즉시 관찰되는가? 이런 실험은 리매핑이 실제로 유기체에게 유용한지의 여부에 대한 질문을 그 즉시 해결해줄 것이다.

3 최초의 성공적인 환상사지 절단 수술

1 아주 어린 아이는 절단 후에도 환상사지를 경험하지 않는다는 것을 처음으로 주장한 사람은 메리 앤 짐멜Mary Ann Simmel이다(1962). 그녀는 또한 사지가 없이 태어난 아이도 환상사지를 경험하지 않는다고 주장했다. 그러나 이 생각은 다른 사람들의 도전을 받았다. (이에 대한 훌륭한 연구가 최근 멜자크와 맥길 대학에 있는 그의 동료들에 의해 이루어졌다; Melzack et al., 1997)

2 행동을 계획하거나 실행할 때 전뇌구조가 갖는 중요성은 다음의 연구물들에서 매우 흥미로운 방식으로 자세하게 논의되었다. Fuster, 1980; G.

Goldberg, 1987; Pribram et al., 1967; Shallice, 1988; E. Goldberg et al., 1987; Benson, 1997; 그리고 Goldman-Rakic, 1987.

3   다음으로 나는 필립에게 양손의 엄지와 검지를 움직이면서 동시에 거울을 보라고 부탁했다. 그러나 이번에는 환상 엄지와 검지는 마비된 채로 있었다. 그것들은 다시 살아나지 않았다. 이는 매우 중요한 관찰이다. 이전의 결과가 단순히 우리의 실험을 둘러싼 특수한 상황에 대한 반응으로 꾸며낸 것일지도 모른다는 가능성을 배제해주기 때문이다. 만일 그것이 꾸며낸 것이라면, 그는 왜 손 전체와 팔꿈치는 움직일 수 있으면서 개개의 손가락은 움직일 수 없었던 것일까?

거울을 사용하여 환상사지의 운동을 되살리는 우리의 실험은 원래 *Nature*지와 *Proceedings of the Royal Society of London B*에 보도되었다 (Ramachandran, Rogers-Ramachandran and Cobb, 1995; Ramachandran and Rogers-Ramachandran, 1996a and b).

4   학습된 마비는 매우 흥미로운 개념이다. 이는 마비된 환상사지를 치료하는 것 이상의 의미가 있을 수 있다.

가령 국소성 근긴장 이상focal dystonia의 경우를 살펴보자. 환자는 아무 문제 없이 손가락을 움직이고 코를 긁거나 넥타이를 맬 수 있다. 그런데 갑자기 그의 손은 쓰기를 할 수가 없다. 이런 현상을 야기하는 원인에 대한 이론은 근육 경련에서 '히스테리성 마비'에 이르기까지 다양하다. 그러나 이것도 학습된 마비의 또 다른 사례일 가능성은 없는가? 만일 그렇다면 거울을 사용하는 것과 같은 간단한 속임수를 이용하여 이런 환자들을 도울 수 있지 않을까?

분명한 마비의 경우와 사지를 움직이려 하지 않는 (일종의 의식적 차단의) 경우의 경계에 해당하는 다른 증세들에도 동일한 논증을 적용할 수 있을 것이다. 관념운동행위상실증ideomotor apraxia 환자는 익숙한 동작이라도 명령을 받으면 그것을 수행할 수 없다. (환자는 자유롭게 글을 쓸 수 있지만 누가 손을 흔들어 작별인사를 해보라거나 찻잔을 옮겨보라고 하면 그렇게 할 수 없다.) 마비된 환상사지가 학습된다고 하는 그런 의미에서,

관념운동행위상실증은 분명 '학습' 되지 않는다. 그러나 그것 또한 모종의 일시적인 신경 억제나 차단에 기반하고 있는 것은 아닐까? 만약 그렇다면, 시각적 피드백은 그런 차단을 극복하는 데 도움을 줄 수 있을까?

마지막으로 파킨슨병을 들 수 있다. 파킨슨병은 얼굴을 포함하여 온몸에 걸쳐 경직이나 떨림, 운동불능증akinesia을 야기한다. 가령 얼굴 표정은 마스크를 쓴 것처럼 경직된다. 이 질병의 초기에는 경직이나 떨림이 손에만 영향을 끼친다. 따라서 원리상으로는, 문제없는 손을 거울에 비추어 피드백을 시도해볼 수 있다. 시각적인 피드백이 파킨슨병에 영향을 끼칠 수 있다는 것은 이미 알려진 사실이다. (가령 어떤 환자는 그냥은 걸을 수 없지만 검은색 타일과 흰색 타일이 엇갈리게 깔려 있는 마루를 보면 걸을 수 있다.) 그러므로 아마 거울을 사용한 방법도 이들 환자들을 도울 수 있을 것이다.

5 메리에게서 또 다른 흥미로운 점을 관찰할 수 있다. 그녀는 지난 10년 동안 단 한 번도 환상 팔꿈치나 손목을 느껴본 적이 없다. 그녀의 환상 손가락은 팔꿈치 위에 달려 있었다. 그런데 거울을 들여다본 다음에, 그녀는 오랫동안 잃어버렸던 팔꿈치와 손목을 단지 보기만 하는 것이 아니라 실제로 느낄 수도 있다며 숨 가쁘게 소리쳤다. 이는 이미 오래전에 잃어버렸던 팔의 경우라 하더라도, 두뇌 어딘가에 휴면 중인 유령처럼 살아 있다가 시각적인 입력에 의하여 즉시 부활할 수 있다는 흥미로운 가능성을 제기한다. 만일 그렇다면, 이 기술은 의족이나 의수의 사용을 고려하는 절단 환자들에게 적용될 수 있다. 이들은 종종 의족이나 의수에 환상사지로 생기를 불어넣고 싶어 하며, 환상사지가 사라진 다음에는 의수나 의족이 '부자연스럽게' 느껴진다고 불평한다.

남성으로 성전환을 생각하는 여성의 경우에도, 먼저 남성의 의상을 입어본 다음에 메리에게 사용했던 거울 장치와 유사한 속임수를 이용하여 두뇌 속에 잠자고 있는 남근 상을 되살려볼 수 있을 것이다. (남근의 두뇌 상이 여성의 두뇌 속에도 존재한다는 것을 가정한다면 말이다.)

6 환상 집게는 Kallio(1950)에 설명되어 있다. 여러 개의 환상 발을 가진 소

녀의 사례는 La Croix at al.(1992)에 설명되어 있다.

7 이러한 설명은 매우 사변적인 것이다. 하지만 이들 중의 일부는 MEG나 기능적 자기공명영상과 같은 촬영기술의 도움을 빌려서 시험해볼 수 있다. 이들 장치들은 환자가 여러 가지 일을 수행하는 동안에 살아 있는 두뇌의 여러 부위를 살펴볼 수 있도록 해준다. (3개의 분리된 환상 발을 갖고 있는 소녀의 경우, 그 두뇌 속에는 이들 기술을 이용하여 시각화할 수 있는 3개의 분리된 표상이 존재하고 있는 것일까?)

8 그 밑에 깔려 있는 원리가 다르다는 점을 제외한다면, 환상 코 현상 (Ramachandran and Hirstein, 1997)은 Lackner(1988)가 보고한 사례와 매우 유사하다. 라크너의 실험에서 피실험자는 팔꿈치를 굽혀서 코끝을 잡고 눈가리개를 한 채로 탁자에 앉아 있다. 실험자가 진동기를 두갈래근biceps의 힘줄에 갖다대면, 근육 신장 수용체에서 오는 가짜 신호 때문에 피실험자는 자신의 팔이 늘어났을 뿐 아니라 코도 실제로 길어졌다고 느낀다. 라크너는 이런 결과를 설명하기 위하여 헬름홀츠Helmholtz식의 '무의식적 추리'에 호소한다. (나는 내 코를 쥐고 있다. 그런데 내 팔이 늘어났다. 따라서 내 코도 길어졌음이 틀림없다.) 다른 한편으로, 우리가 설명한 착각은 진동기를 필요로 하지 않는다. 이는 두 촉감의 흐름이 서로 동일할 확률은 거의 없다는 순전히 통계적인 베이즈Bayes 원리에 전적으로 의존하는 것처럼 보인다. (만일 피실험자가 단순히 실험에 함께 참가한 사람의 코를 쥐고만 있었다면, 우리가 설명한 착각은 일어나지 않았을 것이다.) 모든 피실험자가 이런 현상을 경험하는 것은 아니다. 그러나 당신이 평생 당신의 코에 대해서 확신하고 있었던 것이 단속적으로 주어지는 촉각적인 입력을 통하여 단지 몇 초 만에 부정될 수 있는 현상이 일어난다는 것 자체가 놀라운 일이다.

우리의 GSR 실험은 Ramachandran and Hirstein(1997)과 Ramachandran, Hirstein and Rogers-Ramachandran(1998)에 언급되어 있다.

9 Botvinik and Cohen, 1998.

4 두뇌는 어떻게 세상을 보는가?

1 Milner and Goodale, 1995.

2 시각 연구를 생생하게 소개하고 있는 문헌으로는 Gregory(1996),
Hochberg(1964), Crick(1993), Marr(1981), Rock(1985)를 보라.

3 또 다른 형태의 증거는 이와 정반대의 구조를 가지고 있다. 이미지가 변함
에도 불구하고 우리의 지각은 일정하게 유지될 수 있다. 가령 당신이 매일
보는 친숙한 장면을 관찰하는 동안에 안구를 회전시키게 되면, 각 망막에
맺히는 상은 광수용체를 따라서 엄청난 속도로 움직인다. 이는 마치 방 안
에서 비디오카메라를 좌우로 움직이면 장면이 흐릿해지는 것과 같다. 그
러나 시선을 움직이는 동안에, 대상들이 여기저기로 쇄도하거나 세상이
빠른 속도로 휙 지나가는 식으로는 보이지 않는다. 세상은 아주 안정적이
다. 망막에 맺힌 상은 움직이지만, 세상은 움직이는 것처럼 보이지 않는
다. 그 이유는 우리 두뇌의 시각중추가 눈의 동작을 조절하는 운동중추로
부터 미리 '귀띔'을 받았기 때문이다. 안구 근육을 움직이기 위하여 운동
영역에서 신호를 보낼 때마다, 이것은 또한 시각중추에게 다음과 같은 명
령을 보낸다. "그 움직임을 무시해. 그것은 실제가 아니야." 물론 이 모든
것은 의식적 생각 없이 일어난다. 계산 과정이 두뇌의 시각 모듈에 내장되
어 있어서, 방을 둘러볼 때 발생하는 가짜 운동 신호 때문에 생기는 혼란
을 방지해주는 것이다.

4 Ramachandran, 1988a and b; Kleffner and Ramachandran, 1992.
친구에게 (음영의 원이 그려져 있는) 종이를 똑바로 들고 있도록 부탁하
고, 몸을 굽혀서 머리가 아래로 향하게 한 다음에 다리 사이로 그 종이를
쳐다보라. 종이는 위아래가 뒤집힌 채로 우리의 망막에 맺힐 것이다. 이때
도 그림의 들어간 부분과 튀어나온 부분의 위치는 뒤바뀌어 있을 것이다
(Ramachandran, 1988a). 이는 매우 놀라운 결과이다. 이는 두뇌가 음영
을 통해 형태를 파악하면서, 이제는 태양이 아래에서 빛난다고 가정하고
있음을 뜻하기 때문이다. 말하자면 두뇌는 우리가 머리를 회전시킬 때 태
양이 우리 머리에 붙어 있다고 가정하는 것이다! 귀 부분의 균형 감각이

교정해주므로 세상은 여전히 똑바로 보이지만, 시각체계는 음영을 통해 형태를 해석하면서 이 지식을 활용할 수 없다.

왜 시각체계는 이런 바보 같은 가정을 포함하는 것일까? 음영이 있는 그림을 해석하면서 왜 머리가 기울어진 것을 감안하지 않을까? 그 대답은 우리가 세상 속을 걸어다니는 대부분의 시간 동안에 머리를 똑바로 하고 있으며 기울이거나 뒤집고 있지 않기 때문이라는 것이다. 그 결과 전방의 정보를 음영에서 형태를 분간하는 모듈까지 전달해야 하는 추가적인 계산 부담을 피하기 위하여, 시각체계는 이를 활용할 수 있다. 이런 '지름길'을 사용하여도 문제가 되지 않는 것은, 통계적으로 말해서 우리 머리가 보통은 똑바로 서 있는 상태에 있기 때문이다. 진화는 완전성을 추구하지 않는다. 우리가 어린아이를 남길 수 있을 정도로만 오래 살아남는다면, 우리의 유전자는 후손들에게 전해질 수 있다.

5 두뇌 영역의 이 구조에 대해서는 하버드 대학의 데이비드 허블David Hubel과 토르스튼 위즐Torsten Weisel이 놀라울 정도로 세세하게 연구한 바 있다. 이들은 이 연구로 노벨상을 받았다. 우리는 이들의 연구에 힘입어서, 시각 경로에 대하여 지난 200여 년 동안 알아낸 것보다 1960~1980년의 20여 년 동안에 훨씬 많은 것을 알게 되었다. 이들은 현대 시각 과학의 창시자로 여겨진다.

6 이들 줄무늬 바깥 피질 영역extrastriate cortical area이 절묘한 방식으로 서로 다른 기능에 특화되어 있다는 것에 대한 증거는 주로 세미르 제키Semir Zeki, 존 올맨John Allman, 존 카스John Kass와 데이비드 반 에센David Van Essen, 마거릿 리빙스톤Margaret Livingstone, 데이비드 허블David Hubel의 6명의 생리학자들이 발견한 것이다. 이들 연구자들은 원숭이에게서 먼저 이 피질 영역을 체계적으로 나눈 다음에 개개의 신경 세포들을 기록하였다. 그러자 각각의 세포들이 서로 매우 다른 성질을 갖는다는 것이 이내 분명해졌다. 가령 중간 측두, 즉 MT라 칭하는 영역의 세포는 시야에서 어떤 특정 방향으로 움직이는 목표물에 대해서만 반응하고, 다른 방향의 움직임에 대해서는 반응하지 않았다. 그리고 이 세포는 목표물의 색깔이나

형태에 대해서는 별로 신경 쓰지 않는다. 반대로, (측두엽의) V4라 부르는 영역의 세포는 색깔에 대해 매우 예민하게 반응하며, 운동의 방향에는 별 관심을 두지 않는다. 이런 생리학적 실험들은 이 두 영역이 서로 다른 측면의 시각 정보를 추출하는 일에 특화되어 있음을 강하게 암시한다. 그러나 전반적으로 생리학적 증거들은 아직 잘 정리되어 있지 않은 상태이다. 이러한 노동 분업에 대한 가장 강력한 증거는 역시 이 두 영역 중의 하나가 선택적으로 손상된 환자들을 통해서 주어진다.

운동맹 환자의 유명한 사례에 대한 설명은 Zihl, von Cramon and Mai(1983)에서 찾을 수 있다.

7 맹시 증세에 대한 최초의 서술은 Weiskrantz(1986)을 보라. 맹시를 둘러싼 논쟁에 대한 가장 최신의 논의는 Weiskrantz(1997)을 보라.

8 인지과학의 여러 측면에 대한 매우 흥미로운 설명은 Dennett(1991)을 보라. 이 책에는 '채워넣음'에 대한 간단한 설명도 포함되어 있다.

9 특히 Williams Newsome, Nikos Logotethis, John Maunsell, Ted DeYoe, and Margaret Livingstone and David Hubel의 훌륭한 책을 참조하라.

10 Aglioti, DeSouza and Goodale, 1995.

11 여기나 다른 곳에서 내가 자아가 '착각'이라고 말할 때 의미하는 바는, 두뇌 속에 그것에 대응하는 단일한 대상이 없다는 것이다. 사실을 말한다면 아직 우리는 두뇌에 대해 알고 있는 것이 너무 적다. 그러므로 열린 마음을 견지하는 것이 최선일 것이다. 나는 최소한 두 가지 가능성을 생각해볼 수 있다(12장을 보라). 첫째, 우리가 심리적 활동의 여러 측면과 그것을 중계하는 신경 과정에 대하여 더욱 성숙한 이해에 도달하고 나면, '자아'라는 단어는 우리의 사전에서 사라지게 될 것이다. (가령 우리는 이제 생물을 규정해주는 DNA나 크레브스 회로Krebs cycle 그리고 여타의 생화학적 기제를 이해하고 있다. 그 결과 우리는 '생명'이란 무엇인가라는 질문에 대해 더 이상 신경 쓰지 않는다.) 둘째, 자아는 특정의 두뇌 메커니즘에 기초한 유용한 생물학적 구성물일 수 있다. 즉 자아는 인격에 정합성이나

연속성, 안정성을 부과함으로써 우리가 더욱 효과적으로 기능하도록 도와 주는 일종의 조직화 원리이다. 올리버 색스를 비롯한 여러 저자들이 건강 이나 질병 같은 삶의 부침 속에서 자아가 놀라운 지속성을 가지고 있음을 훌륭히 서술한 바 있다.

5 스스로를 이해하려는 두뇌의 모험

1 가장 훌륭한 더버의 전기는 Kinny(1995)이다. 이 책에는 더버의 저작 목 록이 실려 있다.

2 Bonnett, 1760.

3 맹점에 대한 나의 실험은 *Scientific American*(1992)에 최초로 실렸다. 암 점에서 완성이 실제로 일어나지 않는다는 주장에 대해서는 Sergent(1988) 을 보라. 실제로 그것이 일어난다는 증명에 대해서는 Ramachandran (1993b)과 Ramachandran and Gregory(1991)을 보라.

4 빅토리아 시대의 유명한 의사 데이비드 브루스터 경Sir David Brewster은 이런 채워넣음 현상을 접하고 깊은 인상을 받았으며, 넬슨 제독이 환상사 지를 통해 그랬던 것처럼 이것이 신의 존재를 증명해준다고 생각했다. 1832년 그는 다음과 같이 쓰고 있다. "한쪽 눈을 사용하거나 두 눈을 사용 하거나 간에, 우리는 모든 풍경에서 우리의 관심을 가장 끄는 지점으로부 터 15도 이내에서 검은 반점을 보아야만 한다. 그러나 조물주께서는 자신 의 창조물을 그런 불완전한 상태로 내버려두지 않으셨다. (……) 그래서 반점은 검은 대신에 항상 바탕과 동일한 색깔을 갖게 되었다." 흥미롭게 도 데이비드 경은 조물주가 처음부터 왜 그런 불완전한 눈을 창조했는지 에 대해서는 곤란함을 느끼지 않은 것으로 보인다.

5 현대적인 용어법에서 '채워넣음'은 몇몇 과학자들이 이런 완성 현상, 즉 보이지 않는 영역을 주위나 배경과 동일한 색깔로 보려는 경향을 가리키 기 위하여 사용하는 편리한 표현이다. 그러나 우리는 두뇌가 이 영역의 시 각적 이미지를 픽셀 하나하나씩 다시 그린다고 가정하는 함정에 빠지지

않도록 조심해야 한다. 어쨌든 그런 채워넣음에서 혜택을 받을 수 있는, 내적인 심리적 화면을 쳐다보고 있는 두뇌 속의 작은 인간 호문쿨루스는 존재하지 않는다. (가령 우리는 두뇌가 망막 수용체 사이의 아주 작은 공간을 '채워넣는다'고 말하지 않는다.) 나는 단지 빛이나 어떤 정보가 눈에 도달하지 않는 시각 공간의 영역에서 사람들이 문자 그대로 무엇인가를 본다는 것을 나타내기 위한 줄임말로 이 표현을 사용할 것이다. 이런 '이론 중립적'인 정의의 장점은 실험을 할 수 있는 출구를 만들어놓고, 우리로 하여금 시각이나 지각의 신경 메커니즘을 탐구할 수 있도록 도와준다는 것이다.

6 럿거스 대학의 제롬 레트빈Jerome Lettvin이 교묘한 이 실험을 수행했다. 이것이 입체시stereoscopic vision와 관련이 있다는 그 결과에 대한 설명은 나의 것이다(주 7을 보라).

나는 피질에 문제가 있어서 암점이 생긴 환자들에게서도, 수평으로 서로 어긋나 있는 수직선들이 일직선을 이루는 동일한 결과를 관찰했다.

7 우리가 세상을 볼 때는 두 눈에 대응하는 서로 약간 다른 두 지점을 쳐다보는 것이다. 이 때문에 대상 사이의 상대적인 거리에 비례하여 두 눈의 망막에 맺히는 이미지에는 차이가 있다. 두뇌는 이 두 개의 이미지를 비교하고, 수평적인 분리를 측정한 다음에 둘을 융합한다. 그 결과 우리는 두 개가 아니라 하나의 통합된 세상의 그림을 보게 되는 것이다. 달리 말해서, 우리는 시각 경로상에 이미 수평으로 분리된 수직의 끝을 '정렬'시키는 신경 메커니즘을 가지고 있다. 그런데 우리 눈은 수직이 아니라 수평으로 분리되어 있다. 따라서 우리는 수직으로 어긋나 있는 수평의 끝을 정렬시키는 메커니즘은 갖고 있지 않다. 맹점을 가로질러 '어긋나' 있는 끝을 처리하려고 할 때 우리는 동일한 메커니즘을 사용할 것이다. 이는 수직의 선은 연속적인 선으로 '융합'되지만, 시각체계가 수평의 선을 처리하는 데는 왜 실패하는지 설명해준다. 맹점 실험에서 우리가 하나의 눈만을 사용하고 있다는 사실이 이 논증을 부정하지는 않는다. 왜냐하면 다른 쪽 눈을 감고 있을 때도 우리는 동일한 신경회로를 무의식적으로 활용할 수 있

기 때문이다.

8 정상적인 시각과 자연적인 맹점을 가진 우리에게 이런 실험은 흥미롭게 여겨진다. 그런데 망막이 손상되어서 인위적인 맹점을 가지게 된 사람에게는 어떠할까? 시야의 보이지 않는 영역을 두뇌가 '채워넣음'을 통해서 보충하려고 할까? 혹은 시야에서 인접한 영역의 부위들이 이제 아무런 입력을 받지 않는 영역으로 투사되는 리매핑이 일어날까?

리매핑의 결과는 어떠할까? 환자는 복시double vision를 경험하게 될까? 내가 그의 암점 옆에 연필 한 자루를 들고 있다고 상상해보자. 그는 앞을 똑바로 쳐다보고 있으므로 분명 원래의 연필을 볼 것이다. 그러나 이제 암점에 대응하는 피질 영역 또한 자극을 받을 것이므로, 그는 암점에서 연필의 두 번째 '유령' 이미지를 보게 될 것이다. 톰이 얼굴과 손 모두에서 감각을 느꼈던 것처럼, 그는 하나가 아니라 두 자루의 연필을 볼 것이다.

이런 가능성을 알아보기 위하여 우리는 한쪽 망막에 구멍이 있는 여러 명의 환자를 실험해보았다. 그러나 두 자루의 연필을 본 환자는 없었다. 즉각적인 나의 결론은, 누가 알겠는가, 나도 잘 모르겠다는 것이었다. 그런데 갑자기 암점은 한쪽 눈에만 있지만 환자는 두 개의 눈을 가지고 있으며, 다른 쪽 눈의 해당 부분에서 여전히 1차시각피질에 정보를 보내고 있다는 사실이 떠올랐다. 세포들은 정상적인 눈을 통해 자극을 받고 있으며, 그 결과 리매핑은 일어나지 않는다. 복시현상을 가능케 하려면 아마도 우리는 정상적인 눈을 제거해야만 할 것이다.

몇 달이 지난 후에, 나는 왼쪽 눈의 아래 왼쪽 사분면에 암점을 갖고 있으며 오른쪽 눈의 시력을 완전히 상실한 환자를 만났다. 내가 정상적인 시야에 밝은 점들을 보여주자 그녀는 그것들을 이중으로 보지 않았다. 하지만 놀랍게도 내가 10Hz(초당 10번의 주기) 주기로 점들을 '깜박거리자', 그녀는 두 개의 점을 보았다. 하나는 원래의 자리에 있는 것이고 다른 하나는 암점 내부에 위치한 유령과도 같은 복사물이었다.

왜 깜박거리는 자극에 대해서만 조앤이 이중으로 보게 되는지 나는 아직 설명할 수 없다. 그녀는 종종 운전을 하는 동안에 태양빛, 무성한 나뭇잎,

끊임없는 움직임에 둘러싸인 채로 그런 경험을 한다. 이는 아마도 깜박거리는 자극이 움직임의 지각과 관련된 시각체계인 큰세포 경로magnocelluar pathway를 우선적으로 활성화시키고, 이 경로가 다른 것들에 비교하여 리매핑되기 쉬운 경향이 있기 때문인지도 모르겠다.

9 Ramachandran, 1992.

10 Sergent, 1988.

11 나는 이후에도 조쉬를 시험할 때마다 이런 일이 매번 일어난다는 것을 확인했다. 그리고 한나 다마지오Hanna Damasio 박사의 환자들 중 한 명에게서도 동일한 현상을 관찰하였다(Ramachandran, 1993b).

12 내 임상노트에 기초하고 있는 이 장의 초고는 크리스토퍼 윌스Christopher Wills와 공동으로 작성한 것이다. 그러나 여기 나와 있는 본문은 이 책을 위하여 완전히 다시 썼다. 그러나 유령의 집에 대한 것을 포함하여 그가 제시한 한두 개의 생생한 비유는 그대로 사용했다.

13 Kosslyn, 1996; Farah, 1991.

14 이것에 대한 증거는, 비록 대부분의 찰스 보넷 환자들이 이전에 동일한 이미지를 보았다는 것을 기억하지 못하지만 (아마도 그것들은 오래전의 과거에 본 것일지도 모른다) 몇몇 환자들의 경우 그 이미지는 그들이 불과 몇 초 혹은 몇 분 전에 보았던 대상이거나 암점 근처의 대상들과 논리적으로 연관될 수 있는 대상이라는 사실에서 찾을 수 있다. 가령 래리는 종종 (자신이 몇 초 전에 보았던) 신발의 여러 복사본을 보면서, '실제' 신발을 향해 손을 뻗는 일에 어려움을 겪는다. 또 다른 사람은 자동차를 운전하는 동안에 몇 분 전에 지나쳤던 장면들이 갑자기 암점 부위에서 다시 생생하게 나타난다고 말해주었다.

그런 점에서 찰스 보넷 증후군은 반복시palinopsia라 부르는 또 다른 유명한 시각 증후군과 비슷해 보인다. 반복시는 시각 경로를 손상시킨 머리 부상이나 뇌질환을 겪은 다음에 생기는 증상이다. 환자들은 대상이 움직이면서 그 뒤쪽으로 여러 개의 복사본을 만들어낸다고 보고한다. 반복시는 보통 운동의 감지 문제로 생각된다. 하지만 이것과 찰스 보넷 증후군 사이에는 안과 의사들이 생각하는 것보다 훨씬 더 많은 공통점이 있을 수 있다. 두 증후군이 함축하는 바는, 우리 모두가 몇 분 혹은 심지어 몇 시간 동안에 마주쳤던 시각적 이미지를 그 이후에 잠재의식적으로 되풀이하고 있을지 모른다는 가능성이다. 그리고 (시각 경로에 손상을 입었을 때와 마찬가지로), 망막에서 실제로 아무런 입력이 주어지지 않을 경우에 이런 재방송이 표면으로 부상하여 더욱 분명하게 드러날 수 있다는 것이다.

험프리Humphrey(1992)는 구심로차단deafferentation이 어떤 형태로든 시각적 환각을 일으키는 데 불가결하며, 그런 환각은 역투사back-projection에 기초해 있을 것이라는 생각을 제안했다. 여기서 나의 주장에 어떤 새로운 점이 있다면, 이는 내 두 환자의 경우에 환각은 전적으로 모두 암점 부위 안에 국한되어 일어났으며 결코 가장자리를 넘지 않았다는 것을 관찰했다는 것이다. 이러한 관찰은 (역투사가 지형적으로topographically 구성되므로) 오직 역투사를 통해서만 이 현상을 설명할 수 있으며, 다른 가설이 가능하지 않을 것이라는 생각을 갖게 했다.

15 만일 이 이론이 옳다면 왜 우리 모두는 눈을 감거나 어두운 방 안으로 걸어 들어갈 때 환각을 경험하지 않는가? 이들 경우에는 아무튼 어떠한 시각적 입력도 없다. 첫째, 사람들은 (감각 격리 탱크 안에 떠 있을 때처럼) 감각적 입력을 완전히 박탈당하면 실제로 환각을 경험한다. 그러나 더 중요한 이유는 우리가 눈을 감았을 때 망막의 뉴런과 시각 경로의 초기 단계에서는 기준 전위를 계속적으로 고위중추에 보내고 있으며 (우리는 이를 자발전위spontaneous activity라고 부른다) 이것만으로 위에서 아래로 내려오는 전위를 부인하기에 충분하다는 것이다. 그러나 경로(망막, 1차시각 피질과 시각 신경)가 손상을 입거나 사라지면 암점을 만들게 되고, 이러한 약간의 자발전위도 사라지면서 내적인 이미지(환각)가 출현하는 것을 허용하게 된다. 혹자는 항상 수수께끼로 남아 있던 초기 시각 경로상의 자발전위가 이러한 영null 신호를 제공하기 위하여 진화되었다고 주장할 수 있을 것이다. 이에 대한 가장 강력한 증거는 환각이 암점의 경계 안에 명확히 한정되었던 우리의 두 환자에게서 찾아볼 수 있다.

16 지각에 대한 약간은 급진적인 이런 견해는 주로 신발이나 주전자, 친구의 얼굴처럼 배쪽 흐름ventral stream에서 특정 대상을 인식하는 일에 유효하게 적용되는 것처럼 여겨진다. 여기서 애매성의 해소를 돕기 위하여 고위의 의미론적 지식 기반을 사용하는 것은 계산적으로 매우 적절하다. 지각의 이런 측면(대상 지각)을 규제하는 것이 실제로 얼마나 빈약한지 감안한다면, 다른 방도는 결코 없었을 것이다.

움직임이나 입체시 그리고 색깔과 같은 더 '원초적'이거나 '초기'에 속하는 다른 시각 과정의 경우에, 이러한 상호작용은 더 제한된 규모로 일어날 수 있다. 이 경우 우리는 상호작용 없이도 표면, 윤곽, 질감 등의 일반적인 지식을 이용할 수 있다. 이는 이러한 지식이 초기 시각의 신경구조 속에 통합될 수 있기 때문이다. (이는 데이비스 마Davis Marr에 의해 강조된 바 있다. 마는 내가 여기서 하고 있는 특정의 구분은 하지 않았다.) 그러나 이런 낮은 단계의 시각 모듈에서도, 모듈 상호 간뿐 아니라 '높은 단계의' 지식과의 상호작용이 일반적으로 가정된 것보다 훨씬 크게 일어난다는 증거들이 제시되었다. (Churchland, Ramachandran and Sejnowski, 1994를 보라.)

일반적으로 말해서, 상호작용은 그것들이 발생하는 것이 유용할 때는 발생하고, 그렇지 않을 경우에는 발생하지 않는다(혹은 발생할 수 없다). 어떤 상호작용이 약하고, 어떤 상호작용이 강한지 발견하는 것은 시각 정신 물리학psychophysics이나 신경과학의 목표 중의 하나이다.

6 두뇌는 어떻게 왼쪽과 오른쪽을 구분하는가?

1 무시에 관한 설명은 Critchley(1966), Brain(1941), Halligan and Marshall(1994)을 보라.

2 의식의 선택적 기능에 대해 가장 잘 설명하고 있는 것은 저명한 심리학자 윌리엄 제임스(1890)의 유명한 소론 「사유의 흐름Stream of Thought」이다. 그는 다음과 같이 쓰고 있다. "마음은 모든 단계의 가능성이 동시에 상영

되고 있는 극장이라 할 수 있다. 의식은 행위자의 주목을 강화하거나 억제함으로써 이들을 각기 서로 비교하고 그중의 일부를 선택하며, 나머지를 억압하는 일로 이루어진다. 가장 복잡한 최고의 심리적 산출물은 그 아래 단계의 능력을 통해 선택된 자료에서 여과된 것이다. 그 자료는 다시 그 아래 단계의 능력이 더 큰 덩어리에서 제공받은 것이며, 그 덩어리는 다시 더 많은 양의 단순한 자료들에서 가려낸 것이라고 생각할 수 있다. 간단히 말해서 마음은 마치 조각가가 돌덩어리에 작업을 하는 것처럼, 마음이 받아들인 자료에 대해서 작업을 한다. 어떤 의미에서 동상은 영원히 거기 서 있었다. 그러나 그 외에도 수천 개의 다른 것들이 있었으며, 나머지 것들에서 그것을 식별해낸 것에 대하여 조각가 혼자만이 감사하게 되어 있다. 원한다면 우리는 추론을 통해서 사물들을 다시 해체하여, 이른바 과학이 유일한 실제 세계라고 부르는 검고 이음매 없는 연속적인 공간과 우글거리는 원자 무리의 움직임으로 되돌릴 수 있다. 그러나 우리가 그 안에서 내내 느끼며 살고 있는 세계는 조각가처럼 우리 선조나 우리가 천천히 축적된 선택을 통하여 주어진 재료의 일정 부분을 거부함으로써 그것에서 식별해낸 세계이다. 다른 조각가는 똑같은 돌을 이용하여 다른 동상을 만들어낸다! 다른 마음들은 똑같이 단조롭고 표현 불가능한 혼란에서 다른 세계를 만들어낸다. 나의 세계는 거기에 똑같이 묻혀 있었던, 그리고 그것을 추상해낸 존재에게는 똑같이 실제적인, 수백만 세계 중의 하나에 불과하다. 개미나 오징어, 게의 의식 속에 있는 세계는 얼마나 다를 것인가?

3 반응의 방향을 결정하는 일에 연관된 양성 피드백 고리는 Heilman(1991)에 설명되어 있다.

4 Marshall and Halligan, 1988.

5 Sacks, 1985.

6 Gregory, 1997.

7 내가 뒷좌석에서 벽돌을 던지고, 당신은 거울을 통해 벽돌이 당신에게 날아드는 것을 보고 있다면 어떤 일이 일어날까? 당신은 (당연히 그래야 하는 것처럼) 앞으로 숙이게 될까, 혹은 거울 속에서 확대되는 이미지에 속

아 뒤로 젖히게 될까? 실제 대상이 어디에 위치하는지 정확하게 연역해내는 일, 즉 거울 반사에 대한 지성의 교정은 아마도 측두엽에 위치한 의식적인 무엇 경로(대상 경로)에 의해 수행될 것이다. 반면에 날아오는 것을 피하려고 숙이는 행위는 두정엽에 위치한 어떻게 경로(공간적 흐름)에 의해 이루어진다. 만일 그렇다면, 우리는 혼란에 빠져 몸을 뒤로 젖힐 수도 있다. 이것은 우리의 좀비가 하는 일이다.

8 에도아르도 비시아치Edoardo Bisiach는 선을 나누는 이 실험을 놀라운 방식으로 살짝 비틀어놓았다. 이는 위의 해석이 첫 번째 설명 시도로는 그럴듯하지만 모든 것을 설명해주지는 못함을 암시한다. 환자에게 이미 그려놓은 직선을 이분하게 하는 대신에, 그는 중간에 아주 조그만 수직선이 있는 종이 한 장을 환자에게 주었다. '이 수직 표시가 수평선을 이분하는 점인 것처럼 생각하고 수평선을 그려보세요." 환자는 자신 있게 선을 그렸다. 하지만 이번에도 다시 오른편에 있는 선이 왼쪽의 반 정도 되었다. 이는 단순한 부주의 이상의 무엇인가가 진행되고 있음을 나타낸다. 비시아치는 공간의 전체 표상이 정상적인 오른쪽 시야는 확장되고 왼쪽은 수축하는 식으로 짓눌려 있다고 주장한다. 따라서 환자는 자신의 눈에 똑같아 보이도록 하기 위해서 왼편을 오른편보다 더 길게 그려야 한다.

9 좋은 소식은 오른쪽 두정엽의 손상에 의해 야기된 무시 증후군은 수주 내에 자연적으로 회복된다는 것이다. 이는 중요한 사실이다. 이는 신경조직의 파괴와 관련되어 있어서 우리가 영구적이라고 간주하는 많은 신경학적 증세들이 실제로는 일시적인 전달물질의 불균형에 의한 '기능적 장애' 일수도 있음을 함축하기 때문이다. 두뇌와 디지털 컴퓨터에 대한 대중적인 비유는 많은 오해를 불러일으킬 수 있다. 하지만 이 사례의 경우에 나는 그것을 이용하고자 한다. 기능적 장애는 하드웨어의 문제라기보다는 프로그램의 버그, 즉 소프트웨어의 오동작과 더 유사하다. 만일 그렇다면 전통적으로 '치료 불가능' 하다고 여겨졌던 질병을 앓고 있는 수백만의 사람들에게 희망이 있을 수 있다. 단순히 우리가 지금까지 두뇌 소프트웨어의 오류를 제거하는 방법을 찾지 못한 것일 수도 있기 때문이다.

이 점을 더욱 직접적으로 예시하기 위하여, 좌측 반구 일부에 손상을 입은 결과로 계산장애라는 희한한 문제를 갖고 있는 한 환자의 예를 들어보겠다. 이 증세를 가진 많은 환자들처럼 그는 대부분의 점에서 총명하고 논리정연하며 명석하다. 하지만 산수가 개입되면 그는 도저히 희망이 없을 정도로 미숙하다. 그는 날씨에 대해서, 그리고 그날 병원에서 어떤 일이 일어났으며, 누가 방문을 했는지 말할 수 있다. 하지만 100에서 7을 빼보라고 하면 그는 곤경에 빠진다. 놀랍게도 그는 단지 산수 문제를 풀지 못한 것이 아니다. 나의 학생인 에릭 올출러Eric Altschuler와 나는 그가 매번 문제를 풀려고 시도하는 순간마다 도저히 뜻 모를 말을 자신 있게 내뱉는 것을 관찰하였다. 루이스 캐럴이 jabberwocky(알아들을 수 없는 말)라고 불렀던 것인데, 그는 그것이 뜻 모를 말이라는 것을 알지 못했다. '단어'들은 완전한 형태를 갖추고 있었지만 아무 의미가 없는 것으로, 베르니케 실어증 같은 언어장애에서 볼 수 있는 그런 종류의 것이었다. 실제로는 단어 자체도 대부분 새롭게 만든 것이었다. 수학문제와 대면하는 것은 그에게는 버그가 있는 '언어 플로피 디스크'를 삽입하는 것으로 보였다.

그는 왜 침묵하는 대신에 뜻 모를 말을 내뱉는 것일까? 우리는 두뇌의 자동 모듈(수학 모듈, 언어 모듈, 얼굴 모듈)을 생각하는 것에 너무 익숙해져 있어서, 모듈 사이에 일어나는 상호작용의 복잡성이나 그 규모에 대해서 망각해버린다. 특히 그의 상황은 어떤 하나의 모듈을 사용하는 일이 현재 유기체에게 가해진 요구에 의존한다는 것을 가정해야만 이해할 수 있는 것이었다. 일련의 정보들을 빠르게 배열하는 것은 언어의 산출뿐 아니라 수학적인 조작을 위해서도 핵심적인 부분이다. 아마도 그의 두뇌는 '배열에 관한 버그'를 가지고 있을 것이다. 즉 아마도 수학이나 언어에 공통적인 모종의 특수한 유형의 배열에 대한 요구가 있고, 그러한 배열이 잘못되었을 것이다. 그는 일상적인 대화를 나눌 수 있다. 이는 그가 수많은 정보와 수많은 대체 옵션을 사용할 수 있어서 그런 배열 메커니즘을 모두 사용할 필요가 없기 때문이다. 그러나 수학문제에 부딪히게 되면 그는 훨씬 더 많이 배열 메커니즘에 의존해야 하며, 그 결과 완전히 나락에 빠지게 되는 것이다. 부연할 필요는 없지만, 이는 순수하게 사변적인 설명이다. 하지만 이는 생각할 거리를 제공해준다.

10 정상적인 사람의 경우에는 측두엽의 무엇 체계와 두정엽의 어떻게 경로 사이에 모종의 대화가 일어나고 있는 것이 틀림없다. 거울나라 증후군 환자의 경우에는 아마도 이런 대화가 손상되었을 것이다. 무엇 경로의 영향에서 벗어난 좀비는 거울을 향해 바로 손을 뻗게 된다.

11 오른쪽 두정엽에 장애가 있는 일부 환자는 자신의 왼팔이 자신의 것임을 부정한다. 이는 신체망상분열증somatoparaphrenia이라는 장애인데, 우리는 그런 환자들을 7장에서 살펴볼 것이다. 만일 그런 환자의 왼팔을 붙잡고 들어서 환자의 오른편 시야로 움직이면, 그는 그 팔이 당신이나 의사, 혹은 그의 어머니, 형제, 배우자의 것이라고 주장할 것이다. 내가 이런 장애를 가진 환자를 처음 보았을 때, 스스로에게 이렇게 말한 것을 기억한다. "이 현상은 신경학 전체에서, 아니 과학 전체에서 가장 이상한 현상이 틀림없다." 어떻게 멀쩡하고 정상적인 사람이 자신의 팔이 자기 어머니 것이라고 우길 수 있겠는가?

로버트 라파엘Robert Rafael과 에릭 올츌러, 그리고 나는 최근에 이런 장애를 가진 두 명의 환자를 시험하였고, 이들이 (거울나라 증후군을 끌어내기 위하여 오른편에 위치시킨) 거울 속에 비친 자기 팔을 보고는, 갑자기 그것이 자기 팔이라는 것에 동의하는 것을 보았다. 거울이 이 장애를 '치유'할 수 있을까?

7 왜 두뇌는 변명에 익숙해졌을까?

1 이것은 가혹해 보일 수도 있다. 그러나 환자가 부정 상태에 있을 때, 재활을 시작하는 일은 물리 치료사에게 매우 어려운 일이다. 따라서 망상을 극복하는 것은 실제적으로 병원에서 매우 중요하다.

2 질병인식불능증에 대한 설명은 Critchley(1966), Cutting(1978), Damasio(1994), Edelman(1989), Galin(1992), Levine(1990),

McGlynn and Schacter(1989), Feinberg and Farah(1997)를 보라.

3 산타크루즈에 있는 캘리포니아 대학의 저명한 심리학자 로버트 트리버스 Robert Trivers는 자기기만의 진화에 관해서 재치 있는 설명을 제안했다. 트리버스에 따르면, 우리는 일상생활에서 세금 결산이나 불륜, 누군가의 감정을 보호하는 등의 목적으로 거짓말을 해야 할 때가 많다. 다른 연구에 따르면, 거짓말쟁이는 매우 능숙하지 않으면 다른 사람들이 거의 대부분 감지할 수 있는 부자연스러운 미소, 약간 이상한 표정, 부정확한 음색 등을 통해 자기의 속셈을 드러내고 만다(Ekman, 1992). 그 이유는 우리가 거짓말을 할 때 드러내는 표정은 (의도적인 통제를 책임지고 거짓말이 만들어지는 위치인) 피질 부위가 통제하는 반면에, 자연발생적인 표정은 (무의식적으로 진실을 말하려 하는) 변연계가 통제하고 있기 때문이다. 결과적으로 우리가 미소를 띠며 거짓말을 할 때, 그것은 가짜 미소이다. 우리가 아무리 정직한 표정을 지으려 해도, 변연계는 언제나 속임수의 흔적을 누설한다.

트리버스는 이 문제에 대한 해결책이 있다고 주장한다. 다른 사람에게 거짓말을 효과적으로 하기 위해서, 우리가 해야 할 일은 스스로에게 먼저 거짓말을 하는 것이다. 만일 우리 스스로가 그것이 진실이라고 믿는다면, 우리의 표정은 술책의 흔적을 찾아볼 수 없는 진짜가 된다. 결과적으로 이런 전략을 채택함으로써 우리는 매우 설득력 있는 거짓말을 할 수 있게 된다. 그리고 가짜 약도 엄청나게 팔 수 있다.

그러나 이 시나리오에는 내적 모순이 있어 보인다. 당신이 나무 의자 밑에 바나나를 숨겨둔 침팬지라고 가정하자. 당신이 바나나를 가지고 있는 것을 아는 수컷 우두머리 침팬지가 다가와서 그 바나나를 달라고 요구한다. 당신은 어떻게 할 것인가? 당신은 바나나가 강 건너에 있다고 우두머리에게 거짓말을 한다. 하지만 당신은 얼굴 표정 때문에 거짓말을 들킬 위험을 감수해야 한다. 그렇다면 도대체 어떻게 해야 하는가? 트리버스에 따르면, 당신은 바나나가 실제로 강 건너에 있다고 스스로를 먼저 확신시키는 간단한 방책을 채택한다. 그리고 우두머리에게 그렇게 말하고, 그는 속아

넘어간다. 그리고 당신은 곤경에서 빠져나온다. 하지만 문제가 있다. 만일 나중에 당신이 배가 고파서 바나나를 찾으려 한다면 어떻게 될까? 이제 당신은 음식이 강 건너에 있다고 믿고 있기 때문에, 바나나를 찾아서 강 건너로 갈 것이다. 다시 말해서, 트리버스가 제안한 전략은 거짓말을 해야 하는 목적 자체를 무효화시켜버린다. 거짓말의 정의대로라면, 당신은 진실에 계속 접근할 수 있어야 한다. 그렇지 않다면 이는 진화적인 전략에 아무런 의미가 없다.

이 딜레마에서 탈출하는 한 가지 방법은, '믿음'이란 것이 필연적으로 통일적이지는 않다고 생각하는 것이다. 아마도 자기기만은 주로 (자신이 아는 바를 다른 사람에게 전하려 하는) 좌측 반구의 기능일 것이다. 반면에 우측 반구는 진실을 계속 '알고' 있다. 이런 생각에 대해 실험적으로 접근하는 한 가지 방법은 질병인식불능증 환자의 전기피부반응과 정상적인 사람(가령, 어린이)이 이야기를 꾸며낼 때의 전기피부반응을 측정해보는 것이다. 정상적인 사람이 거짓 기억을 산출하거나 어린아이가 이야기를 꾸며낼 때 그들은 강한 전기피부반응을 보이게 될까? (만약 거짓말을 하고 있다면 당연히 그래야 한다.)

마지막으로, 트리버스의 논증이 실제로 타당할 수 있는 또 다른 유형의 거짓말이 있다. 이는 자신의 능력에 관해서 거짓말을 하는 허풍의 경우이다. 물론 자신의 능력에 대한 거짓 믿음은 비현실적인 목표를 위해 애쓰게 만들어서 스스로를 곤란에 빠뜨릴 수도 있다. ("나는 작거나 약하지 않으며, 크고 강하다.") 그러나 많은 경우에 확신에 찬 허풍쟁이는 토요일 저녁 최고의 데이트를 즐기고, 그 결과 자신의 유전자를 널리 그리고 자주 뿌리게 된다. 이를 통해서 '자기기만을 통한 성공적인 허풍' 유전자가 빠르게 유전자 풀의 일부가 된다는 사실을 고려한다면, 이와 같은 약점은 상쇄될 수 있다. 한 가지 예측할 수 있는 사실은 여자에 비해서 남자가 허풍이나 자기기만의 경향이 더욱 강하다는 것이다. 그것이 사실일 것이라고 여러 동료들이 말해주었지만, 내가 아는 한 이런 예측을 체계적으로 시험한 적은 한 번도 없다. 반면에, 여자에게는 아홉 달의 힘든 임신, 위험한 출산 과정, 자기 자식이 확실한 어린애에 대한 오랜 기간의 보살핌과 같은 훨씬 많은 것들이 걸려 있다. 따라서 여자는 거짓말을 탐지하는 일에 더욱 뛰어날 것이다.

4 Kinsbourne(1989), Bogen(1975), Galin(1976)은 한쪽 반구나 혹은 다른 쪽 반구에 인지적 기능을 전적으로 귀속시키는 '이분법적 집착'의 위험성을 반복해서 경고하고 있다. 대부분의 경우에 전문화는 절대적이기보다 '상대적'이며, 두뇌에는 좌우만 있는 것이 아니라 앞과 뒤, 위와 아래도 있음을 항상 명심해야 한다. 상황을 더욱 나쁘게 만드는 것은, 복잡한 대중문화나 수많은 자조 매뉴얼들이 반구 특화의 개념에 기초하고 있다는 것이다. 로버트 오른스타인Robert Ornstein(1997)이 언급하고 있듯이, "이는 관리자나 은행원, 예술가들을 위한 일반적 조언에 상투적으로 등장한다. 그것은 만화 속에도 있고, 광고에도 이용된다. 유나이티드 항공은 대륙횡단 비행 시에 창측과 내측 어느 쪽에 앉아도 좋은 이유를 제시한다. 한쪽에는 음악이 있고, 다른 쪽은 그 값어치를 충분히 한다는 것이다. 사브 자동차 회사는 터보 승용차를 '당신의 두뇌 양쪽 모두를 위한 자동차'라고 광고한다. 이름을 잘 기억하지 못하는 내 친구 하나는 자신을 '오른쪽 환경에 적합한 종류의 사람'이라며 그 평계를 댄다." 그러나 이러한 대중문화의 존재가, 두 개의 반구가 실제로 서로 다른 기능을 위해 특화되어 있다는 핵심 쟁점을 흐려서는 안 된다. 오른쪽 반구에 신비한 능력을 부여하려는 경향은 새로운 것이 아니다. 이는 우반구 에어로빅 운동을 유행시켰던 19세기의 프랑스 신경학자 샤를 브라운 세퀴르Charles Brown-Sequard에게로 거슬러 올라간다.

반구 특화의 생각에 대한 최신 견해에 관해서는 Springer and Deutsch (1998)를 보라.

5 반구 특화에 대한 우리의 지식 대부분은 Gazzaniga, Bogen and Sperry(1962)의 혁신적인 연구에 바탕하고 있다. 뇌량 절단 환자에 대한 이들의 연구는 잘 알려져 있다. 두 반구를 이어주는 뇌량을 절단할 경우, 실험실에서 각 반구의 인지적 능력을 분리해서 연구할 수 있다.

내가 '장군' 이라고 부르는 것은 Gazzaniga(1992)가 좌측 반구에 있는 '해석자' 라고 불렀던 것과 다르지 않다. 그러나 가자니가는 (내가 여기서 하고 있는 것처럼) 해석자를 갖게 된 진화적 기원이나 생물학적 근거를 고려하지 않으며, 우측 반구에 있는 대립적인 메커니즘의 존재를 가정하지도 않았다.

나와 유사한 반구 특화에 대한 견해는 Kinsbourne(1989)에 의해 제안되었다. 그러나 그것은 질병인식불능증이 아니라, 뇌졸중에 동반하는 우울증에서 볼 수 있는 편측성 효과laterality effect를 설명하기 위한 것이었다. 그는 프로이트의 방어기제나 '패러다임 전환' 을 논의하지 않는다. 하지만 그는 계속 진행 중인 행위를 유지하기 위해서는 좌측 반구가 필요하고, 행위를 중단하거나 정위 반응orienting response을 산출하기 위해서는 우측 반구의 활성화가 필요할지도 모른다는 독창적인 제안을 내놓았다.

6 반구 특화에 관해 내가 제안하는 이론이 질병인식불능증의 모든 형태를 설명하지 못한다는 점을 강조해야겠다. 예를 들어 베르니케 실어증 환자의 질병인식불능증은 보통 언어에 대한 믿음을 표상하는 두뇌 부위가 손상을 입었기 때문에 생겨난다. 다른 한편으로 겉질시각상실cortical blindness의 부정 현상인 앤톤 증후군Anton's syndrome은 동시에 우측 반구의 손상을 필요로 할 수도 있다. (나는 이와 같은 '두 개의 병변' 이 있는 경우를 레아 레위Leah levi 박사와 함께 꼭 한 번 본 적이 있다. 그러나 이 문제를 결론짓기 위해서는 더 많은 연구가 필요하다.) 귓속으로 차가운 물을 흘려주면, 베르니케실어증 환자는 자신의 장애에 대해서 더 잘 알게 될까?

7 Ramachandran, 1994, 1995a, 1996.

8 이러한 망상의 신경적 기초를 이해하기 위해서 우리가 가야 할 길은 아직도 멀다. 최근에 나온 Grazino, Yap and Gross(1994)의 중요한 저작이 도움이 될지도 모르겠다. 이들은 원숭이의 보조운동영역supplementary motor area에서 시각 감수 영역receptive filed과 손의 몸감각 영역이 '중첩된' 특이한 뉴런들을 발견하였다. 흥미롭게도 원숭이가 손을 움직이면 시

각적 감수 영역이 따라 움직인다. 그러나 눈의 움직임은 감수 영역에 아무런 영향도 미치지 않았다. 이러한 손 중심의 시각 감수 영역이 내가 환자들에게서 관찰하는 종류의 망상에 대한 신경적 바탕을 제공하는 것일지도 모르겠다.

9 우리의 가상현실 상자 및 레이 돌란Ray Dolan과 크리스 프리스Chris Frith 의 실험은, 신체상의 불일치뿐 아니라 다른 종류의 비정상을 감지하고 그에 적응하는 메커니즘이 우측 반구에 있다는 생각을 시사한다. 다른 세 연구도 이런 생각을 지지한다. 첫째, 좌측 반구에 손상을 입은 환자는 우측 반구에 뇌졸중을 겪은 환자보다 더욱 우울하고 염세적인 경향이 있다는 것은 오랫동안 알려진 사실이다(Gainotti, 1972; Robinson et al., 1983). 그 차이는 대개 우측 반구가 더 '감정적'이라는 사실 때문으로 생각되었다. 나는 그 대신에 환자가 좌측 반구에 손상을 입었기 때문에, 당신이나 내가 일상적인 소소한 불일치를 극복하는 데 사용하는 최소한의 '방어기제'도 갖고 있지 않기 때문이라 주장한다. 그 결과 모든 사소한 비정상은 잠재적인 불안요소가 된다.

나는 정신의학적 상황에서 볼 수 있는 특발성 우울증idiopathic depression 도, 좌측 반구가 프로이트 방어기제를 활용하는 데 실패함으로써 발생한다고 주장한 적이 있다(Ramachandran, 1996). 아마도 이는 신경전달물질의 불균형 때문이거나, 임상적으로 감지할 수 없는 두뇌의 좌측 정면 영역이 손상된 결과일 것이다. 우울증에 빠진 사람이 정상적인 사람보다 (빨간색 스페이드 에이스를 잠깐 보여주는 것과 같은) 미세한 불일치에 더 예민하다는 과거의 실험적 관찰도 이러한 생각과 일치한다. 나는 현재 질병인식불능증 환자에게 유사한 실험을 진행하고 있다.

이런 생각을 지지하는 두 번째 종류의 실험은 다음과 같은 관찰과 관련이 있다(Gardner, 1993). (좌측이 아닌) 우측 반구에 손상을 입은 환자는 마지막 부분이 예기치 않게 비틀려서 시작 부분과 모순을 일으키는 '뜰길 걷기 문장garden path sentence'의 불합리함을 파악하는 데 어려움을 겪는다. 나는 이러한 발견을 비정상 감지 장치의 장애로 해석한다.

10 그것이 만일 비극적이지 않았다면, 빌의 부정은 우스꽝스럽게 보였을 것이다. 그러나 '에고' 혹은 자아를 보호하기 위하여 그가 최선을 다하고 있다는 점에서, 그의 행위는 '적절' 하다. 누군가가 사형선고를 받은 다음에 그것을 부정하는 것에 어떤 이상한 점이 있는가? 빌의 부정은 희망이 없는 상황에 대한 건강한 반응이다. 그럼에도 그것의 정도는 놀라운 것이었으며, 이는 또 다른 흥미로운 질문을 야기한다. 그와 같이 복내측 전두엽과 연관되어 망상에 빠진 환자들은 주로 '자아' 의 통일성을 보호하기 위해 말을 꾸며내는 것일까? 아니면 여타의 추상적 문제에 대해서도 이야기를 꾸며내게 할 수 있을까? 만약 그런 환자에게 "클린턴의 머리카락 개수가 몇 개냐?"라고 질문해보자. 이때 그는 작화를 할 것인가 아니면 무지를 인정할 것인가?

달리 말해서, 어떤 권위 있는 인물이 질문을 하는 것이 그가 말을 꾸며내도록 하는 데 충분한 것인가? 이 문제에 체계적으로 접근한 연구는 아직까지 없었다. 하지만 광범위한 피질 손상으로 인하여 치매증상을 겪고 있는 것이 아니라면, 환자는 대체로 자신의 안전에 즉각적인 위협이 되지 않는 문제에 대해서 '솔직히' 무지를 인정한다.

11 부정은 분명 매우 깊숙이 진행된다, 이를 지켜보는 것은 매우 흥미로운 일이지만, 동시에 이는 환자의 가족들에게 커다란 좌절과 실질적인 걱정의 원인이 된다. (정의상, 환자 자신에게는 적용되지 않는다!) 가령 어떤 환자가 마비의 직접적인 결과를 부정하는 경향이 있다고 하자. (칵테일 접시를 떨어뜨리거나 자신들이 신발 끈을 묶을 수 없다는 것을 어렴풋이도 알지 못한다.) 이때 이들은 다음 주나 다음 달 혹은 내년에 무슨 일이 일어날 것인가와 같은 먼 결과에 대해서도 부정하는가? 아니면 무엇인가가 잘못되었다는 것, 자신이 불구가 되었다는 것을 마음 뒤편에서 어렴풋이 알고 있는가?

나는 이 문제를 체계적인 방식으로 탐구해보지는 않았다. 그러나 내가 이런 질문을 했을 때 몇몇 환자들은, 자신의 마비가 미래의 삶에 어느 정도 깊숙한 영향을 끼칠 것인지 전혀 알지 못하는 것처럼 반응했다. 예를 들어,

병원에서 집까지 스스로 운전해서 돌아가겠다든가, 골프나 테니스를 다시 시작할 것이라고 자신 있게 주장한다. 따라서 이들 환자들은 단순히 현재의 신체상을 갱신하는 데 실패하는 감각/운동 장애만을 겪고 있는 것은 분명 아니다. (그것이 현재 상태의 중요한 구성요소라는 것은 틀림없다.) 그보다는 현재의 부정을 수용하기 위하여 자기 스스로나 자신의 생존 수단에 관한 믿음들 전체가 근본적으로 변경된다. 이들의 태도는 재활 과정의 여러 목적 중의 하나, 즉 환자가 자신의 처지를 정확히 파악하게끔 회복시키려는 목적과 직접적인 갈등을 일으킨다. 그러나 불행 중 다행으로, 그러한 망상은 이들 환자들에게 종종 상당한 위안이나 위로가 된다.

부정의 영역 한정성과 그 정도에 대하여 접근하는 또 다른 방법은, '마비'라는 단어를 화면에 번쩍이고, 전기피부반응을 측정해보는 것이다. 비록 자신의 마비를 알지 못하지만, 환자는 이 단어를 위협적인 것으로 생각해 높은 GSR값을 보이게 될까? 1부터 10까지 불쾌함의 정도를 매긴다면, 그 단어에 대한 환자의 불쾌감은 어느 정도 해당할까? 환자의 평가는 정상인의 평가보다 높게 나타날까 혹은 낮게 나타날까?

12 오른쪽 전두엽에 뇌졸중을 일으킨 환자 중에는 질병인식불능증과 다중인격장애 증세의 중간 정도에 해당하는 증세를 보이는 환자들이 있다. 리타 하리Riita Hari 박사와 나는 최근에 헬싱키에서 그런 환자를 한 명 만났다. 그 환자의 두뇌는 두 부분(전두엽과 띠다발 영역)에 손상을 입은 결과, 자신의 '신체상'을 정상적인 두뇌가 하는 방식으로 갱신하지 못했다. 의자에 1분 정도 앉아 있다가 일어나서 걷기 시작하면, 그녀는 신체가 두 개로 나눠지는 것을 경험한다. 왼쪽 반은 여전히 의자에 앉아 있지만, 오른쪽 반은 걷고 있는 것이다. 그녀는 두려움에 사로잡힌 채, 뒤돌아보면서 자신의 신체 절반이 뒤에 남아 있지 않음을 확인했다.

13 우리가 깨어 있는 동안, 좌측 반구는 우리에게 들어오는 감각적 자료를 처리하여 일상적인 경험에 일관성, 정합성, 시간적 순서를 부여한다. 그런 과정에서 좌측 반구는 들어오는 많은 정보를 합리화 · 부정 · 억압 · 검열한다.

꿈속이나 빠른눈운동수면 시에 어떤 일이 일어나는지 살펴보자. 상호배타적이지 않은 최소한 두 가지의 가능성이 있다. 첫째 빠른눈운동(REM)은 두뇌와 연관된 중요한 '생장' 기능을 담당하고 있을 수 있다(신경전달물질의 공급이나 유지). 그리고 꿈은 단순한 부산물에 불과한 부수현상일 수 있다. 둘째, REM은 단지 꿈을 야기하기 위한 수단에 불과하며, 꿈 자체가 중요한 인지적/감정적 기능을 담당하고 있을 수 있다. 예를 들어 깨어 있는 동안에 하게 되면 잠재적으로 불안한 여러 가지 가상 시나리오를, 꿈을 통해 시험해볼 수 있다. 달리 말해서, 꿈은 의식적인 마음에 의해 보통 엄폐되어 있는 여러 금지된 생각을 일종의 '가상현실'로 모의하게끔 해준다. 그런 생각들을 끄집어내어 줄거리에 동화될 수 있는지 확인하고, 만일 그럴 수 없다면 그것들은 억제되고 또다시 잊힌다.

이런 연습을 왜 깨어 있는 동안 상상 속에서 할 수 없는지는 분명하지 않다. 대략 두 가지 정도를 생각해볼 수 있다. 첫째, 연습이 효과적이기 위해서는 실제의 것처럼 보이고 느껴져야 한다. 그러나 깨어 있는 동안에는 이것이 가능하지 않다. 이미지들이 내적으로 만들어졌음을 우리가 이미 알고 있기 때문이다. 셰익스피어의 말처럼 "단지 성찬을 상상하는 것만으로 배고픔을 달랠 수는 없다". 가상이 실제의 것을 대신할 수 없다는 점은 진화론적으로 중요한 사실이다.

둘째, 깨어 있는 동안에 불안한 기억을 끄집어내는 것은, 그것들을 억압하는 목적 자체를 무효화시키면서 두뇌에 심각한 불안정을 야기할 수 있다. 하지만 그런 기억을 꿈속에서 끄집어내면, 깨어 있을 때 생길 불이익을 당하지 않으면서도 실제적이고 감정이 결부된 모의가 가능할 수 있다.

꿈의 기능에 대해서는 여러 가지 의견이 있다. 이 주제에 대한 흥미로운 리뷰로는, Hobson(1988)과 Winson(1986)을 보라.

14 이것이 모든 사람에게 적용되는 것은 아니다. 조지라는 한 환자는 자신이 마비를 부정했음을 생생하게 기억했다. "그것이 움직이지 않는다는 것을 알았습니다. 그러나 나의 마음은 그것을 받아들이려 하지 않았습니다. 정말로 이상했지요. 내 생각에 나는 부정 상태에 있었습니다." 왜 한 사람은

기억을 하고 다른 사람은 망각을 하는지 분명하지 않다. 아마도 이것은 우측 반구의 나머지 손상과 관계가 있을 것이다. 그 결과, 조지는 뭄타즈나 진보다 더 온전하게 회복하였으며, 실제를 정면으로 마주 볼 수 있게 되었을 것이다. 그런데 내 실험을 통해 분명해진 것은, 최소한 몇몇 환자는 비록 정신적으로 명석하고 기억에 아무 문제가 없음에도 불구하고, 부정에서 회복된 다음에 '자신의 부정을 부정'한다는 사실이다.

기억에 대한 우리의 실험은 또 다른 흥미로운 문제를 야기한다. 만약 어떤 사람이 교통사고를 당해서 말초신경에 손상을 입고 왼팔이 마비되었다면 어떤 일이 일어날까? 몇 달 후에 그녀가 좌측 신체의 마비 및 부정 증세로 연결되는 뇌졸중을 겪었다고 가정하자. 갑자기 그녀는 다음과 같이 말할까? "의사 선생님, 계속 마비되어 있던 내 팔이 갑자기 다시 움직이기 시작했습니다." 환자는 이미 존재하는 기존의 세계관에 집착하는 경향이 있다는 나의 이론처럼, 그녀는 자신의 왼팔이 마비되어 있다고 말할 것인가? 아니면 그 이전의 신체상으로 되돌아가서, 자기 팔이 실제로 다시 움직인다고 주장할 것인가?

15 이것은 단 한 번의 연구에 불과하며, 더 많은 환자들을 대상으로 더욱 신중하게 실험을 반복할 필요가 있음을 강조해야겠다. 실제로 모든 환자들이 낸시처럼 협조적인 것은 아니다. 수잔이라는 한 환자가 생생하게 기억난다. 그녀는 자신의 왼팔 마비를 강하게 부정하고 있었으며, 내 실험에 참여하는 데 동의했다. 내가 그녀의 왼팔에 국소 마취제를 주사할 것이라고 말하자, 그녀는 휠체어에서 몸을 앞으로 숙이면서 눈썹 하나 까딱 않고 내 눈을 똑바로 보며 말했다. "박사님, 그것은 규칙에 부합합니까?" 수잔은 나와 일종의 게임을 하는 듯 보였고, 그 때문에 내가 갑자기 규칙을 바꾸어버린 적이 있다. 그러나 그것은 금지된 일이었다. 거기서 나는 실험을 중단했다.

하지만 나는 가짜 주사가 새로운 형태의 심리치료에 대한 길을 열어줄지도 모른다고 생각한다.

16 또 다른 근본적 문제는 좌측 반구가 우측 반구에서 오는 메시지를 읽고 해

석하려 할 때 생겨난다. 4장에서 논의했던 것처럼, 두뇌의 시각중추가 (두정엽과 측두엽의) 어떻게 경로와 무엇 경로의 두 개 흐름으로 분리되어 있음을 상기하자. 거칠게 말해서, 우측 반구는 디지털보다 아날로그적인 표상방식을 사용하는 경향이 있다. 우측 반구는 신체상과 공간적 시각 그리고 어떻게 경로의 여타 기능들을 강조한다. 반면에 좌측 반구는 언어와 연관된 논리적인 스타일을 더 선호한다. 좌측 반구는 (주로 무엇 경로를 통해 이루어지는) 대상을 인지하고 분류하는 일, 대상에 언어적인 이름을 붙이는 일, 논리적 연관 속에서 대상을 표상하는 일을 수행한다. 이는 중대한 '번역의 장벽'을 만들어낸다. 좌측 반구가 오른쪽에서 오는 정보를 해석하려고 할 때마다 (가령, 음악이나 미술의 형언할 수 없는 느낌을 말로 표현하려고 할 때) 최소한 어떤 형태의 꾸며내기가 일어날 수 있다. (우측이 손상되었거나 좌측과 분리되어 있어서) 오른쪽에서 기대한 정보를 얻지 못할 경우에, 좌측 반구가 이야기를 꾸며내기 시작할 수 있기 때문이다. 이러한 번역 실패가 질병인식불능증 환자에게서 볼 수 있는 막힘 없는 작화의 일부 경우를 설명해줄 수 있지는 않을까? (Ramachandran and Hirstein, 1997을 보라.)

8 '진짜' 나는 누구인가?

1 J. Capgras and J. Reboul-Lachaux(1923), H. D. Ellis and A. W. Young(1990), Hirstein and Ramachandran(1997).

2 이러한 장애를 얼굴인식불능증이라고 한다. Farah(1990), Damasio, Damasio and Van Hoesen(1982)을 보라.

시각피질(영역 17)의 세포들은 빛의 줄기 같은 단순한 특징에 반응한다. 그러나 측두엽에서 이것들은 종종 얼굴과 같은 복잡한 특징에 반응한다. 이들 세포들은 얼굴 인식에 전문화된 복잡한 네트워크의 일부일 수 있다. Gross(1992), Rolls(1995), Tovee, Rolls and Ramachandra(1996)을 보라.

이 장에 주요하게 등장한 편도의 기능은 Leboux(1996)와 Damasio (1994)에 의해 자세히 논의되었다.

3 카프그라 망상과 얼굴인식불능증이 서로 대칭적일 수 있다는 재치 있는 생각은 Young and Ellis(1990)에서 처음 제안되었다. 그러나 이들은 이 장에서 우리가 제안했던 얼굴 영역과 편도의 단절이 아니라, 등쪽 흐름 dorsal stream과 변연계의 분리를 가정했다. Hirstein and Ramachandran(1997)도 보라.

4 또 다른 질문: 왜 이런 단순한 감정적 환기의 부재가 이상한 망상으로 이어지는가? 왜 환자는 다음과 같이 간단하게 생각하지 않는가? '나는 이 사람이 내 아버지라는 것을 알고 있다. 그런데 어떤 이유 때문인지 더 이상 따뜻함이 느껴지지 않는다.' 한 가지 대답은 그런 극단적인 망상이 산출되려면 추가로 오른쪽 정면 피질에 모종의 손상이 있어야 한다는 것이다. 앞의 장에서 살펴보았던 부정 환자를 떠올려보자. 좌측 반구는 차이를 설명해냄으로써 총체적인 일관성을 유지하려고 한다. 그리고 우측 반구는 비일관성을 감시하고 그에 반응함으로써 균형을 유지하려고 한다. 완전한 카프그라 증후군으로 발전하기 위해서는 다음의 두 가지 장애가 결합될 필요가 있을 수 있다. 하나는 친숙한 얼굴에 감정적 중요성을 부여하는 두뇌 능력에 영향을 미치는 장애이고, 다른 하나는 우측 반구의 총체적인 '일관성 확인' 메커니즘을 혼란에 빠뜨리는 장애이다. 이 문제를 해결하기 위해서 두뇌 촬영에 대한 연구가 추가로 필요하다.

5 Baron-Cohen, 1995.

9 두뇌는 왜 신을 보았다고 믿는가?

1 현재 이 장치는 주로 표면 근처의 두뇌 부위를 자극하는 것에 효과적이지만 결국에는 더 깊은 구조를 자극할 수 있게 될 것이다.

2 원래의 설명은 Papez(1937)를 보라. 매력적인 사변적 생각들로 가득한 포괄적인 리뷰는 Maclean(1973)을 보라.

광견병 바이러스가 주로 '변연계'에 침투하는 것은 우연의 일치가 아니다. 개 A가 개 B를 물면, 바이러스는 물린 곳 근처의 말초신경에서 척수로 이동하고, 종국에는 물린 개의 변연계에 이르게 된다. 그 결과 벤지가 다미언으로 변화한다. 순했던 개가 입에서 거품을 내뿜고 으르렁거리면서 다른 개를 문다. 그렇게 옮겨진 바이러스는 공격적으로 물어뜯는 행위를 유발하는 바로 그 두뇌구조를 감염시키게 된다. 이런 사악한 전략의 일부로서, 바이러스는 처음에 두뇌의 다른 구조에는 아무런 영향을 끼치지 않는다. 그래야만 개가 바이러스를 옮길 정도로 충분히 오래 살아남을 수 있다. 그런데 바이러스가 어떻게 다른 모든 두뇌구조에는 아무런 해도 끼치지 않으면서, 물린 부위 근처의 말초신경에서 두뇌 내부 깊숙이 위치한 세포로 이동할 수 있는가? 학생 때 나는 이들 두뇌 영역을 '밝히기' 위하여 바이러스를 형광 염료로 착색하는 것이 가능할지 궁금해했었다. 그것이 가능하다면, 오늘날 PET 스캔을 사용하는 것과 거의 동일한 방식으로 물어뜯는 것 및 공격과 연관된 특정 경로를 발견할 수 있을 것이다. 어쩌 되었든, 광견병 바이러스와 관련된 개는 단지 바이러스 게놈을 전달하는 일시적 수단이며, 바이러스를 만들어내는 또 다른 방법일 뿐이다.

3 측두엽 간질에 대해 유용한 설명은 Trimble(1992)와 Bear and Fedio(1977)에서 찾을 수 있다. Waxman과 Geschwind(1975)는 측두엽 간질 환자에서 발견되는 일군의 성격적 특징이 있다는 견해를 옹호하였다. 이런 생각을 비판하는 사람도 있지만, 여러 연구를 통해 그런 연관이 확증되었다. Gibbs(1951), Gestaut(1956), Bear and Fedio(1977), Nielsen and Kristensen(1981), Rodin and Schmaltz(1984), Adamec(1989), Wieser(1983).

'정신질환적 장애'와 간질 사이에 연관이 있다는 생각은 고대로 거슬러 올라간다. 그리고 불행히도 과거부터 간질은 나쁜 낙인이 찍혀 있었다. 그러나 이번 장에서 내가 반복해서 강조하고 있는 것처럼, 이들 특징 중 어느 것이든 그것이 '바람직하지 못한' 것이라거나, 그 때문에 환자가 더 나쁘게 되었다는 결론을 내릴 근거는 없다. 물론 간질에 대한 나쁜 인식을 제거하는 가장 좋은 방법은 그 증세들을 더 깊이 있게 탐구하는 것이다.

Slater and Beard(1963)은 그들이 연구한 연속적인 사례의 38퍼센트에서 '신비한 경험'을 발견했다. Bruens(1971)도 유사한 관찰을 했다. Dewhurst and Beard(1970)에서는 일부 환자의 경우에는 빈번한 종교적 개종이 관찰되기도 했다.

일부 환자만이 신앙심이나 글쓰기 중독 같은 비교적esoteric 특징을 보인다는 점을 인식하는 것이 중요하다. 그러나 그렇다고 해서 그러한 연관이 덜 실제적이라는 것은 아니다. 비유적으로 생각해서, (당뇨 합병증으로 인한) 신장이나 눈의 변화가 단지 소수의 당뇨병 환자들에게만 일어난다는 사실을 고려해보자. 그렇다고 해서 그 사이에 어떤 연관이 있음을 부정하는 사람은 없을 것이다. Trimble(1992)이 주장하듯이, "간질 환자에게서 발견되는 신앙심이나 글쓰기 중독 같은 인격적 특징은 일괄적으로 나타나는 현상이며, 소수의 환자들에게서 발견된다는 것이 거의 확실하다. 그것은 강박과 같이 단계적인 정도를 갖는 특질이 아니다. 따라서 충분히 많은 수의 환자들을 평가하지 않으면, 설문조사 연구에서는 두드러진 요소로 등장하지 않는다."

4 임상적으로 전혀 감지할 수 없는, 정신분열이나 조울증 증세를 야기하는 측두엽 손상의 경우가 있을 수 있기 때문에 문제는 더욱 복잡해진다. 따라서 정신질환자들이 때때로 종교적 느낌을 경험한다는 사실이 나의 논증을 부정하지는 않는다.

5 측두엽의 특화된 구조에 호소하고 있지는 않지만, 유사한 견해가 Crick(1993), Ridley(1997)과 Wright(1994)에서 제시되었다.

이 논증에는 진화심리학의 금기라고 할 수 있는 집단선택의 기미가 보인다. 그러나 꼭 그럴 이유는 없다. 어쨌든 모든 종교가 비록 인류에 대한 '형제애'라는 입에 발린 소리를 하고 있지만, 이들은 자신들의 집단이나 (아마도 동일한 유전자의 다수를 공유하고 있을) 부족에 대한 충성심을 강조하는 경향이 있다.

6 Bear와 Feido(1977)는 변연계에 과잉 연결이 형성되면, 이것이 환자로

하여금 모든 것에서 우주적 중요성을 보게 만든다는 기발한 제안을 하였다. 이들의 생각은, 쳐다보는 모든 것에 대해서 환자가 높은 GSR을 보일 것을 예측한다. 이런 예측은 일부 기초적인 연구에서 들어맞았다. 그러나 다른 연구들은 대부분의 범주에 대해서 아무 변화가 없거나 GSR의 감소가 있음을 보여주었다. GSR을 측정하는 동안, 환자가 약물을 복용한 정도에 따라서 상황은 더욱 복잡해진다.

반면에 우리의 기초적인 연구는, 특정 범주에 대해서는 GSR 반응의 선택적 강화가 있고 다른 것들에 대해서는 그렇지 않을 수 있음을 시사한다. 결과적으로 환자의 정서적 지형은 영구적으로 변화될 수 있다(Ramachan-dran, Hirstein, Armel, Tecoma and Iragui, 1997). 그러나 이러한 발견 또한 많은 수의 환자를 통하여 확증되기 전에는, 잠정적인 것으로 받아들여야 한다.

7 환자 두뇌의 변화가 원래 측두엽을 통해 매개되었다 하더라도 (즉 측두엽이 실제의 변화가 일어난 장소라 하더라도), '종교적인 관점'은 아마 여러 다른 두뇌 영역과 연관되어 있을 것이다.

8 다윈의 생각에 대한 알기 쉽고 생생한 설명은 Dawkins(1976), Maynard Smith(1978), Dennett(1995)을 보라.

모든 특성(혹은 대부분의 특성)이 자연선택의 직접적인 결과인지 혹은 진화를 관장하는 또 다른 법칙이나 원리가 있는지의 여부에 대해서 진화론 학자들 사이에 격렬한 논쟁이 진행되고 있다. 이 논쟁은 유머와 웃음의 진화에 대해 다루는 10장에서 다시 다루도록 하겠다.

9 이 논의의 많은 부분은 Loren Eisley(1958)의 책에 등장한다.

10 이 생각은 Christopher Wills(1993)의 재미있는 책에 명확하게 서술되어 있다. 또한 Leakey(1993)와 Johanson and Edward(1996)를 보라.

11 세제곱근을 찾아낼 수 있는 서번트는 Hill(1978)에 설명되어 있다. 서번트가 소수나 인수를 찾아내는 어떤 간단한 방법이나 요령을 터득하고 있다는 생각이 한동안 회자된 적이 있다. 그러나 이는 현상을 잘 설명할 수 없다. 전문적인 수학자가 적절한 알고리듬을 배웠다 하더라도 10,037과

10,133 사이의 소수를 모두 나열하는 데는 거의 1분이 걸렸다. 그러나 말 못하는 자폐증 환자는 이런 일에 전혀 경험이 없었지만 단 10초가 걸렸을 뿐이다(Hermelin and O'Connnor, 1990).

비록 드물게 잘못된 값을 산출하기는 하지만, 매우 빠른 속도로 소수를 산출하는 알고리듬이 있다. 소수의 서번트가 이런 알고리듬과 동일한 잘못을 저지르는지 살펴보는 것도 흥미로운 일이다. 이는 서번트가 동일한 알고리듬을 암묵적으로 사용하고 있는지의 여부를 우리에게 알려줄 것이다.

12 서번트 증후군에 대한 또 다른 설명은, 특정 능력의 결핍이 남아 있는 능력을 실제로 활용하기 쉽게 만들 뿐 아니라 신기한 특정 능력에 더욱 주의를 집중하게끔 만들어준다는 생각에 기초하고 있다. 가령 외부 세계의 사건과 마주할 때, 우리는 사소한 세부 내용 모두를 마음속에 기록하지 않는다. 그것은 적응성을 떨어뜨리기 때문이다. 우리의 두뇌는 그것들을 저장하기에 앞서, 먼저 사건들의 중요성을 측정하고 그 정보를 공들여 검열하고 편집한다. 그런데 그런 메커니즘이 잘못되면 어떻게 될까? 이 경우에 우리는 최소한 몇몇 사건들에 대해서 불필요하게 세세한 내용까지 기록하기 시작한다. 가령 10년 전 읽은 책에 나왔던 단어를 기억하게 된다, 이런 것들은 우리에게 깜짝 놀랄 만한 재능으로 보일 수도 있다. 그러나 이는 실제로 일상적인 경험을 정상적으로 검열할 수 없는 손상된 두뇌에서 출현하는 것이다. 이와 유사하게, 자폐아는 다른 사람이 들어올 수 없는 자신만의 세계에 갇혀 있다. 그는 외부에 대해서 단지 하나 혹은 둘 정도의 관심 경로만을 열어놓고 있을 뿐이다. 다른 모든 것을 배제한 채로 하나의 주제에 주의를 집중할 수 있는 능력은 다른 신기한 능력을 만들어낼 수 있다. 하지만 이 경우에도 그 아이의 두뇌는 정상이 아니며, 아이는 발달은 심각하게 정체된 상태이다.

이와 관련된 더욱 기발한 논증은 Snyder and Thomas(1997)에 의해 제안되었다. 이들은 발달 지체에 따른 모종의 이유 때문에 서번트가 덜 개념 중심적이라고 주장한다. 그리고 이러한 점이 그들로 하여금, 보통의 우리는 접근할 수 없는 인지 처리 과정의 초기 단계에 접근할 수 있도록 해준다는 것이다. (그 결과 강박적으로 자세한 스티븐 윌트서Stephen Wiltshire의 그림 같은 것이 가능해진다. 이러한 그림은 정상 아동이 그리는 올챙이 모양의 그림이나 만화 비슷한 개념적 그림들과 선명하게 대비된다.)

이들의 생각이 내 생각과 일치하지 않는 것은 아니다. 개념 중심 지각(혹은 개념화)에서 강조의 전환을 통해 초기 처리 과정에 접근하게 되는 것은, 내가 제안한 바대로 '초기' 모듈의 과잉성장에 의존할 수 있기 때문이다. 슈나이더의 이론은 전통적인 주의집중 이론과 이 장에서 내가 제안한 이론의 중간 지점에 위치하는 것으로 간주할 수 있다.

한 가지 문제는 어떤 서번트의 그림은 (가령, 색스가 설명한 스티븐 윌트서의 그림처럼) 과도하게 세밀하지만, 어떤 그림은 (가령 다빈치가 그런 것 같은 나디아의 말 그림처럼) 정말로 아름답다는 것이다. 원근법이나 명암 등에 대한 그녀의 감각은 내 논증이 예측하는 것처럼 정상보다 훨씬 발달해 있다.

이 모든 생각의 공통점은 일군의 모듈에서 다른 모듈로 강조의 전환이 일어남을 함축한다는 것이다. 그런 결과가 단순히 일군의 기능이 결여되기 때문인지 (그래서 다른 것들에 더 많은 주의를 기울이기 때문인지), 혹은 남아 있는 것들의 실제 과잉성장 때문인지는 아직 더 지켜보아야 할 문제이다.

주의의 전환이라는 생각이 내 마음에 들지 않는 이유는 두 가지이다. 첫째, 단지 주의를 집중함으로써 어떤 것에 자동으로 능숙해진다고 말하는 것은, 주의가 무엇이라는 것을 이미 알고 있지 않으면 말해주는 바가 별로 없다. 그리고 우리는 주의에 대해서 잘 알고 있지 못하다. 둘째, 만일 이 논증이 올바르다면, 두뇌 상당 부분이 손상된 '성인' 환자의 경우에는 왜 주의를 전환함으로써 갑자기 다른 어떤 것에 능숙해지지 않는가? 나는 계산장애가 있는 환자가 갑자기 음악 서번트가 되었거나, 무시 환자가 계산 천재가 된 일을 아직 본 적이 없다. 다시 말해서, 이 논증은 서번트가 선천적으로 태어나는 것이며, 만들어질 수 없는 이유를 설명하지 못한다.

물론 과잉성장 이론은 자기공명촬영술을 이용하여 여러 종류의 서번트들을 대상으로 쉽게 시험해볼 수 있다.

13 나디아와 같은 환자는 우리로 하여금 더욱 깊은 차원의 문제와 대면하게
한다. 예술이란 무엇인가? 왜 어떤 것은 아름답고, 어떤 것은 그렇지 않은
가? 모든 시각적인 미감을 뒷받침하고 있는 보편문법 같은 것이 있는가?
미술가는 자신이 그리려는 이미지의 (힌두들이 라사rasa라고 부르는) 본
질적인 특징을 포착하고 불필요한 세세함을 제거하는 일에 능숙하다. 그
리고 그렇게 할 때 그는 본질적으로 두뇌 자체가 진화해온 방향을 모방하
고 있다. 중요한 문제는, 왜 이것이 미적으로 즐거운 것이어야 하는가의
문제이다.

내 생각으로 모든 미술은 '캐리커처' 나 과장이다. 따라서 만약 캐리커처
가 왜 효과적인지 이해한다면 당신은 미술을 이해한 셈이다. 쥐에게 직사
각형과 정사각형을 분별하도록 가르치려 하고, 직사각형에 대해서 보상을
해준다고 하자. 쥐는 얼마 지나지 않아서 직사각형을 인지하고 그것에 대
한 선호를 보일 것이다. 그런데 역설적으로, 쥐는 원래의 직사각형보다 더
욱 얇은 형태의 (가령, 2:1보다는 3:1의) 직사각형 '캐리커처' 에 더욱 강
렬하게 반응한다! 이러한 역설은 쥐가 학습한 것이 규칙의 특정 사례가
아니라 '사각성rectangularity' 이라는 규칙 자체였음을 깨닫게 되면 저절로
해소된다. 쥐의 두뇌에서 시각적 형태 영역이 갖는 구조 그리고 규칙을 증
폭하는 방식(더욱 얇은 직사각형)은 쥐에게 보상적이며(즐거우며), 쥐의
시각체계가 규칙을 '발견' 하는 일에 대한 동기를 제공한다. 유사한 방식
으로, 만약 우리가 닉슨의 얼굴에서 일반적인 평균적 얼굴을 뺀 다음에 그
차이를 증폭하면, 원래보다 더욱 닉슨과 비슷한 캐리커처가 만들어지는
것이다. 시각체계는 실제로 '규칙을 발견' 하기 위하여 끊임없이 분투하고
있다. (형태, 움직임, 음영, 색깔 등의) 여러 차원에 걸쳐 상관관계나 규칙
을 추출하고 특징을 결합하는 일에 전문화된 다양한 줄무늬바깥extrastriate
시각영역이 있다. 내 직감에는 이들 시각영역이 진화의 초기 시점에 변연
계와 직접적으로 연결된 것 같다. 그것이 동물의 생존 가능성을 높여주기
때문이다. 결과적으로, 어떤 특정의 규칙을 증폭하고 불필요한 세부사항

을 제거하면 그림은 더욱 매력적으로 보인다. 나는 이러한 메커니즘과 그와 연관된 변연계의 연결이 우뇌에서 더욱 뚜렷하다고 생각한다. 좌뇌 반구에 뇌졸중을 겪은 환자의 경우에, 그들이 그린 그림이 뇌졸중 후에 더 퇴보했다는 여러 사례들이 문헌 속에 나타나 있다. 이는 아마도 뇌졸중 이후에 우뇌 반구가 규칙을 자유롭게 증폭할 수 있게 되었기 때문일 것이다. 사진의 세세함은 실제로 기초적인 규칙을 '차폐' 할 수 있기 때문에, 훌륭한 그림이 사진보다 더욱 감동적이다. 이러한 차폐는 미술가의 터치(혹은 좌뇌 반구의 뇌졸중)에 의해 제거된다.

이것이 미술에 대한 완전한 설명은 아니지만, 좋은 출발점은 될 수 있다. 하지만 우리는 미술가들이 (유머의 경우에서처럼) 왜 고의적으로 부조화로운 병치를 사용하는지, 샤워 커튼이나 흐릿한 베일 뒤로 보이는 누드가 왜 직접적인 누드 사진보다 더 매력적인지 여전히 설명할 필요가 있다. 분투를 거친 다음에 발견한 규칙은 명백하게 즉각 드러나는 규칙보다 더욱 큰 강화 효과를 지니는 것처럼 보인다. 이런 점은 미술역사학자 에른스트 곰브리치가 지적한 바이기도 하다. 자연선택은 아마 노력 자체를 불쾌하기보다 유쾌한 것으로 만들기 위하여, '노고' 를 거친 다음의 강화가 더욱 크게 작용하는 방식으로 시각 영역을 배선해 놓았을 것이다. 이 책 435쪽의 달마시안 그림이나, 짙은 그림자가 진 얼굴의 '추상적' 사진과 같은 퍼즐 사진의 영원한 매력도 거기에 기인한다. 그림을 마지막으로 끼워맞추었을 때 혹은 반점들이 올바로 연결되어 형상이 드러날 때, 우리는 즐거움을 느끼게 된다.

10 인간은 짐승인가, 천사인가?

1 루스와 윌리(가명)의 경우는 원래 Ironside(1955)의 논문에서 서술된 환자의 사례들을 재구성한 것이다. 그러나 임상적 세부사항과 검시 보고서에 대한 내용은 수정하지 않았다.

2 Fried, Wilson, MacDonald and Behnke(1998).

3 진화 심리학의 출현은 일찍이 Hamilton(1964), Wilson(1978), Williams(1966)의 저작을 통해 예고되었다. 이 학문의 현대적인 선언은 Barkow, Cosmides and Tooby(1992)를 통한 것이다. 이들은 이 분야의 창시자로 간주된다. (또한 Daly and Wilson, 1983과 Symons, 1979를 보라.)

이들의 생각에 대한 가장 명료한 설명은 핑커Pinker의 책 『마음은 어떻게 작동하는가How the Mind Works』에서 찾을 수 있다. 이 책은 여러 흥미로운 생각을 포함하고 있다. 진화이론의 세부 내용에 대한 그의 주장에 대해서 내가 동의하지 않는다고 해서, 그의 공헌의 가치가 손상되지는 않을 것이다.

4 이 생각은 매우 흥미로운 것이다. 하지만 진화심리학의 다른 문제들처럼 이 생각도 시험하기 어렵다. 이 점을 강조하기 위하여, 이것과 마찬가지로 시험이 불가능한 다른 생각을 소개하겠다. 여성들은 임신 초기 석 달 동안 식욕을 억제하기 위하여 입덧을 하며, 그 결과 유산에 이르게 할 수 있는 음식물의 자연적 독소들 회피한다는 마지 프로펫Margie Profet의 기발한 제안을 살펴보자(Profet, 1997). 나의 동료인 앤서니 도이치Anthony Deutsch 박사는 더욱 기발한 논증을 제안했다. 그는 구토 냄새가 남성으로 하여금 임신한 여성과의 섹스를 원하지 않도록 만들어서 실제 성관계의 가능성을 줄이게 만든다고 농담 삼아 말했다. 성관계는 유산의 위험을 높이는 것으로 알려져 있다. 이것이 우스꽝스러운 논증이라는 것은 명백하다. 그런데 독소에 관한 논증을 덜 우스꽝스럽다고 생각할 이유는 무엇인가?

5 V. S. Ramachandran(1997). 다음이 그들이 속아넘어간 내용이다.

이제 당신 스스로에게 물어보라. "왜 신사는 금발을 좋아하는가?" 서구 문화에서 남성은 성적이나 미적으로 검은 갈색보다 금발의 여성을 뚜렷하게 선호하는 것으로 알려져 있다(Alley and Hildebrandt, 1988). 이와 유사하게, 여러 비서구 사회에서도 보통 사람들보다 피부색이 더 밝은 여자를 선호하는 것이 관찰되었다. (이는 '과학적인' 조사를 통해서 공식적으로 확인되었다(Van der Berghe and Frost, 1986). 실제로 여러 나라에서 사람들은 '자신의 피부를 개선'하는 일에 강박적으로 열중하고 있다. 화장품 산업은 쓸모없는 피부제품을 수없이 만들어 이러한 열광에 영합한다. (흥미롭게도 남성의 경우에는 밝은 피부에 대한 그러한 선호가 없는 것으로 보인다. 그렇기 때문에 '키가 크고 까무잡잡한 미남' 이란 표현이 있는 것이다.)

15년 전에 미국의 유명한 심리학자 헤브락 엘리스Havelock Ellis는 남성이 여성의 (다산을 상징하는) 통통함을 좋아하며, 금발은 신체의 윤곽과 잘 조화되어 통통함을 강조해준다고 주장하였다. 또 다른 견해는, 유아의 피부와 머리색이 보통 성인보다 밝으며, 금발 여성에 대한 선호는 단지 여성에게서 발견할 수 있는 어린아이 같은 유태성숙의 특징이 2차성징으로 간주된다는 사실을 반영하는 것에 불과하다는 주장이다.

나는 세 번째 이론을 제안하고자 한다. 나의 이론은 앞의 두 이론과 양립 가능할 뿐 아니라, 배우자 선택에 대한 일반적인 생물학 이론과도 일치한다는 또 다른 장점이 있다. 나의 이론을 이해하기 위해서는, 먼저 처음부터 왜 성이 진화했는지 살펴보아야 한다. 우리는 왜 무성생식을 하지 않는가? 만일 그랬다면, 우리는 우리 유전자의 절반이 아니라 그 모두를 후손에게 물려줄 수 있었을 것이다. 그 답은 놀랍게도, 성이 진화한 주 목적은 기생충을 피하기 위해서였다는 것이다(Hamilton and Zuk, 1982). 기생충 감염은 자연에 매우 만연해 있다. 기생충은 언제나 숙주의 면역체계를 속여서 자신들이 숙주의 신체 일부인 양 생각하도록 만들려고 한다. 성은 숙주 종이 그 유전자를 뒤섞음으로써 언제나 기생충보다 한 발 앞서 나가기 위한 목적으로 진화하였다. (『이상한 나라의 앨리스』에는 그 자리에 머무르기 위하여 계속 달려야 하는 여왕이 나온다. 그 이름을 따서, 이는 붉은 여왕 전략Red Queen strategy으로 불린다.) 유사한 방식으로, 우리는 공작의 꼬리나 수탉의 볏과 같은 2차성징이 왜 진화하였는지 물을 수 있다. 그 대답은 역시 기생충 때문이라는 것이다. 반짝거리는 커다란 꼬리나 핏빛처럼 붉은 볏과 같은 외형은 구혼하는 수컷이 건강하고 피부 기생충이 없음을 암컷에게 '알리는' 역할을 한다.

금발이나 밝은 피부색도 이와 유사한 역할을 수행하는 것은 아닐까? 보통은 검은 갈색 피부보다 밝은 피부의 사람에게서, 장이나 혈액이 기생충에 감염되어 생기는 빈혈, (심장질환의 신호인) 청색증, 황달(병든 간), 피부 감염 등을 감지해내기가 더 쉽다. 이는 의대생이라면 누구나 알고 있는 사실이다. 이는 피부와 눈 모두에 대해서 적용된다. 장이 기생충에 감염되는 일은 초기의 농경 정착 사회에서 매우 일반적인 현상이었을 것이다. 그런데 기생충 감염은 숙주에게 심각한 빈혈을 야기할 수 있다. 빈혈은 가임 능력이나 임신, 건강한 아이의 출산에 방해가 될 수 있다. 그러므로 혼기의 젊은 여성에게서 빈혈 여부를 조속하게 감지해내야 하는 상당 정도의 선택 압력이 있었을 것이다. 그렇다면 결과적으로 금발은 당신의 눈을 보고 다음처럼 말하고 있는 셈이다. "나는 매우 건강하고 기생충이 없어요. 저런 검은 갈색은 신뢰하지 마세요. 그녀는 나쁜 건강과 기생충 감염을 숨기고 있을지도 몰라요."

금발 선호와 관련된 두 번째 이유는, 검은 갈색에 비해서 금발의 경우에는 멜라닌을 통한 자외선 차단이 되지 않아 피부가 더 빨리 '노화' 한다는 것과, 그 결과 노화에 따른 점이나 주름 등의 피부 변화를 탐지하기가 일반적으로 더 용이하다는 사실이다. 여성의 가임 능력은 나이와 함께 급속히 감소한다. 따라서 나이 많은 남성은 성적 상대로 매우 젊은 여성을 선호한다(Stuart Anstis, 개인적 대화). 금발은 노화 증세가 일찍 일어날 뿐 아니라, 그 징후를 탐지하기에 용이하므로 더 선호된다.

셋째, 짙은 피부의 여성은, 홍조를 띠거나 당황하는 모습 혹은 성적인 홍분(오르가슴의 '분출') 등의 성적 관심의 외적 표현을 탐지해내기가 더욱 어렵다. 금발의 경우에는, 구애 동작에 상응하는 응답과 그 성공 가능성의 여부를 더 확실하게 예측할 수 있다.

밝은 피부의 남성에 대한 선호는 분명하게 드러나지 않는다. 그 이유는 빈혈이나 기생충이 주로 임신 기간 동안의 위험과 관련 있고, 남자는 임신을 하지 않기 때문이다. 더구나 금발은 검은 갈색의 여성에 비해서, 당혹감이나 죄책감에 따른 얼굴의 홍조 때문에 방금 저지른 부정에 대하여 거짓말을 하는 것이 더 어렵다. 남성은 부정한 여자의 남편이라는 오명을 두려워한다. 때문에 여성의 그런 홍조를 탐지해내는 일은 매우 중요하다. (남성의 이런 편집증에 아무런 이유가 없는 것은 아니다. 최근 조사에 따르면 5~10퍼센트에 이르는 아버지가 실제의 생물학적 아버지가 아니라고 한다. 사람들이 생각하는 것보다는 훨씬 많은 수의 우유배달부 유전자가 인구 속에 퍼져 있을 것이다.) 여성은 그런 점에 대해서 걱정할 필요가 없다. 여성에게 가장 중요한 일은 든든한 부양자를 찾아내고 그 관계를 유지하는 것이다.

금발을 선호하는 마지막 이유는 동공과 관련 있다. 동공 확장은 명백히 성적인 관심의 또 다른 표현이다. 동공 확장은 검은 갈색 같은 어두운 홍채에 비해서 금발의 푸른빛 홍채의 경우에 더욱 명백히 드러난다. 이는 검은 갈색 피부가 왜 종종 '관능적'이고 신비롭게 여겨지는지 설명해준다. (그리고 이는 왜 여성이 벨라도나를 사용해 동공을 확장하는지, 그리고 왜 남성은 촛불을 사용해 여성을 유혹하는지도 설명해준다. 약물이나 흐릿한 불빛은 동공을 확대시키고, 그 결과 성적 관심의 표현을 도와준다.)

물론 이 모든 논증은 피부색이 밝은 모든 여성에게 동등하게 적용된다. 만일 그렇다면, 금발에게 특이한 점은 무엇일까? 밝은 색 피부에 대한 선호는 이미 조사를 통하여 밝혀진 바 있다. 그러나 금발에 대해서는 아직 연구된 바가 없다. (진화가 과산화수소의 출현을 예측할 수는 없었을 것이므로, 표백을 통한 금발의 존재는 우리의 논증을 부정하지 않는다. '가짜 검은 갈색 머리'는 없고, '가짜 금발'만 존재한다는 사실은 금발에 대한 선호가 존재함을 암시한다. 어쨌든 대부분의 금발은 자신의 머리카락을 검게 염색하지 않는다.) 나는 금발이 일종의 '깃발'과 같은 것이며, 그 결과 멀리 떨어져 있는 남성에게 밝은 피부색의 여성이 근처에 있음을 알리는 역할을 수행한다고 생각한다.

결국 요약하면 이렇다. 신사가 금발을 좋아하는 이유는 여성의 가임 능력 및 후손의 생존 가능성을 감소시키는 기생충 감염과 노화의 초기 징후를 쉽게 감지할 수 있고, 또 성적 관심이나 정절의 지표가 되는 얼굴의 홍조나 동공의 크기를 쉽게 탐지할 수 있기 때문이다. (흰 피부가 그 자체로 젊음과 호르몬 상태의 지표가 될 수 있다는 것은 1995년 UCSB의 저명한 진화 심리학자 돈 시몬스Don Symons에 의해 처음 제안되었다. 그리고 여기서 주장하는 것처럼, 그는 금발에게서 기생충이나 빈혈, 홍조, 동공이 더욱 쉽게 탐지된다는 구체적 논증을 제시하지는 않았다.)

앞서 말했듯이, 이 모든 우스꽝스러운 이야기는 진화심리학의 주 내용인 인간의 배우자 선택에 대한 사회생물학 이론들이 이렇게도 저렇게도 해설될 수 있음을 풍자하기 위해 꾸며낸 것이다. 나는 이 이론이 참일 가능성은 10퍼센트도 되지 않는다고 생각한다. 그러나 이는 최근에 유행하고 있는 인간의 구애에 대한 여타의 이론들도 마찬가지이다. 만일 나의 이론이 어리석은 것이라 생각된다면, 다른 이론들도 한번 읽어보길 바란다.

6 Ramachandran, 1998.

7 유머와 창조성 사이의 중요한 연관성은 영국의 물리학자이자 극작가이며 그 해박함으로 유명한 조너선 밀러Jonathan Miller도 강조한 바 있다.

8 미소가 위협적인 찡그림과 연관되어 있다는 생각은 다윈까지 거슬러 올라가며, 여러 문헌 속에 종종 다시 등장한다. 그러나 내가 아는 한, 그것이 웃음과 동일한 논리적 구조를 갖는다는 점을 지적한 사람은 아무도 없었다. 즉, 이들 모두는 다가오는 이방인이 친구로 밝혀졌을 때, 잠재적인 위협에 대해 시작되었던 반응이 중단된 것이다.

9 유머나 웃음을 설명하려고 하는 이론은 다음 중에서 하나 혹은 둘 정도가 아니라 모든 특징을 설명해야 한다. 첫째, 입력에 해당하는 웃음을 자아내는 농담이나 사건의 논리적 구조를 설명해야 한다. 둘째, 그러한 입력들이 왜 지금과 같은 특정 형태, 즉 긴장을 점점 고조시켜가다가 갑자기 사소한 귀결로 귀착되는 패러다임 전환의 형태를 취해야 하는가에 대한 진화적 이유를 설명해야 한다. 셋째, 웃음은 왜 터져 나오는 큰 소리를 갖는가를 설명해야 한다. 넷째, 유머와 간질이는 것의 관계, 그리고 간질이는 것이 왜 진화했는가에 대한 이유를 설명해야 한다. (나는 간질이는 것이 유머와 동일한 논리적 구조를 가지고 있으며, '놀이'를 통하여 어른들의 유머를 예행 연습하는 것이라 생각한다.) 다섯째, 연관된 신경구조는 무엇이며, 유머의 기능적인 논리가 이들 두뇌의 부분들에 어떻게 대응하는지 설

명해야 한다. 여섯째, 원래 그것이 진화한 기능 외에도 유머의 다른 기능
이 있느냐의 여부를 설명해야 한다. (가령, 우리는 성인의 인지적인 유머
가 독창성을 연습할 기회를 제공하고, 어쩔 도리가 없는 잠재적으로 불안
한 생각들을 내부적으로 '위축'시키는 역할을 한다고 생각한다.) 일곱 번
째, 미소는 왜 '반쪽 웃음'에 해당하며, 시간적으로 종종 웃음에 앞서는지
설명해야 한다. (내가 제안한 이유는 미소와 웃음이 잠재적 위협을 축소
하려는 동일한 논리적 구조를 가지고 있다는 것이다. 이들 모두 낯선 이가
다가오는 것에 대한 반응으로 진화했기 때문이다.)

또한 웃음은 특히 사회적인 계약이나 금기를 가짜로 침해하는 것에 대한
반응으로 자주 일어나므로, 사회적인 결속이나 '가꾸기'를 촉진시키는 역
할을 한다. (가령 누군가가 바지의 지퍼가 열린 채 강단에서 강의를 하고
있는 것 같은 경우이다.) 농담을 하거나 누군가를 보고 웃는 것은 그 사람
으로 하여금 자신이 속한 집단의 사회적 관습을 다시 점검하고, 서로가 공
유하는 가치에 대한 감각을 공고히 하도록 도와준다. (그 때문에 인종에
관한 농담이 인기가 있다.)

심리학자 Wallace Chafe(1987)은 어떤 점에서 나의 이론과 정반대라고
할 수 있는 웃음에 대한 기발한 이론을 제안하였다. 그는 웃음의 주요 기
능이 '힘을 빼는disabling' 장치의 역할을 하는 것이라 말한다. 물리적 행
동은 매우 지치는 일이다. 그러므로 위협이 진짜가 아님을 깨달았을 때,
웃음은 문자 그대로 우리를 일시적으로 꼼짝 못하게 만들어서 편히 쉬게
해준다는 것이다. 나는 이 생각이 두 가지 점에서 매력적이라고 생각한다.
첫째, 보조운동피질을 자극하면, 웃음이 터져 나올 뿐 아니라 환자는 실제
로 꼼짝할 수 없게 된다(Fried et al., 1998). 둘째, 강경증catalepsy이라 부
르는 특이한 장애의 경우에, 환자는 농담을 듣게 되면 의식은 멀쩡하지만
몸이 마비되어 바닥에 쓰러진다. 이것은 체이프Chafe가 언급하고 있는
'부동 반사immobilization reflex'의 병리적인 표현으로 간주할 수도 있다.
그러나 체이프의 이론은 웃음이 어떻게 미소나 간질이는 것과 연관되는지
설명하지 못한다. 그리고 그의 이론은 웃음이 왜 지금과 같은 특정의 형

태, 즉 리듬을 맞추어서 터져 나오는 커다란 소리의 형태를 가져야 하는지도 설명하지 못한다. 주머니쥐처럼 그냥 그 자리에서 죽은 체하고 있으면 안 될 이유가 무엇인가? 물론 이는 진화심리학이 가지고 있는 일반적인 문제이다. 우리는 어떤 특징이 왜 진화했는가에 대하여 그럴듯한 여러 가지 시나리오를 생각할 수 있다. 하지만 그 특징이 지금의 모습을 갖게 된 특정의 경로를 추적하는 것은 종종 어려운 일이다.

마지막으로, "괜찮아" 혹은 "아무 문제 없어"라는 메시지를 전달하기 위한 신호로 웃음이 진화했다는 나의 주장이 옳다고 하자. 그렇다 하더라도, 우리는 (소리 이외에) 웃음에 동반하는 머리나 몸의 율동적인 움직임을 설명해야 한다. 춤이나 섹스, 음악과 같은 수많은 즐거운 활동들이 율동적인 움직임과 연관되어 있다는 것은 우연의 일치일까? 이 모든 것들이 부분적으로 동일한 신경회로를 이용하는 것은 아닐까? Jacobs(1994)는 자폐나 정상적인 사람 모두가 율동적인 움직임을 즐긴다고 주장한다. 율동적인 움직임은 세로토닌솔기계serotonergic raphe system를 활성화시키고 '보상 신경전달물질'인 세로토닌을 분비하게 만들기 때문이다. 우리는 웃음이 이와 동일한 메커니즘을 활성화시키는 것이 아닌지 의심해볼 수 있다. 나는 긴장을 풀기 위한 목적으로, 통제할 수 없고 사회적으로도 부적절한 웃음을 자주 터뜨리는 자폐아를 최소한 한 명 정도 알고 있다.

10 이렇게 말한다고 해서, 내가 창조론자들에게 유리한 이야기를 해줄 의도가 있는 것은 아니다. 이 '다른 요소'들은 자연선택의 원리에 모순되기보다 그것을 보완하는 메커니즘으로 이해해야 한다. 다음은 그 예들이다.

a. 우연성, 즉 순전한 행운이 진화에서 엄청나게 큰 역할을 할 것이 틀림없다. 유전적으로 약간 차이가 있는 두 개의 다른 종, 하마 A와 하마 B가 서로 다른 두 섬 A와 B에 살고 있다고 상상해보자. B가 행성의 충격에 더욱 잘 적응되어 있다고 하자. 만일 엄청나게 큰 소행성이 두 섬 모두에 부딪친다면, B가 살아남아서 자연선택을 통하여 유전자를 퍼뜨리게 될 것이다. 그런데 섬 B와 거기에 살고 있는 하마 B에게 행성이 전혀 충격을 주지 않을 가능성도 충분히 있다. 만일 행성이 섬 A에 부딪치고 거기에 살

고 있는 하마 A를 모두 없애버렸다고 하자. 이 경우 하마 B는 '행성충격 저항 유전자'를 가지고 있기 때문이 아니라, 단지 행성이 섬에 부딪치지 않았다는 우연적인 행운 덕분에 살아남아서 유전자를 퍼뜨리게 된다.

이러한 생각은 너무나 당연한 것이다. 사람들이 이것에 대하여 논쟁한다는 것 자체가 놀라운 일이다. 내 생각으로, 이는 버제스Burgess 혈암층의 생물에 관한 논쟁 전체를 축약하고 있다. 거기서 발굴된 특정 생물에 관한 굴드의 의견이 옳든 그르든 간에, 우연성의 역할에 관한 그의 일반적인 논증은 분명히 옳은 것이다. 이것을 반박하는 예 중 유일하게 일리가 있는 것은 수렴 진화convergent evolution의 다양한 예일 것이다. 내가 가장 좋아하는 사례는 문어와 고등 척추동물에게서 각기 독립적으로 등장한 지능과 (모방학습과 같은) 복잡한 학습 능력의 진화이다. 만약 자연선택이 아니라 우연성이 주요 역할을 담당하고 있다면, 척추동물과 무척추동물 모두에게서 그렇게 복잡한 특징이 독립적으로 출현한 사실은 어떻게 설명할 수 있는가? 이는 진화의 과정을 재현할 경우에, 지능이 다시 진화할 것이라는 의미를 함축하는가? 만일 두 번에 걸쳐 출현하였다면, 세 번은 안 될 이유는 무엇인가?

그러나 수렴에 관한 놀라운 예들은 우연성의 개념에 그리 치명적이지 않다. 우연성은 매우 드물게 일어난다. 지능은 열두 번이 아니라 단지 두 번에 걸쳐 진화하였다. 척추동물과 (오징어와 같은) 무척추동물 모두에게서 발견되는 눈은 표면적으로는 수렴 진화로 보인다. 하지만 동일한 유전자가 관련되어 있음이 최근에 밝혀졌다. 그러므로 아마 이는 진정한 수렴의 사례가 아닐 것이다.

b. 어떤 신경체계가 일정한 수준의 복잡성에 이르게 되면, 이것은 갑자기 전혀 예측할 수 없었던 속성을 획득하게 된다. 이 또한 자연선택의 직접적인 결과는 아니다. 이들 속성들이 신비할 이유는 전혀 없다. 완전히 무작위적인 상호작용을 통해서도 복잡성으로부터 일정한 질서가 생겨날 수 있다. 산타페 연구소의 이론생물학자 스튜어트 카우프만Stuart Kauftman은 이것이 유기체 진화의 단절성, 즉 발생의 계통에서 새로운 종이 갑작스럽

게 출현하는 것을 설명해줄 것이라 주장한다.

c. 형태학적인 특징의 진화는 상당 정도로 지각 메커니즘에 의존하여 이루어진다. 만약 우리가 쥐에게 정사각형(1:1비율)과 직사각형(1:2비율)의 구분을 가르치려 하고, 직사각형에 대해서만 보상을 한다고 하자. 그런데 쥐는 원래 훈련을 받았던 직사각형보다 더 얇은 형태의 직사각형(1:4 비율)에 대해서 훨씬 강렬하게 반응한다. '최고점 이동 효과peak shift effect'라고 부르는 이 역설적인 결과는, 쥐가 단일 자극에 대한 반응을 학습하는 것이 아니라 사각성이라는 규칙을 학습함을 암시한다. 나는 모든 생물의 시각 경로에 내장된 이런 기본적인 성향이 새로운 종의 출현과 새로운 계통 발생의 추세를 설명해줄 것이라 생각한다. 기린이 어떻게 해서 그렇게 긴 목을 갖게 되었는지에 대한 고전적인 문제를 살펴보자. 먼저 고대의 기린 집단이 음식에 대한 경쟁의 결과로, 즉 전통적인 다윈 선택을 통하여 약간 긴 목을 진화시켰다고 가정하자. 일단 그러한 추세가 확립되고 나면, 목이 긴 기린이 후손의 가임성과 생존능력을 보장하기 위하여 목이 긴 다른 기린을 배우자로 삼는 것이 중요해진다. 만약 더 긴 목이 새로운 종을 구분시켜주는 특징이 되고 나면, 이런 특징은 잠재적인 짝을 찾는 것을 돕기 위하여 기린의 두뇌 시각중추에 '배선'될 것이다. '기린=긴 목'이라는 규칙이 서로 교배하는 기린의 집단 속에 일단 배선이 되면, 최고점 이동 효과를 가정할 때, 모든 기린은 만날 수 있는 기린 중에서 가장 기린다운 기린 즉 무리 중에서 가장 목이 긴 기린을 배우자로 삼으려 할 것이다. 그 결과, '비록 환경에서 가해지는 특정의 선택 압력이 없다고 하더라도' 집단 내의 '긴 목' 형질의 점진적인 증가가 이루어질 것이다. 그 최종적인 결과는 오늘날 우리가 보는 것처럼, 우스꽝스러울 정도로 목이 과장된 기린의 종이다.

이러한 과정은 이미 존재하고 있던 진화적 특징을 '증폭'시키는 긍정적 피드백으로 작용한다. 그것은 어떤 특정한 종과 그것의 직접적인 조상의 형태나 행동의 차이를 지나치게 강조하는 결과를 낳게 된다. 이러한 증폭은 환경적인 선택 압력보다 심리학적 법칙의 직접적인 결과로 일어난다.

이 이론은 진화에서 종이 점진적으로 캐리커처화되는 여러 사례가 있을 것이라는 흥미로운 예측을 낳는다. 그런 경향은 실제로 일어난다. 우리는 코끼리나 말, 코뿔소의 경우에 그것을 분명히 관찰할 수 있다. 이것들의 진화를 추적해보면, 이것들은 시간의 경과와 함께 점점 더 '맘모스 같은', '말과 같은' 혹은 '코뿔소 같은' 모습으로 나타난다.

이런 생각은 2차성징에 대한 다윈의 설명, 이른바 성 선택sexual selection 이론과 매우 유사하다. 가령 공작 수컷의 꼬리가 점점 커지는 것은 큰 꼬리를 가진 짝에 대한 암컷 공작의 선호 때문인 것으로 여겨져왔다. 우리의 생각과 다윈의 성 선택의 결정적인 차이는, 다윈의 생각이 특별히 성 간의 차이를 설명하기 위하여 제안된 것인 데 반해서, 우리의 이론은 종 사이의 형태적 차이 또한 설명한다는 것이다. 배우자 선택은 더욱 현저한 성적 표지(2차성징)와 종족 표지(한 종을 다른 종과 구분시켜주는 표지)를 가진 상대를 고르는 일과 연관되어 있다. 결과적으로, 우리의 생각은 단순한 성적 과시의 화려한 몸짓이나 동물행동학의 '자극 행동' 뿐 아니라, 더 일반적으로 외적인 형태적 특징의 진화나 종의 점진적인 캐리커처화를 설명하도록 도와준다.

인류의 진화에서 일어난 두뇌(머리) 크기의 폭발적인 증가가 동일한 원리의 결과인지 궁금할 수 있다. 과도하게 커다란 머리와 같은 유아적 혹은 유태성숙적인 특징은 대개 스스로 아무것도 할 수 없는 유아의 특징이다. 때문에 우리는 이러한 특징들을 매력적인 것으로 여길 수 있다. 그럴 경우에, 유아 돌보기를 장려하는 유전자가 집단 속에서 빠르게 증식한다. 그런데 이러한 지각 메커니즘이 일단 자리 잡고 나면, (커다란 머리 유전자가 유태성숙적인 특징을 산출하고 더 많은 보살핌을 끌어낼 것이므로) 유아의 머리는 점점 커지게 된다. 그 결과, 커다란 두뇌는 덤으로 따라온다.

공생 생물들이 '합해져서' 새로운 계통의 발생으로 진화할 수 있다는 린 마굴리스Lynn Margulis의 생각을 위의 목록에 추가할 수 있을 것이다. (가령 미토콘드리아는 스스로의 DNA를 가지고 있으며, 원래는 세포 내부의 기생충으로 시작했을 수 있다.) 그녀의 생각에 대한 자세한 설명은 이 책의 범위를 벗어나는 것이다. 이 책은 진화가 아니라 두뇌에 관한 책이다.

11 사라진 쌍둥이를 찾아라!

1 이 이야기는 원래 실라스 워 미첼이 설명한 사례에 기초하여 재구성한 것이다. Belvin and Klinger(1937)을 보라.

2 크리스토퍼 윌스Christopher Wills는 환자에게 완전히 속아넘어간 저명한 산부인과 교수에 대한 이야기를 들려주었다. 그는 실제로 회진 시에 한 환자를 정상적인 임신의 경우라며 레지던트와 학생들에게 소개했다. 학생들은 즉각 이 불행한 여인에게서 임신에 대한 모든 고전적인 징후와 증세들을 찾아냈다. 한 여학생이 '돌출 배꼽'을 기억해내고 정확한 진단을 내림으로써 교수를 당혹하게 만드는 위험을 감수하기까지, 학생들은 번쩍이는 새 청진기로 태아의 심장 박동까지 들을 수 있다고 주장했다.

3 거짓임신은 오래된 질병이며, 이제는 너무나 드물어서 거의 접할 수 없는 질병이다. 거짓임신은 기원전 300년 무렵 히포크라테스에 의해서 처음으로 서술되었다. 영국의 메리 여왕Mary Tudor도 거짓임신에 시달렸다. 그녀는 두 번이나 거짓임신을 했으며, 한 번은 열세 달이나 지속되었다. 프로이트의 가장 유명한 환자 중의 한 명인 안나 오Anna O.도 거짓임신으로 고생하였다. 최근의 의학 문헌에는 거짓임신을 경험한 두 명의 성 전환자가 보고되어 있다. 거짓임신에 대한 최신 연구는 Brown and Barglow(1971)와 Starkman et al.(1985)를 보라.

4 난포자극 호르몬(FSH), 황체형성호르몬luteinizing hormone; LH, 프로락틴은 뇌하수체전엽anterior pituitary에서 생산된다. 이것들은 월경 주기와 배란을 조절한다. FSH는 난포의 초기 성숙을 야기하고 LH는 배란을 일으킨다. FSH와 LH가 결합한 활동은 난소의 에스트로겐 분비를 촉진시키고, 나중에는 (난포에서 배란이 되고 나면 남는) 황체corpus luteum를 통해서 에스트로겐과 프로게스트론의 분비를 촉진시킨다. 마지막으로 프로락틴은 황체에 작용하여 에스트로겐과 프로게스트론의 분비를 일으키고, 그것

이 본래 모양으로 되돌아가는 것을 방지해준다. (따라서 난자가 수정하면 그 이후의 월경을 막아준다.)

5 사마귀에 대한 암시의 효과는 Spanos, Stenstrom and Johnston(1988) 을 보라. 한쪽 사마귀만 제거된 경우의 보고는 Sinclair-Gieben and Chalmers(1959)를 보라.

6 Ader(1981), 그리고 Friedman, Klein and Friedman(1996)을 보라.

7 최면이 좋은 사례이다. 최면은 때로 가장 보수적인 의학기관에서도 가르쳤던 주제이다. 그러나 이 단어가 과학적 회합에서 매번 언급될 때마다 불편한 느낌이 교차한다. 최면은 현대 신경과학의 기초자 중 한 명인 장 마르탱 샤르코Jean Martin Charcot에게까지 거슬러 올라가는 자랑스러운 전통을 가지고 있다. 그러나 최면은 한편에서는 실제적인 것으로 인정되지만, 다른 한편에서는 '보조의학'의 고아로 간주되는 기이한 이원적 명성을 누리고 있다. 샤르코는 최면을 통한 암시의 결과로 정상인의 신체 오른쪽을 일시적으로 마비시킬 수 있다면, 그 사람은 언어에도 문제가 있다고 주장했다. 이는 최면 상태가 좌뇌 반구의 두뇌 메커니즘을 실제로 억제하고 있음을 암시한다. (언어는 좌반구에서 관장함을 상기하라.) 유사하게 최면 상태를 통하여 왼쪽 신체가 마비된 경우는 언어문제를 만들어내지 않는다. 우리는 우리 실험실에서 이 결과를 재현하려고 했지만, 성공하지 못했다. 최면에 관한 핵심적인 질문은 그것이 (공포영화를 보는 동안에 불신을 일시적으로 보류하는 것처럼) '역할 수행'의 정교한 형태인지, 혹은 근본적으로 다른 심리적 상태인지의 여부이다.

리처드 브라운Richard Brown, 에릭 올츨러, 크리스 포스터Chris Foster와 나는 스트룹Stroop 간섭이라 부르는 기술을 이용하여 이 문제에 답하고자 했다. '빨강'이나 '초록'이란 글자를 ('빨강'은 빨간색 잉크, '초록'은 초록색 잉크를 사용하여) 올바른 색깔로 인쇄하거나, ('녹색'을 빨간 잉크로) 색깔을 뒤바꾸어 인쇄했다. 정상적인 피실험자에게 글자를 무시하고 잉크의 색깔을 말하라고 하면, 글자와 색깔이 일치하지 않는 경우에 그는 매우 느리게 반응했다. 표면적으로 그는 단어를 의도적으로 무시할 수 없었으며, 단어가 색깔의 이름을 말하는 것을 간섭한다(스트룹 간섭). 이제 다음과 같은 질문이 제기된다. 만일 피실험자의 마음에 그가 영어 알파벳을 읽을 수 없는 순수 중국인이라는 최면 암시를 건다면, 그는 여전히 색깔을 말할 수 있을까? 이는 스트룹 간섭을 갑자기 제거해줄 것인가? 이 실험은 최면이 단순히 연기하는 것이 아니라 실제적인 것임을 단번에 입증해줄 것이다. 왜냐하면 피실험자가 단어를 무시할 수 있는 방법은 아무것도 없기 때문이다. ('대조' 수단으로서, 우리는 그에게 간섭을 의도적으로 극복할 경우에 대한 엄청난 현금 보상을 제의할 수도 있을 것이다.)

8 위약 반응은 악의적인 비판을 많이 받았지만, 그에 대한 이해는 매우 불충분한 현상이다. 실제로 이 표현은 임상의학에서 경멸적인 의미를 내포한다. 우리가 요통에 대한 새로운 진통제를 시험하려 한다고 가정해보자. 또한 그 누구도 자연적으로 상태가 나아지지는 않는다고 가정하자. 이 약의 효율성을 결정하기 위하여 100명의 환자에게 이 약을 주었고, 90명의 환자가 나아졌다는 것을 알아냈다고 하자. 통제된 임상시험에서는 100명의 대조군에게 가짜 약(위약)을 주는 것이 관례이다. 물론 환자들은 그 사실을 모르고 있다. 이는 이들 중의 어느 정도가 단순히 약에 대한 믿음의 결과로 나아지는지 보기 위한 것이다. 만약 (90퍼센트가 아닌) 50퍼센트의 환자들이 나아졌다면, 우리는 그 약이 효과적인 진통제라는 결론을 정당하게 내릴 수 있다.

그러나 이제 '위약'의 결과로 상태가 나아진 신비로운 50퍼센트에게 눈을 돌려보자. 이들은 왜 나아졌는가? 이들 환자들이 그들의 두뇌 속에서 엔도르핀이라는 진통 약물을 실제로 분비한다는 것이 10년 전쯤에 밝혀졌다. (그런데 어떤 경우에는 엔도르핀을 차단하는 날록손naloxone이라는 약물에 의해 위약 효과가 방해를 받을 수도 있다.)

위약 효과의 한정성에 관한 질문은 매우 흥미롭지만 거의 탐구되지 않았다. 우리 실험실은 최근 이 문제에 대해 관심을 갖게 되었다. 위약효과로 상태가 나아진 환자는 50퍼센트뿐이었다는 사실을 상기하자. 이는 이 집단에 어떤 특별한 점이 있기 때문인가? (위약 처방을 받은) 동일한 100명의 환자들이 몇 달 뒤에 우울증이 생겼다고 하자. 만약 우리가 이들에게 '새로운' 위약을 주면서 그것이 새로 나온 강력한 항우울제라고 하면 어떻게 될까? 동일한 50명의 환자들이 나아지게 될까? 아니면 첫 번째 집합과 부분적으로 겹치는 새로운 환자들의 집합이 호전된 상태를 보이게 될까? 달리 말해서 '위약 반응자' 같은 것이 있는가? 위약에 대한 반응은 질환, 알약, 사람, 혹은 이 셋 모두의 어느 것에 한정되는가? 동일한 100명의 환자가 1년 후에 다시 통증이 생겼으며, 이들에게 다시 원래의 위약 '진통제'를 주었다면 어떤 일이 생길 것인지 살펴보자. 원래와 동일한 50명이 나아질까 혹은 새로운 환자군이 호전될까? 에릭 올출러 박사와 나는 현재 이러한 연구를 수행하고 있다.

위약의 한정성에 대한 또 다른 측면들도 탐구되어야 한다. 어떤 환자에게 편두통과 궤양이 동시에 발병했고, 우리가 그에게 위약을 주면서 그것이 새로운 '항 궤양 약물'이라 했다고 상상해보자. 그럴 경우에 (만약 그가 '속임약 반응자'라고 가정한다면) 단지 궤양통만 사라질 것인가, 아니면 그의 두뇌에서 엔도르핀이 충분히 분출되어 편두통 또한 덤으로 사라지게 될 것인가? 그럴 것 같지는 않다. 그러나 만약 그의 두뇌 속에서 엔도르핀 같은 반통증 신경전달물질이 확산되어 분비된다면, 비록 그의 믿음은 단지 궤양에 한정되어 있다 할지라도 다른 아픔이나 통증도 경감될 수 있을까? 복잡한 믿음이 통증과 관련된 원시적 두뇌 메커니즘에 의하여 어떻게 번역되고 이해되는가의 질문은 매우 흥미로운 것이다.

9 다중인격장애에 대한 리뷰로는 Birnbaum and Thompson (1996)을 보라. 시각의 변화에 대해서는 Miller (1989)를 보라.

12 자아는 두뇌의 어디에 존재하는가?

1 의식의 문제에 대한 명료한 소개는 Humphrey (1992), Searle (1992), Dennett (1991), P. Churchland (1986), P. M. Churchland (1993), Galin (1992), Baars (1997), Block, Ramachandran and

Hirstein(1997), Penrose(1989)를 보라.

의식, 특히 내성이 타인의 마음을 모의하기 위해 진화했다는 생각은, 20여 년 전 케임브리지에서, 닉 험프리Nick Humphrey가 내가 조직한 학회에서 처음으로 제안한 것이다. 이는 현재 인기를 얻고 있는 '타인의 마음에 대한 이론'의 모듈 개념에 영감을 주었다.

2   이것과는 매우 다른, 또 다른 종류의 번역 문제는 좌측 반구의 코드 및 언어와 우측 반구의 코드 및 언어 사이에서 생겨난다. (7장의 주 16을 보라.)

3   이러한 가능성은 어떤 철학자들을 매우 당혹스럽게 만들었다. 그러나 이것은 망치로 팔꿈치의 척골신경을 때려서, 비록 이전에는 그와 유사한 어떤 경험도 한 적이 없지만 전기가 흐르는 것 같은 '얼얼한' 느낌의 전혀 새로운 감각질을 산출하는 일(혹은 소년이나 소녀가 처음으로 오르가슴을 경험하는 일)보다 더 이상 신비롭지 않다.

4   위의 고전적인 철학적 난제는 데이비드 흄으로 거슬러 올라가며, 윌리엄 몰리뉴William Molyneux의 질문은 이제 과학적으로 답할 수 있다. NIH의 연구자들은 시각 경로가 퇴화했거나 재구성되었는지 알아보기 위하여, 맹인의 시각피질을 자석으로 자극했다. 여기 샌디에이고 캘리포니아 대학에서도 우리가 모종의 실험을 이미 시작했다. 내가 아는 한, 어떤 사람이 전혀 새로운 감각질이나 주관적 감각을 경험할 수 있는가 하는 특정한 문제는 결코 경험적으로 연구된 적이 없다.

5   이 분야의 선구적인 실험은 Singer(1993)와 Gray and Singer(1989)에 의해서 수행되었다.

6   때로 경제성의 이유를 들어서, 두뇌가 작동하는 방식을 완전히 기술하기 위해서 감각질이 필요 없다는 주장이 있어왔다. 오컴의 면도날은 미지의 현상에 대한 더 복잡한 설명보다 경쟁적인 이론 중에서 가장 단순한 것이 선호되어야 한다는 주장이다. 이는 유용한 경험법칙이긴 하지만 과학적 발견에 장애가 되기도 한다. 대부분의 과학은 어떤 것이 참일까에 대한 대담한 추측에서 시작한다. 가령 상대성의 발견은 당시 우리가 알고 있던 우

주의 지식에 오컴의 면도날을 적용한 결과가 아니다. 상대성의 발견은 오히려 오컴의 면도날을 거부하고, 전혀 기대하지 않은 예측을 가능하게 만든 어떤 심층적 일반화가 참인 경우를 고려해본 결과 나온 것이다. 이는 당시 이용할 수 있는 자료에서는 끌어낼 수 없는 것이었다(이는 결국 나중에는 경제적인 것으로 판명되었다). 대부분의 과학적 발견이, 대다수의 과학자나 철학자들이 생각한 것과는 반대로, 오컴의 면도날을 예리하게 다듬거나 휘두른 결과가 아니라는 사실은 역설적이다. 이들은 현존하는 자료들이 요구하지 않는, 겉으로 보아서 임의적이거나 마구잡이식의 추측에 따른 결과이다.

7 '채워넣음'이라는 표현을 내가 엄격하게 비유적인 표현으로 사용하고 있음을 주목하기 바란다. 나는 단지 그보다 더 좋은 표현이 없기 때문에 이 표현을 사용하고 있다. 나는 여러분에게 시각적 이미지가 모종의 내적인 신경 화면에 픽셀 별로 그려진다는 인상을 주고 싶지 않다. 그러나 나는 각 눈의 맹점에 대응하는 '신경기제'가 존재하지 않는다는 데넷의 주장에 대해 동의하지 않는다. 실제로 각 눈의 맹점에 대응하는 피질 조각이 있다. 이 부위는 해당 눈의 맹점 주위를 둘러싸고 있는 영역뿐 아니라, 다른 눈에서도 입력을 받아들인다. 내가 '채워넣음'이라는 말로 의미하는 바는 단지 다음과 같다. 우리는 아무런 시각적 입력이 없는 시야 영역에서 정말 문자 그대로 (패턴이나 색깔과 같은) 시각적 자극을 보게 된다. 이는 채워넣음에 대한 순전히 서술적이고 이론 중립적인 정의이다. 이 정의를 수용하기 위하여 화면을 쳐다보는 호문쿨루스를 불러들이거나 그 정체를 폭로할 필요는 없다. 우리는 시각체계가 호문쿨루스를 위한 것이 아니라, 다음 단계의 처리 과정을 위하여 정보의 어떤 측면을 명백하게 드러내려고 채워넣기를 하는 것이라 주장할 수 있다.

8 Tovee, Rolls and Ramachandran(1996). 캐서린 아르멜Kathleen Armel, 크리스 포스터, 그리고 나는 최근에 실험을 통하여 다음을 입증하였다. 만약 피실험자에게 이 개의 전혀 다른 '모습' 두 가지를 연속적으로 빠르게 보여주면, 선지식이 없는 피실험자는 단지 얼룩점의 무질서하고 비정

합적인 움직임을 보게 된다. 하지만 이들이 일단 개를 보고(파악하고) 난 후라면, 개가 적절한 방식으로 뛰어오르거나 회전하는 모습을 보게 된다. 이는 운동 지각에서 '위에서 아래로 내려오는' 대상 지식의 역할을 강조하는 것이다. (5장을 보라.)

9 때로 감각질은 공감각이라는 이상한 상태에 처하면서 혼란에 빠진다. 이 경우에 환자는 정말 말 그대로 형태를 맛보거나 소리에서 색깔을 보게 된다. 가령, 공감각을 경험하는 한 환자는 닭이 '가시 돋은' 냄새를 가진다고 주장하면서, 자신의 의사인 리처드 사이토윅Richard Cytowic 박사에게 이렇게 말했다. "나는 이 닭이 가시 돋은 맛이 나기를 원하지만, 이것은 너무 둥글어요. 이 닭은 거의 원형이에요. 뾰족한 부분이 없다면 나는 이것을 먹을 수 없습니다." 또 다른 환자는 글자 'U'가 노랑이나 밝은 갈색의 색깔이며, 글자 'N'은 반짝반짝 광택이 나는 검정색이라고 주장하였다. 어떤 공감각 경험자는 이러한 감각의 결합을 두뇌의 병리 현상이 아니라 자신의 예술에 영감을 주기 위한 선물로 간주한다.

공감각의 어떤 사례들은 약간 의심스러운 것들이다. 어떤 이는 소리를 보고 색깔을 맛본다고 주장한다. 그러나 우리가 날카로운 맛, 쓴 기억, 둔한 소리와 같은 말을 할 때와 동일하게, 그녀는 단지 비유를 사용하고 있는 것으로 판명되었다. (하지만 공감각이란 이 이상한 상태의 경우에, 비유와 문자 그대로의 것에 대한 구분이 매우 흐릿하다는 사실을 명심해야 한다.) 몇몇의 사례들은 전적으로 사실이다. 대학원생인 캐서린 아르멜과 나는 최근에 존 해밀턴이라는 환자를 검사하였다. 그는 5세 때까지 비교적 정상적인 시력을 갖고 있었다. 하지만 색소성망막염retnitis pigmentosa 때문에 점진적으로 시력이 나빠졌다. 그리고 50세가 되었을 때는 완전히 장님이 되었다. 2~3년이 흐른 후에 존은 물건을 만지거나 점자를 읽을 때마다 마음에 생생한 시각적 이미지가 떠오른다는 것을 알게 되었다. 시각적 이미지는 빛의 번쩍거림이나 파동이 치는 환각, 때로는 자신이 만지고 있는 대상의 실제 모양을 포함하였다. 이들 이미지는 매우 강압적이어서, 그가 점자를 읽거나 촉감을 통하여 대상을 인지하는 능력에 방해가 되었다. 물론 당신이나 내가 눈을 감고 자를 만지게 되면, 마음의 눈으로 그 것을 그려보지만 환각을 보지는 않는다. 자에 대한 우리의 시각화는 잠정 적이고 가역적이기 때문에(취소할 수 있는 것이기 때문에), 대개 그것은 우리의 두뇌에 도움이 된다. 우리는 그것에 대한 통제권을 가지고 있다. 하지만 존의 환각은 종종 아무런 관련성이 없는 것이고, 언제나 비가역적 이며 강압적이다. 그는 그것들에 대해서 아무것도 할 수가 없고, 그것들은 단지 거짓되고 성가신 불쾌한 느낌일 뿐이다. 이는 (펜필드 지도상으로) 존의 몸감각 영역에서 일어난 촉각 신호가 그의 빼앗긴 시각 영역으로 보 내졌기 때문으로 보인다. 그의 시각 영역은 입력에 배고파하고 있다. 이는 파격적인 생각이다. 하지만 현대의 촬영기술을 이용하여 그것을 시험해볼 수 있다.

흥미롭게도 공감각은 때로 측두엽 간질에서 발견된다. 이는 감각 양상의 병합이 (종종 주장하듯이) 모이랑에서만 일어나는 것이 아니라, 변연계구 조의 일부에서도 일어남을 암시하는 것이다.

10 이 질문은 내가 마크 하우저Mark Hauser와 대화하는 도중에 떠올랐다.

11 Searle, 1992. (중국어 방Chinese room은 존 설John Searle이 튜링 테스트 〔Turing test, 기계가 인간과 얼마나 비슷하게 대화할 수 있는지를 기준으 로 기계에 지능이 있는지 판별하고자 하는 테스트로, 앨런 튜링이 1950년 에 제안했다〕로 기계의 인공지능 여부를 판정할 수 없다고 논증하기 위해 고안한 사고실험이다.

우선 방 안에 영어만 할 줄 아는 사람을 집어넣는다. 그 방에 그 사람 외에 필담을 할 수 있는 도구와 미리 만들어놓은 중국어 질문 리스트와 중국어 로 쓰인 그 질문에 대한 완전한 대답 리스트를 준비해둔다. 이 방 안으로 중국인 심사관이 중국어로 질문을 써서 안으로 집어넣으면 방 안의 사람 은 그것을 준비된 대응표에 따라 그에 대한 답변을 중국어로 써서 밖의 심 사관에게 준다. 안에 어떤 사람이 있는지 모르는 중국인이 보면 안에 있는 사람은 중국어를 할 줄 아는 것처럼 보인다. 그러나 안에 있는 사람은 실 제로는 중국어를 전혀 모르는 사람이고, 중국어 질문을 이해하지 않고 주어진 표에 따라 대답할 뿐이다. 이로부터 중국어로 질문과 답변을 완벽히 한다고 해도 안에 있는 사람이 중국어를 진짜로 이해하는지 어떤지 판정할 수 없다는 결론을 얻는다. 이와 마찬가지로 지능이 있어서 질문 답변을 수행할 수 있는 기계가 있어도 그것이 지능을 갖췄는지는 튜링 테스트로는 판정할 수 없다는 주장이다.─옮긴이)

12 Jackendorf, 1987.

13 환자는 또한 다음과 같이 말한다. "아! 이것이었군요. 이제 나는 마침내 진리와 마주하게 되었습니다. 이제 더 이상 의심하지 않습니다." 어떤 생각의 절대적 참이나 거짓 여부에 대한 확신이, 명제적인 언어체계에 의존하는 것이 아니라 더욱 원시적인 변연계에 의존하고 있다는 것은 역설적이다. 명제적인 언어체계는 논리적이고 틀림없음을 자랑한다. 반면에 변연계는 생각에 감정적인 느낌을 더하고 그것을 '진실처럼 들리도록' 해준다. (이는 성직자나 과학자들의 보다 독단적인 주장이 지성적인 추리를 통해 교정하기 어려운 이유를 설명해준다.)

14 Damasio, 1994.

15 물론 여기서 나는 비유를 사용하고 있다. 과학은 어떤 단계에 이르면 비유를 포기하거나 더욱 정밀해져야 하고, 결국에는 그 핵심이라 할 수 있는 실제 메커니즘에 다가서야 한다. 그러나 어떤 과학이 아직 유아기 단계에 있다면, 비유는 종종 유용한 지침이 된다. (가령, 17세기 과학자들은 빛이 파동이나 입자로 만들어졌다고 말했다. 양자역학이라는 더욱 성숙해진 물리학에 통합되는, 일정 시점에 이르기까지 두 유비는 모두 유용했다. 유전자라는 단어는 '콩주머니 유전학beanbag genetics'의 독립적인 입자를 뜻했다. 몇 년 사이에 그 실제 의미는 근본적으로 변했지만, 이는 아직도 유용한 단어로 계속 남아 있다.)

16 무동함구증에 대한 통찰력 가득한 논의는 Bogen(1995), Plum(1982)를 보라.

17 Dennett, 1991.

18 Trivers, 1985.

참고문헌

Adamec, R. E. 1989. "Kindling, Anxiety, and Personality." In T. G. Bowlig and M. R. Trimble (eds.), *The Clinical Relevance of Kindling*. Chichester: Wiley, 117–135.

Ader, R., ed. 1981. *Psychoneuroimmunology*. New York: Academic Press.

Aglioti, S. A., A. Bonazzi, F. Cortese. 1994. "Phantom Lower Limb as a Perceptual Marker for Neural Plasticity in the Mature Human Brain." *Proceedings of the Royal Society* (London) [Biol], 255:273–278.

Aglioti, S. A., J. DeSouza, and M. Goodale. "Size Contrast Illusions Deceive the Eye but Not the Hand." *Curr Biol*, 5:679–685.

Aglioti, S. A., N. Smania, A. Atzei, and G. Berlucchi. 1997. "Spatio-Temporal Properties of the Pattern of Evoked Phantom Sensations in a Left Index Amputee Patient." *Behav Neuro*, 111(5):867–872.

Albright, T. D. 1995. "Visual Motion Perception." *Proc Natl Acad Sci USA*, 92(7):2433–2440.

Alley, T. R., and K. A. Hildebrandt. 1988. In T. R. Alley (ed.), *Social and Applied Aspects of Perceiving Faces*. Hillsdale, NJ: Lawrence Erlbaum.

Allman, J. M., and J. H. Kass. 1971. "Representation of the Visual Field in Striate and Adjoining Cortex of the Owl Monkey." *Brain Res*, 35:89–106.

Avery, O. T., C. M. Macleod, and M. McCarty. 1944. "Studies on the Chemical Nature of the Substance Inducing Transformation of the Pneumococcal Types." *J Exp Med*, 79:137–158.

Baars, B. 1988. *A Cognitive Theory of Consciousness*. New York: Cambridge University Press.

Baars, B. 1997. *In the Theater of Consciousness*. Oxford: Oxford University Press.

Babinski, M. J. 1914. "Contribution à l'étude des troubles mentaux dans l'hémiplegie organique cérébrale." *Rev Neurol*, 1:845–848.

Bach-y-Rita, P. 1995. *Non-Synaptic Diffusion Neurotransmission and Late Brain Reorganization*. New York: Demos.

Baddeley, A. D. 1986. *Working Memory*. Oxford: Churchill Livingtone.

Baddeley, A. D. 1994. "When Implicit Learning Fails: Amnesia and the Problem of Error Elimination." *Neuropsychologia*, 32:53–69.

Baddeley, A. D. 1995. "The Psychology of Memory Disorders." In A. D. Baddeley, B. A. Wilson, and F. N. Watts (eds.), *Handbook of Memory Disorders*. Chichester: Wiley, 3–25.

Bancaud, J., F. Brunet-Bourgin, P. Chavel, and E. Halgren. 1994. "Anatomical Origin of Déjà Vu and Vivid 'Memories' in Human Temporal Lobe Epilepsy."

Brain, 127:71-90.

Barkow, J. H., L. Cosmides, and J. Tooby. 1992. *The Adapted Mind*. New York: Oxford University Press.

Barlow, H. B. 1987. "The Biological Role of Consciousness." *Mindwaves*, 361-381. Oxford: Basil Blackwell.

Baron-Cohen, S. 1995. *Mindblindness*. Cambridge, MA: MIT Press.

Bartlett, F. C. 1932. *Remembering*. Cambridge: Cambridge University Press.

Basbaum, A. I. 1996. "Memories of Pain." *Sci Am Med*, 22-31.

Bates, E., and J. Elman. 1996. "Learning Rediscovered." *Science*, 274(5294): 1849-1850.

Bauer, R. M. 1984. "Autonomic Recognition of Names and Faces in Prosopagnosia." In H. D. Ellis, M. A. Jeeves, F. Newcombe, and A. W. Young (eds.), *Aspects of Face Processing*. Dordrecht: Nijhoff.

Bear, D. M., and P. Fedio. 1977. "Quantitative Analysis of Interictal Behavior in Temporal Lobe Epilepsy." *Arch Neuro*, 34:454-467.

Benson, F. 1997. In T. Feinberg and M. Farah (eds.), *Behavioral Neurology and Neuropsychology*. New York: McGraw-Hill.

Bever, T. G., and R. S. Chiarello. 1994. "Cerebral Dominance in Musicians and Non-musicians." *Science*, 185:537-539.

Birnbaum, M. H., and K. Thompson. 1996. "Visual Function in Multiple Personality Disorder." *J Am Optom Assoc*, 67:327-334.

Bisiach, E., and C. Luzatti. 1978. "Unilateral Neglect of Representational Space." *Cortex*, 14:129-133.

Bisiach, E., M. L. Rusconi, and G. Vallar. 1992. "Remission of Somatophrenic Delusion Through Vestibular Stimulation." *Neuropsychologia*, 29:1029-1031.

Bivin, G. D., and M. P. Klinger. 1937. *Pseudocyesis*. Bloomington, IN: Principia Press.

Blakemore, C. 1977. *Mechanics of the Mind*. Cambridge: Cambridge University Press.

Block, N. 1995. "On a Confusion about a Function of Consciousness." *Behav Brain Sci*, 18:227-247.

Block, N. 1997. *The Nature of Consciousness: Philosophical Debates*. Cambridge, MA: MIT Press.

Bogen, J. E. 1975. "The Other Side of the Brain." *UCLA Educ*, 17:24-32.

Bogen, J. E. 1995. "On Neurophysiology of Consciousness. Part II. Constraining the Semantic Problem." *Consciousness Cognition*, 4:53-62.

Bonnet, C. 1760. *Essai Analytique sur les facultés de l' âme*. Geneve: Philbert.

Borsook, B., S. Fishman, L. Becerra, A. Edwards, M. Stojanovic, H. Breiter, V. S.

Ramachandran, et al. 1997. "Acute Plasticity in Human Somatosensory Cortex Following Amputation." *Soc Neurosci Abstr*, 1(173.1):438.

Botvinik, M., and J. Cohen. 1988. "Rubber Hands Feel Touch That Eyes See." *Nature*, 391:756.

Brain, W. R. 1941. "Visual Distortion with Special Reference to the Regions of the Right Hemisphere." *Brain*, 64:244–272.

Brothers, L. 1997. *Friday' s Footprint*. New York: Oxford University Press.

Brown, E., and P. Barglow. 1971. "Pseudocyesis." *Arch Gen Psych*, 24:221–229.

Bruens, J. H. 1971. "Psychosis in Epilepsy." *Psychiatr Neurol Neurochir*, 74:175–192.

Caccace, A. T., T. J. Lovely, D. R Winetr, S. M. Parnes, and D. J. McFarland. 1994. "Auditory Perceptual and Visual-Spatial Characteristics of Gaze Evoked Tinnitus." *Audiology*, 33:291–303.

Calford, M. 1991. "Curious Cortical Change." *Nature*, 352:759–760.

Capgras, J., and J. Reboul–Lachaux. "L' illusion des 'sosies' dans un délire systématise chronique." *Bull Soc Clin Med Mentale*, 2:6–16.

Cappa, S., R. Sterzi, G. Vallar, and E. Bisiach. 1987. "Remission of Hemineglect and Anosognosia after Vestibular Stimulation." *Neuropsychologia*, 25:755–782.

Chafe, W. 1987. "Humor as a Disabling Mechanism." *Am Behav Sci*, 30:16–26.

Churchland, P. S. 1986. *Neurophilosophy*. Cambridge, MA: MIT Press.

Churchland, P. M. 1993. *Matter and Consciousness*. Cambridge, MA: MIT Press.

Churchland, P. M. 1996. *The Engine of Reason, the Seat of the Soul*. Cambridge, MA: MIT Press.

Churchland, P. S., V. S. Ramachandran, and T. Sejnowski. 1994. In C. Koch and J. L. Davis (eds.), *A Critique of Pure Vision in Large Scale Neuronal Theories of the Brain*. Cambridge, MA: MIT Press.

Clarke, S., L. Regli, R. C. Janzer, G. Assal, and N. de Tribolet. 1996. "Phantom Face: Conscious Correlate of Neural Reorganization after Removal of Primary Sensory Neurons." *Neuroreport*, 7:2853–2857.

Cohen, L., S. Bandinell, T. Findlay, M. Hallet. 1991. "Motor Reorganization after Upper Limb Amputation in Man." *Brain*, 114:615-627.

Cohen, M. S., S. M. Kosslyn, and H. C. Breiter. 1996. "Changes in Cortical Activity during Mental Rotation: A Mapping Study Using Functional MRI." *Brain*, 119:89–100.

Corballis, M. 1991. *The Lopsided Ape*. New York: Oxford University Press.

Corkin, S. 1968. "Acquisition of Motor Skill after Bilateral Medial Temporal Lobe Excision." *Neuropsychologia*, 6:255–265.

Cowey, A., and P. Stoerig. 1991. "The Neurobiology of Blindsight." *Trends Neurosci*, 29:65-80.

Cowey, A., and P. Stoerig. 1992. In D. Milner and M. D. Rugg (eds.), *Reflections on Blindsight: The Neuropsychology of Consciousness*. London: Academic Press 11–37.

Crick, F. H. C. 1993. *The Astonishing Hypothesis*. New York: Charles Scribner.

Crick, F., and C. Koch. 1995. "Are We Aware of Neural Activity in Primary Visual Cortex?" *Nature*, 375:121–123.

Critchley, M. 1962. "Clinical Investigation of Disease of the Parietal Lobes of the Brain." *Med Clin North Am*, 46:837-857.

Critchley, M. 1966. *The Parietal Lobes*. New York: Hafner.

Cronholm, B. 1951. "Phantom Limbs in Amputees: A Study of Changes in the Integration of Centripetal Impulses with Special Reference to Referred Sensations." *Acta Psychiatr Neurol Scand*, Suppl 72:1–310.

Cutting, J. 1978. "Study of Anosognosia." *J Neurol Neurosurg Psychiatry*, 41:548-555.

Cytowic, R. 1989. *Synaesthesia*. Heidelberg: Springer Verlag.

Cytowic, R. 1995. *The Neurological Side of Neuropsychology*. Cambridge, MA: Bradford Books.

Daly, M., and M. Wilson. 1983. *Sex, Evolution, and Behavior*. Boston: Willard Grant.

Damasio, A. 1994. *Descartes Error*. New York: G. P. Putnam.

Damasio, A. R., H. Damasio, and G. W. Van Hoesen. 1982. "Prosopagnosia: Anatomic Basis and Behavioral Mechanisms." *Neurology*, 32:331–341.

Damasio, A. R. 1985. "Prosopagnosia." *Trends Neurosci*, 8:132–135.

Darwin, C. 1871. *The Descent of Man*. London: John Murray.

Dawkins, R. 1976. *The Selfish Gene*. New York: Oxford University Press.

Dehaene, S. 1997. *The Number Sense*. New York: Oxford University Press.

Dennett, D. 1991. *Consciousness Explained*. Boston: Little, Brown.

Dennett, D. 1995. *Darwin's Dangerous Idea*. New York: Simon & Schuster.

DeWeerd, P., R. Gattass, R. Desimone, and L. G. Ungerleider. 1995. "Responses of Cells in Monkey Visual Cortex During Perceptual Filling-in of an Artificial Scotoma." *Nature*, 377:731–734.

Dewhurst, K., and A. W. Beard. 1970. "Sudden Religious Conversion in Temporal Lobe Epilepsy." *Br J Psychiatry*, 117:497-507.

DeYoe, E. A., and D. C. Van Essen. 1985. "Segregation of Efferent Connections and Receptive Fields in Visual Area V2 of the Macaque." *Nature*, 317:58-61.

Edelman, G. M. 1989. *The Remembered Present*. New York: Basic Books.

Eisley, L. 1958. *Darwin's Century*. New York: Doubleday.

Ekman, P. 1975. *Unmasking the Face: Guide to Recognizing Emotions from Facial Clues*. Englewood Cliffs, NJ: Prentice-Hall.

Ekman, P. 1992. "Are There Basic Emotions?" *Psychol Rev*, 99:550–553.

Erdelyi, M. 1985. *Psychoanalysis*. New York: W. H. Freeman.

Farah, M. J. 1989. "The Neural Basis of Visual Imagery." *Trends Neurosci*, 10:395–399.

Farah, M. 1991. *Visual Agnosia*. Cambridge, MA: MIT Press.

Feinberg, T., and M. Farah. 1997. *Behavioral Neurology and Neuropsychology*. New York: McGraw-Hill.

Flanagan, O. 1991. *The Science of the Mind*. Cambridge, MA: Bradford Books.

Flor, H., T. Elbert, S. Knetch, C. Wienbruch, C. Pantev, N. Birbaumer, W. Larbig, and E. Taub. 1995. "Phantom Limb as a Perceptual Correlate of Cortical Reorganization Following Arm Amputation." *Nature*, 375:482–484.

Florence, S. L., and J. H. Kaas. 1995. "Large-Scale Reorganization at Multiple Levels of the Somatosensory Pathway Follows Therapeutic Amputation of the Hand in Monkeys." *J Neurosci*, 15:8083–8095.

Flor-Henry, P., L. T. Yeudall, Z. J. Koles, and B. G. Howarth. 1979. "Neuropsychological and Power Spectral EEG Investigations of the Obsessive-Compulsive Syndrome." *Biol Psychiatry*, 14:99–130.

Fodor, J. 1983. *Modularity of Mind*. Cambridge, MA: MIT Press.

Frackowiak, R. S. J., K. J. Friston, and C. Frith. 1997. *Human Brain Function*. New York: Academic Press.

Freud, A. 1946. *The Ego and the Mechanisms of Defense*. New York: International Universities Press.

Freud, S. 1996. *The Standard Edition of the Complete Works of Sigmund Freud*, Vol. 1–23. London: Hogarth Press.

Fried, I., C. Wilson, K. MacDonald, and E. Behnke. 1998. "Electric Current Stimulates Laughter." *Nature*, 391:850.

Friedman, H., T. Klein, and A. Friedman. 1996. *Psychoneuroimmunology, Stress and Infection*. Boca Raton, FL: CRC Press.

Frith, C. D., and R. J. Dolan. 1997. "Abnormal Beliefs: Delusions and Memory." Paper presented at the May 1997 Harvard Conference on Memory and Belief.

Fuster, J. M. 1980. *The Prefrontal Cortex: Anatomy, Physiology, and Neurophysiology of the Frontal Lobe*. New York: Raven Press.

Gabrieli, J. D. E., W. Milberg, M. M. Keane, and S. Corkin. 1990. "Intact Priming of Patterns Despite Impaired Memory." *Neuropsychologia*, 28:417–428.

Gainotti, G. 1972. "Emotional Behavior and Hemispheric Side of Tension." *Cortex*, 8:41–55.

Galin, D. 1974. "Implications for Psychiatry of Left and Right Cerebral Specialization." *Arch Gen Psychiatry*, 31:572–583.

Galin, D. 1976. "Two Modes of Consciousness in the Two Halves of the Brain." In P. R. Lee, R. E. Ornstein, and D. Galin (eds.), *Symposium on Consciousness*. New

York: Viking Press.

Galin, D. 1992. "Theoretical Reflections of Awareness, Monitoring and Self in Relation to Anosognosia." *Consciousness Cognition*, 1:152–162.

Gallen, C. C., D. F. Sobel, T. Waltz, M. Aung, B. Copeland, B. J. Schwartz, E. C. Hirschkoff, and F. E. Bloom. 1993. "Noninvasive Neuromagnetic Mapping of Somatosensory Cortex." *Neurosurgery*, 33:260–268.

Gardner, H. 1993. In E. Perecman (ed.), *Cognitive Processing in the Right Hemisphere*. New York: Academic Press.

Gastaut, H. 1956. "Étude électroclinique des épisodes psychotiques survenant en dehors de crises cliniques: chez les épileptiques." *Rev Neurol*, 94:587–594.

Gazzaniga, M. 1992. *Nature's Mind*. New York: Basic Books.

Gazzaniga, M., J. E. Bogen, and R. W. Sperry. 1962. "Some Functional Effects of Sectioning the Cerebral Commisures in Man." *Proc Natl Acad of Sci USA*, U8: 1765–1769.

Gibbs, F. A. 1951. "Ictal and Non-Ictal Psychiatric Disorders in Temporal Lobe Epilepsy." *J Nerv Ment Dis*, 133:522–528.

Girgis, M. 1971. "The Orbital Surface of the Frontal Lobe of the Brain." *Acta Psychiatry Scand*, 222:1–58.

Gleick, J. L. 1987. *Chaos*. New York: Penguin.

Gloor, P. 1992. "Amygdala and Temporal Lobe Epilepsy." In J. P. Aggleton (ed.), *The Amygdala: Neurobiological Aspects of Emotion, Memory, Mental Dysfunction*. New York: Wiley-Liss.

Golberg, G. 1987. "From Intent to Action." In E. Perecman (ed.), *The Frontal Lobes Revised*. Hillsdale, NJ: Lawrence Erlbaum.

Goldberg, E., and R. M. Bilder, Jr. 1987. "The Frontal Lobes and Hierarchical Organization of Cognitive Control." In E. Perecman (ed.), *The Frontal Lobes Revisited*. Hillsdale, NJ: Lawrence Erlbaum.

Goldman-Rakic, P. S. 1987. "Circuitry of Primate Prefrontal Cortex and Regulation of Behavior by Representational Memory." *Handbook of Physiology: The Nervous System*, vol. 5., Bethesda, MD: American Psychological Society, 373–417.

Goldman-Rakic, P. S. 1988. "Topography of Cognition: Parallel Distributed Networks in Primate Association Cortex." *Annu Rev Neurosci*, 11:137–156.

Gould, S. J. 1981. *The Mismeasure of Man*. New York: W. W. Norton.

Gould, S. J. 1983. *Panda's Thumb*. New York: Penguin.

Gould, S. J. 1989. *Wonderful Life*. New York: W. W. Norton.

Gray, C. M., A. K. Engel, P. Konig, and W. Singer. 1992. "Synchronization of Oscillatory Neural Responses in Cat Striate Cortex: Temporal Properties." *Vis Neurosci*, 8(4):337–347.

Gray, C. M., and W. Singer. 1989. "Stimulus Specific Neural Oscillations." *Proc Natl Acad Sci USA*, 86:1689–1702.

Graziano, M. S. A., G. S. Yap, and C. Gross. 1994. "Coding of Visual Space by Premotor Neurons." *Science*, 266:1051–1054.

Gregory, R. L. 1966. *Eye and Brain*. London: Wiedenfeld and Nicolson.

Gregory, R. L. 1981. *Mind in Science*. Cambridge: Cambridge University Press.

Gregory, R. L. 1997. *Mirrors in Mind*. New York: Oxford University Press.

Gregory, R. L. 1991. *Odd Perceptions*. New York: Routledge, Chapman Hall.

Gross, C. G. 1992. "Representatives of Visual Stimuli in the Inferior Temporal Cortex." *Pro Roy Soc London* [Biol], 135:3–10.

Halligan, P. W., and J. C. Marshall, eds. 1994. *Spatial Neglect*. Hillsdale, NJ: Lawrence Erlbaum.

Halligan, P. W., J. C. Marshall, and V. S. Ramachandran. "Ghosts in the Machine: A Case Description of Visual and Haptic Hallucinations after Right Hemisphere Stroke." *Cog Neuropsychol*, 11:459–477.

Halligan, P. W., J. C. Marshall, D. T. Wade, J. Davey, and D. Morrison. 1993. "Thumb in Cheek? Sensory Reorganization and Perceptual Plasticity after Limb Amputation." *Neuroreport*, 4:233–236.

Hameroff, S., and R. Penrose. 1995. "Orchestrated Reduction of Quantum Coherence in Brain Molecules: A Model for Consciousness." In J. King and K. H. Pribram (eds.), *Conscious Experience: Is the Brain Too Important to Be Left to Specialists to Study?* Hillsdale, NJ: Lawrence Erlbaum, 241–274.

Hamilton, W. D. 1964. "The Genetical Evolution of Social Behavior." *J Theor Biol*, 7:1–52.

Hamilton, W. D., and M. Zuk. 1982. "Heritable True Fitness and Bright Birds: A Role for Parasites?" *Science*, 218:384–387.

Harrington, A. 1989. *Medicine, Mind, and the Double Brain*. Princeton, NJ: Princeton University Press.

Head, H. 1918. "Sensation and the Cerebral Cortex." *Brain*, 41:57–253.

Heilman, J. 1991. In G. Prigatano and D. Schacter (eds.), *Awareness of Deficits after Brain Injury*. New York: Oxford University Press.

Hermelin, B., and N. O'Connor. 1990. "Factors and Primes: A Specific Numerical Ability." *Psychol Med*, 20:163–189.

Hill, A. L. 1978. In N. R. Eller (ed.), *Mentally Retarded Individuals with Special Skills*, Vol. 9. New York: Academic Press.

Hirstein, W., and V. S. Ramachandran. 1997. "Capgras' Syndrome: A Novel Probe for Understanding the Neural Representation of Identity and Familiarity of Persons." *Proc R Soc London* [Biol], 264:437–444.

Hobson, J. A. 1988. *The Dreaming Brain*. New York: Basic Books.

Hochberg, J. E. 1964. *Perception*. Englewood Cliffs, NJ: Prentice-Hall.

Hoffman, J. 1955. "Facial Phantom Phenomena." *J Nerv Ment Dis*, 122:143.

Horgan, J. 1994. "Can Science Explain Consciusness?" *Sci Am*, 271:88-94.

Hubel, D. H., and T. N. Wiesel. 1979. "Brain Mechanisms of Vision." *Sci Am*, 241: 150-162.

Hubel, D. H., and M. S. Livingstone. 1985. "Complex Unoriented Cells in a Subregion of Primate Area 18." *Nature*, 315:325-327.

Humphrey, N. 1992. *A History of the Mind*. New York: Simon & Schuster.

Humphrey, N. 1993. *History of the Mind: Evolution and the Birth of Consciousness*. New York: HarperCollins.

Ironside, R. 1955. "Disorder of Laughter Due to Brain Lesions." Presidential Address, Neurological Section, Royal Society of Medicine, London.

Jackendorf, R. 1987. *Conciousness and the Computational Mind*. Cambridge, MA: MIT Press.

Jacobs, B. 1994. "Serotonin, Motor Activity and Depression-Related Disorders." *American Scientist*, 82:456-463.

James, W. 1887. "The Consciousness of Lost Limbs." *Proc Am Soc Psychic Res*, 1:249-258.

James, W. 1890. *The Principles of Psychology*. New York: Henry Holt, 288-289.

Johanson, D., and B. Edward. 1996. *From Lucy to Language*. New York: Simon & Schuster.

Johnson, G. 1995. *Fire in the Mind*. New York: Random House.

Jones, E. 1982. "Thalamic Basis of Place-and Modality-Specific Columns in Monkey Somatosensory Cortex: A Correlative Anatomical and Physiological Study." *J Neurophysiol*, 48:546-568.

Joseph, R. 1990. *Neuropsychology, Neuropsychiatry, and Behavioral Neurology*. New York: Plenum Press.

Joseph, R. 1992. *The Right Brain in the Unconscious*. New York: Plenum Press.

Joseph, R. 1993. *The Naked Neuron*. New York: Plenum Press.

Juba, A. 1949. "Beitrag zur Strukdur der ein und doppelsietgen Korshemastorungen." *Monatsschr Psychiatr Neurol*, 118:11-29.

Kaas, J. H., R. J. Nelson, M. Sur, and M. M. Merzenich. 1981. *The Organization of the Cerebral Cortex*. Cambridge, MA: MIT Press, 237-261.

Kaas, J. H., and S. L. Florence. 1996. "Brain Reorganization and Experience." *Peabody J Educ*, 71:152-167.

Kallio, K. E. 1950. "Phantom Limb of Forearm Stump Cleft by Kineplastic Surgery." *Acta Chir Scand*, 99:121-132.

Kandel, E. R., J. H. Schwartz, and T. M. Jessell. 1991. *Principles of Neural Science*. New York: Elsevier.

Kaufmann, S. 1993. *The Origins of Order*. New York: Oxford University Press.

Kaufmann, S. 1995. *At Home in the Universe*. New York: Oxford University Press.

Kew, J. J. M., P. W. Halligan, J. C. Marshall, R. E. Passingham, J. C. Rothwell, M. C. Ridding, et al. 1997. "Abnormal Access of Axial Vibrotactile Input to Deafferented Somatosensory Cortex in Human Upper Limb Amputees." *J Neurophysiol*, 77:2753–2764.

Kinney, H. 1995. *James Thurber, His Life and Times*. New York: Henry Holt.

Kinsbourne, M. 1989. "A Model of Adaptive Behavior As It Relates to Cerebral Participation in Emotional Control." In G. Gainnotti and C. Caltagrione (eds.), *Emotions and the Dual Brain*. Heidelberg: Springer Verlag.

Kinsbourne, M. 1995. "The Intralaminar Thalamic Nuclei." *Consciousness Cognition*, 4:167–171.

Kleffner, D. A., and V. S. Ramachandran, 1992. "On the Perception of Shape from Shading." *Perception Psychophysics*, 52:18–36.

Kosslyn, S. 1996. *Image and Brain*. Cambridge, MA: MIT Press.

Lackner, J. R. 1988. "Some Proprioceptive Influences on Perceptual Representation." *Brain*, III:281–297.

LaCroix, R., R. Melzack, D. Smith, and N. Mitchell. 1992. "Multiple Phantom Limbs in a Child." *Cortex*, 28:503–507.

Leakey, R. 1993. *The Origin of Humankind*. New York: Basic Books.

LeDoux, J. 1996. *The Emotional Brain*. New York: Simon & Schuster.

Lettvin, J. 1976. "A Sidelong Glance at Seeing." *Sciences*, 16:1–20.

Levine, D. N. 1990. "Unawareness of Visual and Sensorimoter Defects: A Hypothesis." *Brain Cognition*, 13:233–281.

Livingstone, M. S., and D. H. Hubel. 1987. "Psychophysical Evidence for Separate Channels for the Perception of Form, Colour, Movement, and Depth." *J Neurosci*, 7:3416–3468.

Luria, A. 1968. *The Mind of a Mnemonist*. New York: Basic Books.

Luria, A. 1976. *Working Brain: An Introduction to Neuropsychology*. New York: Basic Books.

Maclean, P. 1973. *A Triune Concept of the Brain and Behavior*. Toronto, Can.: University of Toronto Press.

Marcel, A. J. 1983. "Conscious and Unconscious Perception: Experiments on Visual Masking and Word Recognition." *Cognit Psychol*, 15:197–237.

Marcel, A. J. 1993. "Slippage in the Unity of Consciousness in Experimental and Theoretical Studies on Consciousness." *CIBA Foundation Symposium*, no. 174.

Chichester: Wiley.

Marcel, A. J., and E. Bisiach. 1988. *Consciousness in Contemporary Science*. Oxford: Clarendon Press.

Marr, D. 1981. *Vision*. San Francisco: W. H. Freeman.

Marshall, J., and P. W. Halligan. 1988. "Blindsight and Insight in the Visuospatial Neglect." *Nature*, 336:766–767.

Martin, J. P. 1950. "Fits of Laughter in Organic Cerebral Disease." *Brain*, 73:453–464.

Maynard-Smith, J. 1978. *The Evolution of Sex*. Cambridge: Cambridge University Press.

McGlynn, S. M., and D. L. Schacter. 1989. "Unawareness of Deficits in Neuropsychological Syndromes." *J Clin Exp Neuropsychol*, 11:143–295.

McNaughton, B., J. McClelland, and R. O'Reilly. (1995). "Why There Are Complementary Learning Systems in the Hippocampus and Neocortex? Insights from the Successes and Failures of Connectionist Models of Learning and Memory." *Psychol Rev*, 102(3):419–457.

Melzack, R. 1990. "Phantom Limbs and the Concept of a Neuromatrix." *Trends Neurosci*, 13:88–92.

Melzack, R. 1992. "Phantom Limbs." *Sci Am*, 266:90–96.

Melzack, R., R. Israel, R. Lacroix, and G. Schultz. 1997. "Phantom Limbs in People with Congenital Limb Deficiency or Amputation in Early Childhood," part 9. *Brain*, 120:1603–1620.

Merzenich, M. M., and J. H. Kaas. 1980. "Reorganization of Mammalian Somatosensory Cortex Following Peripheral Nerve Injury." *Trends Neurosci*, 5:434–436.

Merzenich, M. M., R. J. Nelson, M. S. Stryker, M. S. Cyander, A. Schoppmann, and J. M. Zook. 1984. "Somatosensory Cortical Map Changes Following Digit Amin Adult Monkeys." *J Comp Neurol*, 224:591–605.

Miller, S. O. 1989. "Optical Differences in Cases of Multiple Personality Disorders." *J Nerv Ment Disord*, 177:480–486.

Milner, B. 1966. "Amnesia Following Operation on Temporal Lobes." In C. W. M. Whitty and O. L. Zangwill (eds.), *Amnesia*. London: Butterworths.

Milner, B., S. Corkin, and H. L. Teuber. 1968. "Further Analysis of the Hippocampal Amnesic Syndrome: Fourteen Year Follow-up Study of HM." *Neuropsychologia*, 6:215–234.

Milner, D., and M. Goodale. 1995. *The Visual Brain in Action*. New York: Oxford University Press.

Mishkin, M. 1978. "Memory in Monkeys Severely Impaired by Combined but Not

Separate Removal of the Amygdala and Hippocampus." *Nature*, 273:297–298.

Mitchell, S. W. 1871. "Phantom Limbs." *Lippincott's Magazine for Popular Literature and Science*, 8:563–569.

Morsier, G. 1967. "Le syndrome de Charles Bonnet, hallucinations visuale sans déficience mentale." *Ann Medico-Psychol*, 2(5):677–702.

Moscovitch, M. 1992. "Memory and Working-with-Memory: A Component Process Model Based on Modules and Central Systems." *Journal of Cognitive Neuroscience*, vol. 4, no. 3:257–267.

Mountcastle, V. B. 1957. "Modality and Topographic Properties of Single Neurons of Cat's Somatic Sensory Cortex." *J Neurophysiol*, 5:377–390.

Mountcastle, V. 1995. "The Evolution of Ideas Concerning the Function of the Neocortex." *Cerebral Cortex*, 5:289–295; 1047–3211.

Mountcastle, V. 1995. "The Parietal System and Some Higher Brain Functions." *Cerebral Cortex*, 5:377–390; 1047–3211.

Nadel, L., and M. Moscovitch. 1997. "Memory Consolidation: Retrograde Amnesia and the Hippocampal Complex." *Cur Opin Neurobiol*, 7:217–227.

Nakamura, R. K., and M. Mishkin. 1980. "Blindness in Monkeys Following Non-Visual Cortical Lesions." *Brain Res*, 188:572–577.

Nathanson, M., P. Bergman, and G. Gordon. 1952. "Denial of Illness." *A. M. A. Archives of Neurology and Psychiatry*, 68:380–387.

Newsome, W. T., A. Mikami, and R. H. Wurtz. 1986. "Motion Selectivity in Macaque Visual Cortex. III: Psychophysics and Physiology of Apparent Motion." *J Neurophysiol*, 55:1340–1351.

Nielsen, H., and O. Kristensen. 1981. "Personality Correlates of Sphenoidal EEG Foci in Temporal Lobe Epilepsy." *Acta Neurol Scand*, 64:289–300.

Nudo, R. J., B. M. Wise, F. SiFuentes, and G. Milliken. 1996. "Neural Substrates for the Effects of Rehabilitative Training on Motor Recovery after Ischemic Infarct." *Science*, 272:1791–1794.

Ornstein, R. 1997. *The Right Mind*. New York: Harcourt Brace.

Papez, J. W. 1937. "A Proposed Mechanism of Emotion." *Arch Neurol Psychiatry*, 38:725–739.

Pascual-Leone, A., M. Peris, J. M. Tormos, A. P. Pascual, and M. D. Catala. 1995. "Reorganization of Human Cortical Motor Output Maps Following Traumatic Forearm Amputation." *Neuroreport*, 7:2068–2070.

Penfield, W., and T. Rasmussen. 1950. *The Cerebral Cortex of Man: A Clinical Study of Localization of Function*. New York: MacMillan.

Penrose, R. 1989. *The Emperor's New Mind*. Oxford: Oxford University Press.

Phelps, M. E., D. E. Kuhl, and J. C. Mazziota. 1981. "Metabolic Mapping of the

Brain's Response to Visual Stimulation: Studies in Humans." *Science*, 211(4489): 1445–1448.

Pinker, S. 1997. *How the Mind Works*. New York: W. W. Norton.

Plum, F. 1982. *The Diagnosis of Stupor and Coma*. Philadelphia: F. A. Davis.

Poeck, K. 1969. "Phantom Limbs After Amputation and in Congenital Missing Limbs." *Deutsch Med Woch*, 94:2367–2374.

Pons, T. P., E. Preston, and A. K. Garraghty. 1991. "Massive Cortical Reorganization after Sensory Deafferentation in Adult Macaques:" *Science*, 252:1857–1860.

Poppel, E., R. Held, and D. Frost. 1973. "Residual Vision Function after Brain Wounds Involving the Central Visual Pathways in Man." *Nature*, 243:295–296.

Posner, M., and M. Raichle. 1997. *Images of Mind*. New York: W. H. Freeman.

Pribram, K. "The Role of Analogy in Transcending Limits in the Brain Sciences." *Daedalus*, 109(2):19–38.

Profet, M. 1997. *Pregnancy Sickness*. Reading, MA: Addison-Wesley.

Ramachandran, V. S. 1988a. "Perception of Depth from Shading." *Sci Am*, 269: 76–83.

Ramachandran, V. S. 1988b. "Perception of Shape from Shading." *Nature*, 331: 163–166.

Ramachandran, V. S. 1988c. "Interactions Between Motion, Depth, Color and Form: The Utilitarian Theory of Perception." In C. Blakemore (ed.), *Vision: Coding and Efficiency (Essays in Honour of H.B. Barlow)*. Cambridge: Cambridge University Press.

Ramachandran, V. S. 1989a. Vision: A Biological Perspective. Presidential Lecture Given at the Annual Meeting of the Society for Neuroscience, Phoenix, AZ.

Ramachandran, V. S. 1989b. "The Neurobiology of Perception." Presidential Lecture at the Annual Meeting of the Society for Neuroscience, Phoenix, AZ.

Ramachandran, V. S. 1990. "Visual Perception in People and Machines." In A. Blake and T. Troscianko (eds.), *AI and the Eye. Sussex*, Eng.: John Wiley and Sons, 21–77.

Ramachandran, V. S. 1991. "Form, Motion, and Binocular Rivalry." *Science*, 251: 950-951.

Ramachandran, V. S. 1992. "Blind Spots." *Sci Am*, 266:85-91.

Ramachandran, V. S. 1993a. "Behavioral and MEG Correlates of Neural Plasticity in the Adult Human Brain." *Proc Natl Acad Sci USA*, 90:10413–10420.

Ramachandran, V. S. 1993b. "Filling in Gaps in Perception: Part II. Scotomas and Phantom Limbs." *Curr Directions Psychol Sci*, 2:56-65.

Ramachandran, V. S. 1994. "Phantom Limbs, Neglect Syndromes, Repressed Memories and Freudian Psychology." *Int Rev Neurobiol*, 37:291–333.

Ramachandran, V. S. 1995a. "Anosognosia in Parietal Lobe Syndrome." *Consciousness Cognition*, 4:22–51.

Ramachandran, V. S. 1995b. "2–D or Not 2–D: That Is the Question." In R. L. Gregory, J. Harris, P. Heard, and D. Rose (eds.), *The Artful Eye*. Oxford: Oxford University Press, 249–267.

Ramachandran, V. S. 1995c. Editor–in–Chief, *Encyclopedia of Human Behavior*, Vol. 1 to 4. New York: Academic Press.

Ramachandran, V. S. 1995d. "Plasticity in the Adult Human Brain: Is There Reason for Optimism?" In B. Julesz and I. Kovacs (eds.), *Santa Fe Institute for Studies in the Sciences on Complexity*, Vol. XXIII. Reading, MA: Addison–Wesley, 179–197.

Ramachandran, V. S. 1996. "What Neurological Syndromes Can Tell Us about Human Nature: Some Lessons from Phantom Limbs, Capgras' Syndrome, and Anosognosia." *Cold Spring Harbor Symposia*, LXI:115–134.

Ramachandran, V. S. 1997. "Why Do Gentleman Prefer Blondes?" *Med Hypotheses*, 48:19–20.

Ramachandran, V. S. 1998. "Evolution and Neurology of Laughter and Humor." *Med Hypotheses*. In press.

Ramachandran, V. S., E. L. Altschuler, and S. Hillyer. 1997. "Mirror Agnosia." *Proc R. Soc London*, 264:645–647.

Ramachandran, V. S., S. Cobb, and L. Levi. 1994a. "Monocular Double Vision in Strabismus." *Neuroreport*, 5:1418.

Ramachandran, V. S., S. Cobb, and L. Levi. 1994b. "The Neural Locus of Binocular Rivalry and Monocular Diplopia in Intermittent Exotropes." *Neuroreport*, 5:1141–1144.

Ramachandran, V. S., and R. L. Gregory. 1991. "Perceptual Filling In of Artificially Induced Scotomas in Human Vision." *Nature*, 350:699–702.

Ramachandran, V. S., R. L. Gregory, and W. Aiken. 1993. "Perceptual Fading of Visual Texture Borders." *Vision Res*, 33:717–721.

Ramachandran, V. S., and W. Hirstein. 1997. "Three Laws of Qualia." *J Consciousness Studies*, 4(5–6):429–457.

Ramachandran, V. S., W. Hirstein, K. C. Armel, E. Tecoma, and V. Iragui. 1998. "The Neural Basis of Religious Experience." *Soc Neurosci Abst*, 23:519.1.

Ramachandran, V. S., W. Hirstein, and D. Rogers–Ramachandran. 1998. "Phantom Limbs, Body Image, and Neural Plasticity." *IBRO News*, 26(1):10–11.

Ramachandran, V.S., L. Levi, L. Stone, D. Rogers–Ramachandran, R. McKinney, M. Stalcup, G. Arcilla, R. Zweifler, A. Schatz, and A. Flippin. 1996. "Illusions of Body Image: What They Reveal about Human Nature." In R. Llinas and P. S.

Churchland (eds.), *The Mind-Brain Continuum*. Cambridge, MA: MIT Press, 29–60.

Ramachandran, V. S. and D. Rogers-Ramachandran. 1996a. "Denial of Disabilities in Anosognosia." *Nature*, 382:501.

Ramachandran, V. S., and D. Rogers-Ramachandran. 1996b. "Synaesthesia in Phantom Limbs Induced with Mirrors." *Proc R Soc London*, 263:377–386.

Ramachandran, V. S., D. Rogers-Ramachandran, and S. Cobb. 1995. "Touching the Phantom Limb." *Nature*, 377:489–490.

Ramachandran, V. S., D. Rogers-Ramachandran, and M. Stewart. 1992. "Perceptual Correlates of Massive Cortical Reorganization." *Science*, 258:1159–1160.

Ramachandran, V. S., M. Stewart, and D. Rogers-Ramachandran. 1992. "Perceptual Correlates of Massive Cortical Reorganization." *Neuroreport*, 3:583–586.

Riddoch, G. 1941. "Phantom Limbs and Body Shape." *Brain*, 64:197.

Ridley, M. 1997. *The Origins of Virtue*. New York: Viking Penguin.

Robinson, R. G., K. L. Kubos, L. B. Starr, K. Rao, and T. R. Price. 1983. "Mood Changes in Stroke Patients." *Comp Psychiatry*, 24:555–566.

Robinson, R. G., K. L. Kubos, and L. B. Starr. 1984. "Mood Disorders in Stroke Patients." *Brain*, 107:81–93.

Rock, I. 1985. *The Logic of Perception*. Cambridge, MA: MIT Press.

Rodin, E., and S. Schmaltz. 1984. "The Bear–Fedio Personality Inventory." *Neurology*, 34:591–596.

Rolls, E. T. 1995. "A Theory of Emotion and Consciousness, and Its Application to Understanding the Neural Basis of Emotion." In M. S. Gazzinga (ed.), *The Cognitive Neurosciences*. Cambridge, MA: MIT Press.

Rossetti, Y. 1996. "Implicit Perception in Action: Short–Lived Motor Representation of Space Evidenced by Brain–Damaged and Healthy Subjects." In P. G. Grossenbacher (ed.), *Consciousness and Brain Circuitry: Neurocognitive Systems Which Mediate Subjective Experience*. Advances in Consciousness Research. Philadelphia J. Benjamins Publ.

Saadeh, E. S., and R. Melzack. 1994. "Phantom Limb Experiences in Congenital Limb–Deficient Adults." *Cortex*, 30:479–485.

Sacks, O. 1984. *A Leg to Stand On*. New York: Harper and Row.

Sacks, O. 1985. *The Man Who Mistook His Wife for a Hat*. New York: HarperCollins.

Sacks, O. 1990. *Awakenings*. New York: HarperPerennial Library.

Sacks, O. 1990. *Seeing Voices*. New York: HarperCollins.

Sacks, O. 1995. *An Anthropologist on Mars*. New York: Alfred A. Knopf.

Schacter, D. L. 1992. "Consciousness and Awareness in Memory and Amnesia: Critical Issues." In A. D. Milner and M. D. Rugg (eds.), *Neuropsychology of*

Consciousness. London: Academic Press, 179–200.

Schacter, D. L. 1996. *Searching for Memory*. New York: Basic Books.

Schopenhauer, A. 1819. *Die welt als wille und virstellung*. Leipzig.

Searle, J. 1992. "Minds, Brains, and Programs." *Behav Brain Sci*, 3:417–458.

Searle, J. 1994. *The Rediscovery of the Mind*. Cambridge, MA: MIT Press.

Sereno, M. I., A. M. Dale, J. B. Reppas, K. K. Kwong, J. W. Belliveau, T. J. Brady, B. R. Rosen, R. B. Tootell, et al. 1995. "Borders of Multiple Visual Areas in Humans Revealed by Functional Magnetic Resonance Imaging." *Science*, 268: 889–893.

Sergent, J. 1988. "An Investigation into Perceptual Completion in Blind Areas of the Visual Field." *Brain*, 111:347–373.

Shallice, T. 1988. *From Neuropsychology to Mental Structure*. Cambridge: Cambridge University Press.

Simmel, M. 1962. "The Reality of Phantom Sensations." *Soc Res*, 29:337–356.

Sinclair-Gieben, A. H. C., and D. Chalmers. 1959. "Evaluation of Treatment of Warts by Hypnosis." *Lancet*, 2: 480–482.

Singer, W. 1993. "Synchronization of Cortical Activity and Its Putative Role in Information Processing and Learning." *Ann Rev Physiol*, 55:349–374.

Slater, E., and A. W. Beard. 1963. "The Schizophrenia-like Psychoses of Epilepsy. V. Discussion and Conclusions." *Br J Psychiatry*, 109:95–150.

Snyder, A., and M. Thomas. 1997 "Autistic Savants Give Clues to Cognition." *Perception*, 26:93–96.

Spanos, N. P., R. S. Stenstrom, and M. A. Johnston. 1988. "Hypnosis, Placebo, and Suggestion in the Treatment of Warts." *Psychosom Med*, 50:245–260.

Springer, S., and G. Deutsch. 1998. *Left Brain, Right Brain*. San Francisco: W. H. Freeman.

Squire, L. 1987. *Memory and the Brain*. New York: Oxford Press.

Squire, L. R., and S. Zola-Morgan. 1983. "The Neurology of Memory: The Case for Correspondence Between the Findings for Human and Nonhuman Primates." In J. A. Deutsch (ed.) *The Physiological Basis of Memory*, 2nd ed. New York: Academic Press.

Starkman, M., J. Marshall, J. La Ferla, and R. P. Kelch. 1985. "Pseudocyesis." *Psychosom Med*, 47:46–57.

Starr, A., and L. Phillips. 1970. "Verbal and Motor Memory in the Amnesic Syndrome." *Neuropsychologia*, 8:75–88.

Stoerig, P., and A. Cowey. 1989. "Wavelength Sensitivity in Blindsight." *Nature*, 342:916–918.

Sunderland, S. 1972. *Nerves and Nerve Injuries*. Edinburgh: Churchill Livingstone.

Sur. M., P. E. Garraghty, and C. J. Bruce. 1985. "Somatosensory Cortex in Macaque Monkeys: Laminar Differences in Receptive Field Size." *Brain Res,* 342: 391-395.

Surman. O. S., K. Sheldon, and T. P. Hackett. 1973. "Hypnosis in the Treatment of Warts." *Arch Gen Psychiatry,* 28:438-441.

Symons, D. 1979. *The Evolution of Human Sexuality.* New York: Oxford University Press.

Symons, D. 1995. In P. Abramson and S. D. Pinkerton (eds.), *Sexual Nature and Sexual Culture.* Chicago and London: University of Chicago Press.

Taub, E., N. E. Miller, T. A. Novack, E. W. Cook, W. C. Fleming, C. S. Neomuceno, J. S. Connell, and J. E. Crago. 1993. "Technique to Improve Chronic Motor Deficit After Stroke." *Arch Phys Med Rehabil,* 74:347-354.

Toga, A. W., and J. C. Mazziotta. 1996. *Brain Mapping: The Methods.* New York: Academic Press.

Tovee, M. J., E. Rolls, and V. S. Ramachandran. 1996. "Rapid Visual Learning in Neurons in the Primate Visual Cortex." *Neuroreport,* 7:2757-2760.

Tranel, D., and A. R. Damsio. 1985. "Knowledge Without Awareness: An Automatic Index of Facial Recognition by Prosopagnosics." *Science,* 228:235-249.

Treisman, A. 1986. "Features and Objects in Visual Processing." *Sci Am,* 225:114-126.

Trevarthen, C. B. 1968. "Two Mechanisms of Vision in Primates." *Psychol Forsch,* 31:299-337.

Trimble, M. R. 1992. "The Gastaut-Geschwind Syndrome." In M. R. Trimble and T. G. Bolwig (eds.), *The Temporal Lobes and the Limbic System.* Petersfield, Eng.: Wrightson Biomedical.

Trivers, R. 1985. *Social Evolution.* Menlo Park, CA: Benjamin-Cummings.

Tucker, D. M. 1981. "Lateral Brain, Function, Mood, and Conceptualization." *Psychological Bulletin,* 89:19-46.

Turnbull, O. H. 1997. "Mirror, Mirror on the Wall—Is the Left Side There at All?" *Current Biology,* 7R:709-711.

Turnbull, O. H., D. Carey, and R McCarthy. 1997. "The Neuropsychology of Object Constancy." *Journal of the International Neuropsychological Society,* 3:288-298.

Van der Berghe, L., and P. Frost. 1986. "Skin Color Preference, Sexual Dimorphism and Sexual Selection: A Case of Gene Co-evolution." *Ethnic Racial Studies,* 9: 87-113.

Van Essen, D. C. 1979. "Visual Cortical Areas." In W. M. Cowan (ed.), *Annual Reviews in Neuroscience,* Vol. 2. Palo Alto, CA: Palo Alto Annual Reviews, 227-

263.

Wall, P. D. 1977. "The Presence of Inaffective Synapses and the Circumstances Which Unmask Them." *Philos Trans R Soc Lond* [Biol], 278:361–372.

Wall, P. D. 1984. "The Painful Consequences of Peripheral Injury." *J Hand Surg Br*, 9:37–39.

Walker, R., and J. B. Mattingley. 1997. "Ghosts in the Machine? Pathological Visual Completion Phenomena in the Damaged Brain." *Neurocase*, 3:313–335.

Warrington, E. K., and L. Weiskrantz. 1970. "Amnesic Syndrome: Consolidation or Retrieval?" *Nature*, 228:628–630.

Warrington, E. K., and L. Weiskrantz. 1971. "Organizational Aspects of Memory in Amnesic Patients." *Neuropsychologia*, 9:67–73.

Warrington, E. K., and L. W. Duchen. 1992. "A Reappraisal of a Case of Persistent Global Amnesia Following Right Temporal Lobectomy—A Clinicopathological Study." *Neuropsychologia*, 30:437–450.

Waxman, S. G., and N. Geschwind. 1975. "The Interictal Behavior Syndrome of Temporal Lobe Epilepsy." *Arch Gen Psychiatry*, 32:1580–1586.

Weinberger, N. M., J. L. McGaugh, and G. Lynch. 1985. *Memory Systems of the Brain*. New York: Guilford Press.

Weinstein, E. A., and R. L. Kahn. 1950. "The Syndrome of Anosognosia." *Arch Neurol Psychiatry*, 64:772–791.

Weir Mitchell, S. 1872. *Injuries of Nerves and Their Consequences*. Philadelphia: Lippincott.

Weir Mitchell, S. 1871. "Phantom Limbs." *Lippincott's Magazine*, 8:563–569.

Weiskrantz, L. 1985. "Issues and Theories in the Study of the Amnesic Syndrome." In N. M. Weinberger, J. L. McGaugh, and G. Lynch (eds.), *Memory Systems of the Brain: Animal and Human Cognitive Processes*. New York: Guilford Press, 380–415.

Weiskrantz, L. 1986. *Blindsight*. Oxford: Oxford University Press.

Weiskrantz, L. 1987. "Neuroanatomy of Memory and Amnesia: A Case for Multiple Memory Systems." *Hum Neurobiol*, 6:93–105.

Weiskrantz, L. 1997. *Consciousness Lost and Regained*. New York: Oxford University Press.

Wieser, H. G. 1983. "Depth Recorded Limbic Seizures and Psychopathy." *Neurosci Behav Rev*, 7:427–440.

Williams, G. 1966. *Adaptation and Natural Selection*. Princeton, NJ: Princeton University Press.

Wills, C. 1993. *The Runaway Brain*. New York: Basic Books.

Wilson, E. O. 1978. *On Human Nature*. Cambridge, MA: Harvard University Press.

Winson, J. 1986. *Brain and Psyche*. New York: Vintage Books, Random House.

Wright, R. 1994. *The Moral Animal*. New York: Random House.

Yang, T., C. Gallen, B. Schwartz, F. Bloom, V. S. Ramachandran, and S. Cobb. 1994. "Sensory Maps in the Human Brain." *Nature*, 368:592–593.

Yang, T., C. Gallen, V. S. Ramachandran, B. J. Schwartz, and F. E. Bloom. 1994b. "Noninvasive Detection of Cerebral Plasticity in Adult Human Somatosensory Cortex." *Neuroreport*, 5:701–704.

Young, A. W., and E. H. F. De Haan. 1992. "Face Recognition and Awareness after Brain Injury." In A. D. Milner and M. D. Rugg (eds.), *The Neuropsychology of Consciousness*. London: Academic Press, 69–90.

Young, A. W., H. D. Ellis, A. H. Quayle, and K. W. De Pauw. 1993. "Face Processing Impairments and the Capgras Delusion." *Br J Psychiatry*, 162: 695–698.

Zaidel, E. 1985. "Academic Implications of Dual Brain Theory." In D. Benson and E. Zaidel (eds.), *The Dual Brain*. New York: Guilford Press.

Zeki, S. 1980. "The Representation of Colours in the Cerebral Cortex." *Nature*, 284:412–118.

Zeki, S. M. 1978. "Functional Specialisation in the Visual Cortex of the Rhesus Monkey." *Nature*, 274:423–428.

Zeki, S. M. 1993. *A Vision of the Brain*. Oxford: Oxford University Press.

Zihl, J., D. von Cramon, and N. Mai. 1983. "Selective Disturbance of Movement Vision after Bilateral Brain Damage." *Brain*, 106:313–340.

Zuk, M., K. Johnson, R. Thornhill, and D. J. Ligon. 1990. "Mechanisms of Female Choice in Red Jungle Fowl." *Evolution*, 44:477–485.

라마찬드란 박사의
두뇌 실험실

초판 1쇄 발행 2007년 1월 22일
개정판 1쇄 발행 2015년 4월 1일
개정판 4쇄 발행 2020년 10월 23일

지은이 | 빌라야누르 라마찬드란 · 샌드라 블레이크스리
옮긴이 | 신상규

책임편집 | 장미향·나희영
외부교정 | 황문정
디자인 | 최선영·남금란

펴낸곳 | (주)바다출판사
펴낸이 | 김인호
주소 | 서울시 마포구 어울마당로 5길 17(5층)
전화 | 322-3885(편집부), 322-3575(마케팅부)
팩스 | 322-3858
E-mail | badabooks@daum.net
홈페이지 | http://www.badabooks.co.kr

ISBN 978-89-5561-758-0 03400